高等教育应用型本科人才培养系列教材

数 据 结 构

魏连锁　主　编
李丽丽　副主编

哈尔滨工程大学出版社
Harbin Engineering University Press

内容简介

本书共11章,内容包括:绪论,线性表,栈和队列,串,数组、特殊矩阵和广义表,递归,树和森林,图,查找,排序,文件与外排序。本书内容符合数据结构课程要求,充分考虑了计算机专业学生的培养目标。在内容的组织上,由浅入深、循序渐进。书中采用C语言作为数据结构和算法的描述语言,在注重基本知识和基本概念的学习的同时,更注重学生能力的培养。

本书适合应用型本科人才培养的教学使用。

图书在版编目(CIP)数据

数据结构/魏连锁主编. —哈尔滨:哈尔滨工程大学出版社,2018.7
ISBN 978 - 7 - 5661 - 2016 - 8

Ⅰ.①数…　Ⅱ.①魏…　Ⅲ.①数据结构 - 高等学校 - 教材　Ⅳ.①TP311.12

中国版本图书馆 CIP 数据核字(2018)第 150756 号

选题策划　夏飞洋
责任编辑　夏飞洋
封面设计　刘长友

出版发行　哈尔滨工程大学出版社
社　　址　哈尔滨市南岗区南通大街 145 号
邮政编码　150001
发行电话　0451 - 82519328
传　　真　0451 - 82519699
经　　销　新华书店
印　　刷　哈尔滨市石桥印务有限公司
开　　本　787 mm × 1 092 mm　1/16
印　　张　23.25
字　　数　580 千字
版　　次　2018 年 7 月第 1 版
印　　次　2018 年 7 月第 1 次印刷
定　　价　58.00 元
http://www.hrbeupress.com
E-mail:heupress@ hrbeu.edu.cn

前　言

　　"数据结构"课程是计算机专业的基础课程和核心课程之一。其课程的核心内容是对数据的存储、组织和处理的问题进行研究。数据结构课程也是与实际紧密结合的理论课程,是进行算法设计、系统程序和应用程序设计的重要基础。而且本门课程的学习为学生后续学习数据库概论、操作系统、软件工程等软件课程提供了必要的知识基础,也为软件设计水平的提高打下了良好的基础。

　　本书是为"数据结构"课程所编写的教材,其内容符合数据结构课程要求。全书分为11章。

　　第1章绪论。介绍什么是数据结构,以及数据结构中常用的基本概念;阐述了数据结构所研究的问题与内容;对算法描述和分析进行了简要的介绍,为学习"数据结构"课程提供了必要的引导。

　　第2章线性表。介绍线性表的基本概念;线性表的两种存储结构;顺序表和单链表上实现基本运算的算法。

　　第3章栈和队列。介绍栈和队列的两种数据结构的定义、表示方法、基本操作,以及如何利用这两种数据结构解决实际问题。

　　第4章串。介绍串的定义及相关概念;串的定长顺序存储表示及基本操作;串的堆分配存储表示及基本操作;串的链式存储表示及基本操作;串的模式匹配算法。

　　第5章数组、特殊矩阵和广义表。介绍数组、特殊矩阵和广义表的定义;数组的顺序存储表示及实现;特殊矩阵(对称矩阵、三角矩阵和带状矩阵)的基本存储方式;特殊矩阵的存储表示,以及特殊矩阵的简单算法;广义表的性质、存储结构及其基本操作。

　　第6章递归。介绍递归的定义;递归算法的执行过程;递归算法的设计,以及利用递归算法解决实际问题;递归算法和非递归算法的区别;递归算法到非递归算法的转换。

　　第7章树和森林。介绍树形结构的基本概念和术语;二叉树的定义及其存储结构,二叉树的遍历概念和遍历算法;树和森林的定义、树的存储结构以及树、森林与二叉树之间的相互转换方法;构造哈夫曼树和设计哈夫曼编码的方法。

　　第8章图。介绍图的概念和相关术语;图的邻接矩阵表示法和邻接表表示法;连通图遍历的基本思想和算法;最小生成树的有关概念和算法;图的最短路径的有关概念和算法;拓扑排序的有关概念和算法。

　　第9章查找。介绍查找表的定义、分类和各类的特点;顺序查找和二分查找的思想和算法;二叉排序树的概念和有关运算的实现方法;哈希表、哈希函数的构造方法,以及处理冲突的方法;掌握散列存储和散列查找的基本思想及有关方法、算法。

　　第10章排序。介绍各种内部排序方法的指导思想和特点;几种内部排序算法和其基本思想;几种内部排序算法的优缺点、时空性能和适用场合。

　　第11章文件与外排序。介绍文件及其相关概念;文件的基本操作;文件的组织方式;外排序的基本过程。

本书内容符合"数据结构"课程要求,充分考虑了计算机专业学生的培养目标。在内容的组织上,由浅入深、循序渐进。书中采用 C 语言作为数据结构和算法的描述语言,在注重基本知识和基本概念的学习的同时,更注重学生能力的培养。在教学过程中可以采用启发式案例教学的方法。

本书由齐齐哈尔大学魏连锁担任主编,齐齐哈尔大学李丽丽担任副主编。其中,第 1 章至第 4 章、第 8 章、第 10 章由魏连锁编写;第 5 章至第 7 章、第 9 章、第 11 章由李丽丽编写。魏连锁负责全书审阅。

限于作者水平,书中难免会有疏漏之处,恳请读者批评指正,以使本书得以改进和完善。

编 者
2018 年 4 月

目　　录

第1章 绪 论

自 1946 年第一台计算机 ENIAC 问世以来,人类进入了现代电子数字计算机的时代。随着计算机技术的不断发展,计算机科学也随之产生。如何有效地组织存储数据,如何有效地处理数据成为计算机科学的基本研究内容。

本章主要介绍了什么是数据结构、数据结构中常用的基本概念及数据结构所研究的问题与内容,并对算法描述和分析进行了简要的介绍。通过本章的学习,使读者对数据结构课程有一个初步的了解,并为后续内容的学习提供参考。

1.1 数据结构基本概念和术语

在计算机中,人们通常会以数据的形式来表示输入、输出以及中间结果。程序的执行效率受到不同计算模型以及不同平台环境的影响,对数据的存储、组织、转换等操作会直接影响算法效率。

数据结构是指相互之间存在一种或多种特定关系的数据元素的集合。“数据结构”在计算机科学中是一门综合性的专业基础课,数据结构是介于数学、计算机硬件、软件三者之间的一门核心课程。数据结构这一门课的内容不仅是一般程序设计的基础,而且还是设计和实现编译程序、操作系统、数据库系统及其他系统程序的重要基础,它主要研究在非数值计算的程序设计问题中计算机的操作对象以及它们之间的关系和操作。因此数据结构是以“数据”的信息的表现形式为研究对象,并研究支持高效算法的数据信息处理策略、技巧和方法。

从 1968 年开始,“数据结构”作为一门独立的课程开始设立。1968 年,美国唐纳德·克努特教授开创了数据结构的最初体系,他所著的《计算机程序设计艺术》第一卷《基本算法》是第一本较系统地阐述数据的逻辑结构、存储结构及其操作的著作。在此之前,虽然数据结构的一些内容在其他课程中有所体现,并且在美国一些大学中也设置了数据结构这门课程,但是对其范围没有做出十分明确的规定。

计算机科学是一门研究用计算机进行信息表示和处理的科学。这里涉及两个问题,即信息的表示和信息的处理。通常情况下,用计算机解决实际问题需要经过以下几个阶段:

(1)分析问题阶段。在这个阶段中,首先对计算机要解决的问题进行分析。即明确问题是什么,要解决什么问题,用户的需求是什么,已知条件是什么,如何根据已知的条件进行处理,进而达到最终目的。

（2）建立模型及设计算法阶段。算法是解决问题方案的准确而完整的描述，是一系列清晰指令的集合。算法代表着用系统的方法描述解决问题的策略机制。正确的算法可以实现规范的输入，并在有限时间内输出所需要的结果。设计算法阶段需要寻找解决问题的策略和方法，并且使用适当的工具加以详细的描述和说明。如果一个算法有缺陷，或不适合于某个问题，执行这个算法将不会解决这个问题。不同的算法可能用不同的时间、空间或效率来完成同样的任务。一个算法的优劣可以用空间复杂度与时间复杂度来衡量。首先，建立模型。通过对实际问题的多次抽象，建立能被计算机存储和处理的数据模型。其次，定义数据。利用恰当的表达工具定义数据的逻辑结构和物理结构。逻辑结构的定义是对数据模型的抽象逻辑描述。逻辑结构独立于计算机，可以不考虑机器实现，只需要考虑要解决问题的抽象数据本身和其逻辑关系的表达。物理结构的定义则正好相反，需要将数据和其关系映射到计算机内，转化成计算机能够存储和处理的形式。最后，寻找正确的算法。找到要解决问题的方法，并利用适当的工具加以详细描述。在算法设计阶段，由于许多问题没有可用的算法，所以需要程序设计人员自己去探索、发现或创新。

（3）编写程序及调试运行阶段。设计适当的算法之后，就需要使用计算机程序设计语言进行编写程序。编程的语言包括汇编语言、机器语言和高级语言。常用的高级语言有 C 语言和 Java 语言。编写程序就是将第二阶段所设计的算法翻译成计算机能够理解和执行的语言，并得到最终的相应结果。

1.1.1　数据结构的基本概念

1. 数据

数据就是指能够被计算机所接收和处理的对象。那些能够被输入到计算机中，并且能够被计算机处理的各种符号，都可以称为数据。随着计算机技术不断的发展变化，数据的形式也越来越多样化，除整数、小数等表示数字的数据外，字符、图形、图像、表格等能够被计算机存储和处理的对象也可以称之为数据。总之，数据已经成为信息的载体，而信息是数据的内涵。

2. 数据元素

数据元素是数据的基本单位。通常情况下，数据元素在程序设计过程中是作为一个整体进行处理的，一个数据元素就是数据中的一个"个体"。数据元素通常具有完整而确定的实际意义，表示同一个对象、多个特征。在不同的情况下，数据元素也可以被称为元素、顶点或者是记录。数据元素是作为一个完整的数据进行存储和处理的。

3. 数据项

如果说数据元素是数据的基本单位的话，数据项就是数据不可分割的最小单位。一个数据元素是由若干个数据项组成的。数据元素是数据项的集合。数据项就是具有独立逻辑意义且不可再分割的数据。数据项也被称为字段或域。如图书信息中图书名、作者、出版社等就是数据项，而书目信息作为一个数据元素由图书名、作者、出版社等数据项构成。从逻辑角度来看，一个数据项能够反映其描述对象的一方面的属性，而数据元素则由多个数据项共同描述对象的多个特征，是一个整体。从存储角度来看，数据元素作为基本单位，整个数据的存取和处理都是以数据元素为单位进行操作的。

例如，表 1−1 所示的为学生信息统计表。表中每个学生信息即为一条记录，每个记录由姓名、性别、年龄、出生日期、班级以及成绩几个数据项组成。其中姓名、性别、年龄、出生日期、班级为原子项;成绩为组合项,分为数学、语文、英语、物理 4 个原子项。

表 1-1　学生信息统计表

姓名	性别	年龄（周岁）	出生日期	班级	成绩			
					数学	语文	英语	物理
张臣	男	21	19970313	141	90	80	75	80
李月	女	19	19990408	141	95	78	85	67
王晨	女	20	19980526	142	96	74	82	80
……	……	……	……	……	……	……	……	……

4. 数据对象

数据对象是由具有相同性质的数据元素构成的集合。数据对象就是一个集合,而数据元素则是一个个体。数据元素描述的是一个客观对象,具有共同特征的对象组合在一起,即得到一组数据元素,成为一个集合,这个集合就是一个数据对象。通常情况下,在计算机中,一个数据对象会被组织成一个文件,并以文件的形式存储在计算机系统中,作为整体进行存储和维护。所以,数据对象就是数据存储管理单位。

数据项、数据元素、数据对象之间的关系:一个数据元素是由若干相关的数据项构成的,一个数据对象是由相关的数据元素构成的。它们三者之间是被包含与包含的关系。数据项、数据元素、数据对象是数据逻辑结构的层次单位,也是存储结构的层次单位。

5. 数据结构

数据结构是数据对象以及定义在这组数据对象上的某种特定的关系。它是相互之间存在一种或多种特定关系的数据元素的集合。数据结构就是计算机存储和组织数据的一种方式。通常情况下,数据结构会影响数据元素的检索和存储效率。数据结构与其索引技术有关。数据结构可以形象地表示为:数据结构 = 数据元素的集合 + 一组关系的集合。

数据结构是一个二元组,其形式表示为

$$Data\_Structure = (D, R)$$

式中　D——数据元素的有限集合;

　　　R——在 D 上的关系的有限集合。

例如:$L = \{A, B, C, D, E\}$,$R = \{<\}$,$D\_S = \{L, R\}$ 即是一个数据结构。

1.1.2　逻辑结构类型

研究数据结构不仅是研究数据的逻辑结构,还研究数据的物理结构。逻辑结构表示的是数据元素之间的逻辑关系。根据数据元素之间的关系的不同,数据的逻辑结构通常分为 4 种。

1. 集合结构

数据元素之间没有任何的联系,只是同属于同一个集合,如图 1-1 所示。

2. 线性结构

数据元素之间存在着一对一的关系。线性结构也称为线性表,如图 1-2 所示。

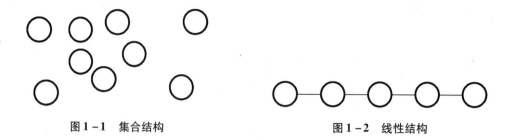

图 1-1 集合结构　　　　　　　图 1-2 线性结构

3. 树形结构

数据元素之间存在着一对多的关系。树形结构有良好的层次性,所以表示具有层次结构的数据时,树形结构是一种很好的选择,如图 1-3 所示。

4. 图状结构

图状结构又称图,其数据元素之间存在着多对多的关系。这种结构描述数据元素之间存在着的复杂的网络关系,如图 1-4 所示。

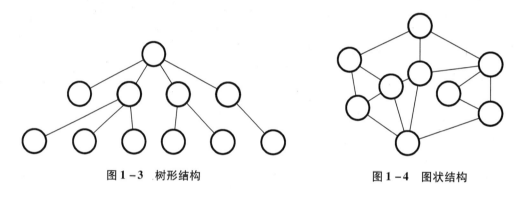

图 1-3 树形结构　　　　　　　图 1-4 图状结构

以下 3 个例子说明 3 种不同的数据结构。

【例 1-1】 如表 1-2 所示,在数据库管理系统中,通常用记录来表示表中的一个数据元素。可以看出,图书信息表是一个线性的数据结构,表中的每行表示一个记录。每个数据元素由 ISBN 号、教材名称、主编、出版社、出版时间、估价等数据项组成,数据元素之间存在着一对一的关系。

表 1-2　图书信息表

ISBN 号	教材名称	主编	出版社	出版时间	估价 /元
9787040406641	数据库系统概论	王珊	高等教育出版社	2014. 09	39.6
9787302330981	软件工程导论(第 6 版)	张海藩	清华大学出版社	2013. 10	39.5
9787121225550	网络舆情分析师教程	薛大龙	电子工业出版社	2014. 04	26
……	……	……	……	……	……

【例 1-2】 Linux 文件目录结构是一个典型的树形结构。如图 1-5 所示,"/"为 Linux 系统的根目录,是整个树形结构的根节点;etc、usr、var、home 等都是"/"的下一级目录。在

树形结构中通常会把一个节点的直接前驱称为该节点的父节点,一个节点的直接后继称为该节点的子节点。因此根节点"/"为"etc"等节点的父节点,而"etc"等节点称为"/"的子节点。通过观察可以发现,与线性结构不同,树形结构中的节点是一对多的关系,即一个父节点可以对应多个子节点。树形结构也是一种严格的层次结构,上层节点与下层之间具有层次关系,而且在这种关系中,根节点作为整个树形结构的起始节点。树形结构的这种层次关系是不能颠倒的,即只能先有父节点,才能再有子节点,不存在只有子节点,没有父节点的情况。

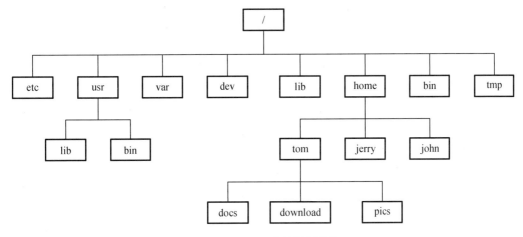

图 1-5 Linux 文件目录结构

【例 1-3】 图 1-6 为城市交通图。由图可知,这是个典型的图状结构。图中每个城市就是一个数据元素,在图状结构中,这样的数据元素称为顶点。不难发现,各顶点之间存在着多对多的关系。有些顶点和顶点之间存在边,即具有连通性。图状结构也可以称为网状结构。

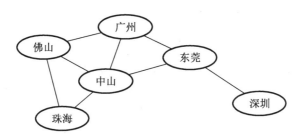

图 1-6 城市交通图

1.1.3 数据的存储结构

在数据结构中,逻辑结构通常被用来描述数据元素之间存在的逻辑关系。上述 4 种关系均可以用二元组来表示。逻辑结构是为了研究所要解决的问题。在计算机中除了用逻辑结构来描述这些数据元素之间的关系外,还需要研究这些数据元素在计算机中的表示,即如何在计算机中操作。数据结构在计算机中的存储和表示,称为数据的物理结构。

在计算机中,数据的存储结构分成顺序存储结构和链式存储结构两类。常用以下 4 种存储方法。

1.顺序存储结构

顺序存储结构经常事先约定好数据元素的先后次序,然后将这些数据元素逐一存放在连续的物理存储空间上。也就是把逻辑上相邻的节点存储在物理位置也相邻的存储单元中,数据元素的物理位置的相邻关系表示数据元素逻辑上的相邻关系。

顺序存储结构是一种简单且易于实现的存储方式。因为在采用顺序存储结构存储数据元素时,数据元素的访问,只需要知道数据元素在物理存储空间的位置关系,就能够得到数据元素的逻辑关系,存储的过程中,不需要增加其他的存储单元来记录数据元素的逻辑关系。通常情况下,在高级程序设计语言中可以用数组来实现存储结构。当对数据元素进行访问时,只需要给出要访问元素在此数组中的下标,就可以直接访问该数据元素,因此顺序存储结构是一种可以随机访问的存储方式。

顺序存储结构的缺点:一方面当处理数据量很大,即数据元素个数较多时,需要一大块连续的存储空间,有时计算机很难满足其要求;另一方面当数据元素需要进行插入和删除操作时,需要对其他的节点进行移动,这种操作会增加系统开销,增加算法的时间复杂度。

2.链式存储结构

与顺序存储结构不同,链式存储结构将逻辑上相邻的数据元素可以存储在不相邻的存储位置上,数据元素之间的逻辑关系通过指针来表示。也就是说不同的数据元素可以存储在连续的地址空间,也可以存储在不连续的地址空间。通常情况下,在高级程序设计语言中可以用指针类型来实现链式存储中逻辑关系的描述。

链式存储结构的存储空间利用率较低,因为除了存储数据元素的这部分存储空间外,存储空间还有一部分用来存储数据元素之间的逻辑关系,即指针。另外,链式存储结构不能实现随机访问,因为逻辑关系相邻的元素不一定存储在物理位置相邻的存储空间。链式存储结构具有容易修改的特点,由于数据元素的逻辑关系是通过指针来描述的,因此在插入、删除数据元素的操作时,不需要像顺序存储结构一样对数据元素进行移动,只需要对相关指针进行修改。

【例1-4】 序列{20,35,16,38,56}按顺序和链式存储结构进行存储,其在机器内存储的示意图如图1-7所示。

3.索引存储结构

索引存储结构是通过索引表来确定数据元素的存储位置。在存储数据元素时,将数据元素的关键字和存储地址构造成索引表,数据元素的关键字能够唯一标识数据元素,而通过存储地址可以访问其存储地址上的数据元素。

索引存储结构也能够实现对数据元素的随机访问。当需要对数据进行插入、删除等操作时,可以不移动存储空间上的数据元素,只需要修改和移动索引表中的相关节点的存储地址信息。

索引存储结构可以分为稀疏索引和稠密索引两种:稀疏索引中一组数据元素对应一个索引项;稠密索引中每一个数据元素对应一个索引项。

4.散列存储结构

散列存储结构是将数据元素的关键字转换成其存储地址,这种结构也称为哈希存储结构。这种结构适用于高速检索,效率近似于随机存取。

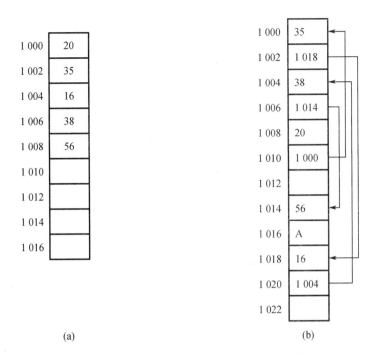

图 1-7　序列存储示意图

(a)顺序存储;(b)链式存储

4 种存储结构可以单独使用,也可以结合起来使用。相同的逻辑结构可以采用不同的存储结构,通过不同的存储结构来满足不同应用的具体要求。

1.2　数　据　类　型

1.2.1　数据类型的定义

数据类型是与数据结构紧密相关的一个概念,它是对数据类型的进一步抽象,是基本数据类型的延伸和发展。数据类型是一组值的集合以及在这组值上定义的操作的总称。也就是说数据类型不只包括其数据对象,也包括在数据对象上的操作。在高级程序设计语言中,通常可以用数据类型来描述数据对象的特性。数据类型包括两方面的含义:一方面它是值的集合,其中的数据具有相同的类型;另一方面,它也是一组操作集合,这组操作是作用在值的集合上的。在高级语言中定义的常量、变量等都有其不同的数据类型。如整型、布尔类型等,对于整数类型,是除了包含其整数值取值范围的所有数据的集合外,还包含定义在其值上的加减乘除等运算。

通常情况下,可以将数据类型按其"值"的特性划分成原子类型和结构类型。

①原子类型,其值不可分解,如整型、布尔类型。

②结构类型,其值由若干个分量组成,通常情况下,这些分量由用户自己定义,如数组、结构体等类型。在结构类型中又可将数据类型进一步细分成静态聚合类型和动态聚合类型。静态聚合类型的变量的值由固定个数的数据项组成复合数据类型;动态聚合类型中组

成复合数据类型的数据项个数不固定。

1.2.2 抽象数据类型

抽象数据类型(Abstract Data Type,ADT)是指描述数据的逻辑结构以及在这些逻辑结构上的一组操作,它是抽象数据的组织和与之相关的操作。抽象数据类型的定义取决于它的逻辑特性,与其在计算机内部的表示和实现无关。也就是说只要其数学特性不变,其内部的变化不会影响外部的使用。

抽象数据类型的定义,可以采用三元组来(D,R,P)表示。其中 D 表示的是数据对象,R 表示 D 上的关系集合,P 表示对 D 的基本操作集合。

抽象数据类型的定义格式如下:

ADT 抽象数据类型名{
    数据对象:<数据对象的定义 >
    数据关系:<数据关系的定义 >
    基本操作:<基本操作的定义 >
}ADT 抽象数据类型名

其中,可以用伪代码来定义数据对象和数据关系。定义基本操作格式如下:
    基本操作名:

        初始条件:<初始条件描述 >
        操作结果:<操作结果描述 >

抽象数据类型和数据类型实质上是同一个概念。抽象数据类型是用户根据实际应用自定义的数据类型,不再局限于高级计算机语言中已有的数据类型。为了提高软件的利用率,软件系统的框架不再是建立在操作之上,而是建立在数据之上。这种程序设计方法,将在软件系统的每个相对的独立模块中,定义一组数据和在这组数据上的一组操作,并在模块的内部给出数据的表示和实现细节,在模块的外部使用的只是抽象的数据和抽象的操作。所以不难发现,当定义的数据类型的抽象层次越高,那么包含这个抽象数据类型的模块的利用率也就越高。

定义一个三元组抽象数据类型。

ADT Triplet
{
    数据对象 D:D = {e_1,e_2,e_3|e_1,e_2,e_3 属于定义了关系的某个集合}
    数据关系 R:R = { < e_1,e_2 > , < e_2,e_3 > }
    基本操作 P:
    InitTriplet(&T , v_1 , v_2 , v_3) ;
        操作结果:构造三元 T,元素 e_1,e_2 和 e_3 赋予参数 v_1,v_2,v_3 的值。
    DestroyTriplet(&T)
        初始条件:三元组 T 已经存在。
        操作结果:销毁三元组 T。
    Get(T,i,&e)

初始条件:三元组 T 已经存在,1≤i≤3,

操作结果:用 e 返回三元组 T 的第 i 个元素。

Put(&T,i,e)

初始条件:三元组 T 已经存在,1≤i≤3,

操作结果:将 e 值赋值给三元组 T 的第 i 个元素。

IsAscending(T)

初始条件:三元组 T 已经存在。

操作结果:判断三元组 T 的三个元素是否按升序进行排列,如果是,则返回 TRUE;否则返回 FALSE

IsDescending(T)

初始条件:三元组 T 已经存在。

操作结果:判断三元组 T 的三个元素是否按降序进行排列,如果是,则返回 TRUE;否则返回 FALSE

Max(T,&e)

初始条件:三元组 T 已经存在。

操作结果:将三元组 T 的最大值赋给 e。

Min(T,&e)

初始条件:三元组 T 已经存在。

操作结果:将三元组 T 的最大值赋给 e。

} ADT Triplet

基本运算中有两种参数,分别是赋值参数和引用参数。赋值参数用于为运算提供输入值;引用参数以 & 开头,可以提供输入值及用于返回运算结果。

抽象数据类型强调的是数据的抽象和数据封装。也就是说,抽象数据类型的每个操作都尽可能单一明确。这样可以减少操作功能上的重复。采用抽象数据类型可以隐藏内部的实现细节,做到实体的外部特性与内部实现细节分离。

1.3 算法及其分析

1.3.1 算法的概念及其基本特征

1. 算法的基本概念

在用计算机解决问题的过程中,需要通过程序设计语言编程实现。而算法就是描述解决问题方法的操作步骤的集合,是为了解决一个或者一类问题的有限的、确定的操作序列。程序、数据结构以及算法具有极密切的关系。在程序设计的过程中,需要先确定数据结构,然后根据所确定的数据结构来设计相应的操作步骤——算法。也就是说我们可以把数据结构、算法和程序表示成如下的关系:

$$数据结构 + 算法 = 程序$$

解决任何一个问题都需要事先做出计划,并制定解决问题的步骤,而利用计算机解决问题,就是在所定义的数据结构上进行的相应操作。

2.算法的基本特征

算法具有以下几个特征：

（1）有穷性

一个算法的操作步骤是有限的。即对于输入的合法数据,算法必须在有限的步骤后完成。也就是说计算机解决问题的过程中,不允许无限制地计算下去,从而得到结果。

（2）确定性

算法的每一个步骤都必须是确定的、无二义性的。算法中每种情况下的操作都是有明确规定的。确定性可以避免当操作有歧义时,计算机程序无法执行,所以在任何条件下,算法都只有一条执行路径。

（3）可行性

算法的每个操作足够基本,每个基本操作都能在有限次执行完成。

（4）有输入

算法是对数据进行加工处理过程的程序。一个算法可有0个或多个输入。数据作为被处理的对象,执行算法时需要进行输入,有些时候,虽然没有输入数据,但实际上被处理的数据已经嵌入到算法中,或处理的数据已经在机器中。

（5）有输出

每个算法必须有一个以上的输出数据,它是算法执行后,对信息进行加工处理后得到的结果,这个结果可以是数据,也可以是对与错、是与否等回答信息。输出与输出之间存在着确定的关系。

3.算法描述

算法与程序即有相似之处,又有不同。算法满足有穷性,而程序不一定满足这种特性。另外程序必须用计算机语言来描述,其中的指令是机器可以执行的。算法则可以用计算机语言描述,也可以用非计算机语言描述。非计算机语言可以是自然语言、图形、伪代码。

【例1-5】 设计一个算法,实现对含有 n 个数据元素的数组中的所有元素进行逆置,原数据元素序列为 $a_0, a_1, \cdots, a_{n-1}$,逆置后的数组中的数据元素序列为 $a_{n-1}, \cdots, a_1, a_0$。

解 （1）利用 C 语言程序进行描述。

```
void Reverse(int n, int a[ ])
    {
        int i,m = n/2;
        int temp;
        for(i = 0;i < m;i ++ )
            {
                temp = a[ i ];
                a[ i ] = a[ n - i - 1 ];
                a[ n - i - 1 ] = temp;
            }
    }
```

（2）利用自然语言描述算法。

①对 $a[n]$ 中的每个元素进行赋值。

②设置两个整型变量 i, m;令 $i = 0, m = n/2$。

③从数组第一个元素循环访问到数组的第 m 个元素,即数据前半部分数据。

④每取出一个数据 $a[i]$,将其和 $a[n-i-1]$ 的数据进行对调。

⑤当 $i=m$ 时,退出循环,表示数组逆置完成。

(3)利用图形描述算法。

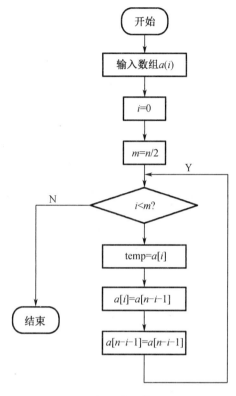

图 1-8 数组逆置算法流程图

1.3.2 算法的设计目标

当采用计算机来解决实际问题时,不同的问题可以有不同的解决算法。通常情况下,对于特定问题,采用何种数据结构,将会影响其算法设计。即使使用同一种数据结构,算法也可能由于设计者不同、设计思路不同而产生差异。但无论如何,算法设计并非完全自由的,它也需要遵循一些基本的准则和要求。一个好的算法,至少要符合以下几个目标。

1. 正确性

正确性是算法设计的最基本的目标,是算法设计的首要要求。一个算法应该能够执行预先设定的功能和性能需求,能够解决具体的实际问题。算法的正确性反映的是对要解决问题的输入、输出以及处理方面的要求。算法的正确性包括多层含义:首先是对解决问题的建模正确、算法策略选择正确以及数据结构正确;其次是算法数据格式、程序结构等符合规范化要求;最后就是结果满足解决问题要求。

2. 可读性

可读性是为了便于算法的阅读和理解,便于算法的调试和维护,一个好的算法应该表述清晰、易读、易理解。早期的算法设计,由于计算机系统硬件速度、内存、外存的限制,使得人们在设计算法时需要考虑如何节省存储空间,提高算法运算速度,所以很多算法是难以读,难以理解的。随着硬件的高速发展,计算机的处理速度和存储容量都有很大的提高,所以人们已经不再像以前那样看重算法和程序的效率,而把算法的可读性作为算法设计的一个重要标准。

3. 健壮性

算法的健壮性是指算法可以稳定运行,具有容错处理能力。当输入数据出现错误时,算法可以进行适当的处理或者做出恰当的反映,即能够在输入不合理数据时进行检查和处理,而不是经常出现死机或异常中断,或出现莫名其妙的结果的现象。

4. 高效性

高效性表现在时间和空间效率上。时间上的效率,是指算法的执行时间,即对于解决同一个问题的不同算法,执行时间越短,算法效率越高。空间上的效率,是指算法执行过程中占用的最大的存储空间,包括存储算法本身、算法运行过程中占用的临时存储空间,以及输入、输出数据占用的空间等。解决同一个问题的不同算法,执行时间越短的,算法效率越高。解决同一个问题的不同算法,算法执行过程中占用的最大存储空间越小,算法效率越高。实际上,算法的时间效率和空间效率与问题规模相关,同时它们之间相互矛盾。也就是说提高时间效率可能就要放弃空间上的高效,提高空间效率又可能需要放弃时间上的高效。

1.3.3 算法效率分析

解决一个问题的算法不止一种,如何评价算法的好与坏? 算法的评价要从两个方面入手:一方面是时间上的,即算法在计算机上执行时所消耗的时间;另一方面是空间上的,即算法所占用的存储空间。时间上的消耗和空间上占用存储空间会受到具体计算机影响,也就是说,计算机不同,其算法执行时间和占用存储空间也不同,同一台计算机也会由于不同时刻执行算法。于是人们在评价算法时,通常以算法的时间复杂度和空间复杂度来评价算法的好坏。

1. 时间复杂度

算法一般由控制结构和对数据类型的基本操作构成,算法的运行时间是算法所有语句执行时间的总和。抛开 CPU 速度等因素,算法的执行时间取决于所解决问题的规模,即基本运算执行的次数。算法的时间通常表示为 $T = T(n)$,其中 n 表示问题的规模。

算法的执行时间 = 算法所有语句执行的次数 × 每条语句执行所花费的时间求和。

算法的时间度量可以有两种方法,一种是事前分析法,一种是事后统计法。

(1)事前分析法

在算法执行前,用数学方法对算法的效率进行分析。通常一个算法编制成程序在计算机上运行时所需要的执行时间与以下几个因素有关:

①程序设计语言的书写;

②编译产生机器语言;

③计算机执行指令速度;

④问题的规模。

在这 4 个因素当中,前 3 个因素都受程序运行的具体机器影响,只有第 4 个因素只与算法本身有关,而排除了机器的影响。所以用事先分析法分析算法效率时,主要分析算法的时间效率与该算法所处理的问题规模之间的关系,即时间效率和该算法处理数据的个数 n 的关系。

(2)事后统计法

利用计算机内部的计时功能,来统计算法在执行过程中的执行时间。这种事后统计法可以比较一个问题采用不同算法的运行时间区别,比较出各种算法的优劣。但是一般在数据结构中是不会采用这种方法的。因为这种事后统计,一方面需要事先根据算法编制程序运行;另一方面在算法运行过程中需要测试数据,而不同的测试数据在不同的测试算法时会有区别,所以无法给出客观且全面的结果。

在算法时间效率评价方面,通常采用事先分析法。

【例 1 - 6】 对 $1 \sim n$ 的整数进行求和运算。算法如下:

```
void add(int n)
    {
        int sum,i;
        sum = 0;
        for (i = 1;i <= n;i ++ )
            {
                sum = sum + i;

            }
    }
```

算法的执行时间是算法执行每一条语句的时间之和。操作语句 sum = sum + 1,作为基本运算操作,随着 n 的取值变化,其执行的次数也会增加,算法的执行时间也会发生改变。也就是说随着算法问题规模 n 的增大,执行时间也会增加。所以,算法的时间复杂度就是指基本运算在算法中重复执行的次数,记作 $T(n) = O(f(n))$。当 n 足够大时,$T(n)$ 和 $f(n)$ 是成正比的关系。

例如下列 3 段程序代码:

①sum = sum + i;

②for(i = 1;i <= n;i ++)
    { sum = sum + i; }

③ for(j = 0;j <= n;j ++)
    for(i = 1;i <= n;i ++)
        { sum = sum + i; }

如果执行一个算法没有循环,如①操作,其基本操作执行的次数和问题的规模 n 是无关的,其时间复杂度记为 $O(1)$,时间复杂度是常数阶;当算法只有一个一重循环时,如②所示,其基本操作执行的次数与问题的规模 n 的增加成线性增加关系,其时间复杂度记为 $O(n)$,时间复杂度是线性阶;当算法有两重循环时,如③所示,其基本操作执行的次数与问题的规模 n 的增加成平方级的增加关系,其时间复杂度记为 $O(n^2)$,时间复杂度是平方阶。除了上述 3 种情况外,算法的时间复杂度还可以成其他形式的关系,如立方阶 $O(n^3)$、指数阶 $O(2^n)$ 和对数阶 $O(\log_2 n)$ 等。

当 n 无穷大时,常见的几种时间复杂度按数量级递增的顺序进行排序,依次为:

$$O(1) < O(\log_2 n) < O(\log_2^n) < O(n) < O(n\log_2 n) < O(n^2) < O(n^3) < O(2^n) < O(n!)$$

从算法时间效率看,除了常数阶之外,其他阶的算法时间复杂度均与问题规模 n 存在着一定关系,而且随着 n 的增加其函数的增长速度区别也是极其明显的。所以算法的选择对算法的效率影响也是很大的。

此外,算法的运行时间除了受问题规模 n 的影响以外,它还会与问题的输入数据有关。比如,当在一个一维数组中进行数据查找时,假设从数组的 0 下标所指存储地址开始沿地址增加的方向开始查找,直到找到元素或整个数组所有元素都被遍历一遍为止。幸运的话,刚好数据的第一个元素就是要查找的元素时,其查找时只需要数组中第一个元素和所要查找的数据进行比较,也就是比较操作只进行了一次;反之,若不幸,所要查找的元素正好在数组的最后一个位置,若数组中数据个数为 n,这就意味着比较操作要执行 n 次。显然,这两种情况的执行时间是不同的,所以在分析算法时间复杂度时要采用最好时间复杂度、平均时间复杂度和最坏时间复杂度 3 种方法来确定算法的运行时间。

最好时间复杂度是分析各种情况下算法运算最快的执行时间,算法计算量最小。

平均时间复杂度是分析当 n 值相等时的所有各种可能情况,计算算法运行时间的平均值。

最坏时间复杂度用于分析各种情况下算法运算最慢的执行时间。

3 种时间复杂度都可以用来做算法的研究。通常情况下,由于输入数据各种情况的概率难以确定,不易分析,所以多数情况下,在研究算法时,研究的是其最坏情况的时间复杂度。

在算法时间复杂度研究的过程中,还要考虑算法的时间复杂性是否是一个可以计算的级别。例如,时间复杂度为 $O(2^n)$,从理论上说其算法执行时间是有限的,但是在实际处理过程中却并非可行。比如求解汉诺塔问题,当 n 值大到一定程度时,计算机是无法进行处理的。

【例 1 - 7】分析以下算法的时间复杂度。

```
int a[ ];
int n;
int x;
i = 0;                                          ①
while( i < n && a[i] != x)
    {
        i ++ ;                                  ②
    }
if( i == n)
    printf("数组 a 中没有与 x 相等的元素。");    ③
```

解 上述算法包含一个循环,while 循环的循环次数为 n,所以该程序段中语句①的执行次数是 1;语句②的执行次数与 x 在数据中是否存在以及存在位置有关,在最坏情况下 $a[n]$ 中不含有元素 x,则③执行的次数为 n,若 x 为 $a[n]$ 中的第一个元素,则语句②的执行次数为 0;语句③执行的次数与 if 条件是否成立有关。所以上述算法在最坏情况下时间复

杂度是 $O(n)$。

平均复杂度即 x 出现在每个位置上的概率相等,将 x 出现在每个位置上的算法执行时间相加并乘以出现概率,得到的就是其平均时间复杂度,其时间复杂度也是 $O(n)$。

【例 1 - 8】 分析以下算法的时间复杂度。

```
for( i = 1;i <= n;i ++ )
    {
        for( j = 0;j <= n;i ++ )
            {
                c[ i ][ j ] = i * j;        ①
            }
    }
```

解 上述算法是二重循环的程序,两层 for 循环的循环次数都是 n;所以算法中"$c[i][j] = i \times j$;"语句的执行次数与 n 相关,执行的次数是 n^2。该算法的时间复杂度是 $T(n) = O(n^2)$。

【例 1 - 9】 分析以下程序的时间复杂度。

```
for( i = 0;i < a;i ++ )
    {
        for( j = 0;j < b;j ++ )
            {
                for( k = 0;k < c;k ++ )
                    {
                        sum[ i ][ j ] = sum[ i ][ j ] + first[ i ][ k ] * econd[ k ][ j ]; ①
                    }
            }
    }
```

解 上述算法是一个求两个矩阵乘积的算法。可以看出,这是带有三重循环的程序段,每一层的循环次数与 for 循环的循环次数有关,从最外层到最内层循环次数分别是 a, b, c,因此程序段中语句①的频度是 $a \times b \times c$,则程序段的时间复杂度是 $T(n) = O(a \times b \times c)$。若 $a = b = c = n$,则程序的时间复杂度为 $T(n^3) = O(n^3)$。

【例 1 - 10】 分析以下程序的时间复杂度。

```
long int factorial( int n)
    {
        int m;
        if( n == 0)
            return 1;
        else
            {
                m = n * factorial( n - 1);        ①
                return m;
            }
```

解 上述算法是通过递归方法实现求 $n!$,"$m = n \times$ factorial $(n-1)$;"执行的次数与 n 的取值相关。由于算法采用递归的算法,所以当值等于 n 时,语句①执行的次数,比 $n-1$ 多执行 1 次。$T(n)$ 和 $T(n-1)$ 时间复杂度的关系为

$$T(n) = T(n-1) + 1$$

算法的时间复杂度为 $T(n) = O(n) = n + 1$。

2.空间复杂度

一个算法需要转换成具体程序才能在计算机中运行,而程序需要存储于计算机系统之中占用系统资源。所以,算法的存储空间需求除了包括程序本身所占用的空间,还包括输入数据和输出数据占用的空间。和时间复杂度一样,可以用算法的空间复杂度来表示算法在整个运行期间所占用的存储空间大小的度量,记作

$$S(n) = O(f(n))$$

其中,n 代表问题规模的大小。通过上式可以看出算法的空间复杂度与问题规模 n 的大小存在函数关系。程序在运行时,若输入数据所消耗的空间只取决于问题的本身,与算法无关,则只需要考虑除输入数据所占用的额外空间,否则需要同时考虑输入本身所占用的空间。如果输入所占用的额外空间相对于输入数据量是常数,那么算法是就地工作。对于输入数据程序代码所占用的存储空间虽然不同算法之间存在差别,但是也不会存在数量级上的差别,所以算法的空间复杂度只需要分析考虑除了输入和程序代码以外占用的额外空间。

算法的时间复杂度和空间复杂度称为算法的复杂度。随着计算机技术的不断发展,硬件存储能力与存储速度不断地提高,空间复杂度已经不再是算法效率研究的重点,所以现在研究算法效率重点指的就是时间复杂度。

习 题 1

一、选择题

1.数据的基本单位是( )。

A.数据项   B.数据元素   C.文件   D.数据结构

2.算法的时间复杂度取决于( )。

A.问题的规模   B.变量的多少   C.问题的难度   D.A 和 B

3.下列时间复杂度中最坏的是( )。

A.$O(1)$ B.$O(n)$ C.$O(\log_2 n)$ D.$O(n^2)$

4.算法能正确地实现预先设定功能的特性为算法的( )。

A.正确性   B.易读性   C.健壮性   D.高效性

5.数据结构通常是研究数据的( )及它们之间的相互联系。

A.存储结构和逻辑结构   B.联系和抽象

C.联系与逻辑   D.存储和抽象

6. 在逻辑上可以把数据结构分成( )。

A. 动态结构和静态结构　　　　　　　B. 线性结构和非线性结构

C. 紧凑结构和非紧凑结构　　　　　　D. 内部结构和外部结构

7. 数据的物理结构主要包含( )。

A. 顺序结构和链表结构　　　　　　　B. 动态结构和静态结构

C. 线性结构和非线性结构　　　　　　D. 集合、线性结构、树形结构、图状结构

8. 数据在计算机存储器内表示时,物理地址和逻辑地址相同并且是连续的,称其为( )。

A. 逻辑结构　　　　　　　　　　　　B. 链式存储结构

C. 顺序存储结构　　　　　　　　　　D. 存储结构

9. 每个节点只含有一个数据元素,所有存储节点相继存放在一个连续的存储区里,这种存储结构称为( )结构。

A. 顺序存储　　　B. 链式存储　　　C. 散列存储　　　D. 索引存储

10. 每一个存储节点只含有一个数据元素,存储节点存放在连续的存储空间,另外有一组指明节点存储位置的表,该存储方式是( )存储方式。

A. 顺序　　　　　B. 链式　　　　　C. 散列　　　　　D. 索引

11. 每一个存储节点不仅含有一个数据元素,还包含一组指针,该存储方式是( )存储方式。

A. 顺序　　　　　B. 链式　　　　　C. 散列　　　　　D. 索引

12. 算法分析的目的是( )。

A. 找出数据结构的合理性　　　　　　B. 研究算法中的输入和输出的关系

C. 分析算法的效率以求改进　　　　　D. 分析算法的易懂性和文档性

13. 算法分析的两个主要方面是( )。

A. 空间复杂性和时间复杂性　　　　　B. 正确性和简明性

C. 可读性和文档性　　　　　　　　　D. 数据复杂性和程序复杂性

14. 算法能正确地实现预定功能的特性称为算法的( )。

A. 正确性　　　　　B. 易读性　　　　　C. 健壮性　　　　　D. 高效性

15. 算法在发现输入数据错误或操作不当时可以做出处理的特性称为算法的( )。

A. 正确性　　　　　B. 易读性　　　　　C. 健壮性　　　　　D. 高效性

16. 链式存储的存储结构所占的存储空间( )。

A. 分两部分,一部分存放节点的值,另一部分存放表示节点间关系的指针

B. 只有一部分,存放节点的值

C. 只有一部分,存储表示节点间关系的指针

D. 分两部分,一部分存放节点的值,另一部分存放节点所占单元素

17. 算法指的是( )。

A. 计算方法　　　　　　　　　　　　B. 排序方法

C. 解决问题的有限运算序列　　　　　D. 调度方法

18. 任何两个节点之间都没有逻辑关系的是以下哪种结构? ( )

A. 图状结构　　　B. 线性结构　　　C. 树形结构　　　D. 集合

19. 数据结构是研究数据的( )以及它们之间的相互关系。

A. 抽象结构、逻辑结构　　　　　　　B. 理想结构、抽象结构

C. 物理结构、逻辑结构　　　　　　　　　　　D. 理想结构、物理结构

20. 算法具备输入、输出、可行性和(　　)等 5 个特性。

A. 可移植性和可扩充性　　　　　　　　　　B. 可行性和有穷性

C. 有穷性和稳定性　　　　　　　　　　　　D. 稳定性和安全性

21. 非线性结构是数据元素之间存在一种(　　)。

A. 一对一关系　　　B. 一对多关系　　　C. 多对一关系　　　D. 多对多关系

22. 数据结构中,与所使用的计算机无关的是数据的(　　)结构。

A. 存储　　　　　B. 物理　　　　　　C. 逻辑　　　　　　D. 物理和存储

23. 非线性结构中的每个节点(　　)。

A. 无直接前趋节点

B. 无直接后继节点

C. 只有一个直接前趋节点和一个直接后继节点

D. 可能有多个直接前趋节点和多个直接后继节点

24. 数据在计算机内存中的表示是指(　　)。

A. 数据的存储结构　　　　　　　　　　　B. 数据结构

C. 数据的逻辑结构　　　　　　　　　　　D. 数据元素之间的关系

25. 数据结构被形式化定义为二元组(D,S),其中 D 是(　　)的有限集合。

A. 算法　　　　　B. 数据元素　　　　　C. 数据操作　　　D. 数据关系

26. 算法效率的度量是(　　)。

A. 正确度和简明度　　　　　　　　　　　B. 数据复杂度和程序复杂度

C. 高的速度和正确度　　　　　　　　　　D. 时间复杂度和空间复杂度

27. 在存储数据时,通常不仅要存储各数据元素的值,还要存储(　　)。

A. 数据的存储方法　　　　　　　　　　　B. 数据处理的方法

C. 数据元素的类型　　　　　　　　　　　D. 数据元素之间的关系

28. 下列算法的时间复杂度是(　　)。

for(i = 0 ;i < n;i ++)

　　for(j = 0;i < n;j ++)

　　　　c[i][j] = i * j;

A. $O(1)$　　　　　B. $O(n)$　　　　　C. $O(\log_2 n)$　　　D. $O(n^2)$

29. 一般情况下,最适合描述算法的语言是(　　)。

A. 自然语言　　　　　　　　　　　　　　B. 计算机程序语言

C. 介于自然语言和程序设计语言之间的伪语言　　　D. 数学公式

二、填空题

1. 数据结构是一门研究非数值计算的程序设计问题中计算机的_____以及它们之间的_____和运算等的学科。

2. _____是数据的基本单位,它是数据中的一个"个体"。

3. 数据元素可由若干_____组成。_____是数据的不可分割的最小单位。

4. 数据结构被形式地定义为(D,R),其中 D 是_____的有限集合,R 是 D 上的_____有限集合。

5. 数据逻辑结构包括_____、_____、_____和_____四种类型,其中树形结构和图状结构合称为_____。

6. 数据结构的三要素是指_____、_____和_____。

7. 线性结构中元素之间存在_____关系,树形结构中元素之间存在_____关系,图状结构中元素之间存在_____关系。

8. 在线性结构中,第一个节点_____前驱节点,其余每个节点有且只有_____个前驱节点;最后一个节点_____后续节点,其余每个节点有且只有_____个后续节点。

9. 在树形结构中,树根节点没有_____节点,其余每个节点有且只有_____个前驱节点;叶子节点没有_____节点,其余每个节点的后续节点可以_____。

10. 在图状结构中,每个节点的前驱节点数和后续节点数可以_____。

11. 算法效率的度量可以分为_____和_____。

12. 数据元素之间的关系在计算机中有四种不同的表示方法_____、_____、_____、_____。

13. 链式存储结构与顺序存储结构相比较,主要优点是_____。

10. 算法的五个重要特性是_____、_____、_____、_____、_____。

14. 物理结构也叫_____,是指_____的存储表示,即数据的_____在计算机存储空间中的存放形式,包括节点的数据和节点间关系的存储表示。

15. 一个算法的效率可分为_____效率和_____效率。

16. 设有一批数据元素,为了最快的存储某元素,数据结构采用_____结构,为了方便插入一个元素,数据结构采用_____结构。

三、简答题

1. 分别解释数据、数据元素、数据结构、数据类型的含义。

2. 数据类型和抽象数据类型是如何定义的? 两者有何相同之处和不同之处?

3. 抽象数据类型是什么? 有哪些主要特点? 使用抽象数据类型的主要好处是什么?

4. 试述数据结构和抽象数据类型的概念与程序设计语言中数据类型概念的区别。

5. 设有数据结构 (D, R),其中 $D = \{a_1, a_2, a_3, a_4\}$,$R = \{r\}$,$r = \{(a_1, a_2), (a_2, a_3), (a_3, a_4)\}$,试按图论中图的画法,画出其逻辑结构图。

6. 数据结构涉及哪几个方面?

7. 什么是数据的逻辑结构? 什么是数据的物理结构?

8. 线性结构的特点是什么? 非线性结构的特点是什么?

9. 数据结构的存储方式有哪几种?

10. 什么是算法? 算法有哪些特点? 它和程序的主要区别是什么?

11. 试仿照三元组的抽象数据类型分别写出抽象数据类型复数和有理数的定义(有理数是其分子、分母均为自然数且分母不为零的分数)。

12. 算法的时间复杂度指的是什么,如何表示?

13. 算法的空间复杂度指的是什么,如何表示?

四、计算题

1. 简述下列程序段实现的功能,并求该程序的时间复杂度。

```
int find( int A[ ], int n, int x)
    {    for( int i = 0;i < n;i ++ )
            if( A[ i] == x)
                break;
            return i;    }
```

2.求下列程序段中各语句的执行次数,并求出该程序段的时间复杂度。

```
int   fun ( int   n)
{    ①    int   i = 1,s = 1;
②    while( s < n)
③        s +=++ i;
④    return   i;        }
```

3.计算下列程序段中 $x = x + 1$ 的语句频度,并求其时间复杂度。

```
for( i = 1 ;i <= n;i ++ )
  for( j = 1 ;j <= i;j ++ )
    for( k = 1 ;k <= j;k ++ )
      x = x + 1;
```

4.求下列程序段的算法时间复杂度。

```
sum = 0;
for ( i = 0 ;i < n;i ++ )
    for ( j = 0 ;j < n;j ++ )
        sum += A[ i] [ j] ;
```

第2章 线 性 表

线性表是一种常用的基本数据结构。线性表的结构特点是,在一个非空的有限集合中,数据元素之间存在一对一的线性关系。线性表通常有两种存储表示:顺序表和链表。本章主要介绍有关线性表的逻辑结构和存储结构,并对线性表的定义和基本操作进行详细介绍,通过线性表解决与之相关的实际问题。

2.1 线性表定义和基本操作

2.1.1 线性表定义

线性表是由 $n(n \geq 0)$ 个相同类型的数据元素构成的有限序列,即它是含有 $n(n \geq 0)$ 个节点的有限序列。由于有限,所以在线性表中,数据元素的个数是有限的。同时,在线性表中的数据元素都有其相对应的位置。其中有且仅有一个开始节点,即此节点为第一个节点,它没有前驱节点,但是有一个后继节点。线性表中有且仅有一个终止节点,即此节点为最后一个节点,它没有后继节点但是只有一个前驱节点。除开始节点外,线性表中的其他节点有且只有一个直接前驱;除终止节点外,线性表中的其他节点有且只有一个直接后继。此外,线性表中的所有元素都是"相同类型"的元素,即线性表中的数据元素都属于同一种数据类型。

通常,将线性表表示为 $a_1, a_2, a_3, \cdots, a_n$,其中 a_1 为开始节点,a_n 为终止节点,线性表记作 $L = (a_1, a_2, a_3, \cdots, a_n)$。

生活中线性表的例子有很多。例如,26 个英文字母表 $(A, B, C, D, \cdots, Z)$ 就是一个线性表,每个字母代表线性表中的一个数据元素。又如,2017 年 1 月份北京市每天最高气温纪录也可以用线性表的形式表示(5,7,5,6,2,4,3,5,3,4,5,6,3,4,1,1,4,2,1,1,0,0,1,4,5,8,6,4,1,1,5),其中每一个数字代表的是 1 月份某一天的北京市最高气温。

通过以上两个例子不难看出,线性表中的每个元素都是一个简单的数字或字符,但是在有些情况下,线性表中的元素可以更加复杂,可以是记录。每条记录作为一个数据元素,每个数据元素可以由若干个数据项组成。

【例 2 - 1】 一个学校在校学生登记表如表 2 - 1 所示。表中的每个学生信息就是一条记录,每条记录由学生的学号、姓名、年龄、性别、班级、所在学院等情况构成。

表 2-1　在校学生登记表

学号	姓名	年龄(周岁)	性别	班级	所在学院
20050201	张红	18	女	计151	计算机
20050202	李月	20	女	计151	计算机
20050203	王欣同	18	女	自152	自动化
20050204	刘明	19	男	自153	自动化
……	……	……	……	……	……

从以上例子可以看出,不同线性表中的数据元素多种多样,各不相同,但同一个线性表中的元素一定具有相同的特性,也就是说同一个线性表中的数据元素属于同一个数据对象。同时,同一个线性表中的元素之间存在一定的前后次序的位置关系。

所以也可以通过一个二元组来表示线性表,即 $L=(D,R)$,其中 D 表示数据元素的有限集合,R 表示数据元素之间关系的有限集合。

除空表外,线性表中的每一个数据元素都有一个确定的位置,即 a_1 表示第一个数据元素,a_n 表示最后一个数据元素,a_i 表示线性表中的第 i 个元素。i 即为数据元素 a_i 在线性表中的位序。

2.1.2　线性表的特点

根据线性表的定义,线性表有如下特点:

1. 有限性

线性表中元素个数是有限的,即线性表长度有限。这主要是由于计算机的存储容量有限,所以不能存储无限个元素的线性表。

2. 有序性

线性表中的元素是有序的。由于线性表中的数据元素是一对一的关系,这就决定了线性表中的数据元素除开始节点和终止节点外,均只有一个直接前驱和一个直接后继。

3. 类型同一性

线性表中的数据元素都是同一类型的数据,反映抽象数据对象的某些特性组合。不同类型的数据是不能组成线性表的。

4. 不可分解性

数据元素在存储时是作为一个整体进行存储的,也就是说,数据元素在存储时不能再分解成更小的数据单位。这就是数据的原子性,即存储原子性。

5. 抽象性

数据元素的类型是没有具体定义的,它只是作为一种抽象说明,可以是简单数据类型,也可以是复杂结构的数据类型,具体应根据问题的实际需要进行设计。

2.1.3　线性表的基本操作

线性表是一种灵活的数据结构,它的长度可以根据需要而进行改变,即可以增长或缩短。对线性表的主要操作是可以在线性表中的任意位置上进行数据元素的插入和删除。另外,对线性表中的任何一个数据元素还可以进行访问和修改,也就是说,对线性表的操作还应该包括能够读取线性表任意位置上的数据元素信息,并且可以修改这一数据元素。

抽象数据类型是指一个数学模型以及定义在此数学模型上的一组操作。抽象数据类型需要通过固有数据类型来实现。抽象数据类型是与表示无关的数据类型,是一个数据模型及定义在该模型上的一组运算。对一个抽象数据类型进行定义时,必须给出它的名字及各运算的运算符名,即函数名,并且规定这些函数的参数性质。一旦定义了一个抽象数据类型及具体实现,程序设计中就可以像使用基本数据类型那样,十分方便地使用抽象数据类型。线性表的抽象数据类型定义如下:

ADT List {
　　　　数据对象 $D:D = \{a_i | a_i \in ElemType, i = 1,2,\cdots,n, n \geqslant 0\}$
　　　　数据关系 $R:R1 = \{ <a_{i-1}, a_i> | a_{i-1}, a_i \in D, i = 2, \cdots, n\}$
　　　　基本操作 P:
　　　　　　(1)初始化线性表 InitList(&L)
　　　　　　操作结果:构造一个空的线性表 L。
　　　　　　(2)销毁线性表 DestoryList(&L)
　　　　　　初始条件:线性表 L 已存在。
　　　　　　操作结果:销毁线性表 L。
　　　　　　(3)清空线性表 ClearList(&L)
　　　　　　初始条件:线性表 L 已存在。
　　　　　　操作结果:将线性表 L 置为空表。
　　　　　　(4)判断线性表是否为空 ListEmpty(L)
　　　　　　初始条件:线性表 L 已存在。
　　　　　　操作结果:若 L 为空表,则返回 TRUE,否则返回 FALSE。
　　　　　　(5)求线性表长度 ListLength(L)
　　　　　　初始条件:线性表 L 已存在。
　　　　　　操作结果:返回 L 中数据元素个数。
　　　　　　(6)取线性表中某一元素 GetElem(L,i)
　　　　　　初始条件:线性表 L 已存在,$1 \leqslant i \leqslant ListLength(L) + 1$。
　　　　　　操作结果:返回 L 中第 i 个数据元素的值。
　　　　　　(7)查找线性表与给定值 e 相等的第一个数据元素 LocateElem(L,e)
　　　　　　初始条件:线性表 L 已存在。
　　　　　　操作结果:在 L 表中查找第 1 个与 e 相等的数据元素的位序。如果找到,返回值为数据元素的位序,否则,返回值为 0。
　　　　　　(8)在线性表的指定位置插入元素 ListInsert(&L,i,e)
　　　　　　初始条件:线性表 L 已存在,$1 \leqslant i \leqslant ListLength(L) + 1$。
　　　　　　操作结果:在 L 中第 i 个位置之前插入新的数据元素 e,L 的长度加 1。
　　　　　　(9)删除线性表中第 i 个位置的元素 ListDelete(&L,i)
　　　　　　　　初始条件:线性表 L 已存在且非空,$1 \leqslant i \leqslant ListLength(L)$。
　　　　　　操作结果:删除 L 的第 i 个数据元素,并返回其值。
　　} ADT List

以上操作定义了线性表抽象数据类型,其操作是在线性表逻辑结构上定义的操作,即只定义了其功能,至于如何实现,则需要确定具体的存储结构和编程语言。当然,上述操作只是最基本的操作,还可以根据需要对线性表进行更复杂的操作,如多个线性表的合并,返回某个线性表指定元素的前驱或后继,等等。

2.2 线性表顺序存储结构

通过线性表的抽象数据类型可以表示线性表的数据元素以及数据元素之间的逻辑关系和相关操作。在计算机中,线性表的抽象数据类型可以有两种存储方式:一种是顺序存储方式,另一种是链式存储方式。顺序存储方式是最简单、最常用的一种存储方式,即线性表中的所有元素依次存放在一组地址连续的存储单元中。

2.2.1 顺序表

线性表的顺序存储结构,即把线性表中的元素按照其逻辑顺序依次地存储在一组地址连续的存储单元。通常情况下,采用顺序储存方式存储的线性表称为顺序表。在计算机中,线性表的顺序存储是存储线性表最简单、最易实现的一种方式。通过一组连续地址的存储空间依次存储线性表中的数据元素,这种存储方式存储的线性表称为顺序表,也可以称之为向量。其中的每个元素称为这个顺序表或向量的一个分量。

如图 2 – 1 所示,顺序表的特点是在逻辑上相邻的两个数据元素在物理位置上也是相邻的。同时,线性表上的元素是可以随机存取的。

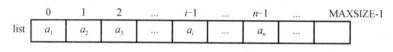

图 2 – 1   顺序表

由图 2 – 1 可以看出,顺序表中的各个元素可以存储在一个一维数组中,即数据元素为 $a_1, a_2, a_3, \cdots, a_n$,顺序表 list 可以存储在一维数组中。MAXSIZE 表示顺序表中包含的最大元素个数,即存储顺序表的数组的最大存储单元个数。MAXSIZE 的取值可以根据实际问题取得足够大的整数。

顺序表中数据元素的逻辑结构的顺序和其物理结构顺序是一致的。假设顺序表中第一个数据元素 a_1 的存储地址为 $\mathrm{LOC}(a_1)$,每一个元素占据的物理存储单元是 d,则可以求得第 i 个数据元素的存储地址为:

$$\mathrm{LOC}(a_i) = \mathrm{LOC}(a_1) + (i-1) \times d \qquad (1 \leqslant i \leqslant n)$$

也就是说,只要已知一个顺序表在存储空间的起始地址和每一个数据元素所占据的存储单元大小,就可以求出顺序表中任何一个元素在物理存储空间的位置,即可以随机访问顺序表中的任何一个元素。

顺序表的优缺点如下。

(1)存储密度大。

(2)可以随机访问,访问效率高。只要知道顺序表首地址和每个数据元素所占地址单元的个数,由第 i 个数据元素的存储地址公式:$\mathrm{LOC}(a_i) = \mathrm{LOC}(a_1) + (i-1) \times d \quad (1 \leqslant i \leqslant n)$,即可求出第 i 个数据元素的存储地址。

(3)存储实现容易。通常在程序设计语言中,都支持数组结构类型。用数组来存储顺序表,由于数组在内存中占用的存储空间是一块连续的存储区域,所以采用数组表示顺序表其存储实现简单,且容易实现。

(4)需要连续的存储空间。由于顺序存储结构需要占用连续存储空间,当数据量很大时,计算机系统很难提供足够大的连续区域,虽然系统中有多个小的空闲区,其总容量可能远大于数据量,但却不能进行分配。

(5)存储顺序表的数组在定义时必须确定数据的大小,而且数据大小一旦确定,在整个程序运行期间就不允许改变。当数据元素数量发生改变时,会为程序设计人员带来不便。

(6)当对顺序表进行插入、删除等操作时,需要移动数据元素,这会带来更大的系统开销,降低算法效率。

在 C 语言中,可以用如下方式定义结构体,用来描述线性表。

```
#define List_Init_Size 100        //初始化线性表的大小
#define List_Increment 10         //定义存储空间的增量大小
typedef struct {
        ElemType * elem;
        int length;               //当前线性表的实际长度
        int listsize;             //当前分配的存储容量
} SqList;
```

以上定义方式采用动态分配方式分配存储空间。 * elem 表示线性表的起始地址,length 表示线性表的实际元素个数,listsize 表示当前顺序表分配存储空间容量,当存储空间不足时,可以增加相应的存储空间。

定义顺序表时,可以使用如下两种方式:SqList L 或 SqList *L。也就是说,一种可以将头节点直接定义成一个结构体变量,一种是定义一个指针指向头节点。

2.2.2　顺序表的基本操作

1. 线性表初始化
(1)操作说明
线性表初始化实现构造一个空表。
(2)算法实现

```
Status InitList(SqList &L)
{
        L. elem = (ElemType  * ) malloc( List_Init_Size  * sizeof( ElemType ) );
        if( ! L. elem )
                return ( ERROR );
        L. length = 0;
        L. listsize = List_Init_Size;
        return OK;
}
```

2. 插入数据元素

（1）操作说明

向已存在的顺序表中插入元素。

（2）算法思路

如图2－2所示，现有一个顺序表 L，元素个数为 n，若要向表 L 中第 $i(1 \leqslant i \leqslant n)$ 个位上插入一个元素 x，则需要将表 L 中第 i 个元素和其后的所有元素均向后移动一个位置，然后将新的元素 x 插入到表 L 的第 i 个位置，并将表长度加1。

如图2－2所示，插入前线性表长度为 n，线性表为 $(a_1, a_2, \cdots, a_{i-1}, a_i, a_{i+1}, \cdots, a_n)$；插入后线性表长度为 $n+1$，线性表为 $(a_1, a_2, \cdots, a_{i-1}, x, a_i, a_{i+1}, \cdots, a_n)$。

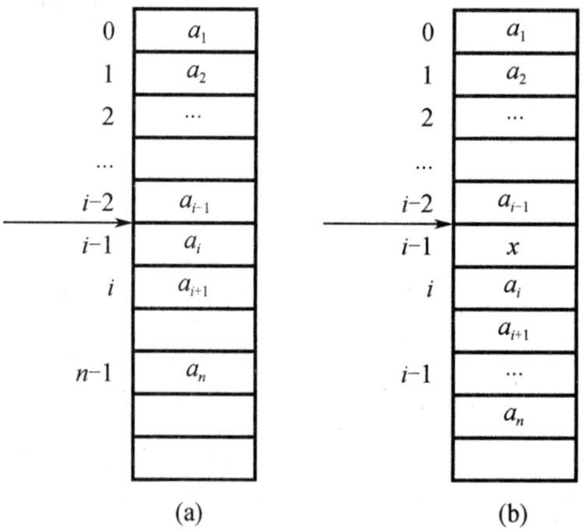

图2－2　顺序表插入元素示意图

（a）插入前；（b）插入后

（3）算法实现

```
Status ListInsert( SqList &L, int i, ElemType x)
    {
        int n;
        n = List_Init_Size + List_Increment;
        if( i < 1 ‖ i > L. length + 1)
            //检查插入位置 i 值是否合法,如果不合法,则返回错误信息。
            return (ERROR);
        for( j = L. length - 1; j > = i - 1; j -- )
            //插入位置以及插入位置后的所有元素均向右移动一位
            L. elem[ j + 1] = L. elem[ j];
        L. elem[ i - 1] = x;        //插入的元素 x
        L. length ++ ;             //线性表长度 +1
        return OK;
    }
```

（4）算法性能分析

在已知的顺序表上进行数据元素插入操作,时间消耗主要是在数据移动上面。在线性表的第 i 个位置插入一个元素,需要将插入位置后的元素（包括插入位置上的元素）都向右移动一个位置,即从 a_i 到 a_n 都要向后移动。也就是说,插入一个元素一共需要移动 $n - i + 1$ 个元素,i 的取值范围是从1到 $n+1$。当 i 等于1时,代表插入到顺序表的第一个位置,也就是说,当前需要移动整个顺序表中的所有元素,移动的元素个数最多,移动个数为 n 个;当 i 为 $n+1$ 时,由于插入在顺序表的表尾,即不需要移动元素。

假设在第 i 个位置插入数据元素的概率为 p_i,则在长度为 n 的顺序表中插入一个元素时平均移动数据元素的次数为

$$E_{in} = \sum_{i=1}^{n+1} p_i(n - i + 1)$$

假定在顺序表中的任意位置上插入数据元素的概率相等,则

$$E_{in} = \sum_{i=1}^{n+1} p_i(n-i+1) = \frac{1}{n+1} \sum_{i=1}^{n+1}(n-i+1) = \frac{n}{2}$$

也就是说,在顺序表上做插入数据元素时,平均需要移动顺序表中一半的数据元素,插入数据元素操作的时间复杂度为 $O(n)$。

3. 删除数据元素

(1)操作说明

删除已存在的顺序表中某个数据元素。

(2)算法思路

如图 2-3 所示,现有一个顺序表 L,元素个数为 n,若要删除表 L 中第 $i(1 \leq i \leq n)$ 个位上的数据元素 a_i,则需要将表 L 中第 i 个元素后面的所有元素均向前移动一个位置,即 a_{i+1} 取代 a_i 的位置,a_{i+2} 取代 a_{i+1} 的位置,以此类推,并将表长度减 1。

如图 2-3 所示,删除前线性表长度为 n 线性表为 $(a_1, a_2, \cdots, a_{i-1}, a_i, a_{i+1}, \cdots, a_n)$;删除后线性表长度变为 $n-1$,线性表为 $(a_1, a_2, \cdots, a_{i-1}, a_{i+1}, \cdots, a_n)$。

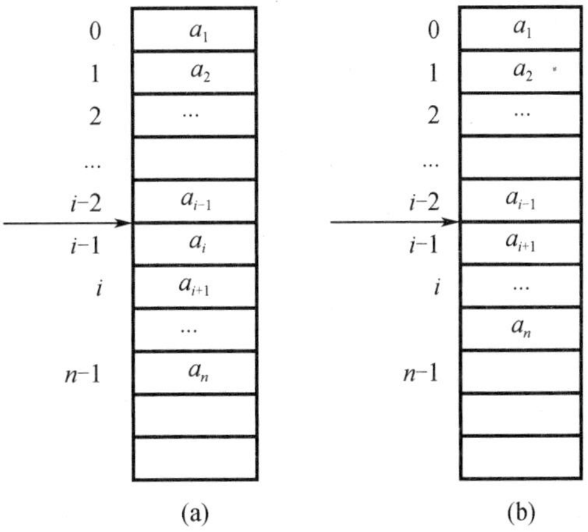

图 2-3　顺序表删除元素示意图

(a)删除前;(b)删除后

(3)算法实现

```
Status ListDelete(SqList &L, int i, ElemType &e)
    {
        int j;
        if(i < 1 || i > L -> length)
            //检查删除位置 i 值是否合法,如果不合法,则返回错误信息
            return (ERROR);
        for(j = 1; j <= L. length; j++)    //将被删除元素后的所有元素均向左移动一位
            L. elem[j-1] = L. elem[j];
        e = L. elem[i-1];        //删除的元素 e
        L. length -- ;            //线性表长度 -1
        return OK;
    }
```

(4)算法性能分析

在已知的顺序表上进行数据元素删除操作,时间消耗也主要是在数据移动上面。即删除线性表上第 i 个位置的数据元素,需要将删除位置后的所有元素都向左移动一个位置,即从 a_{i+1} 到 a_n 都要向左移动,取代前一个数据元素的位置。也就是说,删除一个数据元素一共需要移动 $n-i$ 个元素,i 的取值范围是从 1 到 n。当 i 等于 1 时,代表删除顺序表的第一个位置的数据元素,也就是说,需要向左移动除顺序表中第一个元素外的其他所有的数据元素,移动个数为 $n-1$ 个,移动的元素个数多;当 i 为 n 时,由于删除的元素是顺序表的最后一个数据元素,所以不需要移动元素。

假设删除第 i 个位置上的数据元素,其概率为 p_i,则在长度为 n 的顺序表中删除一个元素时平均移动数据元素的次数为

$$E_{in} = \sum_{i=1}^{n} p_i(n-i)$$

假定删除顺序表中的任意位置上的数据元素的概率相等,则

$$E_{dei} = \sum_{i=1}^{n} p_i(n-i) = \frac{1}{n}\sum_{i=1}^{n}(n-i) = \frac{n-1}{2}$$

也就是说,在顺序表上做删除数据元素操作时,平均需要移动顺序表中一半的数据元素,删除数据元素操作的时间复杂度为 $O(n)$。

4. 定位操作

(1)操作说明

在已存在的线性表中查找与某一给定值相等元素在线性表中的位置。

(2)算法思路

从顺序表中的第一个元素 a_i 开始进行查找,直到找到第一个与给定值 x 相等的数据元素,如果找到,则返回该元素在顺序表中的位置,即其下标或序号,若查找整张顺序表都未找到符合条件的数据元素,则返回 0。

(3)算法实现

```
int LocalElem(SqList L, ElemType x)
{
    int i = 1;
    while(i <= L.length && (L.elem[i] != x))
        //从表中的第一个元素开始查找,
        //直到查找完整张顺序表或找到与给定值 x 相等的数据元素
        i++;
    if(i <= L.length)
        return i;                  //如果找到则返回 i
    else
        return 0;                  //未找到则返回 0
}
```

(4)算法性能分析

定位操作是在顺序表中查找是否与给定值相等的元素,所以需要将顺序表中的数据元素与给定值进行逐一比较。由此可以看出,定位算法的时间复杂度除受表的长度影响之外,还受所要查找的数据元素在表中的位置影响。所以算法的时间复杂度为 $O(n)$。

2.2.3　顺序表的应用举例

【例 2 - 2】　假设有两个顺序表 La 和 Lb。两表中的所有数据类型相同,均为数值类型,并且分别按从小到大进行排序。现设计一个算法将表 La 和表 Lb 进行合并,形成一个新表 Lc,且表 Lc 中的所有数据元素也按从小到大进行排序。

(1)算法思路

若要按题设要求将两个有序表合并成一个新的有序表,可以先顺序地扫描表 La 和表

Lb,并依次比较两表中当前数据元素的大小,并将值比较小的插入到表 Lc 中,直到其中一张表扫描完,并将该表中的最后一个数据元素插入到表 Lc 后,再将未扫描完的表中剩余的元素全部按序插入表 Lc 中,当两个表中的数据元素全部写入表 Lc,则合并完成。表 Lc 中的数据是表 La 和表 Lb 的数据集合,表 Lc 的长度为表 La 和表 Lb 长度之和。

(2)算法实现

```
void MergeSqList( Sqlist La, SqList Lb, SqList &Lc)
{   int i,j,k = 0;
    Lc. length = La. length + Lb. length;
    Lc. elem = ( ElemType * ) malloc( Lc. length * sizeof( ElemType) );
    while( i < La. length && j < Lb. length)
        {   if( La. elem[ i ] < Lb. elem[ j ] )
                {   Lc. elem[ k ] = La. elem[ i ];
                    i ++ ;
                    k ++ ;    }
            else
                {   Lc. elem[ k ] = Lb. elem[ j ];
                    j ++ ;
                    k ++ ;    }
        }
    while( i < La. length)
        {
                Lc. elem[ k ] = La. elem[ i ];
                i ++ ;
                k ++ ;
        }
    while( i < Lb. length)
        {
                Lc. elem[ k ] = Lb. elem[ j ];
                j ++ ;
                k ++ ;
        }
}
```

(3)算法性能分析

将两个已知有序表合并成一个新的有序表,从算法实现上可以看出,时间复杂度与两个已有的表的长度有关。假设表 La 的长度为 n,表 Lb 的长度为 m,则算法的时间复杂度是 $O(mxn)$。

【例 2-3】 利用两个已知线性表 La 和表 Lb 构造新的线性表 Lc。新表 Lc 的元素是两个已知表的交集,即新表 Lc 中的元素既存在于表 La 中,也存在于表 Lb 中。

(1)算法思路

先把顺序表 La 的第 1 个元素与顺序表 Lb 中的每个元素进行比较,如果表 Lb 中有与之相等的元素,则将表 La 的第 1 个元素插入到表 Lc 中,否则再取表 La 中的第 2 个元素,重复上面的操作,直到表 La 中的所有元素均与表 Lb 中的所有元素比较一次为止。

(2)算法实现

```
void IntersectionList( Sqlist La, SqList Lb,SqList &Lc)
{
    int i,j,k =0;
    if( La. length < Lb. length)
        Lc. length = La. length;
    else
        Lc. length = Lb. length;
    Lc. elem = ( ElemType  * )malloc( Lc. length * sizeof( ElemType) ) ;
    for( i = 0;i < La. length;i ++ )
        {    j = 0;
            while( j < Lb. length && La. elem[ i ] != Lb. elem[ j ] )
                    j ++ ;
            if( La. elem[ i ] == Lb. elem[ j ] )
                {    Lc. elem[ k ] = La. elem[ i ];
                    k ++ ;
                }
        }
    Lc. length = k;
}
```

(3)算法性能分析

从算法实现上可以看出,时间复杂度与两个已有的表的长度有关。假设表 La 的长度为 n,表 Lb 的长度为 m,则算法的时间复杂度是 $O(n \times m)$。这是因为表 La 中的每个元素都需要与表 Lb 中的每个元素进行依次比较,也就是说表 La 中的每个元素需要进行 m 次比较,n 个元素的比较次数之和即为 $n \times m$,所以算法的复杂度就是 $O(n \times m)$。

【例 2 - 4】 利用两个已知线性表 La 和表 Lb 构造新的线性表 Lc。新表 Lc 的元素是两个已知表的差集,即新表 Lc 中的元素为 $La - Lb$。

(1)算法思路

先把顺序表 La 的第 1 个元素与顺序表 Lb 中的每个元素进行比较,如果表 Lb 中有与表 La 中相等的元素,则继续比较表 La 的下一个元素与表 Lb 中的每个元素;如果不等,则将表 $La[1]$ 插入到表 Lc 中。以此类推,直到表 La 中的所有元素均与表 Lb 中的所有元素比较一次为止。

(2)算法实现

```
void DifferenceList( Sqlist La, SqList Lb,SqList &Lc)
{
    int i,j,k =0;
    Lc. elem = ( ElemType  * )malloc( Lc. length * sizeof( ElemType) ) ;
    for( i = 0;i < La. length;i ++ )
        {    j = 0;
            while( j < Lb. length && La. elem[ i ] != Lb. elem[ j ] )
```

```
                    j ++ ;
                    if( j <= Lb. length )
                        {    Lc. elem[ k ] = La. elem[ i ] ;
                             k ++ ;
        }
    Lc. length = k ;
}
```

（3）算法性能分析

由于算法的实现需要表 La 中的每个元素与表 Lb 中的每个元素进行依次比较,也就是说表 La 中的每个元素需要进行 m 次比较,n 个元素的比较次数之和即为 $n \times m$,所以算法的复杂度就是 $O(n \times m)$。

2.3　线性表链式存储结构

在利用顺序存储结构进行线性表的存储时,将逻辑上相邻的数据元素存储在物理存储位置也相邻的存储空间上。线性表的这种存储方式一方面可以高效地利用存储空间,提高存储空间的利用率,另一方面也给线性表的插入、删除等动态改变带来不便,使得线性表在动态变化时效率较低。同时,采用顺序存储结构进行线性表的存储时,需要预先设定存储空间大小,如果设定不当,顺序表的存储就会存在问题。如果预先设定的存储空间太小,则无法保存顺序表,如果预先设定存储空间过大,又会造成浪费。

于是为了改变对线性表动态增减顺序存储结构效率低,以及事先设定存储空间困难等问题,人们采用链式存储结构对线性表进行存储。这种结构的特点是采用离散的方式进行存储,即不需要大块的连续存储空间。数据元素之间的逻辑关系通过指针的方式来表示。这种存储结构特别适合对线性表进行频繁的插入、删除等操作,因为在插入和删除数据时,不需要移动数据,只需要通过指针来实现线性表的改变,而且线性表的长度不需要事先预定,可以随程序运行发生改变。

2.3.1　单链表

1. 单链表的存储结构

单链表是用一组任意的存储单元存储线性表中的数据元素。每一个数据元素占用一个连续的存储单元,但是各个数据元素之间的存储空间可以连续,也可以不连续。在顺序存储结构中可以通过数据元素在存储空间相邻的位置关系表示其逻辑上的相邻关系,但是,在链式存储结构中则需要通过指针来表示数据元素之间的逻辑关系。这就需要在存储数据元素时,除存储数据元素本身信息外,还要存储关于逻辑关系的信息,即与它相邻的数据元素的存储地址信息。

通常情况下,将数据元素本身及其存放的相邻的数据元素的存储地址信息统称为节点,这两部分信息组成数据元素的存储映象。存储数据元素信息的域称为数据域;存储与它相邻数据元素的存储地址信息的域称为指针域。

如图 2-4 所示,线性表通过指针域形成一个"链",这个"链"上包含了此线性表中的所有节点。因此,人们也常把这种存储结构称为链表。

设 $L = (a_1, a_2, \cdots, a_n)$ 为一个线性表。利用链表来描述该线性表,如图 2-5 所示。即线性表中的数据元素为 a_i,a_i 存放在不同的节点上,则该节点上包含两个域,一个域用来存储数据元素 a_i,另一个域则用来存放指向下一个节点 a_{i+1} 的指针。在链表中有两个比较特殊的节点。其中 a_1 只有后继节点没有前趋节点,所以 a_1 是链表中的第一个节点,称为头节点,为了能够在存储空间上找到该链表,通常设置一个指向头节点的头指针。通过头指针指向线性表的第一个节点,即可以访问到线性表中的第一个节点,然后沿着各节点指针,可以逐一访问单链表中的其他所有节点,所以头指针可以确定一个单链表。另一个特殊节点是 a_n,它只有前趋节点而没有后继节点,也就是说 a_n 是该链表的最后一个节点,即单链表的尾节点,所以它的指针域为空(NULL 或 0),表示其后没有其他数据元素。可以通过节点指针域是否为空判断单链表是否访问结束。

图 2-4　链表节点结构图

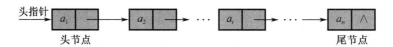

图 2-5　单链表示意图

图 2-5 中所有的节点只有一个指向后继的指针,这种链表结构称为单链表。在单链表中,表的长度即为节点的个数。空表的表长为 0。若 L 为头指针,则当单链表为空时,$L = $ NULL 或 $L = \wedge$。

【例 2-5】　如图 2-6 所示,线性表 $L = (A, B, C, D, E)$。该线性表采用链式存储结构进行存储,假设各数据元素存储地址依次为 7,9,5,8,2,则头指针指向第一个节点,即指向存储地址 7,其节点数据域和指针域如图 2-6 及图 2-7 所示。

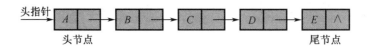

图 2-6　线性表的逻辑关系示意图

上例中不难发现,通过指针将线性表上有逻辑关系的节点按其逻辑关系依次连接,通过链式存储结构,改变了顺序存储结构中存储线性表需要大块连续地址空间有可能不能被满足的问题。而且在链式存储结构中,只要获取头指针,就能获得线性表中第一个数据元素节点的存储地址,再根据每个数据元素节点中的指针域访问下一个节点,当节点的指针域值为 NULL 或 0 时,表示该节点为线性表中的最后一个节点,即终止节点,也就是说对整个线性表中所有数据元素已经全部遍历一次,线性表访问结束。链式存储结构使线性表在计算机系统中的存储地址不再是连续,也就是说不再把逻辑上相邻的数据元素存储在物理地址也相邻的存储空间,线性表通过指针来描述其数据元素的逻辑关系。而且如果需要对数据元素进行插入和删除时,也只需要改变相关数据节点上的指针就可以完成,这比在顺序表中移动数据元素相对位置容易得多,时间开销相对较少。

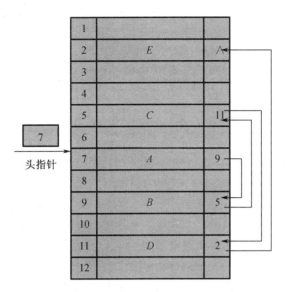

图 2-7　线性表存储空间示意图

C 语言中,单链表的节点结构定义:

```
typedef struct LNode
    {
        ElemType data;              //单链表中的数据元素类型
        struct LNode * next;        //单链表中的指针域
    } LNode, * LinkList;
```

上述定义给出单链表中节点类型和单链表类型。不难看出,在同一个单链表中,节点的指针类型和单链表的类型是一致的,也就是说节点类型 LNode 和单链表类型 * LinkList 是相同的。当定义单链表时,不需要定义单链表中全部节点,只需要定义一个节点结构类型和一个头指针类型。这种方法给程序设计和处理带来了灵活性。

设单链表的头指针为 head,类型为 LinkList,根据定义,带头节点的单链表与不带头节点的单链表分别如图 2-8 及图 2-9 所示。不带头节点的单链表的头指针 head 直接指向单链表存放数据元素的第一个节点。带头节点的单链表,头指针 head 指向的第一个节点不存放数据元素,这个节点称为头节点。

图 2-8　不带头节点的单链表

无论是带头节点的单链表或是不带头节点的单链表都可以表示线性表的线性关系以及存储其数据元素。但是为了方便处理数据,常采用带头节点的单链表,也应当是说在线性表的第一个节点之前加上另外一个节点,这个节点称为头节点。头节点的数据域可以不存储任何信息,也可以存储与整个链表相关的数据信息;头节点的指针域指向线性表的第一个节点。引入头节点后,当线性表为空表时,头指针也不为空,而是指向头节点,而头节点的指针域为空,如图 2 - 10 所示。

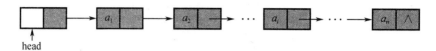

图 2 - 9 带头节点的单链表

线性表允许在其任意位置上进行插入和删除。当进行数据的插入和删除时,选用带头节点结构的单链表和不带头节点结构的单链表存在一定的差异。

图 2 - 10 带头节点的空表

2. 不带头节点的单链表的操作

不带头节点的单链表,在插入和删除节点时,由于头指针直接指向线性表的第一个数据元素,所以插入和删除数据节点位置不同其操作也不同。

(1)在不带头节点的单链表的第一个数据元素前插入新节点

由于头指针直接指向线性表的第一个数据元素,因此插入新节点时,将头指针指向新插入节点,然后将新插入节点的指针指向原单链表的第一个数据元素。操作语句为 p -> next = head,head = p,如图 2 - 11 所示。

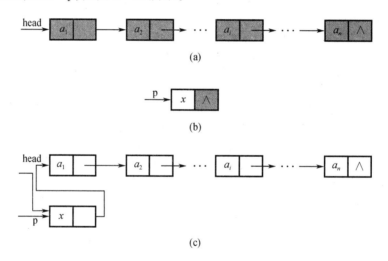

图 2 - 11 在不带头节点的单链表表头插入新节点

(a)未插入前的不带头节点的单链表;(b)插入的数据元素 x;

(c)插入后的不带头节点的单链表

(2)在不带头节点的单链表的表尾,即最后一个元素之后插入新节点

插入时需要改变原单链表最后一个数据元素的指针域,使其指向新插入的节点,然后将新插入的节点的指针域置为 NULL,表示新插入的节点为单链表的最后一个节点。则设置一个临时指针 q 指向单链表的最后一个元素,插入过程如图 2 - 12 所示。插入操作的语句为 q -> next = p,p -> next = NULL。

(3)在不带头节点的单链表的中间位置上,插入新节点

假设在单链表第 i 个元素前插入新数据元素,则需要将第 $i-1$ 个节点的指针域指向新

插入的节点 x，然后将新节点 x 的指针域指向原单链表的第 i 个元素。插入过程如图 2 – 13 所示。插入操作的语句为 p –> next = q –> next, q –> next = p。

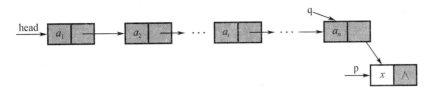

图 2 – 12　在不带头节点的单链表表尾插入新节点

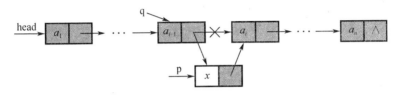

图 2 – 13　在不带头节点的单链表中间插入新节点

（4）在不带头节点的单链表上删除第一个数据元素

删除不带头节点的单链表上的第一个数据元素，不带头节点的单链表的头指针直接指向线性表中的第一个数据元素，所以需要修改头指针，使其指向原线性表的第二个数据元素节点。删除第一个数据元素的操作语句为 head = head –> next。

图 2 – 14　在不带头节点的单链表中删除第一个元素

（5）在不带头节点的单链表上删除其他数据元素

删除不带头节点的单链表上的其他数据元素，只需要修改被删除数据元素节点直接前驱节点的指针，使其指向被删除数据元素节点指针域所指位置，即被删除数据元素节点的下一个数据元素节点。如图 2 – 15 所示，要删除第 i 个数据元素节点，设 p, q 指针分别指向第 i – 1 和第 i 个数据元素节点，操作语句为 q –> next = p –> next。

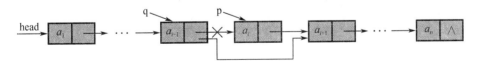

图 2 – 15　删除不带头节点的单链表的中间数据元素节点

3. 带头节点的单链表的操作

带头节点的单链表，在插入和删除节点时，由于头指针指向的第一个节点不是线性表的第一个数据元素节点，因此在第一个数据元素节点前插入或删除数据元素节点时不会改变头指针的值，所以在带头节点的单链表的任意位置上插入数据元素节点和删除数据元素节点的操作都是相同的。

（1）在带头节点的单链表的某数据元素前插入新节点

如图 2－16 所示,无论是在线性表的第一个数据元素节点前,还是在其他数据元素节点前,其操作语句都为 p －> next = q －> next, q －> next = p,q 为临时指针,指前要插入节点的前一个数据元素,如果是在第一个数据元素节点前插入新的元素,则 q 指向头节点。

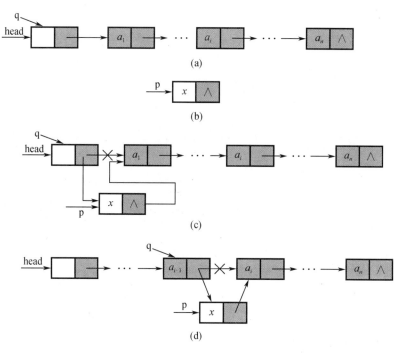

图 2－16　在带头节点的单链表中插入新节点

（a）木插入前的带头节点的单链表;（b）插入的数据元素 x;
（c）在头节点后插入 x 后的带头节点的单链表;（d）在中间位置插入 x 的带头节点的单链表

（2）在带头节点的单链表中删除数据元素节点

只需要找出要删除节点直接前驱节点,并将其指针域指向被删除节点的下一个节点。设置临时指针,q 指向要删除数据节点的前驱节点,p 指向要删除的数据元素节点。操作语句为 q －> next = p －> next,如图 2－17 所示。所以在带头节点的单链表中的第一个数据元素前插入数据元素 x。

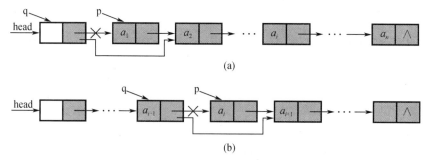

图 2－17　在带头节点的单链表中删除数据元素

（a）删除第一个数据元素节点后的带头节点的单链表;
（b）删除中间数据元素节点后的带头节点的单链表

2.3.2　单链表的基本操作

下面以带头节点的单链表为例,介绍单链表的基本操作以及算法实现。

1. 初始化单链表

(1)算法思路

初始化单链表,即建立一个空链表。申请一个头节点,将头指针 L 指向头节点,头节点的指针域置为空。

(2)算法实现

```
void InitList( LNode &L)
    {
                L = ( LinkList) malloc( sizeof( LNode) ) ;
            L -> next = NULL;
    }
```

算法的时间复杂度为 $O(n)$。

2. 求线性表的长度

(1)算法思路

求出线性表的长度,即线性表中含有数据元素的个数。

设 length 为整型数,表示线性表的长度,设置临时指针 p,初始指向头节点。循环判断,当指针 p 所指节点的指针域不为空时,将 length 加 1,并将指针 p 移动到下一个数据节点,当指针 p 所指节点的指针域为空时,说明是指针 p 所指当前节点为线性表的最后一个数据元素,退出循环,并返回表长度 length 的值。此算法还可以判断线性表是否为空,当 length 值等于 0 时,说明该线性表为空,不含任何数据元素节点。

(2)算法实现

```
int ListLength( LinkList &L)
{
    int length = 0;
    LNode  * p = L -> next;
    while( p != NULL)
      {
                length ++ ;
                p = p -> next;
      }
      return    length;
}
```

算法的时间复杂度为 $O(n)$。

3. 按值查找

(1)算法思路

在单链表中查找与给定值 x 相等的数据元素。如果找到,返回该值在单链表的位序,如果未找到则返回 -1。

设置临时指针 p 指向单链表的第一个节点,当条件(p ->! = NULL && p -> data! = x)成立,说明 p 所指节点不是单链表的表尾,并且 p 指针所指数据元素与要查找的给定值不相等,所以令 i 加 1,p 指针指向下一个数据元素节点。当条件(p ->! = NULL && p -> data! = x)不成立,说明要么找到与给定值匹配的节点,要么整个线性表所有元素全部被扫描一遍。若找到则返回 i 值;若未找到,则返回 -1,表示查找失败。

(2)算法实现

```
int LocalList(LinkList L,ElemType e)
{
    int i = 0;
    LNode  * p = L -> next;
    while(p! = NULL && p -> data! = x)
        {    i ++ ;
                p = p -> next;
        }
    if(p == NULL)
            return    -1;
    else
            return i;
}
```

算法的时间复杂度为 $O(n)$。

4. 插入新数据元素

(1)算法思路

在单链表中第 i 个节点前插入数据元素 x。若插入成功则返回 1,否则返回 -1。

设置临时指针 p,q,分别指向要插入的新节点和单链表的头节点。指针 p 所指节点数据域为 x,即 p -> data = x。当[q! = NULL && j < (i-1)]条件成立,从第一个数据元素节点开始依次扫描线性表,指针 q 依次指向下一个节点,直到找到第 $i-1$ 个节点或指针 q 所指节点指针域为空,即指向表尾节点。如果找到第 $i-1$ 个节点,此时指针 q 指向第 $i-1$ 个节点,依次执行 p -> next = q -> next,q -> next = p,插入新节点;否则查找第 $i-1$ 个节点位置失败,返回 -1。

(2)算法实现

```
int InsertList(LinkList &L,int i ,ElemType x)
{
    int j = 0;
      LNode * p, * q;
      p = (LNode)malloc(sizeof(LNode));
      p -> data = x;
      q = L;
    while(q! = NULL && (j < (i-1)))
        {    j ++ ;
                q = q -> next;
```

```
        }
    if( q == NULL)
        return  - 1;
    else
        {  p -> next = q -> next;
           q -> next = p;
           return 1;
        }
}
```

算法的时间复杂度为 $O(n)$。

5. 删除数据元素

(1)算法思路

在单链表中删除第 i 个数据元素节点。

设置临时指针 p, q, 分别指向要单链表的第一个数据元素节点和头节点。[(p! = NULL && j < (i - 1))]条件成立, 从第一个数据元素节点开始依次扫描线性表, 指针 p, q 依次指向下一个节点, 直到找到第 $i - 1$ 个节点或指针 p 所指节点指针域为空, 指针 p 即指向表尾节点。如果找到第 $i - 1$ 个节点, 此时指针 q 指向第 $i - 1$ 个节点, 依次执行 q -> next = p -> next, 并释放指针 p 所指节点。

(2)算法实现

```
int DelList( LinkList &L, int i)
{
    int j = 0;
    LNode  * p, * q
    q = L;
    p = L -> next;
    while( p! = NULL && j < (i - 1))
        {   j ++ ;
            q = q -> next;
            p = p -> next;
        }
    if( p == NULL)
        return - 1;
    else
        {  q -> next = p -> next;
           free( p) ;
           return 1;
        }
}
```

算法的时间复杂度为 $O(n)$。

6. 销毁单链表

(1)算法思路

释放单链表所占用的内存空间。由于程序执行过程中,单链表的节点空间是在程序运行时动态申请的,所以当程序结束时,需要释放所申请的内存空间。设置临时指针 p 指向要销毁的单链表的头节点。当(p! = NULL)条件成立,依次释放单链表的各个节点,直到所有节点全部释放。

(2)算法实现

```
void DestroyList( LinkList L)
{
    LNode  * p, * q;
    p = L;
    while( p! = NULL)
        {   q = p;
            p = p -> next;
            free( q) ;
        }
}
```

算法的时间复杂度为 $O(n)$。

7. 逆置单链表

(1)算法思路

将已知单链表 L 进行就地逆置,即改变已有的单链表每个节点指针,使其由原来的指向其后继节点改为指向其前驱节点,原表的头节点变为尾节点,如图 2 - 18 所示。

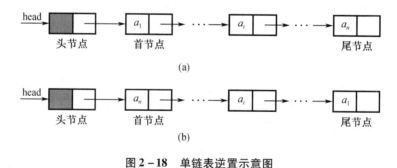

(a)

(b)

图 2 - 18 单链表逆置示意图

(a)原单链表;(b)逆置后的单链表

首先将首节点(第一个元素节点)的指针域置为空,然后从第二个节点开始,逐一修改各节点的指针域,将其指向前驱节点。为实现这一算法,需要设置 3 个指针 p,q,r。令 p 指向当前节点,q 指向前驱节点,r 指向后继节点。

(2)算法实现

```
void ReverseLinkList( LinkList &L)
{
    LinkList p,q,r;
```

```
p = L -> next;
q = NULL;
while( p )              //逐一修改指针,使其指向节点的前驱节点
    {
        r = p -> next;
        p -> next = q;
        q = p;
        p = r;
    }
L -> next = q;          //头节点指向尾节点
return;
}
```

2.3.3　单循环链表

在查找单链表元素时,不难发现,每次查找都需要从头节点开始,依次扫描单链表,直到找到指定元素,或全表中所有元素均被扫描一遍。是否有一种结构可以在单链表的任意位置进行查找,且能够遍历该单链表中的每一个数据元素? 单循环链表正是这样一种链式存储结构,它是在单链表的基础上,只改变单链表最后一个节点的指针域,让其不再置为空,而是指向该链表的头节点。这样整个链表构成了一个首尾连接的环形结构,这样的链表称为单循环链表,如图 2-19 所示。

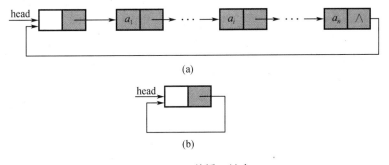

图 2 - 19　单循环链表

(a)非空单循环链表;(b)空单循环链表

单循环链表除了改变最后一个节点的指针域的值之外,没有增加任何额外的存储空间。它的操作与线性单链表的操作基本一致。需要注意的是,单循环链表与单链表操作在下列两种情况下存在不同:当单循环链表为空时,则 head -> next == head;判断某数据元素节点是否是单循环链表最后一个数据元素节点时,判断其指针域是否指向头节点,如果 p 指针所示节点不是最后一个节点,则 p -> next! = head。

有些情况下,如果在循环链表中设置尾指针指向线性表的最后一个数据元素节点,可以使一些操作更加简单,操作效率更高。因此某些操作可能只在线性表的表头或表尾进行。例如,当将两个表进行合并时,如果设置一个尾指针,则算法的时间复杂度可以降为 $O(1)$,这比只设置头节点的合并操作的时间复杂度 $O(n)$ 降低很多。

【例 2 - 5】 求一个带头节点的单循环链表的长度。

算法思路：

要在一个带头节点的单循环链表中,求该单链表的长度需要依次扫描单循环链表各个节点。首先设置临时指针 p 指向该单循环链表的第一个节点,当 p! = head 时,将 length 表长度值加 1。并执行 p = p -> next,p 指针向下移动,指向下一个节点,直到 p -> next == head,退出循环。单循环链表中全部元素均被扫描一次,返回单循环链表长度 length 值。

```
int ListLength( LinkList * head)
{
    int length = 0;
    LNode * p = head -> next;
    while( p! = head)
      {
            length ++ ;
            p = p -> next;
      }
    return    length;
}
```

2.3.4　双向链表

在单链表中,每个节点只有两个域,其中一个是数据域,存储数据元素;另一个是指针域,指向下一个数据元素节点。也就是说在单链表结构中,从任意一个节点出发,都可以找到其后继节点。但是如果需要找到该节点的前驱节点,则需要重新从链表的表头开始查找。为了解决单链表的这个缺点,可以在每个节点上再增加一个指针域,新增加的指针域指向该节点的直接前趋。这样的链表称为双链表。也就是说双链表的节点有三个域,一个是存储数据元素的数据域 data,其他两个是指针域,其中一个指针域 next 指向该节点的直接前趋,另一个指针域 prior 指向该节点的直接后继,如图 2 - 20 所示。

双向链表节点的结构体定义如下：

```
typedef struct DLNode
  {
        ElemType    data;
        struct DLNode * prior;
        struct DLNode * next;
  } DLNode, * DLinkList;
```

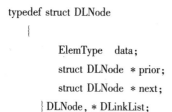

图 2 - 20　双向链表节点

与单链表一样,双向链表也可以分为带头节点和不带头节点两种。在双向链表中,指针 p 指向某个节点,则 p -> next 指向其直接后继节点,p -> prior 指向其直接前趋节点。

双向链表具有如下两个特点：

(1)链表的某些操作更加简单。比如要查找某个节点的前驱节点,不再需要从表头重新查找,而是直接利用节点的 prior 指针域直接向前搜索节点。也就是说在双链表的任何一个节点开始,无论是向前查找还是向后查找,都可以遍历整个链表。

(2)由于双向链表比单链表每个节点均增加了一个指针域,因此双向链表比单链表增加了空间开销。

【例 2 - 6】 向双向链表中插入新的数据元素节点。

算法思路:

向双向链表中插入新的数据元素 x,其插入位置为指针 p 所指节点之前。

要在双向链表插入数据,如图 221 所示,当插入数据元素节点 x 时,需要按照图示序号顺序进行操作,这个顺序不是唯一的。但是要注意的是,①必须在④操作之前,这是为了在插入过程中不会由于操作不当失去某个节点。如果先执行④,则会使得指针 p 所指节点 a_{i+1} 的前趋节点 a_i 丢失,使得插入失败。

```
int InsertDList( DLinkList * p, ElemType x)
{
    DLNode * q;
    q = ( DLNode) malloc( sizeof( DLNode) ) ;
    q -> data = x;
    q -> prior = p -> prior;
    p -> prior -> next = q;
    q -> next = p;
    p -> prior = q;
}
```

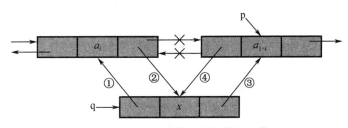

图 2 - 21 在双向链表中插入数据元素 x

【例 2 - 7】 在双向链表中删除某个数据元素节点。

算法思路:

删除双向链表中指针 p 所指数据节点。

要在双向链表中删除数据元素节点,如图 2 - 22 所示,删除指针 p 所指数据元素节点时,需要将指针 p 所指节点的直接前驱节点的 next 指针指向指针 p 所指数据元素节点的直接后继,还需要将指针 p 所指数据元素节点的直接后继节点的 prior 指针,指向指针 p 所指数据元素节点人直接前驱。

```
int DelDList( DLinkList * p)
{
    p -> prior -> next = p -> next;
    p -> next -> prior = p -> prior;
    free( p) ;
}
```

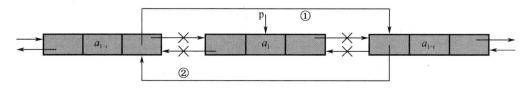

图 2 - 22　在双向链表中删除数据元素节点 a_i

与单链表相同,双向链表也有循环表。即分别将双链表的头节点的前驱指针 prior 指向尾节点,再将尾节点的后继指针 next 指向头节点。这样的双向链表就构成了一个环形结构,这种双向链表称为双向循环链表。

2.3.5　静态链表

有时会借用一维数组来描述线性链表。这种方法是在数组中增加一个指针域,这个指针域存放下一个数据元素节点在数组中的位置。如利用一个静态数组来存放数据节点,每个节点包含数据域和游标,数据域存储当前的数据元素,游标存放下一个节点在数据中的下标。用静态链表表示单链表,如图 2 - 23 所示。

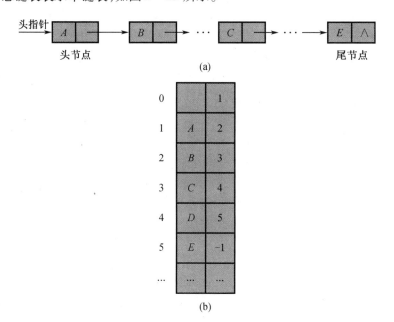

图 2 - 23　单链表的静态链表示意图

(a)单链表;(b)静态链表

静态链表的定义:

```
#define MAXSIZE    100
typedef struct
{
    ElemType data;
    int next;
```

} SNode

SNode SList[MAXSIZE]

  静态链表的基本操作也包括线性表的初始化、求线性表的长度、插入数据元素、删除数据元素、按值查找线性表等。

  (1)初始化静态链表 InitList(SList SL)

  算法思想:构造一个空的链表 L,将静态链表的头节点 next 域置为0,其他节点的 next 域置为 -1。

```
void InitList(SList SL)
{
    int i;
    SL[0].next = 0;                  //SL 置为空表
    for(i = 1;i < MAX_SIZE;i ++ )    //将表的其他节点域置为空
        SL[i].next = - 1;
}
```

  (2)判断线性表是否为空 ListEmpty(SList SL)

  算法思想:如果静态链表中没有数据元素节点,则返回真,否则返回假。

```
void ListEmpty(SList SL)
{
    return (SL[0].next == 0);
}
```

  (3)求线性表的长度 ListEmpty(SList SL)

  算法思想:求线性表的长度,即返回线性表的节点个数。

```
void ListLength(SList SL)
{
    int n = 0,j = 0;
    while(SL[j].next = 0)
    {
        n ++ ;
        j = SL[j].next;
    }
    return (n);
}
```

  (4)求线性表的某个数据元素的值 GetElem(SList SL,int i,ElemType &x)

  算法思想:在静态链表中从头开始查找,直到找到第 i 个节点,如果能够找到,则将其值赋给 x,并返回1,否则返回0。

```
void GetElem(SList SL,int i,ElemType &e)
{
```

```
        int k = 0,j = SL[0]. next;
        while(k < i - 1 && j!=0)
            {
                k ++ ;
                j = SL[j]. next;
            }
    if(j ==0)
        return 0;
    else
        x = SL[j]. data
    return 1;
}
```

(5)插入数据元素 InsertSList(SList SL,int i, ElemType x)

算法操作说明:向静态链表的第 i 个节点前插入数据元素 x。首先在静态链表中查找到第 $i-1$ 个数据元素节点,如果能够找到,则将新节点插入到相应的位置,并修改指针域。

算法代码如下:

```
int InsertSList(SList SL,int i, ElemType x)
{
    int p = j = SL[0]. next;
    int s = k = q = 0;
    while(j!= - 1 && k < i - 1)
        {
            j = SL[j]. next;
            k ++ ;
        }
    if(k == i - 1)
        {   for(s = 1,s < MAXSIZE,s ++ )
                {
                        while(p!= - 1 && p!= s &&)
                        {
                                p = SL[p]. next;
                        }
                    if(p == - 1)
                        {   SL[s]. data = x;
                            SL[s]. next = SL[k]. next;
                            SL[k]. next = s;
                            break;
                        }
                }
        }
}
```

（6）删除数据元素 DeleteSList(SList SL,int i, ElemType x)

算法操作说明:将静态链表的第 i 个节点删除,即找到静态链表第 $i-1$ 个节点,将后继节点的 next 域置为 -1 删除该节点,然后再修改其他节点相应游标域。

算法代码如下:

```
int DeleteSList( SList SL,int i, ElemType x)
{
    int j = SL[0]. next,j1,k;
    int s = k = q = 0;
    if( SL[0]. next == 0)
        return (0);
    if( i == 1)
      {
            j1 = SL[0]. next;
            SL[0]. next = SL[j1]. next;
            x = SL[j1]. data;
            SL[J1]. next = -1;
            return (1);
      }
    else
      {
            k = 0;
            while( k < i - 2 && j!= 0)
              {
                    j = SL[j]. next;
                    k ++ ;
              }
            if( j == 0)
                return (0);
            else
              {
                    if( SL[j]. next == 0)
                        return (0);
                    j1 = SL[j]. next;
                    SL[j]. next = SL[j1]. next;
                    x = SL[j1]. data;
                    SL[j1]. next = -1;
                    return (1);
              }
      }
}
```

2.4 线性表的应用

在实际解决问题的过程中,如何选择适当的线性表结构,决定了是否能够解决问题,也影响着设计算法的时间复杂度,以及空间复杂度。

首先,比较一下几种常见链表结构。

顺序表采用一块连续地址空间来存放线性表的数据元素,这种存储结构容易实现,而且通过各元素之间的相对位置就能了解元素之间的逻辑关系。但是这种结构不利于数据的插入和删除,因为在插入和删除过程中需要进行数据的移动,会增加时间开销。

单链表通过指针来表示表中数据元素之间的逻辑关系,插入和删除不需要移动数据,只需要改变指针指向位置。但这种结构只能沿着一个方向查找数据表。

双向链表同样通过指针来指示数据,但是数据查找方向可以向前也可以向后,方便查找,相比单连表,查找更加方便,但是由于增加了节点的域,在数据存储上也增加了存储空间。

总之,在选择线性表结构时,需要根据问题的实际需要选择适当的线性表结构。

下面通过实例说明线性表的应用。

【例 2 – 8】 用链表实现求集合的交、差和并。

设有两个集合 A 和 B,$A = (a_1, a_2, \cdots, a_n)$,$B = (b_1, b_2, \cdots, b_n)$。设计算法实现 $L = A \cup B$,$A \cap B$,$A - B$。

(1)求 $A \cup B$

算法思路:首先将表 La 中的所有元素都复制到表 Lc 中,然后将表 Lb 中的元素依次取出,分别与表 La 中的每个元素进行比较,如果表 Lb 中元素与表 La 中某个元素相等,则重新从表 Lb 中取下一个元素,否则把从表 Lb 中取出的当前元素插入到表 Lc 中,完成求 $A \cup B$。

```
void Union( LinkList  * La, LinkList  * Lb)
{
    LinkList a,b,Lc,c;                   //a,b 指针分别指向 La 和 Lb
    a = La;
    b = Lb;
     Lc = ( LinkList) malloc( sizeof( LNode) ) ;
     Lc -> next = NULL
    while( a -> next! = NULL)
       {
            c = ( LinkList) malloc( sizeof( LNode) ) ;
            c -> data = a -> data;
            c -> next = Lc -> next;
            Lc = c;
       }
    while( a -> next! = NULL)
       {
            while( b -> next! = NULL)
```

```
                    }
                        if( a -> next -> data == b -> next -> data )
                            break;
                        else
                            b = b -> next;
                    }
            if( b -> next == NULL )
                {
                    c = ( LinkList ) malloc ( sizeof ( LNode ) ) ;
                    c -> data = b -> next -> data ;
                    c -> next = Lc -> next ;
                    Lc = c ;
                }
            a = a -> next ;
            b = Lb ;
        }
}
```

（2）求 $A \cap B$

算法思路:首先将表 Lb 中的元素依次取出,分别与表 La 中的每一个元素进行比较,如果表 Lb 中元素与表 La 中某个元素相等,则把从表 Lb 中取出的当前元素插入到表 Lc 中,完成求 $A \cap B$。

```
void Intersection( LinkList  *La, LinkList  *Lb )
{
    LinkList a,b,Lc,c;                    //a,b 指针分别指向 La 和 Lb
    a = La ;
    b = Lb ;
    Lc = ( LinkList ) malloc ( sizeof ( LNode ) ) ;
    Lc -> next = NULL
    while( a -> next != NULL )
        {
            while( b -> next != NULL )
                {
                    if( a -> next -> data == b -> next -> data )
                        break;
                    else
                        b = b -> next;
                }
            if( b -> next != NULL )
                {
                    c = ( LinkList ) malloc ( sizeof ( LNode ) ) ;
                    c -> data = b -> next -> data ;
                    c -> next = Lc -> next ;
```

```
                        Lc = c;

                    }
                a = a -> next;
                b = Lb;
            }
    }
```

（3）求 $A - B$

算法思路：首先将表 La 中的所有元素都复制到 Lc 中，然后将表 Lb 中的元素依次取出，分别与表 Lc 中的每一个元素进行比较，如果表 Lb 中元素与表 Lc 中某个元素相等，则重新从表 Lc 中删除该数据元素所对应的节点。

```
void differece(LinkList  * La, LinkList  * Lb)
{
    LinkList a,b,Lc,c,s;                    //a,b指针分别指向 La 和 Lb
    a = La;
    b = Lb;
    Lc = (LinkList) malloc(sizeof(LNode));
    Lc -> next = NULL
    while(a -> next!= NULL)
        {
                c = (LinkList) malloc(sizeof(LNode));
                c -> data = a -> data;
                c -> next = Lc -> next;
                Lc = c;
        }
    while(c -> next!= NULL)
        {
            while(b -> next!= NULL)
                {
                        if(c -> next -> data == b -> next -> data)
                            break;
                    else
                            b = b -> next;
                }
            if(b -> next!= NULL)
                {
                        s = c -> next -> next;
                        c -> next = s;
                }
        }
}
```

习　题　2

一、选择题

1. 线性表是(　　　)。

A. 一个有限序列,可以为空　　　　　B. 一个有限序列,不可以为空

C. 一个无限序列,可以为空　　　　　D. 一个无限序列,不可以为空

2. 表长为 n 的顺序存储的线性表,当在任何位置上插入或删除一个元素的概率相等时,删除一个元素所需移动元素的平均个数为(　　　)。

A. $(n - 11)/2$　　　　B. $n/2$　　　　C. $(n + 1)/2$　　　　D. $(n - 2)/2$

3. 在具有 n 个节点的单链表中,实现(　　　)的操作,其算法的时间复杂度都是 $O(n)$。

A. 遍历链表或求链表的第 i 个节点　　　B. 删除开始节点

C. 在地址为 P 的节点之后插入一个节点　　D. 删除地址为 P 的节点的后继节点

4. 设 a,b,c 为三个节点,p、15、30 分别代表它们的地址,则如下的存储结构称为(　　　)。

A. 循环链表　　　　B. 单链表　　　C. 双向循环链表　　　D. 双向链表

5. 两个指针 P 和 Q,分别指向单链表的两个元素,P 所指元素是 Q 所指元素前驱的条件是(　　　)。

A. P –> next == Q –> next　　　　B. P –> next == Q

C. Q –> next == P　　　　　　　D. P == Q

6. 线性表采用链式存储时,其地址(　　　)。

A. 必须是连续的　　　　　　B. 一定是不连续的

C. 部分地址必须是连续的　　　D. 连续与否均可以

7. 在单链表中,增加头节点的目的是(　　　)。

A. 使单链表至少有一个节点　　B. 标志表中首节点的位置

C. 方便运算的实现　　　　　　D. 说明该单链表是线性表的链式存储结构

8. 用链表存储的线性表,其优点是(　　　)。

A. 便于随机存取　　　　　　B. 花费的存储空间比顺序表少

C. 便于插入和删除　　　　　　D. 数据元素的物理顺序与逻辑顺序相同

9. 在一个长度为 n 的顺序表中删除第 i 个元素($1 \leq i \leq n$)时,需向前移动(　　　)个元素。

A. $n - i$　　　　B. $n - i + 1$　　　　C. $n - i - 1$　　　　D. i

10. 已知一个顺序存储的线性表,设每个节点占 m 个存储单元,若第一个节点的地址为 B,则第 i 个节点的地址为(　　　)。

A. $B + (i - 1) \times m$　　　B. $B + i \times m$　　　C. $B - i \times m$　　　D. $B + (i + 1) \times m$

11. 单链表的存储密度(　　)。

A. 大于 1　　　　　B. 等于 1　　　C. 小于 1　　　　　D. 不能确定

12. 在有 n 个节点的顺序表上做插入、删除节点运算的时间复杂度为(　　)。

A. $O(1)$　　　　　B. $O(n)$　　　　C. $O(n^2)$　　　　D. $O(\log_2 n)$

13. 等概率情况下,在有 n 个节点的顺序表上做插入节点运算,需平均移动节点的数目为(　　)。

A. n　　　　　　B. $(n-1)/2$　　　C. $n/2$　　　　　　D. $(n+1)/2$

14. 若长度为 n 的线性表采用顺序存储结构存储,在第 i 个位置上插入一个新元素的时间复杂度为(　　)。

A. $O(n)$　　　　　B. $O(1)$　　　　C. $O(n^2)$　　　　D. $O(n^3)$

15. 设 Llink、Rlink 分别为循环双链表节点的左指针和右指针,则指针 P 所指的元素是双循环链表 L 的尾元素的条件是(　　)。

A. P == L　　　B. P -> Llink == L　　C. P == NULL　　　D. P -> Rlink == L

16. 设 p 为指向单循环链表上某节点的指针,则 *p 的直接前驱(　　)。

A. 找不到　　　　　　　　　　B. 查找时间复杂度为 $O(1)$

C. 查找时间复杂度为 $O(n)$　　　　D. 查找节点的次数约为 n

17. 在下列链表中不能从当前节点出发访问到其余各节点的是(　　)。

A. 双向链表　　　　B. 单循环链表　C. 单链表　　　　　D. 双向循环链表

18. 在一个单链表中,若 p 所指节点不是最后节点,在 p 之后插入 s 所指节点,则执行(　　)。

A. s -> next = p;p -> next = s;　　　　　B. s -> next = p -> next;p -> next = s;

C. s -> next = p -> next;p = s;　　　　　D. p -> next = s;s -> next = p;

19. 在一个单链表中,若删除 p 所指节点的后续节点,则执行(　　)。

A. p -> next = p -> next -> next;　　　　B. p = p -> next; p -> next = p -> next -> next;

C. p -> next = p -> next;　　　　　　　D. p = p -> next -> next;

20. 在双向循环链表中,在 p 所指的节点之后插入 s 指针所指的节点,其操作是(　　)。

A. p -> next = s;　　s -> prior = p;　　　　p -> next -> prior = s; s -> next = p -> next;

B. s -> prior = p;　　s -> next = p -> next;　　p -> next -> prior = s; p -> next -> prior = s;

C. p -> next = s;　　p -> next -> prior = s;　　s -> prior = p;　　s -> next = p -> next;

D. s -> prior = p;　　s -> next = p -> next;　　p -> next -> prior = s;　p -> next = s;

21. 下列有关线性表的叙述中,正确的是(　　)。

A. 线性表中的元素之间隔是线性关系

B. 线性表中至少有一个元素

C. 线性表中任何一个元素有且仅有一个直接前趋

D. 线性表中任何一个元素有且仅有一个直接后继

22. 在(　　)的运算中,使用顺序表比链表好。

A. 插入　　　　B. 根据序号查找　　　　C. 删除　　　　D. 根据元素查找

23. 向一个有 127 个元素的顺序表中插入一个新元素并保持原来顺序不变,平均要移动(　　)个元素。

A. 64　　　　　B. 63　　　　　C. 63.5　　　　　D. 7

24.在双链表中做插入运算的时间复杂度为(　　　)。

A.$O(1)$　　　　　　B.$O(n)$　　　C.$O(n^2)$　　　　　D.$O(\log_2 n)$

25.链表不具备的特点是(　　　)。

A.随机访问　　　　　　　　　　B.不必事先估计存储空间

C.插入删除时不需移动元素　　　　D.所需空间与线性表成正比

26.L是线性表,已知 LengthList(L) 的值是 5,经 DelList$(L,2)$ 运算后,LengthList(L) 的值是(　　　)。

A.2　　　　　　　　B.3　　　　　　C.4　　　　　　　　D.5

27.在顺序表中,只要知道(　　　),就可以求出任一节点的存储地址。

A.基地址　　　　　B.节点大小　　　C.向量大小　　　D.基地址和节点大小

28.线性表是具有 n 个(　　　)的有限序列($n \neq 0$)。

A.表元素　　　　　B.字符　　　　　C.数据元素　　　　D.数据项

二、填空题

1.顺序表中逻辑上相邻的元素在物理位置上_____相连。

2.线性表是一种典型的_____结构。

3.线性表中节点的集合是有限的,节点间的关系是_____关系。

4.顺序表相对于链表的优点是_____和随机存取。

5.链表相对于顺序表的优点是_____方便,缺点是存储密度_____。

6.采用_____存储结构的线性表叫顺序表。

7.要从一个顺序表删除一个元素,被删除元素之后的所有元素均需_____一个位置,移动过程是从_____向_____依次移动每一个元素。

8.顺序表中访问任意一个节点的时间复杂度均为_____。

9.在线性表的顺序存储中,元素之间的逻辑关系是通过_____决定的。

10 在线性表的链接存储中,元素之间的逻辑关系是通过_____决定的。

11.在双链表中要删除已知节点×P,其时间复杂度为_____。

12.在单链表中要在已知节点×P之前插入一个新节点,需找到×P的直接前趋节点的地址,其查找的时间复杂度为_____。

13.单链表中需知道_____才能遍历整个链表。

14.线性表中第一个节点没有直接前趋,称为_____节点。

15.根据线性表的链式存储结构中每个节点所含指针的个数,链表可分为_____和_____;而根据指针的连接方式,链表又可分为_____和_____。

16.在一个长度为 n 的顺序表中,如果要在第 i 个元素前插入一个元素,要后移_____个元素。

17.在不设置头节点的单链表中,第一个节点的地址存放在头指针中,而其他节点的存储地址存放在_____节点的指针域中。

18.当线性表的元素总数基本稳定,且很少进行插入和删除操作,但要求以最快速度存取线性表中的元素时,应采用_____存储结构。

19.在线性表的链式存储中,元素之间的逻辑关系是通过_____决定的。

20.在双向链表中,每个节点都有两个指针域,它们一个指向其_____节点,另一个指向其_____节点。

21.在带头节点的非空单链表中,头节点的存储位置由_____指示,首元素节点的存储位置由_____指示,除首元素节点外,其他任一元素节点的存储位置由_____指示。

22.对一个需要经常进行插入和删除操作的线性表,采用_____存储结构为宜。

23.双链表中,设 p 是指向其中待删除的节点,则需要执行的操作为:_____。

24.在顺序表中插入或删除一个元素,需要平均移动_____元素,具体移动的元素个数与_____有关。

25.在顺序表中,逻辑上相邻的元素,其物理位置_____相邻。在单链表中,逻辑上相邻的元素,其物理位置_____相邻。

三、简答题

1.线性表具有哪些特征?

2.如何实现线性表的顺序存储结构?

3.如何实现线性表的4种链式存储结构?

4.线性表的两种存储结构各有哪些优缺点?

5.描述头指针、头节点、表头节点的区别,并说明头指针和头节点的作用。

6.在顺序表中插入和删除一个节点需平均移动多少个元素? 具体的移动次数取决于哪些因素?

7.若需要较频繁地对一个线性表进行数据元素的插入和删除操作,则该线性表最好采用何种存储结构? 为什么?

8.在单链表和双向链表中,是否能够从当前节点出发访问到任何一个节点?

9.下面是一算法的核心部分,试说明该算法的功能。

```
pre = L -> next;          //L 是一个带头节点的单链表,节点含有数据域 data 和指针域 next
if( pre != NULL)
    while( pre -> next != NULL)
      {
          p = pre -> next;
            if( p -> data > = pre -> data)      pre = p;
            else    return( FALSE);
      }
return( TRUE);
```

10.设 pa、pb 分别指向两个带头节点的有序(从小到大)单链表。阅读下列程序,并说明:(1)程序的功能;(2)s1、s2 中的值的含义;(3)pa、pb 中值的含义。

```
void exam( LinkList pa, LinkList pb)
  {
      p1 = pa -> next;
      p2 = pb -> next;
      pa -> next = NULL;
      s1 = 0;s2 = 0;
```

```
        while(p1&&p2)
          {
              switch{
                          case(p1 -> data < p2 -> data):
                                  p = p1;
                                  p1 = p1 -> next;
                                  s2 ++;
                                  delete p;
                          case(p1 -> data > p2 -> data):
                                  p2 = p2 -> next;
                          case(p1 -> data = p2 -> data):
                                  p = p1;
                                  p1 = p1 -> next;
                                  p2 -> next = p2 -> next;
                          pa -> next = p;
                          p2 = p2 -> next;
                          s1 ++;
                  }
              while(p1){p = p1;p1 = p1 -> next;delete p;s2 ++;}
          }
      }
```

11. 请列举出一些线性表问题的实例。

12. 对于顺序表和单向链表,如何实现统计重复元素个数的操作?

四、算法设计题

1. 设计一个算法,实现求顺序表中值为 x 的节点的个数。

2. 设计一个算法,将一个顺序表倒置。即如果顺序表各个节点值存储在一维数组 a 中,倒置的结果是使得数组 a 中的 $a[0]$ 等于原来的最后一个元素,$a[1]$ 等于原来的倒数第 2 个元素,以此类推,a 的最后一个元素等于原来的第一个元素。

3. 假设在长度大于 1 的循环单链表中,既无头节点也无头指针,p 指针指向该链表中某一节点,设计算法实现删除该节点的前驱节点。

4. 已知一个顺序表中的各节点值是按从小到大进行排列的,设计一个算法,插入一个值为 x 的节点, 使顺序表中的节点仍然保持从小到大有序。

5. 已知非空单链表的头指针为 L,试写一算法,交换 P 所指节点与其下一个节点在链表中的位置(设 P 指向的不是链表最后那个节点)。

6. 线性表中有 n 个元素,每个元素是一个字符,存于数组 $R[n]$ 中,设计算法实现,将 R 中元素的字符按字母字符、数字字符和其他字符的顺序排列。要求利用原来的空间,元素移动次数最小。

7. 设计实现在带头节点的单链表中删除最小值节点(一个)的算法。

8. 已知两个单链表 La 和 Lb,其元素递增排列。设计算法实现,将 La 和 Lb 归并成一个单链表 Lc,其元素递减排列(允许表中有相同的元素),要求不另辟新的空间。

9. 设计算法实现带头节点的双向循环链表表示的线性表 $L = (a_1, a_2, \cdots, a_{i-1}, a_i, a_{i+1}, \cdots, a_n)$，将 L 改造为 $L = (a_1, a_3, \cdots, a_n, \cdots, a_4, a_2)$。要求算法时间复杂度为 $O(n)$。

10. 已知两个单链表 La 和 Lb 分别表示两个集合，其元素递增排列。编写一算法求其交集 Lc，要求 Lc 以元素递减的单链表形式存储。

11. 已知单链表 L 中数据元素按从小到大进行排列，设计算法实现，删除表中值大于 min 且小于 max 的节点，同时释放被删除节点的空间，min 和 max 是两个给定的参数。并分析算法的时间复杂度。

12. 有线性表 $L = (a_1, a_2, \cdots, a_{i-1}, a_i, a_{i+1}, \cdots, a_n)$，采用单链表存储，头指针为 Head，每个节点中存放线性表中的一个元素，现查找某个元素值为 x 的节点。分别写出下面三种情况的查找语句，要求时间尽量少。

（1）线性表中元素无序。

（2）线性表中元素按递增有序。

（3）线性表中元素递减有序。

13. 某百货公司仓库中有一批笔记本电脑，按其价格从低到高的次序构成一个循环链表，每个节点有价格、数量和链指针三个域。现新到 m 台价格为 h 的笔记本电脑，设计算法修改原链表。

14. 线性表中的元素值按递增有序排列，针对顺序表和循环链表两种不同的存储方式，分别编写 C 函数删除线性表中值介于 a 与 $b(a \leqslant b)$ 之间的元素。

第3章 栈 和 队 列

当对线性表的操作加以限制时,就会得到新的线性结构。栈和队列就是在线性表的基础上加上了一些限制。所以,栈和队列是两种重要的线性结构,也是两种非常典型的抽象数据类型。从数据结构上看,栈和队列是一种特殊的线性表,具有和线性表相同的逻辑结构。但是这种线性结构是加了限制的,也就是说栈和队列的操作具有特殊性,对栈和队列的操作是有限制的,对它们的基本操作只是线性表相关操作的子集。例如,对栈的插入和删除操作只能在一端进行,而队列的插入和删除操作分别在不同的两端进行。本章主要是介绍栈和队列这两种数据结构的定义、表示方法、基本操作和如何利用这两种数据结构解决实际问题。

3.1 栈

3.1.1 栈的概念及基本操作

1. 栈的基本概念

栈也称为堆栈,是限定只能在一端进行插入和删除的线性表。栈的两端分别称为栈底和栈顶。栈中允许插入和删除操作的一端叫作栈顶,由于需要在栈顶插入和删除数据,所以栈顶的位置经常是动态变化的,为了能够指示出栈顶的位置,需要设置一个指向栈顶的位置的指针 top,该指针 TOP 称为栈顶指针;相对地,栈中不能进行插入和删除的另一端称为栈底,它是固定的,同样需要设置一个指针 bottom 指向栈底,这个指针称为栈底指针。如果栈中没有任何数据元素,将这个称为空栈,如图 3-1 所示。

栈的一个重要特点是"后进先出"。当向栈插入一个元素时,由于栈只能从栈顶进行插入和删除,所以,这个元素需要插入栈顶,插入的数据要存放在栈顶一端,这个向栈顶插入一个数据元素的操作也叫作入栈(或进栈)。当要删除一个元素时,同样需要在栈顶进行删除,即删除栈顶元素,这个删除栈的数据元素的操作叫作出栈(或退栈)。

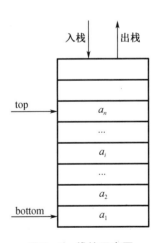

图 3-1 栈的示意图

假设一个空栈中要插入数据 a_1, a_2, a_3 形成栈,则需要向空栈中依次插入数据,每次插入数据都只能从栈顶插入数据,如图 3-2 所示,即插入数据的顺序为 a_1, a_2, a_3。它与线性表不同的地方是,不能在栈中的任意位置插入元素,因此进入栈的元素与栈顶之间的距离就代表了数据元素进入栈的先后顺序。

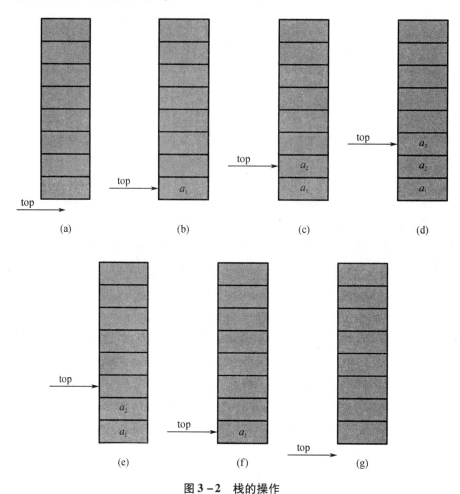

图 3 – 2　栈的操作

(a)空栈;(b)a_1入栈;(c)a_2入栈;(d)a_3入栈;(e)a_3出栈;(f)a_2出栈;(g)a_1出栈

当数据元素出栈时,也要从栈顶依次删除。如图 3 – 2 所示,a_1是最先进入栈的,a_3是最后进入栈的,所以在删除元素时,根据"先进后出"的原则,出栈时 a_3 先出栈,然后是 a_2,最后是 a_1。所以栈又被称为先进后出表或是后进先出表。

栈就好像一摞书,如果放一本新书的话,需要放在整摞书的最上面,这就是入栈;如果要取出一本书的话,也需要从最上面取,这就是出栈。

2. 栈的抽象数据类型定义

ADT Stack {

　　数据对象:$D = \{ a_i \mid a_i \in ElemSetf, i = 1, 2, \cdots, n, n \geqslant 0 \}$

　　数据关系:$R1 = \{ <a_{i-1}, a_i> \mid a_{i-1}, a_i \in D, i = 2, \cdots, n \}$　　约定 a_n 端为栈顶,a_1 端为栈底。

　　基本操作:

　　(1)初始化操作 InitStack(&S)

　　操作结果:构造一个空栈 S。

　　(2)销毁栈 DestroyStack(&S)

　　初始条件:栈 S 已存在。

操作结果:栈 S 被销毁。

(3)判断栈是否为空 StackEmpty(S)

初始条件:栈 S 已存在。

操作结果:若栈 S 为空栈,则返回 TRUE,否则 FALSE。

(4)求栈的长度 StackLength(S)

初始条件:栈 S 已存在。

操作结果:返回栈的长度,即求栈 S 的元素个数,即

(5)返回栈顶元素 GetTop(S, &x)

初始条件:栈 S 已存在且非空。

操作结果:将 S 的栈顶元素的值赋给 x,并返回其值。

(6)入栈 Push(&S, x)

初始条件:栈 S 已存在。

操作结果:在栈 S 中插入元素 x 为新的栈顶元素。

(7)出栈 Pop(&S, &x)

初始条件:栈 S 已存在且非空。

操作结果:在栈 S 中删除栈顶元素,并将值赋给 x,返回其值。

} ADT Stack

3.1.2 栈的顺序存储及基本操作

1.顺序栈

顺序栈是利用顺序存储方式实现栈的存储表示,即通过一组连续的存储空间来按照数据元素的逻辑顺序依次存储。与顺序表类似,也可以用一维数据来存储顺序栈中的各个数据元素。设一维数组 Stack[MAXSIZE]来存储表示顺序栈,其中 MAXSIZE 表示的是这个顺序栈可以存储的最大存储单元个数,可以事先约定。栈的栈底用 Stack[0]来表示,栈顶可以随着数据的插入和删除变化,栈顶用栈顶指针来指示,设置栈顶指针定义为 int top。顺序栈的存储结构如图 3-3 所示。

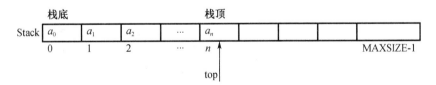

图 3 - 3 顺序栈的存储结构示意图

C 语言中,对于顺序栈的数据结构类型描述如下:

```
#define MAXSIZE 100
typedef Struct
  {
    ElemType data[MAXSIZE];
    int top;
  }SStack;
```

由上述描述可知,栈 SStack 的元素最多不超过 MAXSIZE 的值,所有数据元素都是同一个数据类型 ElemType,top 指针为栈的栈顶指针。

初始状态时,按初值初始化栈,栈底为 Stack[0],且将栈顶指针置为 -1,表示栈中没有任何元素。所以空栈的栈顶指针 top = -1;当向栈中插入数据时,将 top 指针加 1,Stack[top] 表示栈顶,将数据插入到栈顶指针所指示的位置上。每向栈中插入一个数据元素,栈顶指针 top 加 1,所有新插入的数据都会被插入到栈顶。当从栈中删除数据时,也要从栈顶删除,即删除数据为 top 所指数据元素 Stack[top],删除后栈顶指针 top 减 1。当 top = -1 时,说明所有栈中的数据元素都已经被删除,栈成为空栈。

2. 顺序栈的基本操作

(1)顺序栈的初始化操作

算法说明:

对栈 S 进行初始化,首先设置指向栈类型变量的指针变量 S,然后对栈顶指针进行赋值,令 $s->top=-1$,创建一个空栈。

```
void InitStack(SStack *S)
    {
        S = (SStack *)malloc(sizeof(SStack));
        S->top = -1;
    }
```

(2)判断栈是否为空

算法说明:

判断栈是否为空的条件是判断栈顶指针的值,如果栈顶指针为 -1,则表示栈为空,返回值为 0;否则,栈为非空,返回值为 1。

```
int EmptyStack(SStack *S)
    {
        if(S->top == -1)
            return 0;
        else
            return 1;
    }
```

(3)入栈操作

算法说明:

首先,判断栈是否已满,如果 S->top 等于 MAXSIZE -1,表示栈已满,则不能再插入任何元素,否则插入数据元素。在插入数据元素时,首先修改栈顶指针,将栈顶指针 S->top 加 1,指向其插入位置,将数据元素 x 赋给 S->data[top],即数据元素入栈。

```
void PushStack(SStack *S,ElemType x)
    {
        if(S->top == MAXSIZE -1)
            printf("栈已满,无法插入! \n");
```

```
else
    {
        S -> top ++ ;
        S -> data[ S -> top ] = x;
    }
}
```

（4）出栈操作

算法说明：

数据元素要出栈，首先要判断栈是否为空。如果栈顶指针 S -> top 值为 -1，则表示栈为空，说明栈中没有任何数据元素；若栈顶指针 S -> top 值不等于 -1，则栈不为空，有数据元素可出栈，出栈的元素必须是栈顶元素，即将栈顶元素赋给 e，S -> top 指针减 1，栈顶指针向下移，指向下一个出栈的元素。

```
void PopStack( SStack  * S,ElemType e)
    {
        if( S -> top == -1 )
            printf("栈已空,无数据元素可出栈! \n");
        else
            {
                e = S -> data[ S -> top ];
                S -> top -- ;
            }
    }
```

（5）求栈长度操作

算法说明：

求栈的长度实际就是求栈中元素的个数，由于入栈的数据元素都是从栈顶插入的，所以栈中元素与栈顶指针相关。栈顶指针 S -> top 加 1 的值就是栈的元素个数。所以求栈的长度算法就是获得 S -> top 加 1 的值，将其值赋给表示栈长度的变量 length。

```
int LengthStack( SStack S)
    {
        int length = 0;
        length = S -> top + 1;
        return length;
    }
```

（6）显示栈顶元素

算法说明：

要显示栈顶元素，首先要判断栈是否为空。如果 S -> top 等于 -1，说明栈为空，栈中没有元素可以输出；若 S -> top 不等于 -1，说明栈中有元素，栈顶元素就是栈顶指针所指的元素，将栈顶指针赋给变量 e，并返回 e 的值。

```
int GetTopStack(SStack S,ElemType e)
    {
        if(S -> top == -1)

            {
                printf("栈为空栈,无数据元素可输出。\n");
                return 0;
            }
        else
            {
                e = S -> data[S -> top];
                return e;
            }
    }
```

(7)显示栈中所有元素

算法说明:

从栈顶到栈底依次显示栈中所有元素。设置变量 i,控制循环从栈顶到栈底依次访问数据,并输出。

```
void DisplayStack(SStack S)
    {
        int i;
        for(i = S -> top;i > = 0;i -- )
        printf("% c\n",S -> data[i]);
        return length;
            }
    }
```

(8)销毁栈

算法说明:

销毁栈就是直接释放栈所占用的存储空间。

```
void DistroyStack(SStack S)
    {
        free(S);
    }
```

以上是顺序栈的基本操作。在栈的定义和基本操作算法设计过程中,可以对栈的数据类型进行不同形式的定义。如可以增加一个指针指向栈底,或者对于空栈时栈顶指针指示的位置赋予不同的初值。但需要注意的是,不论如何设计,都要保证对栈中数据元素的插入和删除操作,都是固定在一端进行的,即入栈、出栈都在栈顶进行。

3.1.3　栈的链式存储及基本操作

1. 链栈

在利用顺序栈进行数据存储时,需要事先对栈的最大元素个数进行设置,这就是说,当顺序栈满时会出现溢出现象。为解决这个问题,可以采用另一种存储方式来存储栈,这种存储方式就是链式存储。采用链式存储方式存储的栈称为链栈。和链式存储结构的线性表用单链表表示一样,链栈也通常用单链表表示。用来表示链栈的单链表的插入和删除操作不再是可以在任意位置上的操作,而是规定链栈的插入、删除操作只在表头一端进行。所以栈顶设在表头一端。

如图 3-4 所示,图中表示一个带头节点的链栈,a_1 是栈顶节点,a_n 是栈底节点。虽然图示与线性链表的图示相同,但本质意义不同,因为对于栈的插入和删除操作只能在头节点这一端进行,其他任何位置都不能进行插入和删除。正是同于栈的这个特性,所以在插入数据时不需要去查找整个链表,它的时间复杂度是 $O(1)$。而且从 a_1 到 a_n 入栈的顺序是 a_n 最先入栈,然后是 a_{n-1},以此类推,最后 a_1 才入栈。

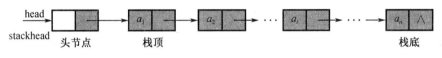

图 3-4　带头节点的链栈示意图

链栈中节点类型定义如下:

```
typedef struct SNode
    {
        ElemType data;
        struct SNode * next;
    } LStack;
```

链栈节点定义中,data 表示栈的节点的数据域,存放数据元素,next 为指针域,指向下一数据元素节点。

另外,还要定义一个栈顶指针 top,top 指向栈顶元素,实际也是链表的头部,所以用链表表示栈时,没有头节点要比有头节点的链表操作更方便,因此通常利用链表来链栈时,不设置头节点。

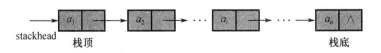

图 3-5　不带头节点的栈的示意图

2. 链栈的基本操作

(1)链栈的初始化操作

算法说明:

对不带头节点的链栈 S 进行初始化,实际上就是创建一个不带头节点的空链表,并将链栈的栈顶指针设置 S，S 的值置为空，表示空栈。如果是带头节点的链栈初始化，则需要将 S -> next，即 S 的指针域置为空。

```
void InitLStack( LStack  * S)
    {
        S = ( LStack  * ) malloc( sizeof( LStack ) ) ;
         S = NULL ;
    }
```

（2）判断栈是否为空

算法说明：

判断栈是否为空的条件，是判断栈顶指针的值，如果栈顶指针为 S 等于 NULL，则表示栈为空，返回值0；否则，栈为非空，返回值1。

```
int EmptyStack( LStack  * S)
    {
        if( S == NULL )
            return 0 ;
        else
            return 1 ;
    }
```

（3）入栈操作

算法说明：

入栈即向栈顶插入元素。插入数据元素，实际上就是把元素插入链表表头，即成为单链表表头的第一个元素，所以可以参照不带节点的单链表向表头插入数据的方法进行插入。

```
void PushStack( SStack  * S, ElemType x)
    {
            LStack  * p;
            p = ( LStack  * ) malloc( sizeof( LStack ) ) ;
            p -> data = x ;
            P -> next = S -> next ;
            s -> next = p ;
    }
```

（4）出栈操作

算法说明：

数据元素要出栈，首先判断栈是否为空。S 等于 NULL 说明栈为空，没有数据元素可以出栈，返回值0；若栈顶指针 S 不等于 NULL，则栈不为空，有数据元素可出栈，出栈的元素即是栈顶元素，即 S 指针所指元素。因此将 S 指针所指节点的数据域赋给 e，然后将 S 指向栈顶的下一个元素。出栈操作可以参照不带头节点链表中删除第一个元素节点的操作。

```
int PopStack(LStack *S,ElemType e)
  {
                LStack *p;
                if(S == NULL)
                    return 0;
                else
                  {
                            e = S -> data;
                            p = S;
                            S = p -> next;
                            free(p);
                            return e;
                  }
  }
```

(5)求栈长度操作

算法说明：

求栈的长度实际就是求栈中元素的个数,也就是求不带头节点的链表长度的操作。

```
int LengthStack(LStack S)
  {
      int length = 0;
      LStack *p;
      p = S;
        while(p! = NULL)
          {
                    length ++ ;
                    p = p -> next;
          }
      return length;
  }
```

(6)显示栈顶元素

算法说明：

要显示栈顶元素,即显示链表中的第一个元素节点的数据。首先判断栈是否为空,如果栈为空返回 0,否则将栈顶指针 S 所指节点的数据域赋给 e,即为栈顶元素。

```
int GetTopStack(LStack S,ElemType e)
  {
                if(S == NULL)
                    return 0;
                else
                  {
```

```
                    e = S -> data;
                    return e;
                    }
              }
```

（7）显示栈中所有元素

算法说明：

从栈顶到栈底依次显示栈中所有元素，设置临时指针 p，初始值等于 S，即指向栈顶，然后依次访问链栈中的下一个节点，直到链栈中所有节点均访问一遍。

```
void DisplayStack( LStack S)
    {
        LStack  * p;
        p = S;
        while( p! = NULL)
            {
                    printf( "% c \n", p -> data) ;
                    p = p -> next;
            }
        return length;
    }
```

（8）销毁栈

算法说明：

销毁栈就是直接释放栈所占用的存储空间。销毁链栈实质上就是将栈中所有数据元素依次出栈，并释放节点。所以销毁栈是从存储栈的单链表表头依次删除节点。

```
void DistroyStack( LStack S)
    {
      LStack  * p;
        p = S -> next;
        while( p! = NULL)
            {
                    free( S) ;
                    S = p;
                    p = p -> next;
            }
    }
```

在实际解决问题的过程中，对于栈还有其他操作，在这里就不再一一叙述了。在实际中是选择顺序栈还是链栈，是由要解决的问题来决定的。顺序栈易定位易读取，链栈没有数据溢出。总之，无论选择哪种存储结构，都是为了更好地解决实际问题。

3.1.4 栈的应用实例

栈的应用范围非常广泛，在很多实际的运行过程中需要用到栈的"后进先出"这种特性来解决问题。例如迷宫问题的解决就是一个采用栈来解决问题的典型实例。因为在解决迷宫问题中的一个重要方法就是回溯法;回溯法解决问题的关键就是通过不断地试探并及时纠正错误来求解。在试探并纠正错误的过程中,需要退回到前一个正确的情况下,即如果在某一个点之后试探所有方向的道路都不能的情况下,需要沿着原路返回到前一个点,然后再去另一个方向找寻可能正确的路线。所以,迷路问题的解决需要利用栈的"后进先出"的特点,记录当前最近能够到达的点的下标和方向,然后随着前进依次记录到达的每一个点,当不能到达下一个点时,就需要从栈顶取出元素,回到上一个正确的状态。

同时,在软件系统的设计过程中,很多时候都需要利用递归算法来进行求解,而递归算法的实现需要利用栈的特性。

下面通过几个实例来说明栈如何解决实际问题。

【例 3 − 1】　数制转换问题。

(1)设计要求

设计算法实现将任意一个非负的十进制数转换为二进制数。

数制转换是计算机实现计算的基本步骤。数制转换的方法很多,应用最多的就是利用辗转相除法,即将前一次所得的商除以进位数,并取余数,所得到的余数就是转换成的 N 进制数的最后结果。如题设,初始情况下商的值就是要转换的非负十进制数,进位数是 2,求得此二进制数结果的过程如下。假设 $N = 12$,如图 3 − 6 所示为十进制数转换成二进制数示意图。

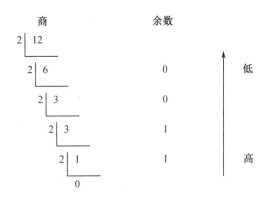

图 3 − 6　十进制转换成二进制示意图

由图可知 $(12)_{10} = (1100)_2$。也就是说,转换得到的二进制数是通过对十进制数除以进位数取得的,而且转换数是从低位到高位按顺序产生的,所以当要输出二进制数时,需要从高位到低位顺次输出。通过转换算得得到二进制各个位上的数与输出二进制数正好相反。这正好与栈的"先进后出"的特点一致,即最先产生的数最后输出。这样,可以定义一个栈用它来存放产生的二进制数,每产生一个数就将其插入栈中,根据入栈算法,每一个新入栈的数都会放在栈顶,于是当进制转换算法所产生的数据都入栈后,就可以输出结果,输出的过程就是将栈中所有的元素进行出栈,即从栈顶到栈底依次取出数据。

(2)算法设计步骤

首先定义要转换的十进制数为 n,

①若 $n \neq 0$,则将 $n \% 2$ 的值入栈,执行②;若 $n = 0$,则将栈中的所有数据元素依次出栈,并将值赋给 x,输出结果,算法结束。

②用 $n/2$ 代替 n,返回①。

当 $n>0$ 时,重复①。

用链栈存储转换得到的数位。

(3)算法实现代码

```
void Conversion( int n)
    {
            LkStack    s;
            InitStack(&s);
            int x;
            while( n > 0)
                    {
                            PushStack( s,n%2);
                            n = n/2;
                    }
            while( ! EmptyStack(S))
                    {
                            PopStack( s,x);
                            printf( "% d",x);
                    }
    }
```

(4)算法分析

算法的时间复杂度为 $O(n)$。

【例3-2】 判断一个字符串是否是回文字符串。

(1)设计要求

设计算法实现判断所给字符串是否是回文。

回文字符串,就是一个,从左向右读和从右向左读是完全相同的字符串。如字符串
"abcba"就是回文字符串,字符串"abcab"则不是回文字符串。

可以通过将字符串中的字符从左到右依次入栈,然后再将所有字符依次出栈,出栈时
将出栈字符按其出栈序列依次与原字符串中字符序列进行比较,如果每个字符都能完全匹
配,则是回文字符串,如果有一个字符不相同,则不是回文字符串。

(2)算法设计步骤

①创建一个空的栈 s。

②从单链表的表头依次取字符并将字符入栈。

③将栈中的字符依次出栈,并与原字符串的字符逐个比较,如果全部字符都相同,则是
回文字符串,如果有一个字符不相同,则不是回文字符串。

(3)算法实现代码

```
void Palindrome( LinkList L)
{
    InitStack(s);
    p = L;
```

```
        while( p! = NULL)
          {
              x = p -> data;
              PushStack( stack, x) ;
              p = p -> next;
          }
        i = 1;
        p = L;
        while( p! = NULL)
          {
                  x = PopStack( stack) ;
                  if( p -> data == x)
                      p = p -> next;
                  else
                    {
                        i = 0;
                    }
                  if( i == 1)
                      printf( ″是回文。″) ;
                  else
                      printf( ″不是回文。″) ;
          }
        DestroyStack( s) ;
        DestroyList( L) ;
   }
```

(4)算法分析

算法的时间复杂度为 $O(n)$。

判断回文的算法并非唯一,在字符串入栈时,可以不用将全部字符串入栈,根据回文字符串的特点,只需要将字符串前半部分元素入栈即可,入栈元素个数为对回文字符串长度的二分之一取整,即如果字符串为奇数,则取长度除以 2 的整数商个数的元素入栈。然后比较时,将入栈元素依次出栈和原字符串后半部分元素比较。如果字符串长度为奇数,则正中间的元素不被比较,而是从中间两侧元素进行比较。这种算法实际上比元素全部入栈效率要高。

【例 3 - 3】　表达式的语法检查,即括号的匹配问题。

(1)设计要求

在四则运算过程中,括号是常用的一种运算符号。在计算机程序中,括号匹配也是非常重要的。虽然计算机程序中的括号与四则运算中的括号表达的含义有所不同,但是有一种情况两者是一致的,那就是括号匹配问题。在程序设计及编译过程中,需要对程序中的语法进行检查。语法错误中有一种错误是表达式错误,而括号是否匹配的问题是其中的一种。

假设表达式中存在两种括号"( )"和"[ ]",可以以任意的顺序嵌套,即([ ]( ))或[( )[( )][ ]]等都为正确的格式,而((([ ]))、[( )]等都是不正确的格式。设计一个算法判断括号是否匹配。

要解决这个问题,也需要用到栈。首先,将表达式当成一个字符串。然后逐一从左到右读表达式,当遇到括号"("和"["时将所读括号入栈,当遇到")"和"]"时,则读栈顶括号,并进行比较,如果两个括号匹配,即括号"("和")"是匹配的,"["和"]"是匹配的,则栈顶元素出栈,否则报错。当所有字符读取一遍,若栈不空,栈中还有括号,说明还存在不匹配的括号,返回错误信息;否则栈为空,返回正确信息。

（2）算法设计步骤

①从字符串序列中依次取出 1 个字符,如果是"( )"和"[ ]"两种括号任意一种,则转入②,如果不是则重复执行①。

②判断栈顶与取出的括号情况,分为三种情况进行处理:

a）如果栈为空,则将括号入栈;

b）如果括号与栈顶的括号匹配,则将栈顶括号出栈;

c）如果括号与栈顶的括号不匹配,则将括号入栈。

③如果字符串序列所有字符都遍历一遍,并且栈为空则括号匹配,返回值 1;否则不匹配,返回值 0。

（3）算法实现代码

```
int MatchBracket( char[ ] list)
    {
        SStack s;
        s -> top = -1;
        int len = list. Length;
        for ( int i = 0; i < len; i ++ )
            {
                if( list[ i] == "("‖ list[ i] == ")"‖ list[ i] == "["‖ list[ i] == "]")
                    { if ( s. IsEmpty( ) )
                        { PushStack( s,list[ i] ); }

                    else if ( ( ( GetTopStack ( s ) == ' ( ') && ( list [ i ] == ') ') ) ) ‖ ( s.
                    GetTopStack( s) == '[ ' && list[ i] == ']'))
                        { PopStack( s); }
                    else
                        { PushStack( list[ i] ); }
                    }
            }
        if ( ! IsEmpty( s) )
            { return 1; }
        else
            { return 0; }
    }
```

【例 3 - 4】　不同表达式之间的转换。

（1）设计要求

设计一个算法，实现表达式之间的转换。表达式求值是计算机程序设计语言中一个重要的基本问题。由于运算符之间的优先级不同，所以在计算时需要根据算术运算符不同的优先级来确定运算顺序。

表达式，由操作数（Operand）、运算符（Operator）和分界符（Delimiter）组成。操作数和运算符是表达式的主要部分，分界符标志了一个表达式的结束。按表达式的类型，可以将表达式分为三类，分别是算术表达式、逻辑表达式和关系表达式。以四则算术运算表达式为例，假设算术表达式中只包含加、减、乘、除四种运算以及圆括号，"#"为分界符。

算术四则运算的规则如下：

①先乘除后加减；

②先括号内后括号外；

③同级别时从左到右运算。

根据上述三条运算规则，在任意相继出现的算符 θ_1 和 θ_2 之间至多是下面三种关系之一：

①$\theta_1 < \theta_2$，θ_1 的优选权低于 θ_2；

②$\theta_1 = \theta_2$，θ_1 的优选权等于 θ_2；

③$\theta_1 > \theta_2$，θ_1 的优选权高于 θ_2。

在计算机中表达式有三种不同的表示方式，分别是前缀表达式、中缀表达式和后缀表达式。它们的划分主要根据运算符与操作数之间的位置关系来划分。其形式如下：

前缀表达式，运算符在两操作数之前，如 + ab；

中缀表达式，运算符在两操作数之间，如 a + b；

后缀表达式，运算符在两操作数之后，如 ab + 。

以中缀表达式求值为例，介绍表达式求值过程。

中缀表达式运算符在操作数的中间，在计算过程中不但要考虑运算符之间的优先顺序，还要考虑括号出现，另外还有运算符出现的先后顺序。

运算符实际的运算顺序与它们在表达式出现的先后顺序往往是不同的，也是不可预测的。而在后缀表达式中，因为没有括号，也没有优先级的差别，所以计算过程可以完全按照运算符出现的顺序进行，在整个计算过程中也只需要进行一次扫描。所以可以把中缀表达式改写成后缀表达式，然后通过运算后缀表达式以达到求解算术表达式的目的。

中缀表达式转换成后缀表达式的方法是将每个运算符转到它的两个操作数的后面，同时要将所有的括号删除。例如，中缀表达式 10 + (3 + 2 * 6)/4 - 6 转换成后缀表达式为 10 3 2 6 * +15/ +6 - 。

（2）算法设计思路

①定义两个字符串分别存放中缀表达式和后缀表达式。中缀表达式存入 infix 中，后缀表达式存入 suffix 中。

②设置运算符栈，并初始化栈，将字符"#"压入栈底，当字符"#"出栈时，表示最低的运算优先级，即所有运算符均出栈，运算符栈为空，运算完成。运算符栈的作用是存放那些从中缀表达式中扫描得到的暂时又不能写入到后缀表达式中的运算符。运算符出栈的条件就是当后缀表达式的两个操作数都写入到后缀表达式中后，栈顶运算符才可以出栈。

（3）算法的设计步骤

从左到右依次扫描中缀表达式,按扫描顺序依次取出字符,根据下列 5 种情况进行处理。

①当取出的字符为空格时,不需要进行任何处理,直接跳过。

②当取出的字符是数字时,则必为操作数的最后位数字字符,需要将字符和其后面的连接数字字符写入到字符串 suffix 中。

③当取出的字符为"("时,需要将其入栈。

④当取出的字符为")"时,说明括号内的所有数字与运算符全部扫描完,则需要将其对应的"("之前的所有运算符依次出栈,并写入到后缀表达式 suffix 中,并同时将"("出栈,但不需要写入到 suffix 中。

⑤当取出的是除括号外的运算符时,比较当前运算符与栈顶运算符的优先级。若该运算符优先级大于栈顶运算符,则说明该运算符后还有操作数没有被扫描,将该运算符压入栈;相反,当该运算符优先级小于或者等于栈顶运算符的优先级时,表明栈顶运算符的两个操作数已经写入后缀表达式中,则将栈顶运算符出栈,并同时将其写入到后缀表达式 suffix 中。然后继续将当前扫描到的运算符与栈顶运算符进行比较和处理,直到该运算符优先级大于栈顶运算符优先级为止,将其压入栈中。

（4）算法实现代码

```
void transform( char suffix[ ] , char infix[ ] )
    {
        SStack S;
        char ch;
        int i = j = 0;
        InitStack( S ) ;
        PushStack( S,'#' ) ;
        while( infix[ i ] )
            switch( ch )
                {
                    case '(':PushStack( S,infix[ i ] ) ;i ++ ;break;
                    case ')':while( S. data[ S. top ] != '(' )
                        {
                            PopStack( s,ch ) ;
                            suffix[ j ++ ] = ch;

                        }
                        PopStack( s,ch ) ;
                        i ++ ;
                        break;

                    case ' + ':
                    case ' - ':
                    case ' * ':
```

```
            case '/':while(pre(S.data[S.top]) > = pre(infix[i]));
                                {
                                    PopStack(S,ch);
                                    suffix[j ++ ] = ch;
                                }
                            PushStack(s,infix[i]);
                            i ++ ;
                            break;
                default:while(isdigit(exp[i]))
                                {
                                    suffix[j ++ ] = infix[i];
                                    i ++ ;
                                }
                            suffix[j ++ ] = ' ';
            }
    while(S.data[S.top] != "#")
        {
            PopStack(s,ch);
            suffix[j ++ ] = ch;
        }
    suffix[i] = '\0';
}
int pre(char opt)
    {
        switch(opt)
            {
                case ' + ':
                case ' - ': return 1;
                case ' * ':
                case '/': return 2;
                case '(':
                case '#':
                default: return 0;
            }
    }
```

(5)算法分析

在中缀表达式向后缀表达式转换的过程中,中缀表达式中的每个字符都需要扫描一次。对于操作数,直接写入到后缀表达式,对于运算符,需要进行比较然后入栈、出栈或者是写入到后缀表达式中。所以中缀表达式转换成后缀表达式的时间复杂度是 $O(n)$。

3.2 队 列

队列也是一种特殊的线性表,在很多实际问题,尤其涉及排队问题时经常会采用队列这一数据结构。它与栈的主要区别在于对插入、删除操作的约定。

3.2.1 队列的基本概念

1. 队列的定义

队列是一种受限制的特殊线性表,规定只允许在表的一端进行插入数据的操作,在表的另一端进行删除数据的操作。把允许插入数据一端称为队尾,允许删除数据的一端称为队头。队首用队首指针来指示,队尾用队尾指针来指示。向队列中插入新数据的操作称为入队或进队,被插入的数据成为队列新的队尾。从队列中删除数据的操作称为出队或离队,当有数据出队时,队列中出队元素的后继元素成为新的队首。空队列是没有任何数据元素的队列。

根据队列的定义不难发现,每次插入新的数据元素都是放在原来队列的队尾,而每次出队的数据元素都是原队列的队头元素,就像在商场购物结账一样,后来的人总是会排在结账队伍的最后,而先来的则会排在结账队伍的前面,第一个结账的顾客是最早排队进入队列的顾客。

总之,队列中出队的数据元素总是最先入队的元素,这就是常常说的"先进先出"。所以把队列也叫做"先进先出表"。

图 3-7 是一个队列示意图以及队列动态变化示意图。front 为队首指针,指向队首,rear 为队尾指针,指向队尾。

$$rear \leftarrow \quad a_1 \quad a_2 \quad a_3 \quad a_4 \quad \leftarrow front$$

出队   入队

图 3-7 队列的示意图

所以,在图 3-7 中 a_1, a_2, a_3, a_4 四个数据元素依次入队,形成一个队列,记作 $Q = (a_1, a_2, a_3, a_4)$。此时队列的队首为 a_1,它是最先插入到队列的元素;队尾为 a_4,它是最后一个插入到队列的元素,当删除元素或元素出队时,删除元素顺序和元素入队的顺序相同,也是从队首到队尾,即先让队首元素 a_1 出队,然后 a_2 出队,a_4 最后出队。

队列除了在日常生活中经常被用到之外,在程序设计中也常常会用到,比如在操作系统中,队列常常会用在进程调度算法中,在计算机系统允许多个进程同时运行,但往往处理机只有一个,这种情况下,计算机系统在一段时间内只能允许一个进程使用处理机。在先来先服务进程调度算法中,系统中的所有进程根据其到达的先后顺序排成一个队列,然后系统从队首取进程分派处理机,当有新的进程进入到队列时,需要将该进程排在就绪队列的队尾。

2.队列的抽象数据类型定义

ADT Queue

　　｛

　　　　　　数据对象:$D = \{a_i \mid a_i \in ElemSet, i = 1, 2, \cdots, n, n \geqslant 0\}$

　　　　　　数据关系:$R = \{ < a_{i-1}, a_i > \mid a_{i-1},\ a_i \in D, i = 2, \cdots, n\}$　　约定 a_1 端为队头,a_n 端为队尾。

　　　　　　基本操作:

　　　　　　　　(1)初始化队列 InitQueue(&Q)

　　　　　　　　操作结果:构造一个空队列 Q。

　　　　　　　　(2)销毁队列 DestroyQueue(&Q)

　　　　　　　　初始条件:队列 Q 已存在。

　　　　　　　　操作结果:队列 Q 被销毁,不再存在。

　　　　　　　　(3)清空队列 ClearQueue(&Q)

　　　　　　　　初始条件:队列 Q 已存在。

　　　　　　　　操作结果:将队列 Q 清空成为空队列。

　　　　　　　　(4)判断队列是否为空 QueueEmpty(Q)

　　　　　　　　初始条件:队列 Q 已存在。

　　　　　　　　操作结果:判断队列 Q 是否为空队列,若是则返回 TRUE,否则返回 FALSE。

　　　　　　　　(5)求队列长度 QueueLength(Q)

　　　　　　　　初始条件:队列 Q 已存在。

　　　　　　　　操作结果:返回 Q 的元素个数,即队列的长度。

　　　　　　　　(6)求队头元素 GetHead(Q, &x)

　　　　　　　　初始条件:Q 已存在,且为非空队列。

　　　　　　　　操作结果:将队列 Q 的队头元素赋给 x,并返回 x 的值。

　　　　　　　　(7)入队 EnQueue(&Q, x)

　　　　　　　　初始条件:队列 Q 已存在。

　　　　　　　　操作结果:向队列中插入元素 x 成为新的队尾元素。

　　　　　　　　(8)出队 DeQueue(&Q, &x)

　　　　　　　　初始条件:队列 Q 为非空队列。

　　　　　　　　操作结果:将队列 Q 的队头元素删除,并用 x 返回其值。

　　｝ADT Queue

3.2.2　队列顺序存储结构

1.顺序队列

用顺序表来存储队列称为顺序队列。类似于顺序栈,顺序队列也是用一维数组来存储顺序队列中的数据元素。由于出队和入队操作,队首或队尾会发生改变,所以需要除了存放数据元素的一组数组之外,还要设置两个指针分别指向队首或队尾。指向队首的指针称为队首指针(front),指向队尾的指针称为队尾指针(rear)。顺序队列有两种形式,一种是非循环队列,一种是循环队列。

(1)非循环顺序队列

非循环顺序队列,即队列的队首和队尾不相连接。依然用队首指针和队尾指针指向队首和队尾,并规定初始状态下队列为空时队首指针和队尾指针等于 -1,即 front = rear = -

1；当执行入队操作时，将新的元素插入到队尾，且将队尾指针加1，指向新的队尾元素；当执行出队操作时，将元素从队首中取出，且将队首指针加1，指向队列新的队首。队列中第一个入队成为队头的元素位置通常设置在数组下标为0的一端。

如图3-8所示。图(a)表示空队列，图(b)(c)(d)(e)(f)分别表示数据元素的入队和出队过程。

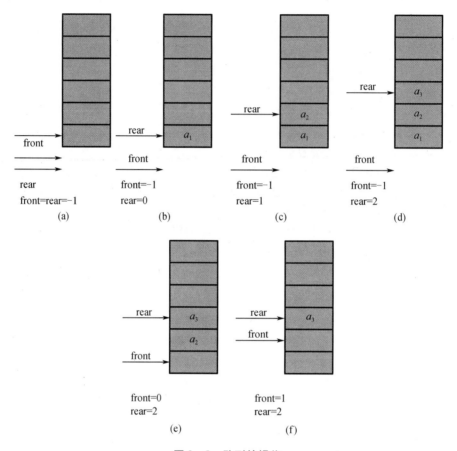

图3-8　队列的操作

(a)空队列；(b)a_1入队；(c)a_2入队；(d)a_3入队；(e)a_1出队；(f)a_2出队

也就是说除了插入、删除操作的限制外，队列的数据元素、数据元素之间的逻辑关系与线性表是完全相同的。

非循环队列的定义如下：

```
#define MAXSIZE   100                //队列的最大长度
typedef struct  {
        ElemType elem[MAXSIZE];       //存储队列中数据元素的数组
        int rear,front;               //队头指针和队尾指针
    }SeqQueue
```

非循环顺序队列的基本操作如下所示。

①队列的初始化算法

算法说明:创建一个空队列。

```
void InitQueue（SeqQueue &Q）
    {
      Q -> front = Q -> rear = - 1;
    }
```

②判断队列是否为空算法

算法说明:判断队列是否为空,如果为空,则返回值为1;如果不为空,则返回值为0。

```
int QueueEmpty（Q）
    {
        if( Q -> front == Q -> rear )
            {
                printf（"空队列! \n"）;
                return 1;
            }
        else
            {
                printf（"非空队列! \n"）;
                return 0;
            }
    }
```

③入队算法

算法说明:若队列不满,则将数据元素 x 插入队列队尾,返回值为1,表示插入成功;否则返回值为0,表示队列已经满。

```
int EnQueue(&Q, x)
    {
        if( Q -> rear == MAXSIZE )
            return 0;
        else
            Q -> rear ++ ;
        Q -> elem[ Q -> rear] = x;
        return 1;
    }
```

④出队算法

算法说明:若队列不空,则队列队首元素出队,将队首元素赋给 x,返回值为1,表示出队成功;否则返回值为0,表示队列为空队列,无元素出队。

```
int DeQueue(&Q, &x)
    {
        if( Q -> front == Q -> rear)
            return 0;
        else
            Q -> elem[ Q -> front] = x;
        Q -> front ++;
        return 1;
    }
```

⑤求队列长度算法

算法说明:当队列不空,求队列长实际上就是队列的队尾指针减去队列的队首指针。

```
int QueueLength( Q)
    {
        int length;
        length = Q -> rear - Q -> front;
        return length;
    }
```

⑥顺序输出队列元素算法

算法说明:当队列不空,从队首到队尾输出队列中的所有元素。

```
void printSeqQueue( PSeqQueue curSeqQueue)
    {
        int i;
        if( Q -> front != Q -> rear)
            {
                for( i = Q -> front + 1; i <= Q -> rear; i ++ )
                    {   if
                        printf( " % d ",Q -> elem [i]);
                    }
                printf( " ] \n" );
            }
    }
```

(2)循环顺序队列

在不带循环的顺序队列中,随着数据元素的入队,当队尾指针等于 MAXSIZE – 1 时,队列已满。如果此时再向队列中插入数据,由于队列已满,则不能插入数据,即顺序队列因为队尾指针超过数组下界而出现溢出。此时,如队列中有数据元素出队时,队列的队首会向队头靠拢。于是人们发现,虽然队列显示状态已满,但在存储队列的数组中仍然有空的存储空间可以存储元素。这些空的空间是随着队列中元素出队而产生的。所以在不带循环的顺序队列中的"溢出",实际上是一种假溢出,并非是存储空间不够。

为了解决假溢出的情况,更有效地利用存储空间,于是人们把顺序队列的存储空间构造成一个首尾相连的环,构成一个循环结构,头尾指针之间的关系不变,人们把这种结构的队列称为"循环队列"。

如图 3 – 8 所示,循环顺序队列的 MAXSIZE 等于 8,初始状态为队头指针 front 等于 0,队尾指针 rear = 0。当向循环顺序队列中插入元素时,需要向队列的队尾插入元素,即每插入一个元素,循环顺序队列的队尾指针加 1,指向下一个可以插入元素的位置。当 A,B,C,D,E,F,G,H 元素每入队一个元素时,队尾指针加 1,最终队列满时,front = 0,rear = 0,front = rear。当从队列中删除元素时,即元素出队,需要从队列队首取元素,即 front 指针所指位置元素出队,然后再将 front 指针加 1,指向新的队首。当队列中所有元素出队,队列为空时,front = 0,rear = 0,front = rear。所以无论是初始状态,还是队列满,或队列空,都存在一个条件 fornt = rear,显然,仅有此条件是无法确定队列是满的还是空的。另外,当循环顺序队列的队尾指针或队头指针到达最后一个单元时,如何返回到头元素的位置上,这些都是循环顺序队列使用时应该解决的问题。

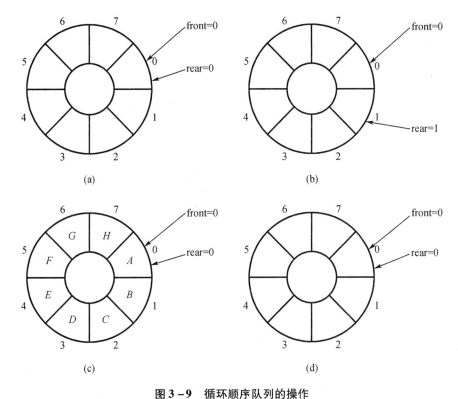

图 3 – 9　循环顺序队列的操作

(a)初始化状态;(b)元素 A 入队后队列的状态;
(c)队列满的状态;(d)队列空的状态

那么循环,队列是如何判断队列满或队列空,如何实现循环的呢?

当队列中的数据元素入队和出队时,队尾指针以及队首指针加 1 操作利用除法取余来实现。即当队尾指针指向 MAXSIZE – 1 存储单元后,若再有元素入队,则队尾指针再向下指向下一个存储单元,即下标为 0 存储单元。

数据元素入队,队尾指针操作为

Q. rear = (Q. rear + 1)% MAXSIZE;

数据元素出队,队首指针操作为:

Q. front = (Q. front + 1) % MAXSIZE;

这样,就实现了循环顺序队列的循环。

实现队列空和队列的满的判断,是决定元素能否入队,以及是否有元素出队的前提条件。可以采用两种方法来完成队列空和满的判断。第一种方法,可以在数据元素入队时少用一个存储空间,即队满的判断条件为:(Q. rear + 1) % MAXSIZE == Q. front,也就是说队尾指针加 1 后,赶上了队首指针,这时认为队列是满的。当队列为空时,判断条件依然是:Q. rear = Q. front。第二种方法,可以增加设置一个变量,这个变量 number 表示队列中存储的元素个数,如果 number 等于 0,则表示队列为空;如果 number 等于 MAXSIZE,则队列为满。

循环顺序队列的类型定义与非循环顺序队列的定义是一样的,只是在有些基本操作上稍有不同。

循环顺序队列的基本操作如下。

①队列的初始化算法

算法说明:创建一个空队列。

```
void InitQueue ( SeqQueue &Q)
    {
        Q -> front = Q -> rear = 0;
    }
```

②判断队列是否为空算法

算法说明:判断队列是否为空,如果为空返回值为 1,如果不为空,返回值为 0。

```
int QueueEmpty( Q)
    {
        if( Q -> front == Q -> rear )
            {
                printf("空队列! \n");
                return 1;
            } else {
                printf("非空队列! \n");
                return 0;
            }
    }
```

③入队算法

算法说明:若队列不满,则将数据元素 x 插入到队列队尾,返回值为 1,表示插入成功,返回值为 0,表示队列已满。

```
int EnQueue( &Q, x)
    {
        if( ( ( Q -> rear + 1 ) % MAXSIZE) ) == Q. front
            return 0;
```

```
        else
            Q -> rear = ( Q -> rear + 1 ) % MAXSIZE;
            Q -> elem[ Q -> rear ] = x;
            return 1;
    }
```

④出队算法

算法说明:若队列不空,则队列队首元素出队,将队首元素赋给 x,返回值为 1,表示出队成功,返回值为 0,表示队列为空队列,无元素出队。

```
int DeQueue( &Q, &x)
    {
        if( Q -> front == Q -> rear )
            return 0;
        else
            Q -> elem[ Q -> front ] = x;
            Q -> front = ( Q -> front + 1 ) % MAXSIZE;
            return 1;
    }
```

⑤求队列长度算法

算法说明:当队列不空,求队列长实际上就是队列的队尾指针减去队列的队首指针。

```
int QueueLength( Q )
    {
        int length;
        length = ( Q -> rear - Q -> front + MAXSIZE ) % MAXSIZE;
        return length;
    }
```

3.2.3　队列链式存储结构

1. 链队列

与线性表一样,队列除了可以用顺序存储结构存储外,还可以用链式存储结构存储。

用链式存储结构存储的队列称为链队列。链队列可以分别用带头节点和不带头节点的单链表来实现。为了方便操作,一般情况下,可以采用不带头节点的单链表来表示队列,同时分别定义队首指针 front 和队尾指针 rear。当队列为空时,链队列的队首指针 front 和队尾指针 rear 都等于 NULL,如图 3 - 10 所示。

链队列存储结构定义:

```
typedef struct qnode
    {
        ElemType data;
        struct QNode * next;
```

} LQNode；　　　　　　　　　　　//链队列节点类型

typedef struct
　　{
　　LNode ∗ front；
　　LNode ∗ rear；
　　} LQueue；　　　　　　　　　　//链队列头尾指针

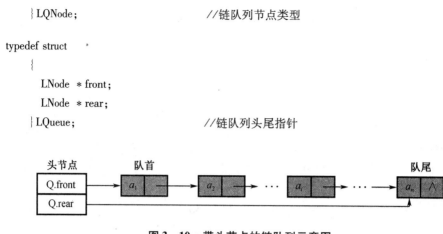

图 3 - 10　带头节点的链队列示意图

2. 链队列的基本操作

（1）初始化队列

构造一个空队列，即创建一个头节点，并使其 front 指针和 rear 指针置为 NULL。

```
void InitQueue（LQueue &Q）
{
    Q. front = Q. rear = (QNode ∗ )malloc( sizeof( QNode))；
    if（! Q. front）exit（0）；              //存储分配失败
    Q. front -> next = NULL；
}
```

（2）入队操作

在队列的队尾插入元素。如果队列为空，则将链队列节点的两个域均指向插入节点，如果队列不为空，则将插入元素 e 插入到 Q 的队尾。

```
void EnQueue（LQueue &Q，QElemType e）
{
    p = (QNode ∗ ) malloc (sizeof (QNode))；
    if（! p）
        exit（0）；                        //存储分配失败
    p -> data = e；
    p -> next = NULL；
    Q. rear -> next = p；
    Q. rear = p；
}
```

（3）出队操作

如果队列不为空，则将队列中的第 1 个元素删除，并将其值赋给 e。当出队元素为队列中唯一的一个元素时，需要在元素出队时将其链队列节点的两个域均置为 NULL，即删除唯一元素后队列为空。

```
Status DeQueue ( LQueue &Q,      ElemType &e)
{    //如果队列不为空,则删除 Q 的队头元素,用 e 返回其值
    if ( Q. front == Q. rear)   //如果队列为空,则返回值 0
        return 0;
    p = Q. front -> next;
    e = p -> data;
    Q. front -> next = p -> next;          //删除队首元素操作
    if ( Q. rear == p)                //如果是最后一个元素
        Q. rear = Q. front;              //删除元素后,队列为空队列。
    free ( p);
    return e;
}
```

(4)返回队首元素值

如果队列不为空,则用 e 返回 Q 的队首元素,并返回 OK,否则返回 ERROR

```
Status GetHead( LQueue Q,ElemType &e)
{
    LQueue p;
    if( Q. front == Q. rear)          //如果条件成立,则队列为空队列
        return 0;
    p = Q. front -> next;          //当队列不为空时,取队首元素
    e = p -> data;
    return 1;
}
```

(5)判断队列是否为空

判断队列 Q 是否为空,如果为空则返回值为 1,否则返回值为 0

```
Status QueueEmpty( LQueue Q)
{
    if( Q. front == Q. rear)
        return 1;
    else
        return 0;
}
```

(5)删除队列中所有元素,即清空队列

```
void ClearQueue( LQueue &Q)
{    //清空队列 Q
    LQueue   p, q;
    Q. rear = Q. front;
    p = Q. front -> next;
    Q. front -> next = NULL;
```

```
    while(p)                                       //清空队列中所有元素
    {
        q = p;
        p = p -> next;
        free(q);
    }
}
```

（6）销毁队列

```
Status DestroyQueue(LQueue   &Q)                   //销毁队列
{
    while(Q. front)
    {
        Q. rear = Q. front -> next;                //Q. rear 指向当前删除节点下一节点
        free(Q. front);
        Q. front = Q. rear;                        //Q. front 指向当前删除队头元素
    }
    return 1;
}
```

（7）求队列的长度

求队列长度，即为求队列中含有元素个数的操作。即从队首到队尾依次访问元素节点，并进行计数。

```
int QueueLength(LQueue Q)
{
    int i = 0;
    LQueue   p;
    p = Q. front;
    while(p!= Q. rear)
    {
        i ++;
        p = p -> next;
    }
    return i;
}
```

3.2.4   队列的应用

【例3-5】   客户到银行办理业务的基本流程：首先排队等候，然后再到窗口办理业务。排队的过程一般是先取一个等待的号牌，然后等待银行的工作人员叫号，被叫到号码的客户到窗口办理业务，办理好业务之后，离开窗口，银行职员再去办理下一个业务。在排队等待过程中，银行按照"先来先服务"的原则，提供服务。银行客户办理业务的操作，就是对一个队列进行操作的过程。首先创建一个队列,然后每个新来的客户都会进行入队操作,当银行提供服务时,需要为排队中最先到达的客户提供服务,从队首取出元素,即元素的出队操作。

(1)算法设计

①定义到银行办理业务的客户队列,用链队列来表示;

②当有新客户到达时,将新客户插入链队列队尾,即入队操作;

③当银行窗口无客户时,从排队等候的客户队列中取队首客户办理业务,即出队操作;

④当所有客户都服务完之后,队列为空,程序终止。

(2)算法实现

```
typedef struct qnode
{
    int num;                    //银行客户排队序号
    struct QNode * next;        //指向下一个客户指针
}LQNode;                        //定义链队列节点类型

typedef struct
{
    LNode * front;
    LNode * rear;
}LQueue;                        //定义链队列头尾指针

void InitQueue (LQueue &Q)      // 构造一个空队列 Q 作为客户排队队列
{
    Q. front = Q. rear = (QNode *) malloc(sizeof(QNode));
    if (! Q. front)    exit (0);
    Q. front -> next = NULL;
}

void EnQueue (LQueue &Q, int num)       //有客户到达时,进行入队操作
{
    num ++ ;
    printf("您前面共有%d 人在排队等候,您是第%d 号客户!", QueueLength(LQueue Q),num);
    p = (QNode *) malloc (sizeof (QNode));
    if (! p)
        exit (0);
    p -> data = num;
    p -> next = NULL;
    Q. rear -> next = p;
    Q. rear = p;
}

Status DeQueue (LQueue &Q,    int e)
```

```
    {     //如果队列不为空,即队列中有客户,则通知下一客户准备,
          //用 e 返回其值,即出队操作
        if ( Q. front == Q. rear)          //如果队列为空,则返回值0
            return 0;
        p = Q. front -> next;
         e = p -> num;
         printf("请%d 客户到窗口,现在为您办理业务!", e);
        Q. front -> next = p -> next;          //删除队首,即出队操作
        if ( Q. rear == p)                //如果出队元素是最后一个元素
            Q. rear = Q. front;           //删除元素后,队列为空队列。
        free ( p);
        return e;
    }


Status DestroyQueue( LQueue    &Q)
    {     //当没有等待的客户,即销毁队列
        while( Q. front)
        {
            Q. rear = Q. front -> next;          //Q. rear 指向当前删除节点下一节点
            free( Q. front);
            Q. front = Q. rear;                //Q. front 指向当前删除队头元素
             }
        return 1;
    }


int QueueLength( LQueue Q)
    {     //求队列的长度,即有多少客户正在排队
        int   j = 0;
        LQueue   p;
        p = Q. front;
        while( p! = Q. rear)
        {
            j ++ ;
            p = p -> next;
        }
        return j;
    }


int main( )
{
    LQueue * queue;
    int i, n;
    char select;
    num = 0;                                //初始化客户排队号
```

```
queue = InitQueue (LQueue &Q);                    //初始化队列
if( queue == NULL)
{
    printf("创建队列时出错! \n");
    getch();
    return 0;
}
do{
    select = getch();                             //接收字符
    switch( select)
    {
        case '1':
            EnQueue (LQueue &Q, int num);        //客户入队操作
            break;
        case '2':
            DeQueue (LQueue &Q,    int e)         //客户出队操作
            break;
        case '0':                                 //退出
            break;
    }
} while( select!= '0');
DestroyQueue(LQueue    &Q);                        //释放队列
getch();
return 0;
}
```

【例 3 - 6】　采用队列求解迷宫问题,即找到从入口到出口的路径。

解　如图 3 - 11 所示为一迷宫,找出其出口。

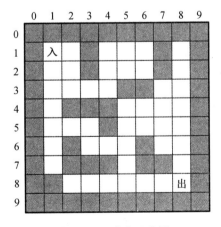

图 3 - 11　迷宫示意图

使用一个队列 Qu 记录走过的位置,队列的结构定义如下:

```
struct
{   int i,j;        //方块的位置
    int pre;        //本路径中上一方块在 Qu 中的下标
} Qu[MaxSize];
    int front = -1,rear = -1;//设置队首指针和队尾指针
```

这里使用的队列 Qu 在元素出队时,并不将出队元素真正从队列中删除,而是利用它输出路径。

搜索从 $(1,1)$ 到 $(M-2,N-2)$ 路径的过程如下:

(1)首先将 $(1,1)$ 入队。

(2)在队列 Qu 不为空时循环:

出队一次,称该出队的方块为当前方块,front 为该方块在 Qu 中的下标。

①如果当前方块是出口,则将路径输出并结束。

②如果当前方块不是出口,利用 mg 数组查找可走的相邻方块,按顺时针方向找出当前方块的四个方位中可走的相邻方块,将这些可走的相邻方块均插入到队列 Qu 中,其 pre 设置为本搜索路径中上一方块在 Qu 中的下标值,也就是当前方块的 front 值,并将相邻方块对应的 mg 数组值置为 -1,以避免回过来重复搜索。

(3)若队列为空仍未找到出口,即不存在路径。

实际上,本算法的思路是从 $(1,1)$ 开始,利用队列的特点,一层一层向外扩展可走的点,直到找到出口为止。

```
void mgpath( )
{   int i,j,find,di;
    find = 0;
    rear ++ ;
    Qu[rear].i = 1;Qu[rear].j = 1;Qu[rear].pre = -1;    //(1,1)入队
    mg[1][1] = -1;          //避免重复搜索将其赋值 -1
    while (front <= rear && ! find)
    {   front ++ ;        //出队
        i = Qu[front].i;
        j = Qu[front].j;
        if (i == M - 2 && j == N - 2)    //找到了出口,输出路径
        {   find = 1;
            print(front);    //输出路径
        }
        for (di = 0;di < 3;di ++ )        //把每个可走的方块插入队列中
        {   switch(di)
            {   case 0:i = Qu[front].i - 1;j = Qu[front].j;break;
                case 1:i = Qu[front].i;j = Qu[front].j + 1;break;
                case 2:i = Qu[front].i + 1;j = Qu[front].j;break;
                case 3:i = Qu[front].i,j = Qu[front].j - 1;break;
```

```
                    }
          if ( mg[ i ][ j ] ==0 )
          {      rear ++ ;              //将该相邻方块插入到队列中
                 Qu[ rear ]. i = i;Qu[ rear ]. j = j;
                 Qu[ rear ]. pre = front;       //指向路径中上一方块下标
                 mg[ i ][ j ] = - 1 ;    /避免重复搜索将其赋值 - 1
          }
                    }
                }
          if ( ! find ) printf ( "不存在路径! \n ") ;
     }
```

习 题 3

一、选择题

1. 通常栈采用的两种存储结构分别是(   )。

A. 顺序存储结构和链表存储结构　　　　　B. 线性链表结构和非线性存储结构

C. 链表存储结构和数组　　　　　　　　　D. 散列和索引方式

2. 在入栈操作时,应先判别栈是否(   ),在出栈操作时应先判别栈是否(   )。

A. 空　　　　　　　　B. 满　　　　　　　　C. 上溢　　　　　　　　D. 下溢

3. 若已知一个栈的进栈序列是 $1,2,3,\cdots,n$,其输出序列为 $p1,p2,p3,\cdots,pn$,若 $p1 = 3$,则 $p2$ 为(   )。

A. 可能是 2　　　　　B. 一定是 2　　　　　C. 可能是 1　　　　　D. 一定是 1

4. 有六个元素 $6,5,4,3,2,1$ 的顺序进栈,下列哪一个是不可能的出栈序列?(   )

A. $5\ 4\ 3\ 6\ 1\ 2$　　　B. $4\ 5\ 3\ 1\ 2\ 6$　　　C. $3\ 4\ 6\ 5\ 2\ 1$　　　D. $2\ 3\ 4\ 1\ 5\ 6$

5. 数组 $Q[0..n-1]$ 用来表示一个循环队列,f 为当前对头元素的前一位置,r 为队尾元素的位置,假定队列中元素的个数总小于 n,计算队列中元素个数的公式为(   )。

A. $r-f$　　　　　　　B. $n+f-r$　　　　　　C. $n+r-f$　　　　　　D. $(n+r-f)\bmod n$

6. 4 个元素 $a1,a2,a3$ 和 $a4$ 依次入栈,入栈过程中允许元素出栈,假设某一时刻栈的状态是 $a3$(栈顶)、$a2$、$a1$、(栈底),则不可能的出栈顺序是(   )。

A. $a4,a3,a2,a1$　　　B. $a3,a2,a4,a1$　　　C. $a3,a1,a4,a2$　　　D. $a3,a4,a1,a2$

7. 栈的插入和删除操作在(   )进行。

A. 栈顶　　　　　　　B. 栈底　　　　　　　C. 任意位置　　　　　　D. 指定位置

8. 向顺序栈中压入新元素时,应在(   )。

A. 先移动栈顶指针　　　　　　　　　　　B. 先存入元素,再移动栈顶指针

C. 先后次序无关紧要　　　　　　　　　　D. 同时进行

9. 链式栈与顺序栈相比,一个比较明显的优点是(   )。

A. 插入操作更加方便　　　　　　　　　　B. 通常不会出现栈满的情况

C. 不会出现栈空的情况　　　　　　　　　D. 删除操作更加方便

10. 当栈中元素为 n 个,作进栈运算时发生上溢,则说明该栈的最大容量为( )。

A. $n-1$ B. n C. $n+1$ D. $n/2$

11. 不是栈的基本运算的是( )。

A. 删除栈顶元素 B. 判断栈是否为空

C. 删除栈底元素 D. 将栈置为空栈

12. 栈和队列的共同点( )。

A. 都是先进先出 B. 只允许在端点处插入和删除元素

C. 都是后进先出 D. 没有共同点

13. 设有一顺序栈 S,元素 s_1,s_2,s_3,s_4,s_5,s_6 依次进栈,如果 6 个元素出栈的顺序是 s_2,s_3,s_4,s_6,s_5,s_1,则栈的容量至少应该是( )。

A. 2 B. 3 C. 5 D. 6

14. 若栈采用顺序存储方式存储,现两栈共享空间 $S[1..m]$,top$[i]$代表第 i 个栈($i=1,2$)栈顶,栈 1 的底在 $S[1]$,栈 2 的底在 $S[m]$,则栈满的条件是( )。

A. $|\text{top}[2]-\text{top}[1]|=0$ B. top$[1]=$top$[2]$

C. top$[1]+$top$[2]=m$ D. top$[1]+1=$top$[2]$

15. 表达式 $3*2^\wedge(4+2*2-6*3)-5$ 求值过程中当扫描到 6 时,对象栈和算符栈为( ),其中^为乘幂。

A. 3,2,4,1,1;(*^(+ * − B. 3,2,8;(*^−

C. 3,2,4,2,2;(*^(− D. 3,2,8;(*^(−

16. 字符 A,B,C 依次进入一个栈,按出栈的先后顺序组成不同的字符串,则至多可以组成( )个不同的字符串。

A. 14 B. 5 C. 6 D. 8

17. 设栈 ST 用顺序存储结构表示,则栈 ST 为空的条件是( )。

A. ST. top − ST. base < >0 B. ST. top − ST. base ==0

C. ST. top − ST. base < >n D. ST. top − ST. base == n

18. 向一个栈顶指针为 TS 的链栈中插入一个 s 节点时,则执行( )。

A. TS −> next = s; B. s −> next = TS −> next;TS −> next = s;

C. s −> next = TS;TS = s; D. s −> next = TS;TS = TS −> next;

19. 从一个栈顶指针为 TS 的链栈中删除一个节点,用 x 保存被删除节点的值,则执行( )。

A . x = TS;TS = TS −> next; B . TS = TS −> next;x = TS −> data;

C . x = TS −> data;TS = TS −> next; D . s −> next = Hs;HS = TS −> next;

20. 表达式 a*(b+c)−d 的后缀表达式为( )。

A. abcdd + − B. abc * +d − C. abc + *d − D. − + * abcd

21. 中缀表达式 A −(B + C/D)*E 的后缀形式是( )。

A. AB − C +D/E * B. ABCD/ + E * − C. ABCD/E * + − D. ABC +D/E *

22. 在一个顺序循环队列中,队尾指针指向队尾元素的( )位置。

A. 后两个 B. 后一个 C. 当前 D. 前一个

23. 用链接方式存储的队列,在进行删除运算时( )。

A. 仅修改头指针 B. 仅修改尾指针

C. 头、尾指针都要修改　　　　　　　　D. 头、尾指针可能都要修改

24. 递归过程或函数调用时,处理参数及返回地址,要用一种称为(　　)的数据结构。

A. 队列　　　　　　　B. 多维数组　　　　　　C. 栈　　　　　　　　D. 线性表

25. 设 C 语言数组 $Data[m+1]$ 作为循环队列 SQ 的存储空间,front 为队头指针,rear 为队尾指针,则执行出队操作的语句为(　　)。

A. front = front + 1

B. rear = (rear + 1) % (m + 1)

C. front = (front + 1) % (m + 1)

D. front = (front + 1) % m

26. 循环队列的队满条件为 (　　)。

A. (sq. rear + 1) % maxsize == (sq. front + 1) % maxsize;

B. sq. rear == sq. front

C. (sq. rear + 1) % maxsize == sq. front

D. (sq. front + 1) % maxsize == sq. rear

27. 循环队列 SQ 采用数组空间 $SQ.\text{base}[0, n-1]$ 存放其元素值,已知其头尾指针分别是 front 和 rear,则判定此循环队列为空的条件是(　　)。

A. Q. rear − Q. front == n

B. Q. rear − Q. front − 1 == n

C. Q. front == Q. rear

D. Q. front == Q. rear + 1

28. 若在一个大小为 6 的数组上实现循环队列,且当前 rear 和 front 的值分别为 0 和 3,当从队列中删除一个元素,再加入两个元素后,rear 和 front 的值分别为(　　)。

A. 1 , 5　　　　　　　B. 2 , 4　　　　　　　C. 4 , 2　　　　　　　　D. 5 , 1

29. 用单链表表示的链式队列的队头在链表的(　　)位置。

A. 链头　　　　　　　B. 链尾　　　　　　　C. 链中　　　　　　　　D. 不确定

30. 在链队列 Q 中,插入 s 所指节点需顺序执行的指令是(　　)。

A. Q. front –> next = s;f = s;

B. Q. rear –> next = s;Q. rear = s;

C. s –> next = Q. rear;Q. rear = s;

D. s –> next = Q. front;Q. front = s;

31. 在一个链队列 Q 中,删除一个节点需要执行的指令是(　　)。

A. Q. rear = Q. front –> next;

B. Q. rear –> next = Q. rear –> next –> next;

C. Q. front –> next = Q. front –> next –> next;D. Q. front = Q. rear –> next;

32. 用不带头节点的单链表存储队列,其队头指针指向队头节点,队尾指针指向队尾节点,则在进行出队操作时 (　　)。

A. 仅修改队头指针　　　　　　　　　　B. 仅修改队尾指针

C. 队头尾指针都要修改　　　　　　　　D. 队头尾指针都可能要修改

33. 下列关于线性表,栈和队列叙述,错误的是(　　)。

A. 线性表是给定的 $n(n$ 必须大于零$)$ 个元素组成的序列

B. 线性表允许在表的任何位置进行插入和删除操作

C. 栈只允许在一端进行插入和删除操作

D. 队列只允许在一端进行插入一端进行删除

34. 为了减小栈溢出的可能性,可以让两个栈共享一片连续存储空间,两个栈的栈底分别设在这片空间的两端,这样只有当(　　)时才可能产生上溢。

A. 两个栈的栈顶在栈空间的某一位相遇

B. 其中一栈的栈顶到达栈空间的中心点

C. 两个栈的栈顶同时到达空间的中心点

D. 两个栈均不空,且一个栈的栈顶到达另一个栈的栈顶

35. 从一个顺序队列中删除元素时,首先要(　　)。

A. 前移一位队首指针　　　　　　　　B. 后移一位队首指针

C. 取出队首指针所指位置上的元素　　D. 取出队尾指针所指位置上的元素

36. 在一个顺序存储的循环队列中,队头指针指向队头元素的(　　)。

A. 前一个位置　　　　　　　　　　　B. 后一个位置

C. 队头元素位置　　　　　　　　　　D. 队尾元素位置

37. 两栈共享数组存储空间,前一个栈的栈顶指针为 p 后一个栈的栈顶指针为 q,能进行正常入栈操作的条件是(　　)。

A. p <= q　　　　　B. p > q　　　　　C. p < q − 1　　　　　D. p = q − 2

38. 设用一个数组 $A[1..N]$ 来存储一个栈,令 $A[n]$ 为栈底,用整型变量 T 指示当前栈顶位置,$A[T]$ 为栈顶元素。当从栈中弹出一个元素时,变量 T 的变化为(　　)。

A. $T = T + 1$　　　B. $T = T − 1$　　　C. T 不变　　　D. $T = n$

39. 设计一个判别表达式左、右括号是否配对出现的算法,采用(　　)数据结构最佳。

A. 线性表的顺序存储结构　　　　　　B. 栈

C. 队列　　　　　　　　　　　　　　D. 线性表的链式存储结构

二、填空题

1. 栈是_____的线性表,其运算遵循_____的原则。

2. 一个栈的输入序列是 1,2,3 则不可能的栈输出序列是_____。

3. 栈的特点是_____,队列的特点是_____。

4. 线性表、栈和队列都是_____结构,可以在线性表的_____位置插入和删除元素,对于栈只能在_____插入和删除元素,对于队列只能在_____插入元素和_____删除元素。

5. 用 S 表示入栈操作,X 表示出栈操作,若元素入栈的顺序为 1234,为了得到 1342 出栈顺序,相应的 S 和 X 的操作串为_____。

6. 循环队列的引入,目的是为了克服_____。

7. 队列是限制插入只能在表的一端,而删除在表的另一端进行的线性表,其特点是_____。

8. 已知链队列的头尾指针分别是 f 和 r,则将值 x 入队的操作序列是_____。

9. 表达式求值是_____应用的一个典型例子。

10. 以下运算实现在链栈上的初始化,请在_____处用适当句子予以填充。

Void InitStacl(LstackTp ∗ ls) { _____ ;}

11. 以下运算实现在链栈上的进栈,请在_____处用适当句子予以填充。

```
Void Push( LStackTp ∗ ls,DataType x)
    { LstackTp ∗ p;p = malloc( sizeof( LstackTp) ) ;
        _____ ;
        p -> next = ls;
        _____ ;
```

}

12. 以下运算实现在链栈上的退栈,请在_____处用适当句子予以填充。

```
Int Pop( LstackTp  * ls, DataType  * x)
   {  LstackTp  * p;
      if( ls ! = NULL)
         {  p = ls;
            * x = _____;
            ls = ls -> next;
            _____;
            return( 1 ) ;
         } else return( 0 ) ;
   }
```

13. 以下运算实现在链队上的入队列,请在_____处用适当句子予以填充。

```
Void EnQueue( QueptrTp  * lq, DataType x)
    {  LqueueTp  * p;
       p = ( LqueueTp  * ) malloc( sizeof( LqueueTp) ) ;
       _____ = x;
       p -> next = NULL;
       ( lq -> rear ) -> next = _____;
       _____;
    }
```

14. 有程序如下,则此程序的输出结果为_____。

```
void main( )
  {
      stack s;
      char   x, y;
      InitStack ( s) ;
      x = 'c';
      y = 'k';
      push( s, x) ;
      push( s, 'a') ;
      push( s, y) ;
      pop( s, x) ;
      push( s, 't') ;
      push( s, x) ;
      pop( s, x) ;
      push( s, 's') ;
      while( ! StackEmpty( s) )
         {   pop( s, y) ;
```

```
        printf(y); }
    printf(x); }
}
```

三、简答题

1. 给出栈的两种存储结构形式名称, 在这两种栈的存储结构中如何判别栈空与栈满?

2. 画出对算术表达式 $A - B * C/D - E \uparrow F$ 求值时操作数栈和运算符栈的变化过程。

3. 内存中一片连续空间(不妨假设地址从 0 到 $m-1$)提供给两个栈 s1 和 s2 使用, 怎样分配这部分存储空间, 使得对任意一个栈仅当这部分空间全满时才发生溢出。

4. 将两个栈存入数组 $V[1..m]$ 应如何安排? 这时栈空、栈满的条件是什么?

5. 简要叙述循环队列的数据结构, 并写出其初始状态、队列空、队列满时的队头指针和队尾指针的值。

6. 简述队列和堆栈这两种数据类型的相同点和差异处。

7. 假设 $Q[0,10]$ 是一个非循环线性队列, 初始状态为 front = rear = 0, 画出下列操作后队列的头尾指针的状态变化情况, 如果不能入队, 请指出其元素, 并说明理由。

d, e, b, g, h 入队　　d, e 出队　　I, j, k, l, m 入队　　b 出队　　n, o, p, q, r 入队。

四、算法设计题

1. 借助栈(可用栈的基本运算)来实现单链表的逆置运算。

2. 设表达式以字符形式已存入数组 $E[n]$ 中, '#' 为表达式的结束符, 试写出判断表达式中括号('(' 和 ')')是否配对的 C 语言描述算法: EXYX(E); (注: 算法中可调用栈操作的基本算法)

3. 假设以 I 和 O 分别表示入栈和出栈操作。栈的初态和终态均为空, 入栈和出栈的操作序列可表示为仅由 I 和 O 组成的序列, 称可以操作的序列为合法序列, 否则称为非法序列。

(1)下面所示的序列中哪些是合法的?

A. IOIIOIOO　　　B. IOOIOIIO　　　C. IIIOIOIO　　　D. IIIOOIOO

(2)通过对(1)的分析, 写出一个算法, 判定所给的操作序列是否合法。若合法, 返回 true, 否则返回 false(假定被判定的操作序列已存入一维数组中)。

4. 设有两个栈 S_1, S_2 都采用顺序栈方式, 并且共享一个存储区 $[0..maxsize - 1]$, 为了尽量利用空间, 减少溢出的可能, 可采用栈顶相向、迎面增长的存储方式。试设计 S_1, S_2 有关入栈和出栈的操作算法。

5. 请利用两个栈 S1 和 S2 来模拟一个队列。已知栈的三个运算定义如下: PUSH(ST, x): 元素 x 入 ST 栈; POP(ST, x): ST 栈顶元素出栈, 赋给变量 x; Sempty(ST): 判 ST 栈是否为空。那么如何利用栈的运算来实现该队列的三个运算: enqueue: 插入一个元素入队列; dequeue: 删除一个元素出队列; queue_empty: 判队列为空。(请写明算法的思想及必要的注释)

6. 要求循环队列不损失一个空间全部都能得到利用, 设置一个标志 tag, 以 tag 为 0 或 1 来区分头尾指针相同时的队列状态的空与满, 请编写与此相应的入队与出队算法。

7. 试写一个算法, 识别依次读入的一个以@为结束符的字符序列是否为形如"序列 1& 序列 2"模式的字符序列。其中, 序列 1 和序列 2 中不含字符@, 且序列 2 是序列 1 的逆序列。

第4章 串

串是在非数值处理和事务处理等问题中处理的主要对象。在早期的程序设计语言中，串仅是作为输入和输出的常量出现。随着计算机应用的扩展，需要在程序中对"串"进行操作。字符串的处理比具体数值更加复杂。本章主要讨论的是串的存储结构以及串的几种基本操作。

4.1 串类型的定义

4.1.1 基本概念

串是零个或多个字符组成的有限序列，记作

$$s = "s_1 s_2 \cdots s_n"$$

其中 s 是串名，$s_i(1 \leqslant i \leqslant n)$ 是任意一个字符，可以是字母、数字或其他字符。s_i 称为串的元素，是构成串的基本单位，i 是它在整个串中的序号。

串值：用成对的双引号括起来的字符序列为串值。但是两边的双引号不算串值，不包含在串中。

串值必须用一对引号括起来，但引号本身不属于串，它的作用只是为了避免与变量或数的常量混淆而已。例如，$x = "123"$，x 为一个串变量名，赋予它的值是字符序列 123。而 $x = 123$，则表示 x 是一个整型变量，赋予它的值为整数 123。同样在 aString = "aString" 中，左边的 aString 是一个串变量名，而右边的字符序列"aString"是赋给它的值。

串长：串中所包含的字符个数称为该串的长度。

空串：长度为 0 的串称为空串，它不包含任何字符，记为 $s = ""$。

空格串：构成串的所有字符都是空格的串称为空格串，又称为空白串。空白串的长度为空格的个数。

空串和空白串是不同的。例如" "和""分别表示长度为 1 的空白串和长度为 0 的空串。

子串：串中任意一个连续字符组成的子序列称为该串的子串，包含子串的串相应地称为主串。

子串的序号：将子串在主串中首次出现时，该子串的首字符对应在主串中的序号，称为子串在主串中的序号（或位置）。

例如，假设有串 A 和 B 分别为

$$A = "HelloWorld", B = "World"$$

则 B 是 A 的子串，A 为主串。B 在 A 中出现了一次，其首次出现所对应的主串位置是 6，因

此,称 B 在 A 中的序号为 6。

特别地,空串是任意串的子串,任意串是其自身的子串。

串相等:当且仅当两个串的串值相等(相同)时,称这两个串相等。换言之,只有当两个串的长度相等,且各个对应位置的字符都相同时才相等。

通常在程序中使用的串可分为两种:串变量和串常量。

串常量和整常数、实常数一样,在程序中只能被引用但不能改变其值,即只能读不能写。通常串常量是由直接量来表示的,例如语句错误("溢出")中"溢出"是直接量。

串变量和其他类型的变量一样,其值是可以改变的。

4.1.2 串的抽象数据类型定义

ADT String {

数据对象:$D = \{ a_i \mid a_i \in CharacterSet, i = 1, 2, \cdots, n, n \geq 0 \}$

数据关系:$R = \{ < a_{i-1}, a_i > \mid a_{i-1}, a_i \in D, i = 2, 3, \cdots, n \}$

基本操作:

(1)串赋值 StrAssign(S, chars)

操作结果:生成一个串 S,将 chars 的值赋给串变量 S。

(2)串的复制 StrCopy (&T, S)

初始条件:串 S 存在。

操作结果:由源串 S 的值复制到目标串 T。

(3)销毁串 DestroyString (&S)

初始条件:串 S 存在。

操作结果:串 S 被销毁。

(4)串的联结 StrConcat(S, t)

初始条件:串 S, t 已存在。

操作结果:将串 t 联结到串 S 后形成新串存放到 S 中。

(5)求串长 StrLength(t)

初始条件:字符串 t 已存在。

操作结果:返回串 t 中的元素个数,称为串长。

(6)求子串 SubString (S, pos, len, sub)

初始条件:串 S, 已存在, $1 \leq pos \leq StrLength(S)$ 且 $0 \leq len \leq StrLength(S) - pos + 1$。

操作结果:用 sub 返回串 S 的第 pos 个字符起长度为 len 的子串。

……

} ADT String

4.2 串的存储表示和实现

串是一种特殊的线性表,所以其存储表示和线性表类似,但又不完全相同,因为组成串的节点是单个字符,由于字符类型的特殊性,所以对字符串的操作可以作为一个整体来处理。串的存储方式取决于对串所进行的操作。串在计算机中有 3 种表示方式:

(1)定长顺序存储表示 将串定义成字符数组,利用串名可以直接访问串值。定长顺序存储表示,一旦定义后,串的存储空间在编译时确定,其大小不能改变。

(2)堆分配存储方式 利用一组连续的地址存储单元来依次存储串中的字符序列,串的存储空间可以在程序运行时根据串的实际长度动态分配。

(3)块链存储方式 以一种链式存储结构存储表示串。

4.2.1 串的定长顺序存储表示及基本操作

1. 串的定长顺序存储表示

定长顺序存储表示,也称为静态存储分配的顺序表。它类似于线性表的顺序表存储表示,利用一组连续的存储单元来存放串中的字符序列。所谓定长顺序存储结构,是预先定义大小,并按其为每个串变量分配固定长度的地址相邻的存储区。一般会直接使用定长的字符数组来定义,数组的上界预先给出,如图4-1所示。

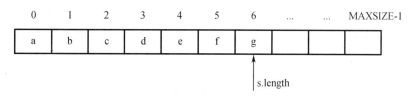

图4-1 定长顺序存储结构示意图

定长顺序存储结构定义为:

```
#define MAXSIZE   256
typedef   struct
{
        char    data[MAXSIZE];
        int    length;
} StringType;
```

其中,str 域用来存储字符串,length 域用来存储字符串的当前长度,MAXSIZE 常量表示允许所存储字符串的最大长度。在 C 语言中每个字符串以'\0'标志结束。

2. 基本操作

(1)串的生成操作

将一个字符串常量赋给串 S,即生成一个其值等于 char[ ]的串 S。

```
void StrAssign(StringType &S,char chars[ ])
    {    int i;
        for (i=0;chars[i]!='\0';i++)
            S.data[i]=chars[i];
        S.length=i;
    }
```

(2)串的复制操作

将串 S 复制给串 T。

```
void StrCopy(StringType &T, StringType S)
{     int i;
          for (i = 0;i < t.length;i ++ )
               T.data[i] = S.data[i];
          T.length = S.length;

}
```

（3）判断两串是否相等的操作

若两个串 S 与 T 相等则返回值 1,否则返回值 0。

```
int StrEqual(StringType T, StringType S)
{
     int same = 1,i;
     if (S.length! = T.length)
          same = 0;                    //长度不相等时返回 0
     else
          for (i = 0;i < S.length;i ++ )
            if (S.data[i]! = T.data[i])      //有一位对应字符不相同时返回
                 {    same = 0;   break;   }
     return same;

}
```

（4）求串长操作

```
int StrLength(StringType S)
{
          return S.length;

}
```

（5）串的连接操作

将串 T 连接到串 S 之后,结果仍然保存在 S 中。

```
Status   StrConcat ( StringType S, StringType T)
{
     int i,   j ;
     if ( ( S.length + T.length) > MAXSIZE)
          return ERROR ;                 //联结后长度如果超出范围返回错误
     for (i = 0 ; i < T.length ; i ++ )
          S.str[S.length +i] = T.str[i] ;       //串 T 联结到串 S 之后
     S.length = S.length + T.length ;          //修改联结后的串长度
     return OK ;

}
```

（6）求子串操作

```
Status SubString（StringType S，int pos，int len，StringType ∗ sub）
{
        int k，j；
        if（pos < 1 ‖ pos > S. length ‖ len < 0 ‖ len >（S. length − pos + 1））
                    return ERROR；                //参数出错
        sub −> length = len − pos + 1；            //求得子串长度
        for（j = 0，k = pos；k <= len；k ++，j ++）
            sub −> data[ j ] = S. data[ i ]；        //逐个字符复制求得子串
        return OK；
}
```

（7）串插入操作

将串 T 插入到串 S 的第 i 个字符中，即将 T 的第一个字符作为 S 的第 i 个字符，并返回产生的新串。

```
StringType StrInsert（StringType &S，int i，StringType T）
    {    int j；StringType str；    str. length = 0；
        if（i <= 0 ‖ i > S. length + 1）            //参数不正确时返回空串
            {        printf（"参数不正确\n"）；
                    return s1；
            }
        for（j = 0；j < i − 1；j ++）
                str. data[ j ] = S. data[ j ]；
        for（j = 0；j < T. length；j ++）
                str. data[ i + j − 1 ] = T. data[ j ]；
        for（j = i − 1；j < S. length；j ++）
                str. data[ T. length + j ] = S. data[ j ]；
        str. len = S. length + T. length；
            return str；
    }
```

（8）串的删除操作

从串 S 中删去第 i [$1 \leqslant i \leqslant$ StrLength（S）] 个字符开始的长度为 j 的子串，并返回产生的新串。

```
StringType DelStr（StringType S，int i，int j）
{    int k；StringType str；
    str. length = 0；
    if（i <= 0 ‖ i > S. length ‖ i + j > S. length + 1）
        {        printf（"参数错误\n"）；
                return str；
        }
    for（k = 0；k < i − 1；k ++）
```

```
                str. data[k] = S. data[k];
        for (k = i + j - 1;k < S. length;k ++ )
                str. data[k - j] = S. data[k];
        str. length = S. length - j;
        return str;
}
```

(9)串的替换操作

在串 S 中,将第 $i[1 \leqslant i \leqslant StrLength(S)]$ 个字符开始的 j 个连续字符构成的子串用串 T 替换,并返回产生的新串。

```
StringType RepStr( StringType S, int i, int j, StringType T)
{   int k;SqString str;
    str. len = 0;
    if (i <= 0 ‖ i > S. length ‖ i + j - 1 > S. length)
    {       printf("参数错误\n");
            return str;
    }
    for (k = 0;k < i - 1;k ++ )
            str. data[k] = S. data[k];
    for (k = 0;k < T. length;k ++ )
            str. data[i + k - 1] = T. data[k];
    for (k = i + j - 1;k < S. length;k ++ )
            str. data[T. length + k - j] = S. data[k];
    str. len = S. length - j + T. length;
    return str;
}
```

(10)串的输出操作

输出串 S 的所有元素值。

```
void DispStr( StringType S)
{       int i;
        if (S. length > 0)
        {       for (i = 0;i < S. length;i ++ )
                        printf("% c", S. data[i]);
                printf("\n");
        }
}
```

4.2.2　串的堆分配存储表示及基本操作

1.串的堆分配存储表示

串的顺序存储表示采用静态方式分配存储空间,这就意味着串一旦定义,则其串的长度将不允许改变。这样当串进行插入、删除等操作时,就会产生很多问题。所以可以采用动态顺序存储结构来解决这一问题。

在某些程序设计语言中,都提供堆和动态内存分配机制。以一组连续的地址存储单元存储串值的字符序列,预先不指定串的长度,而是根据程序需要,动态地为串从堆空间里申请相应大小的存储区域,存储空间在程序执行过程中动态分配。例如,在 C 语言中提供的串类型就是采用这种存储方式实现的。函数 malloc( )和 free( )进行串值空间的动态管理,当原空间不够用时,可以根据新的串长度来重新申请空间,为每一个新产生的串分配一个存储区,并将串从原来的位置复制到新的串空间,并释放原来的空间。这种串的存储表示方式称为串的堆存储结构,简称堆串。

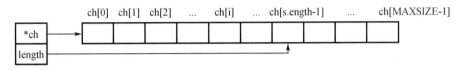

ch[0]　ch[1]　ch[2]　...　ch[i]　...　ch[s.ength-1]　...　ch[MAXSIZE-1]

*ch

length

图 4 - 2　堆串存储表示

串的堆式存储结构的类型定义

```
typedef    struct
{
    char * ch;        //若非空,按长度分配,否则为 NULL
    int length;       //串的长度
} HString;
```

2. 基本操作
（1）串赋值操作

生成一个值等于串常量 chars 的串 T。

```
Status StrAssign( Hstring &T, char * chars)
{
    if( T. ch )
        free ( ch);    //释放空间
    for( i = 0, c = chars; c; ++ i, ++ c);      //求 chars 的长度 i
        if( ! i )
            {
                T. ch = NULL;
                T. length = 0;
            }
        else
            {
                if( !（T. ch =（char * ) malloc( i * sizeof( char) ) ) )
                    exit （OVERFLOW);
                T. ch[0.. i - 1] = chars[0.. i - 1];
                T. length = i;
```

```
                }
            return OK;
        }
```

（2）串比较操作

比较两个字符串 S 和 T,如果 S 等于 T,则返回 0;如果 S > T,则返回值大于 0;如果 S 小于 T,则返回值小于 0。

```
Int StrCompare( Hstring S, Hstring T)
    {
        for( i = 0; i < S. length && i < T. length; ++i)
            if ( S. ch[i]! = T. ch[i])
                return S. ch[i] - T. ch[i];
            return   S. length - T. length;
    }
```

（3）串连接操作

S1 和 S2 连接成新串用 T 返回新串。

```
Status ConcatStr( Hstring &T, HString S1, Hstring S2)
    {
        if( T. ch)
            free( T. ch);      //释放空间
        if( !  ( T. ch = ( char * ) malloc( ( S1. length + S2. length) * sizeof( char) ) ) )
            exit ( OVERFLOW);
        T. ch[0.. S1. length - 1] = S1. ch[0.. S1. length - 1];
        T. length = S1. length + S2. length;
        T. ch[S1. length .. T. length - 1] = S2. ch[0.. S2. length - 1];
        return OK;
    }
```

（4）取子串操作

取串 S 的第 pos 个字符起长度为 len 的子串。

```
Status SubString( HString&Sub, Hstring S, int pos, int len)
    {   // 其中 1 ≤ pos StrLength( S) 且 0 ≤ len ≤ StrLength( S) - pos + 1
        if ( pos < 1 ‖ pos > S. length ‖ len < 0 ‖ len > S. length - pos + 1)
            return ERROR;
        if( Sub. ch)
            free( Sub. ch);           //释放空间
        if ( ! len)
            {   Sub. ch = NULL;
                Sub. length = 0;      }   //空子串
        else {    //完整子串
                Sub. ch = ( char * ) malloc ( len * sizeof( char) );
```

$$\text{Sub. ch}[0..len-1] = \text{S. ch}[pos-1..pos+len-2];$$

$$\text{Sub. length} = len;$$

}

　　return OK;

}

　　堆存储结构既有顺序存储结构的特点,处理(随机取子串)方便,操作中对串长又没有任何限制,更显灵活,因此在串处理的应用程序中常被采用。

4.2.3　串的链式存储表示及基本操作

1.串的链式存储表示

　　串的链式存储结构与线性表的链式存储结构类似,采用单链表来存储串,节点可以由两个域构成,分别介绍如下。

　　(1)data 域:存放字符,data 域可以存放的字符个数称为节点的大小。

　　(2)next 域:存放指向下一个节点的指针。

　　如图 4 – 3 所示,如果每个节点仅存放一个字符,则十分便于对串进行插入和删除操作,但是这种存储结构会使节点的指针域较多,造成系统空间浪费,为节省存储空间,提高空间的利用率,考虑串结构的特点,可使每个节点存放若干个字符,这种结构称为块链结构。如图 4 – 4 所示,是节点大小为 4 的串的块链式存储结构示意图。

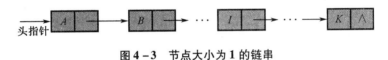

图 4 – 3　节点大小为 1 的链串

图 4 – 4　节点大小为 4 的链串

　　链串中节点的大小直接影响串处理的效率。节点大小与存储密度的关系公式为

$$串值的存储密度 = \frac{串值所占存储位}{实际分配的存储位}$$

节点越大,则存储密度越大。

串的链式存储的类型定义:

```
typedef struct snode
  {
      char data;
      struct snode * next;
  } LiString;         //链串中的节点类型
```

2.基本操作

(1)串的生成操作

生成一个值等于 T 的串 S,即将一个字符串 T 赋给生成的字符串 S。

```
void StrAssign( LiString * &S,char T[ ] )
{   int i;
    LiString * r, * p;        //定义指针 r 指向尾节点,p 指向要插入的节点
    S = ( LiString * ) malloc( sizeof( LiString ) ) ;
    r = S;
    for ( i = 0 ;T[ i ] ! = '\0' ;i ++ )
       {      p = ( LiString * ) malloc( sizeof( LiString ) ) ;
              p -> data = T[ i ] ;r -> next = p;r = p;
       }
    r -> next = NULL;
}
```

(2) 复制串操作

将串 T 复制给串 S。

```
void StrCopy( LiString * &S,LiString * T )
    {   LiString * p = T -> next, * q, * r;
        S = ( LiString * ) malloc( sizeof( LiString ) ) ;
        r = S;//定义指针 r 指向尾节点
        while ( p! = NULL )
           {     q = ( LiString * ) malloc( sizeof( LiString ) ) ;
                 q -> data = p -> data;r -> next = q;r = q;
                 p = p -> next;
           }
        r -> next = NULL;
    }
```

(3)判断两个串是否相等操作

如果两个串 S 与 T 相等则返回真,值为 1;否则返回假,值为 0。

```
int StrEqual( LiString * S,LiString * T )
    {   LiString * p = S -> next, * q = T -> next;
        while ( p! = NULL && q! = NULL && p -> data == q -> data )
           {   p = p -> next;q = q -> next;   }
        if ( p == NULL && q == NULL )
              return 1;
        else
              return 0;
    }
```

(4)求串长的操作

求串长并返回串 S 中字符个数。

```
int StrLength( LiString ∗ S)
{       int n = 0;
        LiString ∗ p = S –> next;
        while ( p! = NULL)
            {       n ++ ;
                    p = p –> next;
            }
        return i;
}
```

(5)串的插入操作

将串 T 插入到串 S 的第 i 个字符中,即将 T 的第一个字符作为 S 的第 i 个字符,并返回产生的新串。

```
LiString ∗ InsStr( LiString ∗ S, int i, LiString ∗ T)
{       int k;
        LiString ∗ str, ∗ p = S –> next, ∗ p1 = T –> next, ∗ q, ∗ r;
        str = ( LiString ∗ )malloc( sizeof( LiString) );
        r = str;
        if ( i <= 0 ‖ i > StrLength( S) + 1)
            {       printf("参数错误\n");
                    return str;
            }
        for ( k = 1;k < i;k ++ )
            {       q = ( LiString ∗ )malloc( sizeof( LiString) );
                    q –> data = p –> data;q –> next = NULL;
                    r –> next = q;r = q;p = p –> next;       }
        while ( p1 ! = NULL)
            {       q = ( LiString ∗ )malloc( sizeof( LiString) );
                    q –> data = p1 –> data;q –> next = NULL;
                    r –> next = q;r = q; p1 = p1 –> next; }
        while ( p! = NULL)
            {       q = ( LiString ∗ )malloc( sizeof( LiString) );
                    q –> data = p –> data;q –> next = NULL;
                    r –> next = q;r = q; p = p –> next; }
        r –> next = NULL;
        return str;
}
```

(6)串的连接操作

将两个串 S 和 T 连接在一起形成的新串。

```
LiString ∗ Concat( LiString ∗ S, LiString ∗ T)
{
```

```
LiString  * str, * p = S -> next, * q, * r;
str = ( LiString  * ) malloc( sizeof( LiString) ) ;
r = str;
while ( p! = NULL)
      |      q = ( LiString  * ) malloc( sizeof( LiString) ) ;
             q -> data = p -> data;
             r -> next = q; r = q;
             p = p -> next;
      |
p = t -> next;
while ( p! = NULL)
|    q = ( LiString  * ) malloc( sizeof( LiString) ) ;
     q -> data = p -> data;
     r -> next = q; r = q;
     p = p -> next;
  |
r -> next = NULL;
return str;
  |
```

(7)求子串的操作

求子串,返回串 S 中从第 i[1 ≤ i ≤ StrLength(S)] 个字符开始的到 j 个连续字符组成的子串。

```
LiString  * SubStr( LiString  * S, int i, int j)
      |    int k;
           LiString  * str, * p = S -> next, * q, * r;
           str = ( LiString  * ) malloc( sizeof( LiString) ) ;
           r = str;
           if ( i <= 0  || i > StrLength( s)  || j < 0  || i + j - 1 > StrLength( S) )
                 |      printf( "参数错误\n" ) ;
                        return str;
                 |
           for ( k = 0; k < i - 1; k ++ )
                 p = p -> next;
           for ( k = 1; k <= j; k ++ )
                 |      q = ( LiString  * ) malloc( sizeof( LiString) ) ;
                        q -> data = p -> data; q -> next = NULL;
                        r -> next = q; r = q;
                        p = p -> next;
                 |
           r -> next = NULL;
           return str;
      |
```

（8）串的替换操作

在串 S 中，将第 $i[1 \leqslant i \leqslant StrLength(S)]$ 个字符开始的 j 个连续字符构成的子串用串 T 替换，并返回产生的新串。

```
LiString * RepStr( LiString * S,int i,int j,LiString * T)
    {    int k;
         LiString * str, * p = S -> next, * p1 = T -> next, * q, * r;
         str = ( LiString * ) malloc( sizeof( LiString) );
         r = str;
         if ( i <= 0  ||  i > StrLength( S )  ||  j < 0  ||  i + j - 1 > StrLength( S ) )
             {    printf("参数错误\n" );
                  return str; }
         for ( k = 0;k < i - 1;k ++ )
             {    q = ( LiString * ) malloc( sizeof( LiString) );
                  q -> data = p -> data;q -> next = NULL;
                  r -> next = q;r = q;p = p -> next;
             }
         for ( k = 0;k < j;k ++ )
                 p = p -> next;
         while ( p1 != NULL)
             {    q = ( LiString * ) malloc( sizeof( LiString) );
                  q -> data = p1 -> data;q -> next = NULL;
                  r -> next = q;r = q;p1 = p1 -> next;
             }
         while ( p != NULL)
             {    q = ( LiString * ) malloc( sizeof( LiString) );
                  q -> data = p -> data;q -> next = NULL;
                  r -> next = q;r = q;
                  p = p -> next;
             }
         r -> next = NULL;
         return str;
    }
```

（9）串的删除操作

从串 S 中删去从第 $i[1 \leqslant i \leqslant StrLength(S)]$ 个字符开始的长度为 j 的子串，并返回生成的新串。

```
LiString * DelStr( LiString * S,int i,int j)
    {    int k;
         LiString * str, * p = S -> next, * q, * r;
         str = ( LiString * ) malloc( sizeof( LiString) );
         r = str;
```

```
            if ( i <= 0 ‖ i > StrLength( S) ‖ j < 0 ‖ i + j - 1 > StrLength( S) )
        {          printf( "参数错误\n" ) ;
                   return str;

        }
   for ( k = 0 ;k < i - 1 ;k ++ )
        {     q = ( LiString  * )malloc( sizeof( LiString) ) ;
              q -> data = p -> data;q -> next = NULL;
              r -> next = q ;r = q ;p = p -> next;

        }
   for ( k = 0 ;k < j;k ++ )
         p = p -> next;
   while ( p! = NULL)
        {      q = ( LiString  * )malloc( sizeof( LiString) ) ;
               q -> data = p -> data;q -> next = NULL;
               r -> next = q ;r = q ;p = p -> next;

        }
        r -> next = NULL;
        return str;

 }
```

(10)输出串的操作

输出串 S 的所有元素值。

```
void DispStr( LiString  * S)
   {   LiString  * p = S -> next;
      while ( p! = NULL)
      {      printf( " % c" ,p -> data) ;
             p = p -> next;

      }
      printf( " \n" ) ;

   }
```

4.3　串的模式匹配算法

　　子串在主串中的定位称为模式匹配(或称为串匹配、字符串匹配)。如果在主串 S 中能够找到模式串 T,则称模式匹配成功;若不成功,则称模式串 T 在主串 S 中不存在。

　　模式匹配的应用非常广泛。例如,在文本编辑程序中,确定某一特定单词在给定文本中出现的位置,即用到了模式匹配。模式匹配是一个非常复杂的串操作过程。人们对串的模式匹配提出了许多算法。下面介绍两种主要的模式匹配算法。

4.3.1　Brute – Force 模式匹配算法

Brute – Force 模式匹配算法又称为简单匹配算法,基本思路如下:

　　假设 S 为目标串,T 为模式串。其中 S = "$s_0 s_1 s_2 \cdots s_{n-1}$" ,T = "$t_0 t_1 t_2 \cdots t_{m-1}$"。串的匹配实际上是从 S 和 T 串的第 1 个字符开始比较,如果相等,继续向下逐个比较字符;否则再从 S 串的第 2 个字符和 T 的第 1 个字符进行比较,依次类推。如果 $S[i..i+m-1]$ = $T[0..m-1]$,称从位置 i 开始的匹配成功,即模式 T 在目标 S 中出现;如果 $S[i..i+m-1] \neq T[0..m-1]$,则从 i 开始的匹配失败。位置 i 称为位移,当 $S[i..i+m-1] = T[0..m-1]$ 时,i 称为有效位移;当 $S[i..i+m-1] \neq T[0..m-1]$ 时,i 称为无效位移。

　　所以由上述可知,串匹配问题可转化为寻找某给定模式 T 在给定目标串 S 中首次出现的有效位移。

　　假设主串 S = "ababcdabc",T = "abcd",Brute – Force 模式匹配算法匹配过程如图 4 – 5 所示。

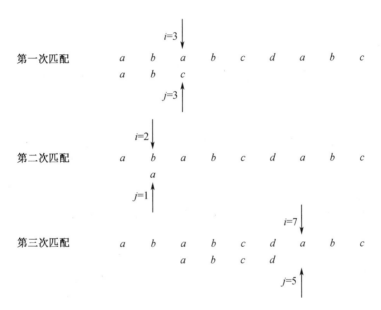

图 4 – 5　Brute – Force 模式匹配算法匹配过程

算法实现

```
int IndexString( StringType S , StringType T, int pos )
    {
        char * p , * q;
        int   k , j;
        k = pos - 1;            //顺序存放时第 pos 位置的下标值为 pos - 1
        j = 0;                  //设置初始匹配位置
        p = S. str + pos - 1;
        q = T. str;
        while ( k < S. length)&&( j < T. length)
            {
                if ( * p == * q)
                    {  p ++;  q ++; k ++;  j ++;  }
                else
```

$$\{ \quad k = k - j + 1; \quad j = 0; \quad q = T.\,str; \quad p = S.\,str + k; \quad \}$$

$$\}$$

if $(j == T.\,length)$

    return $(k - T.\,length);$

else

    return $(-1);$

$$\}$$

Brute – Force 模式匹配算法简单,易于理解。该算法的时间复杂度为 $O(n \times m)$,其中 n, m 分别是主串和模式串的长度。通常情况下,实际运行过程中,该算法的执行时间近似于 $O(n + m)$ 。

4.3.2　模式匹配的一种改进算法

KMP 算法是由 D. E. Knuth、J. H. Morris 和 V. R. Pratt 提出来的。该算法对 Brute – Force 模式匹配算法进行了改进,消除了主串指针的回溯,使得算法效率进一步提高。

每当一趟匹配过程出现字符不相等时,主串指针不用回溯,而是利用已经得到的"部分匹配"结果,将模式串的指针向右"滑动"尽可能远的一段距离后,继续进行比较。

例如,有串 S = "ababcdabc",T = "abcd",匹配过程如图 4 – 6 所示。

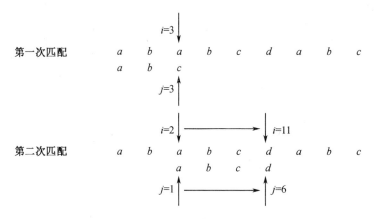

图 4 – 6　KMP 算法匹配过程

与简单匹配算法不同,KMP 算法虽然在 $i = 3$ 和 $j = 3$ 时匹配失败,但重新开始第二次匹配时,不需要从 $i = 2$,$j = 1$ 开始。因为 $S_2 = T_2, T_1 \neq T_2$,必有 $S_2 \neq T_1$,又因为 $T_1 = T_3, S_3 = T_3$,所以必有 $S_3 = T_1$。由此可知,第二次匹配可以直接从 $i = 3$,$j = 1$ 开始。

KMP 算法在主串 S 与模式串 T 的匹配过程中,当 $S_i \neq T_j$ 时,不需要回溯主串 S 的指针,而是直接与模式串的 $T_k (0 \leq k < j)$ 进行比较。

假设主串 S = "$S_1 S_2 \cdots S_n$",模式串 T = "$T_1 T_2 \cdots T_m$"。在模式串 T 的前 $k - 1$ 个字符必须满足式(4 – 1),而且不可能存在 $k' > k$ 满足式(4 – 1)。

$$T_1 T_2 \cdots T_{k-1} = S_{i-(k-1)} S_{i-(k-2)} \cdots S_{i-2} S_{i-1} \tag{4 – 1}$$

已经得到的"部分匹配"结果为

$$T_{j-(k-1)} T_{j-k} \cdots T_{j-1} = S_{i-(k-1)} S_{i-(k-2)} \cdots S_{i-2} S_{i-1} \tag{4 – 2}$$

由式(4 – 1)和式(4 – 2)可得:

$$T_1T_2\cdots T_{k-1}=T_{j-(k-1)}\ T_{j-k}\cdots\ T_{j-1} \tag{4-3}$$

推导过程如图 4－7 所示。

						T_1	T_2	…	T_{K-1}
						‖	‖	…	‖
S_1	S_2	…	S_{i-j+1}	S_{i-j}	…	S_{i-k+1}	S_{i-k}	…	S_{i-1}
			‖	‖	…	‖	‖	…	‖
			T_1	T_2	…	T_{j-k+1}	T_{j-k+2}	…	T_{j-1}

图 4－7　KMP 算法示例

由此可知，当主串 S 中第 i 个字符与模式串 T 中的第 j 个字符不匹配时，可以直接比较 S_i 和 T_k，这样可以直接把第 i 次比较“不匹配”时的模式 T 从当前位置直接右移 $j-k$ 位，而这里的 k 即为 next[j]。

定义 next[j] 函数为

$$\text{nex}[j]=\begin{cases}0 & (j=1)\\ \text{MAX}\{l\mid 1<k<j\ 且“T_1T_2\cdots T_{k-1}”=“T_{J-k+1}J_{j-k+2}\cdots T_{j-1}” \\ 1 & (其他情况)\end{cases} \tag{4-4}$$

1. KMP 算法的思路

利用 next[ ] 数组，改进模式匹配算法。假设主串为 S，模式串为 T，设 i 指针和 j 指针分别指向主串和模式串中正待比较的字符，i 和 j 的初值均设为 1。如果 $S_i=T_j$，则 i 和 j 分别加 1，即比较下一个字符。否则，i 不变，j 退回到 j＝next[j] 的位置，依此类推。直到出现下列两种情况：

①j 退回到某个下一个[j] 值时字符比较相等，则指针各自加 1 继续进行匹配。

②退回到 $j=0$，将 i 和 j 分别加 1，即从主串的下一个字符 S_{i+1} 模式串的 T_1 重新开始匹配。

2. 算法代码

```
#define Max_Strlen 1024
int next[ Max_Strlen ] ;
int KMP_index ( StringType   S , StringType   t)
{
        int   k = 0 , j = 0 ;          //初始匹配位置
        while ( k < S. length) &&( j < t. length
        {   if ( ( j == -1 ) || (S. str[ k ] == t. str[ j ] ) )
                {   k ++ ; j ++ ;    }
            else j = next[ j ] ;
        }
        if ( j > = t. length)
            return   ( k - t. length) ;
        else
            return   ( -1 ) ;
    }
 void   next( StringType   t , int next[ ] )
 {
```

```
int   k = 1 , j = 0 ; next[1] = 0;
while ( k < t. length)
{   if ((j == 0) ‖ ( t. str[k] == t. str[j]))
    {   k ++ ;
        j ++ ;
        if ( t. str[k]! = t. str[j] )
            next[k] = j;
        else
            next[k] = next[j];
    }
    else next[j] = j;
}
}
```

习　题　4

一、选择题

1. 设串 S1 = 'ABCDEFG', S2 = 'PQRST', 函数 Concat(x, y) 返回 x 和 y 串的连接串, Substr(s, i, j) 返回串 S 从序号 i 开始的 j 个字符组成的子串, length(s) 返回串 s 的长度, 则 Concat(Substr(S1, 2, length(S2)), Substr(S1, length(S2), 2)) 的结果串是(　　　)。

A. BCDEF　　　　　B. BCDEFG　　　　　C. BCPQRST　　　　　D. BCDEFEF

2. 空串和空格是相同的。(　　　)

A. 正确　　　　　B. 错误

3. 设有两个串 p 和 q, 其中 q 是 p 的子串, 求 q 在 p 中首次出现的位置的算法称为(　　　)。

A. 求子串　　　　　B. 连接　　　　　C. 匹配　　　　　D. 求串长

4. 若串 S1 = 'ABCDEFG', S2 = '9898', S3 = '###', S4 = '012345', 则执行下列语句后, 其结果为(　　　)。

replace(S1, Substr(S1, 4, length(S3)), S3) ;

Concat(S1, Substr(S4, index(S2, '8'), length(S2)))

A. ABC###G0123　　B. ABCD###2345　　C. ABC###G2345　　　D. ABC###2345

E. ABC###G1234　　F. ABCD###1234　　G. ABC###01234

5. 串是一种特殊的线性表, 其特殊性体现在(　　　)。

A. 可以顺序存储　　　　　　　　B. 数据元素是一个字符

C. 可以链接存储　　　　　　　　D. 数据元素可以是多个字符

6. 设有两个串 p 和 q, 求 q 在 p 中首次出现的位置的运算称为(　　　)。

A. 连接　　　　B. 模式匹配　　　　C. 求子串　　　　　D. 求串长

7. 下面关于串的叙述中, 哪一个是不正确的? (　　　)

A. 串是字符的有限序列　　　　　　B. 空串是由空格构成的串

C. 模式匹配是串的一种重要运算　　　D. 串既可以采用顺序存储,也可以采用链式存储

8. 串的长度是指(　　)。

A. 串中所含不同字母的个数　　　B. 串中所含字符的个数

C. 串中所含不同字符的个数　　　D. 串中所含非空格字符的个数

9. 若串 S = 'software',其子串的数目是(　　)。

A. 8　　　　　　B. 37　　　　　　C. 36　　　　　　D. 9

二、填空题

1. 设 S = 'I_AM_A_TEACHER',其长度为_____。

2. 空串是_____,其长度为_____。

3. 空格串是由_____组成的非空串,其长度等于串中_____的个数。

4. 组成串的数据元素只能是_____。

5. 一个字符串中_____称为该串的子串。

6. 设 S1 = 'GOOD',S2 = '　　　',S3 = 'BYE!',则 S1,S2 和 S3 连接后的结果是_____。

7. 两个串相等的充分必要条件是_____。

8. 串的两种最基本的存储方式是_____。

9. INDEX('DATASTRUCTURE','STR') = _____。

10. 设正文串长度为 n,模式串长度为 m,则串匹配的 KMP 算法的时间复杂度为_____。

11. 设有两个串 q 和 p,求 q 在 p 中首次出现的算法叫_____。

12. 串的连接运算不满足_____,满足_____。

13. 设 T 和 P 是两个给定的串,在 T 中寻找等于 P 的子串的过程称为_____,又称 P 为_____。

14. 串是一种特殊的线性表,其特殊性表现在_____;串的两种最基本的存储方式是_____、_____;两个串相等的充分必要条件是_____。

15. 知 U = 'xyxyxyxxyxy';t = 'xxy';

　　ASSIGN(S,U);

　　ASSIGN(V,SUBSTR(S,INDEX(s,t),LEN(t) +1));

　　ASSIGN(m,'ww')

　　求 REPLACE(S,V,m) = _____。

16. 实现字符串拷贝的函数 strcpy 为:

```
void strcpy( char ∗ s , char ∗ t) //copy t to s
  {
       while  (_____)
  }
```

17. 下列程序判断字符串 S 是否对称,对称则返回 1,否则返回 0;如 f("abba")返回 1,f("abab")返回 0;

```
int f(_____)
```

```
｛   int   i＝0,j＝0;
    while(s[j])        _____;
        for(j--; i＜j  && s[i]==s[j]; i++,j--);
    return(_____)
｝
```

18.算法填空,求 KMP 算法中 next 数组。

```
void get_next(string t,int next[t.len]);
｛   j＝1;
    k＝    __;
    next[1]:＝0;
    while(j＜t.len)
        ｛   if(k＝0 ‖ t.ch[j]＝t.ch[k])
                ｛
                    j＝j+1;
                    k＝k+1;
                    next[j]＝k;
                ｝
            else
                k＝_____;
        ｝
｝
```

三、简答题

1.设主串 S＝"*xxyxxxyxxxyxyx*",模式串 T＝"*xxyxy*"。请问:如何用最少的比较次数找到 T 在 S 中出现的位置? 相应的比较次数是多少?

2.KMP 算法(字符串匹配算法)较 Brute(朴素的字符串匹配)算法有哪些改进?

3.已知下列字符串(假设采用定长存储结构)

a＝"this",
b＝" ",
c＝"good",
d＝"ne",
f＝"a sample",
g＝"is"

顺序执行以下操作后,S,T,U,V,Length(s)、Index(v,g)、Index(u,g)各是什么?

S＝Concat(a,concat(Substr(f,2,7),Concat(b,Substr(a,3,2))))
T＝Replace(f,Substr(f,3,6),c)
U＝Concat(Substr(c,3,1),d)
V＝Concat(S,Concat(b,Concat(T,Concat(b,U))))

4. 执行以下函数会产生怎样的输出结果?

```
        Void demonstrate( ) {
        Strassign(s,"this is a book");
        Replace(s,Substring(s,3,7),"ese are");
        Strassign(t,Concat(s,"s"));
        Strassign(u,"xyxyxyxyxyxy");
        Strassign(v,Substring(u,6,3));
        Strassign(w,"w");
        Printf("t = ",t,"v = ",v,"u = ",Replace(u,v,w));
    }
```

　　t = these are books；　v = yxy；　u = xwxwxw

5. 设 $S =$ "I am a student"，$t =$ "good"，$q =$ "worker"。求 strlength(s)，strlength(t)，substr(s,8, 7)，substr(t,2,1)，index(s,"a")，index(s,t)，replace(s,"student",q)，concat(substr(s,6,2)，concat(t,substr(s,7,8)))。

四、算法设计题

1. 串 s 和 t 采用堆存储，设计一个函数，求第一个在 s 而不在 t 中的字符的序号。

2. 采用堆存储串 s，设计函数删除 s 中第 i 个字符开始的 j 个字符。

3. 若 x 和 y 是采用堆存储的串，设计一个比较两个串是否相等的函数。

4. 两个字符串 S1 和 S2 的长度分别为 m 和 n。求这两个字符串最大共同子串算法的时间复杂度为 $T(m,n)$。估算最优的 $T(m,n)$，并简要说明理由。

5. S 和 T 是用节点大小为 1 的单链表存储的两个串，设计一个算法将串 S 中首次与 T 匹配的子串逆置。

6. 分别在顺序存储和一般链接存储两种方式下，用 C 语言写出实现把串 s1 复制到串 s2 的串复制函数 strcpy(s1,s2)。

7. 在一般链接存储(一个节点存放一个字符)方式下，写出采用简单算法实现串的模式匹配的 C 语言函数 int L_index(t,p)。

8. 模式匹配算法是在主串中快速寻找模式的一种有效的方法，如果设主串的长度为 m，模式的长度为 n，则在主串中寻找模式的 KMP 算法的时间复杂性是多少？ 如果，某一模式 P = "abcaacabaca"，请给出它的 NEXT 函数值及 NEXT 函数的修正值 NEXTVAL 之值。

9. 设 s,t 为两个字符串，分别放在两个一维数组中，m,n 分别为其长度，判断 t 是否为 s 的子串。如果是，输出子串所在位置(第一个字符)，否则输出 0。

10. 输入一个字符串，内有数字和非数字字符，如:ak123x456 17960? 302gef4563，将其中连续的数字作为一个整体，依次存放到一数组 a 中，例如 123 放入 a[0]，456 放入 a[1]，……。编程统计其共有多少个整数，并输出这些数。

11. 设计下列算法并分析算法的时间复杂度:

(1)将顺序串 r 中所有值为 ch1 的字符换成 ch2 的字符。

(2)顺序串 r 中所有字符按照相反的次序仍存放在 r 中。

(3)从顺序串 r 中删除其值等于 ch 的所有字符。

(4)从顺序串 $r1$ 中第 index 个字符起求出首次与串 $r2$ 相同的子串的起始位置。

(5)从顺序串 r 中删除所有与串 $r1$ 相同的子串

(6)求顺序串串 r 中出现的第一个最长重复子串及其位置。

12. 函数 void insert(char * S,char * T,int pos)将字符串 T 插入到字符串 S 中,插入位置为 pos。请用 C 语言实现该函数。假设分配给字符串 S 的空间足够让字符串 T 插入。

第5章 数组、特殊矩阵和广义表

数组是最常用的数据结构之一。前面几章所涉及的线性结构中的数据元素都是非结构的原子类型,即数据元素的值是不可再分割的。数组是具有相同类型的元素的集合。数组可以看成是线性表在下述含义上的推广,表中的数据元素本身也是一种数据结构。在大多数的高级程序设计语言中,都提供了数组这一数据类型。稀疏矩阵是一种特殊的二维数组。稀疏矩阵常常采用压缩存储方式来存储,节省了存储空间,并被广泛地使用。

5.1 数 组

5.1.1 数组的定义和基本操作

1. 数组的定义

数组是由 $n(n>1)$ 个相同类型的数据元素构成的有限序列,且该有限序列存储在一块连续的内存单元。通过定义可以知道,数组类似于采用了顺序存储结构的线性表。另外,数组是被存储在一块连续的内存单元中的线性表,所以人们才会用一维数组来描述线性表的顺序存储结构。在数组中,一旦给定下标就存在一个与其对应的值,这个对应的值被称为数组元素,每个数据元素都必须属于同一个数据类型。也就是说,在数组中,每个元素都对应于一组下标 $(j_1, j_2, \cdots, j_n)$。当 $n=1$ 时,n 维数组退化为定长的线性表。当 $n>1$ 时,n 维数据就可以看作是线性表的推广。一维数组是一个向量,它的每个元素都是这个结构中不可分解的最小单位;$n(n>1)$ 维数组是一个向量,它的每个元素是 $n-1$ 维数组,且具有相同的上限和下限。

数组的性质:

(1)数组中的数据元素个数是固定的,数组一旦被定义,其数据元素的个数将不再有增减变化;

(2)数组中的数据元素都具有相同的数据类型;

(3)数组中的每一个数据元素与一组唯一的下标值一一对应;

(4)数组中的数据元素可以随机存取,所以数据是一种随机存储结构。

二维数组是人们比较熟悉的一种数据结构,它可以看成是一个定条长的线性表,它的每一个元素也是一个定长的线性表。

如图 5-1 所示的二维数组是以 m 行 n 列的矩阵形式表示的,其中每个元素是一个列向量形式的线性表,每个元素也可以是一个行向量形式的线性表。即 $a_i = (a_{i1}, a_{i2}, \cdots, a_{in})$ $(i=1,2,\cdots,m)$,a_i 是一个行向量形式的线性表,则 $A = (a_1, a_2, \cdots, a_m)$ 就是每个数据元素 a_i 以每个行的行向量作为一个元素的线性表。$a_j = (a_{1j}, a_{2j}, \cdots, a_{nj})(j=1,2,\cdots,n)$,是一个列向量形式的线性表。

二维数组中每个元素 a_{ij} 属于两个向量，即第 i 行的行向量和第 j 列的列向量。a_{11} 是开始节点，它没有前驱节点；a_{mn} 是终端节点，它没有后继节点；边界上的节点 $a_{1j}(j=2,3,\cdots,n)$ 和 $a_{i1}(i=2,3,\cdots,n)$ 只有一个前驱节点，$a_{nj}(j=1,2,\cdots,n-1)$ 和 $a_{in}(i=1,2,\cdots,n-1)$ 只有一个后继节点；其余每个元素 a_{ij} 都有两个前驱节点 $a_{i-1,j}$ 和 $a_{i,j-1}$，两个后继节点 $a_{i+1,j}$ 和 $a_{i,j+1}$。

二维数组的表示如图 5-1 所示。

$$A_{mn} = \begin{bmatrix} a_{11} & a_{12} & \cdots & a_{1n} \\ a_{21} & a_{22} & \cdots & a_{2n} \\ \vdots & \vdots & & \vdots \\ a_{m1} & a_{m2} & \cdots & a_{mn} \end{bmatrix}$$

(a)

$$A_{nn} = \left[\begin{bmatrix} a_{11} \\ a_{21} \\ \vdots \\ a_{m1} \end{bmatrix} \begin{bmatrix} a_{12} \\ a_{22} \\ \vdots \\ a_{m2} \end{bmatrix} \cdots \begin{bmatrix} a_{1n} \\ a_{2n} \\ \vdots \\ a_{mn} \end{bmatrix} \right]$$

(b)

$$A_{m \times n} = (a_{11} a_{12} \cdots a_{1n}), (a_{22} a_{22} \cdots a_{2n}), \cdots, (a_{m1} a_{m2} \cdots a\, mn))$$

(c)

图 5-1 二维数组

(a)矩阵形式的表示；(b)列向量的一维数组；(c)行向量的一维数组

三维数组 A 可以看作以二维数组为元素的向量，三维数组中的每个元素都属于三个向量；四维数组可以看作以三维数组为元素的向量，四维数组中的每个元素都属于四个向量。

多维数组是由含有 n 个下标且具有相同类型的 $\prod\limits_{i=1}^{n} b_i$ 个数据元素构成的集合，称为一个 n 维数组，b_i 被称为第 i 维数组的长度。数组中的每个元素都对应于一组下标 $(j_1 j_2 \cdots j_n)$，每个元素都受 n 个关系的约束。

2. n 维数组的抽象数据类型定义

ADT Array {
　　数据对象:D = { $a_{j1,j2,\ldots,ji,jn}$ | $j_i = 0, \ldots, b_i - 1$, $i = 1, 2, \ldots, n$ }
　　数据关系:
　　　　R = {R1, R2, . . . , Rn}
　　　　Ri = { < $a_{j1,\ldots ji,\ldots jn}$, $a_{j1,\ldots ji+1,\ldots jn}$ > | $0 \leq j_k \leq b_k - 1$,
　　　　　　　　$1 \leq k \leq n$ 且 $k \neq i$, $0 \leq j_i \leq b_i - 2$, $i = 2, \ldots, n$ }
　　数据操作:
　　(1)初始化数组 InitArray(&A)
　　　　操作结果:构造一个数组 A。
　　(2)取某个数据元素的值 ValueArray(A,&e,j_1,j_2,$\cdots$,j_n)
　　　　初始条件:数组 A 已经存在。
　　　　操作结果:从数组 A 中取出下标为 $j_i(i=1,2,\cdots,n)$ 的元素，并且赋给 e 返回。

（3）为数据元素赋值 AssignArray(A,&e,j_1,j_2,…,j_n)

　　初始条件：数组 A 已经存在，e 是给定的数据元素变量。

　　操作结果：将 e 赋值给数组 A 中取出下标为 j_i(i = 1,2,…,n)的元素。

（4）销毁数组 DestroyArray(A)

　　初始条件：数组 A 已经存在。

　　操作结果：销毁数组。

} ADT Array

5.1.2　数组的顺序存储表示及实现

1. 数组的顺序存储表示

　　由于存储单元是一维结构，而多维数组则是一个多维结构，所以多维数组的元素需要排成线性序列后存入存储器，这就要求数组的数据元素有次序约定。另外，数组一般不需要进行插入或删除操作，也就是说，一旦一个数组被建立，则数组结构中的数据元素个数和元素之间的关系就不再发生变动。因此一般情况下人们会采用顺序结构存储数组。

　　如图 5－2(a)所示，二维数组可以看成图 5－2(b)所示的一维数组，也可以看成如图 5－2(c)所示的一维数组，所以对于一个二维数组可以有两种存储方式，一种是以行序为主序的存储方式，一种是以列序为主序的存储结构。

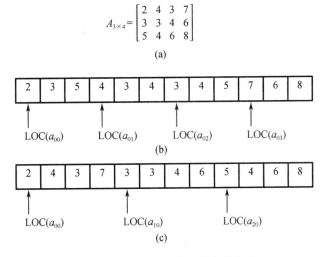

图 5－2　二维数组的两种存储方式

(a)3 行 4 列的二维数组 A；(b)列优先顺序表；(c)行优先顺序表

　　以列序为主序的存储结构，是将数组元素按列向量排列，即以列优先，逐列顺序存储。以行序为主序的存储结构，是将数据元素按行向量排列，即以行优先，逐行顺序存储。

　　对于数组，一旦规定了它的维数和各维的长度，便可以为它分配存储空间。反之，只要给出数组的存放起始地址、数组的行号、列号，以及每个元素所占用的存储单元，便可以求出给定的下标的数组元素存储位置的起始地址。

　　如图 5－2 所示一个 3 行 4 列的二维数组 A，以及其对应的以列为主序的列优先顺序表、以行为主序的行优先顺序表。

　　下面以行优先顺序表为例，说明其存储结构。

假设每个数据元素占 d 个存储单元,则二维数组 A 中的任意一个元素 a_{ij} 的存储地址可由下式确定

$$\text{LOC}(a_{ij}) = \text{LOC}(a_0 + (b_2 \times i + j)d)$$

其中,$\text{LOC}(a_{ij})$ 表示 a_{ij} 的存储地址;$\text{LOC}(a_{11})$ 是 a_{11} 的存储地址,即二维数组 A 的起始存储地址,也称为基址或基地址,b_2 表示二维数组第二维的长度。

同理,可以推广到一般情况,可得到 n 维数组以行为主序的数组顺序表的数据元素存储地址的计算公式如下:

$$\text{LOC}(a_{j1,j2,\cdots,jn}) = \text{LOC}(a_{0,0,\cdots,0}) +$$
$$(b_2 \times \cdots \times b_n \times j_1 + b_3 \times \cdots \times b_n \times j_2 + \cdots + b_n \times \cdots \times b_n \times j_{n-1} + j_n)d$$
$$= \text{LOC}(a_{0,0,\cdots,0}) + (\sum_{i=1}^{n-1} j_i \prod_{k=i+1}^{n} b_k + j_n)d$$

上式可以缩写成下如下形式:

$$\text{LOC}(a_{j1,j2,\cdots,jn}) = \text{LOC}(a_{0,0,\cdots,0}) + \sum_{i=1}^{n} c_i j_i$$

其中 $c_n = d, c_{i-1} = b_i \times c_i, 1 < i \leq n$。

从上式中不难看出,数组元素的存储地址是其下标的线性函数,一旦数组各维的长度确定 c_i 就是常数。

数组的顺序存储表示:

```
typedef struct
{
    ElemType * base;        //数组元素基地址,由 InitArray 分配
    int dim;                //数组维数
    int * bounds;           //数组维界基地址,由 InitArray 分配
    int * constants;        //数组映像函数常量基地址,由 InitArray 分配
} Array;
```

2. 数组的基本操作
(1)数组的初始化
操作说明:若维数 dim 和各维长度合法,则构造相应的数组 A,并返回值 OK。

```
Status InitArray( Array &A, int dim, ... )
{
    if( dim < 1 ‖ dim > MAX_ARRAY_DIM)
        return ERROR;
    A. dim = dim;
    A. bounds = ( int * ) malloc ( dim * sizeof( int ) );
    if( ! A. bounds )
        return OVERFLOW;
    int elemTotal = 1;          //存放元素的总个数
    va_list array_p;            //存放变长参数表信息的数组
    va_start( array_p, dim );
    for( int i = 0; i < dim; ++i )
```

```
    {
        A. bounds[i] = va_arg(array_p, int);
            //用 va_arg 返回可变的参数,并赋值给整数 A. bounds[i]
        //va_arg 的第二个参数是要返回的参数的类型,这里定义的是 int 型.
        if(A. bounds[i] <0)
            return UNDERFLOW;
        elemTotal  * = A. bounds[i];
    }
    va_end(array_p);
    A. base = (ElemType  * ) malloc (elemTotal * sizeof(ElemType));
    if( ! A. base)
        return OVERFLOW;
    A. constants = (int  * ) malloc (dim * sizeof(int));
    if( ! A. constants)
        return OVERFLOW;
    A. constants[dim  - 1] =1;//L =1,指针的增减以元素的大小为单位
    for(int index = dim  -2; index  > =0; -- index)
    {
        A. constants[index] = A. constants[index  + 1] * A. bounds[index  + 1];
    }
    return OK;
}
```

　　算法分析:算法执行时间主要花费在两个 for 循环上,时间依赖于维数 dim,所以算法的
时间复杂度为 $O(\text{dim})$。

　　(2)数组的销毁

　　操作说明:当数组 A 存在时,销毁数组 A。

```
Status DestroyArray(Array &A)
{
    //销毁数组 A
    if( ! A. base)
        return ERROR;
    free(A. base);
    A. base = NULL;
    if( ! A. bounds)
        return ERROR;
    free(A. bounds);
    A. bounds = NULL;
    if( ! A. constants)
        return ERROR;
    free (A. constants);
    A. constants = NULL;
    return OK;
```

}

算法分析:算法的时间复杂度为 $O(1)$。

(3)数组元素的定位操作

操作说明:以 ap 指示下标,当 ap 指示的各下标值合法,则求出该元素在 A 中相对地址。

```
Status LocateArray(const Array &A, va_list apt, int &off)
{
    //若 apt 指示的各下标值合法,则求出该元素在 A 中相对地址 off
    off = 0;
    int index;
    for(int i = 0; i < A. dim; ++i)
    {
        index = va_arg(apt, int);
        if(index < 0 || index >= A. bounds[i])
            return OVERFLOW;
        off += A. constants[i] * index;
    }
    return OK;
}
```

算法分析:算法执行时间主要花费在 for 循环上,时间依赖于维数 dim,所以算法的时间复杂度为 $O(\text{dim})$。

(4)取值操作

```
Status ValueArray (const Array &A, ElemType * e, ...)
{
    // n 维数组 A,元素变量为 e,随后是 n 个下标值
    //若指定的各下标不越界,则将所指定的 A 的元素值赋值给 e,并返回 OK
    va_list apt;
    va_start(apt, e);
    int result;
    int off;
    if((result = LocateArray(A, apt, off)) <= 0)
        return result;
    * e = * (A. base + off);
    va_end(apt);
    return OK;
}
```

算法分析:取值操作的主要时间花费在定位操作 LocateArray 上,时间依赖于维数 dim,所以算法的时间复杂度为 $O(\text{dim})$。

(5)赋值操作

操作说明:若给定的下标合法,则将 e 的值赋给指定下标所指定的数组 A 中相应的元素。

```
Status Assign( Array &A, ElemType e, … )
{
    // n 维数组 A,元素变量为 e,随后是 n 个下标值
    //若下标不越界,则将 e 的值赋给所指定的 A 的元素,并返回 OK
    va_list apt;
    va_start( apt, e);
    int off;
    int result;
    if(( result = LocateArray( A, apt, off)) <= 0)
        return result;
    * ( A. base + off) = e;
    va_end( apt);
    return OK;
}
```

算法分析:赋值操作的主要时间花费也是在定位操作 LocateArray 上,时间依赖于维数 dim,所以算法的时间复杂度为 $O($dim$)$。

5.2　特殊矩阵

矩阵是许多工程计算问题所研究的数学对象。对于一般的矩阵常常用二维数组进行表示。在数值分析过程中经常会用到一些特殊的矩阵。这些特殊的矩阵,其阶数较高,但是矩阵中会包含许多相同的值或零,比如对称矩阵、三角矩阵、稀疏矩阵和带状矩阵等。这些矩阵通常都是方阵,即其行数和列数是相同的。对于这些特殊的矩阵,如果按照正常矩阵存储的方法进行处理会浪费很多的存储空间,所以对于这些特殊的矩阵需进行压缩存储。压缩存储就是为多个相同值的节点分配一个存储空间,值为零的节点不分配存储空间。

5.2.1　对称矩阵

在一个 n 阶矩阵 A 中,如果元素满足下述性质:

$$a_{ij} = a_{ji} \qquad 1 \leqslant i,j \leqslant n$$

则称 A 为 n 阶对称矩阵。

如图 5-3 所示,矩阵 A 为一个 5 阶对称矩阵。

$$A = \begin{bmatrix} 2 & 3 & 5 & 8 & 7 \\ 3 & 4 & 6 & 2 & 3 \\ 5 & 6 & 1 & 5 & 4 \\ 8 & 2 & 5 & 3 & 2 \\ 7 & 3 & 4 & 2 & 6 \end{bmatrix}$$

图 5-3　5 阶对称矩阵

对称矩阵的元素是关于主对角线对称的,所以在存储对称矩阵时,只需要存储矩阵的上三角或下三角部分即可。比如,只存储上三角中的元素 $a_{ij}(i \leqslant j,$ 且 $1 \leqslant j \leqslant n)$;这样对于下三角中的元素 a_{jk},它和对应的 a_{ij} 相等,所以当要访问的元素在下三角中时,直接访问所对应的上三角元素。由于每两个对称的元素共享同一个存储空间,可以节约近一半的存储空间。

按以行为主序的顺序表存储,存储包括主对角线及主对角线以下的元素。所以要存储如图 5 阶对称矩阵,其对称矩阵的压缩存储如图 5-4 所示。

图 5-4 5 阶对称方阵及其压缩存储

如何实现一般对称矩阵的压缩存储?

首先按照 $a_{00}, a_{10}, a_{11}, \cdots, a_{n-1,0}, \cdots, a_{n-1,n-1}$ 的顺序依次存储,并将其存放在一个向量 $sa[0..n(n+1)/2 - 1]$ 中,元素的总个数为 $n(n+1)/2$。

$sa[0] = a_{11}$

$sa[1] = a_{10}$

……

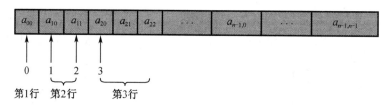

图 5-5 对称矩阵的压缩存储

(1)元素 a_{ij} 的存放位置。a_{ij} 元素的前面有 i 行,前面的元素共有 $1 + 2 + \cdots + i = i \times (i+1)/2$ 个;在第 i 行上,a_{ij} 之前有 j 个元素,即 $a_{i0}, a_{i1}, \cdots, a_{i,j-1}$,因此存在

$$sa[i \times (i+1)/2 + j] = a_{ij}$$

(2)a_{ij} 与 $sa[k]$ 之间的对应关系。如果 $i \geqslant j$,则 $k = i \times (i+1)/2 + j$,且 $0 \leqslant k < n(n+1)/2$;如果 $i < j$,则 $k = j \times (j+1)/2 + i$,且 $0 \leqslant k < n(n+1)/2$,令 $I = \max(i,j)$,$J = \min(i,j)$,则 k 和 i,j 的对应关系可以统一为

$$k = I \times (I+1)/2 + J, \quad 0 \leqslant k < n(n+1)/2$$

对称矩阵的地址变换公式为

$$\text{LOC}(a_{ij}) = \text{LOC}(sa[k]) = \text{LOC}(sa[0] + k \times d) = \text{LOC}(sa[0]) + [I \times (I+1)/2 + J] \times d$$

通过上述地址计算公式可以查到矩阵元素 a_{ij} 在其压缩存储表示 $sa[\ ]$ 中的对应位置 k,因此对称矩阵的压缩存储是一种随机存储结构。

5.2.2 三角矩阵

三角矩阵按其主对角线划分,可以分为上三角矩阵和下三角矩阵。矩阵中主对角线以上(不包括主对角线)的所有元素均为常数 a 的 n 阶矩阵称为下三角矩阵。矩阵中主对角线以下(不包括对角线)的所有元素均为常数 a 的 n 阶矩阵称为上三角矩阵。

如图所示,分别为上三角矩阵和下三角矩阵。

$$\begin{bmatrix} 2 & 3 & 5 & 8 & 7 \\ a & 4 & 6 & 2 & 3 \\ a & a & 1 & 5 & 4 \\ a & a & a & 3 & 2 \\ a & a & a & a & 6 \end{bmatrix} \qquad\qquad \begin{bmatrix} 2 & a & a & a & a \\ 3 & 4 & a & a & a \\ 5 & 6 & 1 & a & a \\ 8 & 2 & 5 & 3 & a \\ 7 & 3 & 4 & 2 & 6 \end{bmatrix}$$

图 5-6　上三角矩阵　　　　　　　　　图 5-7　下三角矩阵

三角矩阵中的重复元素 a 可以共享同一个存储空间,其余元素恰好有 $n \times (n+1)/2$ 个,所以三角矩阵可以压缩存放在向量 $sa[0..n(n+1)/2]$ 中,其中 a 存放在最后的一个分量中。

下面分别介绍一下上三角矩阵和下三角矩阵的存储。

1. 下三角矩阵。

与对称矩阵类似,下三角矩阵中的元素先存储,然后再存储对角线上面的常量 a,因为只有一个常量 a,所以只需要存储一个就可以。所以下三角矩阵需要存储 $n \times (n+2)/2 + 1$ 个元素,可以节约 $n \times (n-1)/2 - 1$ 个存储单元。

下三角矩阵中 k 和 i,j 的对应关系:

$$k = \begin{cases} i \times (i+1)/2 + j & i \geq j \\ n \times (n+1)/2 & i < j \end{cases}$$

下三角矩阵的地址变换公式:

$$\mathrm{LOC}(a_{ij}) = \mathrm{LOC}(sa[k]) = \mathrm{LOC}(sa[0]) + k \times d = \mathrm{LOC}(sa[0]) + [i \times (i+1)/2 + j] \times d$$

2. 上三角矩阵

上三角矩阵的存储与下三角矩阵相似,以行为主序的存储顺序存储上三角部分,最后再存储对角线下方的常量。

对于上三角矩阵第 0 行,存储 n 个元素,第 1 存储 $n-1$ 个元素,以此类推,第 $i(0 \leq i < n)$ 行存储 $(n-i)$ 个元素,a_{ij} 的前面有 i 行,按行优先顺序存储上三角矩阵,一共有 $i \times (2n-i+1)/2$ 个元素,在第 i 行上,a_{ij} 之前恰好有 $j-1$ 个元素,即 $a_{ij}, a_{i,i+1}, \cdots, a_{i,j-1}$,因此有

$$sa\left[i \times \frac{(2n-i+1)}{2} + j - 1\right] = a_{ij}$$

由此,上三角矩阵 k,i,j 的对应关系为

$$k = \begin{cases} i \times (2n-i+1)/2 + j - 1 & i \leq j \\ n \times (n+1)/2 & i > j \end{cases}$$

上三角矩阵的地址变换公式为

$$\begin{aligned} \mathrm{LOC}(a_{ij}) &= \mathrm{LOC}(sa[k]) = \mathrm{LOC}(sa[0]) + k \times d \\ &= \mathrm{LOC}(sa[0]) + [i \times (2n-i+1)/2 + (j-i)] \times d \end{aligned}$$

5.2.3　带状矩阵

在 n 阶矩阵中,所有非零元素集中在以主对角线为中心的带状区域中,即在矩阵中除了主对角线和它的上下方若干条对角线上的元素以外,其他所有元素都为零(或同为一个

常数),这样的矩阵称为带状矩阵,或者称为对角矩阵。

若和主对角线相邻的两侧有 m 条对角线,则矩阵的带宽为 $k=(2m+1)$,k 称为该带状矩阵的半带宽。该矩阵也称为 k 对角阵。

如图 $5-8$ 所示,$m=1$ 的 5 阶带状矩阵(5 对角矩阵)。

$$\begin{bmatrix} a_{00} & a_{01} & 0 & 0 & 0 \\ a_{10} & a_{11} & a_{12} & 0 & 0 \\ 0 & a_{21} & a_{22} & a_{23} & 0 \\ 0 & 0 & a_{32} & a_{33} & a_{34} \\ 0 & 0 & 0 & a_{43} & a_{44} \end{bmatrix}$$

图 5 - 8 $m=1$ 的带状矩阵(5 对角矩阵)

对于带状矩阵,所有非零元素仅会出现在主对角上、紧邻主对角线上面的对角线和紧邻主对角线下面的对角线上。由此可见,对于一个半带宽为 m 的矩阵,将会满足下述条件:如果 $|i-j|>m$,则元素 $a_{ij}=0$,且共有 $(2m+1)\times n-(m-1)\times m$ 个非零元素。

带状矩阵可以按行优先顺序或者对角线的顺序压缩存储在一个向量中,且能找到每个非零元素和向量下标的对应关系。

为了便于存储以及计算存储地址,可以将除了第一行和最后一行以外的每一行元素都按照 $(2m+1)$ 个非零元素计算,可以把带状矩阵非零元素按行优先顺序存储至长度为 $(2m+1)\times n-2m$ 的一维数组中。这样存储会存在 $(m-1)\times m$ 个存储单元,可以采用在多余的存储单元中用零填补。

在带状矩阵中,按行优先顺序存放元素 a_{ij} 时,a_{ij} 元素的前面有 i 行,一共有
$$(m+1)+(i-1)(2m+1)=i\times(2m+1)-m$$
个元素,在第 i 行上,a_{ij} 之前恰好有 $m+(j-i)$ 个元素,因此有
$$sa[i\times(2b+1)+j-i]=a_{ij}$$
由此可以推出 k,i,j 之间的对应关系为
$$k=i\times(2m+1)+j-i \quad 0\leqslant i\leqslant n-1,0\leqslant j\leqslant n-1,|i-j|\leqslant m$$
如图 $5-9$ 所示为 $m=1$ 的 5 阶带状矩阵的压缩存储。

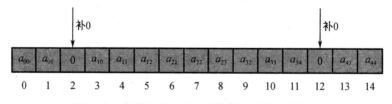

图 5 - 9   半带宽为 1 的 5 阶带状矩阵的压缩存储

带状矩阵的地址计算公式为:
$$\mathrm{LOC}(a_{ij})=\mathrm{LOC}(sa[k])=\mathrm{LOC}(sa[0])+k\times d=\mathrm{LOC}(sa[0])+[i\times(2m+1)+j-1]\times d$$

5.3　稀　疏　矩　阵

假定在 $m \times n$ 矩阵中有 t 个不为零的元素,且 $t \leq m \times n$,这样的矩阵称为稀疏矩阵。称 $\delta = \dfrac{t}{m \times n}$ 为矩阵的稀疏因子。通常情况下认为 $\delta \leq 0.05$ 时称为稀疏矩阵。在很多的工程计算和科学管理中,常常会用到阶数很高的大型稀疏矩阵。如果按照矩阵常规的分配方法,顺序分配在计算机内,将会对内存造成很大的浪费。比如,一个 50 阶的方阵中,只有 1 000 个非 0 元素,用 50×50 的二维数组存放,将会有 1 500 个单元空闲。所以通常情况下,存储稀疏矩阵时只存储矩阵的非零元素。但稀疏矩阵相对于上面所讲的特殊矩阵来说,零元素分布不规则,所以仅存放非零元素值是远远不够的,为了能找到相应的非零元素,还要记下非零元素的行和列。

稀疏矩阵的抽象数据类型定义:

ADT SparseMatrix

{

　　　　数据对象:$D = \{a_{ij} \mid i = 1,2,3\cdots\cdots m; j = 1,2,3\cdots\cdots n; a_{ij} \in \mathrm{ElemSet}, m$ 和 n 分别称为矩阵的行数和列数$\}$

　　　　数据关系:$R = \{\mathrm{Row}, \mathrm{Col}\}$

　　　　　　　　$\mathrm{Row} = \{ <a_{ij}, a_{i,j+1}> \mid 1 \leq i \leq m, 1 \leq j \leq n-1\}$

　　　　　　　　$\mathrm{Col} = \{ <a_{ij}, a_{i+1,j}> \mid 1 \leq i \leq m-1, 1 \leq j \leq n\}$

　　　　基本操作:P

　　　　(1)创建稀疏矩阵 CreateSMatrix(* T);

　　　　操作结果:创建稀疏矩阵 T。

　　　　(2) 稀疏矩阵加法 AddRLSMatrix(M,N, * T);

　　　　初始条件:稀疏矩阵 M 和稀疏矩阵 N 的行数和列数对应相等。

　　　　操作结果:求稀疏矩阵的和 T = M + N。

　　　　(3)稀疏矩阵减法 SubstractSMatrix(M,N, * T);

　　　　初始条件:稀疏矩阵 M 和稀疏矩阵 N 的行数列数对应相等。

　　　　操作结果:求稀疏矩阵的差 T = M - N。

　　　　(4)稀疏矩阵乘法 MulTSMatrix(M,N, * T);

　　　　初始条件:稀疏矩阵 M 的列数与稀疏矩阵 N 的行数对应相等。

　　　　操作结果:求稀疏矩阵的乘积 T = M * N;

　　　　(5)稀疏矩阵的输出 PrintSMatrix(T)

　　　　初始条件:若稀疏矩阵 T 存在。

　　　　操作结果:输出稀疏矩阵 T。

　　　　(6)销毁稀疏矩阵 DestorySMatrix(T);

　　　　初始条件:稀疏矩阵 T 存在。

　　　　操作结果:销毁稀疏矩阵 T。

} ADT SparseMatrix

5.3.1 稀疏矩阵的三元组存储结构

稀疏矩阵压缩存储方法只存储非零的元素。由于稀疏矩阵中的非零元素分布没有规律,所以需要在存储非零元素时同时存储该元素所对应的行下标和列下标。所以,在稀疏矩阵中每个非零元素由一个三元组(i,j,a_{ij})确定,三元组按照行优先的顺序存储,稀疏矩阵中的所有非零元素构成三元组线性表。同一行中列号按从小到大排成一个序列。

稀疏矩阵如图 5-10 所示。

$$\begin{bmatrix} 2 & 0 & 0 & 4 \\ 0 & 0 & 3 & 0 \\ 5 & 0 & 0 & 0 \\ 0 & 5 & 6 & 0 \\ 0 & 0 & 0 & 0 \\ 0 & 7 & 0 & 11 \end{bmatrix}$$

图 5-10 稀疏矩阵

图 5-10 所示稀疏矩阵的三元组线性表表示为

$((0,0,2),(0,4,4),(1,2,3),(2,0,5),(3,1,5),(3,3,6),(5,1,7),(5,4,11))$

如果把稀疏矩阵的三元组线性表按照顺序存储结构存储,我们就称稀疏矩阵的三元组顺序表。要表示一个稀疏矩阵,则存储结构定义为:

```
typedef struct
{
    int r, c;          //该非零元素的行下标和列下标
    Elemtype e;
} Triple;

typedef struct
{
    Triple data[MAXSIZE + 1];      //非零元三元组表,data[0]未用
    int mu, nu, tu;                //矩阵的行数、列数和非零元个数
} TSMatrix;
```

在上述定义中,data 域中表示的非零元素是以行序为主序顺序排列的,这种存储结构可以简化矩阵的运算算法。下面讨论一下矩阵的基本运算和矩阵的转置。

1. 为一个二维矩阵创建其三元组表示

以行序的方式来扫描稀疏矩阵 **A**,将其中的非零元素插入到三元组 T 中。

算法代码如下:

```
void CreateSMatrix(TSMatrix *T,ElemType A[M][N])
{
    int i,j;
    T. mu = M;
    T. nu = N;
```

```
        T. tu = 0;
        for( i = 0 ; i <= M ; i ++ )
            {   for( j = 0 ; j <= N ; j ++ )
                    {   if( A[ i ][ j ] != 0 )
                            {
                                T. data[ T. tu ]. r = i;
                                T. data[ T. tu ]. c = j;
                                T. data[ t. tu ]. e = A[ i ][ j ] ;
                                T. tu ++ ;
                            }
                    }
            }
        }
```

2. 三元组元素的赋值操作

要在三元组下标为 k 的位置上插入元素,首先在三元素 T 中找到位置 k,然后将 k ~ T. tu 各个元素依次向后移动一位,再将指定的元素 x 插入到 T. data[k]处。

算法代码如下:

```
int ValueSMtrix( TSMatrix * T, ElemType x, int rs, int cs)
    {
        int i, k = 0;
        if( rs > = T. mu  ||  cs > T. nu )
            return 0 ; ;
        while( k < T. tu && rs > T. data[ k ]. r )   k ++ ;        //查找相应的行
        while( k < T. tu && cs > T. data[ k ]. c )   k ++ ;        //查找相应的列
        if( T. data[ k ]. r == rs && T. data[ k ]. c == cs )      //判断是否存在这样的元素
            T. data[ k ]. e = x;
        else
            {   for( i = k ; i < T. tu ; i ++ )                  //不存在这样的元素,则插入
                    {
                        T. data[ i + 1 ]. r = T. data[ i ]. r;
                        T. data[ i + 1 ]. c = T. data[ i ]. c;
                        T. data[ i + 1 ]. e = T. data[ i ]. e;
                    }
                T. data[ k ]. r = rs;
                T. data[ k ]. c = cs;
                T. data[ k ]. e = x;
                T. tu ++ ;
            }

        return 1;
    }
```

3. 找到指定位置的元素将其值赋给变量

在三元组 T 中找到指定的位置,将指定位置的元素赋给 x。

算法代码如下:

```
int AssignSMtrix(TSMatrix * T,ElemType x,int rs,int cs)
    {
    int k = 0;
    if( rs > = T. mu ‖ cs > = T. nu)
        return 0;
    while( k < T. tu && rs > T. data[k]. r)  k ++ ;        //查找相应的行
    while( k < T. tu && cs > T. data[k]. c)  k ++ ;        //查找相应的列
    if( T. data[k]. r == rs && T. data[k]. c == cs)        //判断是否存在这样的元素
        {
        x = T. data[k]. e;
        }
    else return 0;
}
```

4. 输出三元组

从头到尾依次输出元素值。

算法代码如下:

```
void PrintSMatrix(T)
    {
        int i;
        if( T. tu <= 0)        return 0;
        printf("% d   % d   % d\n",T. mu,T. nu,T. tu);
        for( i = 0;i < T. tu;i ++ )
            printf("% d   % d   % d\n",T. data[i]. r,T. data[i]. c,T. data[i]. e);
}
```

5. 矩阵转置

设 TSMatrix T 表示 $m \times n$ 的稀疏矩阵,将其转置成 $n \times m$ 的稀疏矩阵 TSMatrix B。将 **T** 转置成 **B** 的过程实际上就是将 **T** 矩阵的行转化成 **B** 的列,将 **T** 矩阵的列转化成 **B** 的行;将 T. data 中的每个三元组的行列交换后转化到 B. data 中。

如图 5 - 11 所示。

$$\begin{bmatrix} 2 & 0 & 5 & 0 & 0 & 0 \\ 0 & 0 & 0 & 5 & 0 & 7 \\ 0 & 3 & 0 & 0 & 0 & 0 \\ 4 & 0 & 0 & 0 & 0 & 11 \end{bmatrix}$$

图 5 - 11   稀疏矩阵的转置矩阵 B

看上去完成以上两点之后,似乎已经完成了矩阵 **B**,但实际上并没有完成。因为前面规定了三元组的存储是按行优先存储的,并且每行中的元素是按照其列号从小到大进行顺序存放的。因此矩阵 **B** 也要按照此规律进行存放。为了运算方便,假设矩阵的行列下标都是从 0 开始,三元组顺序表 T. data 的下标也是从 0 开始的。在 T 的基础上得到的 **B** 的三元组表存储如下矩阵 **B** 的三元组表示:

$((0,0,2),(0,2,5),(1,3,5),(1,5,7),(2,1,3),(3,3,6),(4,0,4),(4,5,11))$

转置算法的基本操作过程:

(1)T 的行、列分别转化成 B 的列、行

(2)在 T. data 中依次找第 0 列、第 1 列、直到最后一列,并将找到的每一个三元组的行、列进行交换,然后将交换顺序后的存储到 B. data 中。

算法代码如下:

```
void TransMatrix( TSMatrix  * T, TSMatrix  B)
{
    int p,q = 0;
    int v;
    B. mu = T. nu; B. nu = T. mu; B. tu = t. tu;
    if( T. tu!= 0)
        {
        for( v = 0; v < T. nu; v ++ )
            for( p = 0; p < T. tu; p ++ )
                if( T. data[ p]. c == v)
                    {
                        B. data[ q]. r = T. data[ p]. c;
                        B. data[ q]. c = T. data[ p]. r;
                        B. data[ q]. e = T. data[ p]. e;
                        q ++ ;
                    }
        }
}
```

通过分析算法可以得知,算法的时间花费在 for 的二重循环上,所以时间复杂性为 $O(n \times t)$,m,n 分别代表原稀疏矩阵的行、列,t 则代表稀疏矩阵中非零元素的个数。在最坏的情况下,当稀疏矩阵中的非零元素个数 t 与 mu 同数量级时,则转置算法的时间复杂度为 $O(mu^2)$。与通常的存储方式,矩阵转置算法相比较,可以节约一定量的存储空间,但是算法的时间性能会差一些。

6.矩阵相加

```
int AddRLSMatrix( M,N,  * T);
    {
        int i = 0, j = 0, k = 0;
        ElemType v;
        if( M. mu!= N. mu  || N. nu!= N. nu)
```

```
        return 0;
    T. mu = M. mu;
    T. nu = M. nu;
    while( i < M. tu && j < N. tu)
    {    if( M. data[ i]. r == N. data[ j]. r)
        {    if( M. data[ i]. c < N. data[ j]. c)
            {    T. data[ k]. r = M. data[ i]. c;
                 T. data[ k]. c = M. data[ i]. r;
                 T. data[ k]. e = M. data[ i]. e;
                 k ++ ;i ++ ;
            }
            else    if( M. data[ i]. c > N. data[ j]. c)
                    {
                             T. data[ k]. r = M. data[ j]. c;
                             T. data[ k]. c = M. data[ j]. r;
                             T. data[ k]. e = M. data[ j]. e;
                             k ++ ;j ++ ;
                    }
                    else
                        {
                        v = M. data[ i]. e + N. data[ j]. e;
                        if( v ! = 0)
                            {    T. data[ k]. r = M. data[ i]. c;
                                 T. data[ k]. c = M. data[ i]. r;
                                 T. data[ k]. e = v;
                                 k ++ ;
                            }
                        i ++ ;j ++ ;
                        }
        }
        else if( M. data[ i]. r < N. data[ j]. r)
            {        T. data[ k]. r = M. data[ i]. c;
                     T. data[ k]. c = M. data[ i]. r;
                     T. data[ k]. e = M. data[ i]. e;
                     k ++ ;i ++ ;
            }
            else
            {    T. data[ k]. r = M. data[ j]. c;
                 T. data[ k]. c = M. data[ j]. r;
                 T. data[ k]. e = M. data[ j]. e;
                 k ++ ;j ++ ;
            }
        T. tu = k;
    }
```

```
        return    1;
    }
```

5.3.2 稀疏矩阵的十字链表存储结构

1. 十字链表

三元组顺序表存储可以节约一定的存储空间,但是由于非零元素的个数和非零元素的位置会发生变化,因此对于一些操作实现起来会十分麻烦。于是稀疏矩阵会采用另一种存储结构,这种存储结构称为十字链表存储结构。这种存储结构,对于稀疏矩阵的加法和减法算法的实现比较方便。

十字链表为稀疏矩阵的每个行设置一个单独链表,同时也为每个列设置一个单独链表。这样稀疏矩阵的每个非零元素都会同时包含在两个链表中,即每个非零元素同时包含在所在行的行链表和所在列的列链表。通过这样的存储方式可以降低链表的长度,方便算法的行方向和列方向的搜索,这也大大地降低了算法的时间复杂度。

用十字链表表示稀疏矩阵,每个非零的元素用一个节点存储,该节点由 5 个域构成,其中域 i 存储非零元素的行号,域 j 存储非零元素的列号,域 e 存储元素的值,right,down 是两个指针域。如图 5 – 12 所示。

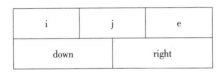

i	j	e
down		right

图 5 – 12　十字链表的节点结构

稀疏矩阵每行非零元素节点按其列号从小到大顺序排列,并由指针域 right 形成一个带头节点的行单链表;同样的,将每列中的非零元素按其行号从小到大的顺序,由指针域 down 形成一个带表头节点的列单链表。每个非零元素 a_{ij},存在于两个链表中,即是第 i 个行链表中的一个节点,又是第 j 个列链表中的一个节点。所有行链表的头指针用一个指针数组 rhead[m]存放,所有列链表的头指针用指针数组 chead[n]存放。

存储结构定义如下:

```
typedef struct OLNode
    {
        int row,col;                    //元素的行号和列号域
        ElemType   e;                   //数据元素域
        struct OLNode   * down,   * right;   //行、列链表指针域
    }OLNode,    * OLink;                //十字链表的节点结构
typedef    struct
    {                                   //定义行、列链表头节点指针数组
        OLink   rhead, chead;           //行、列链表头节点指针数组
        int   mu, nu, tu;               //行数、列数和非零元素个数域
    }CrossList;
```

如图 5 – 13 所示稀疏矩阵及其十字链表存储表示。

$$\begin{bmatrix} 1 & 0 & 0 & 0 \\ 0 & 0 & 4 & 0 \\ 0 & 0 & 0 & 0 \\ 1 & 0 & 3 & 0 \\ 0 & 5 & 0 & 0 \end{bmatrix}$$

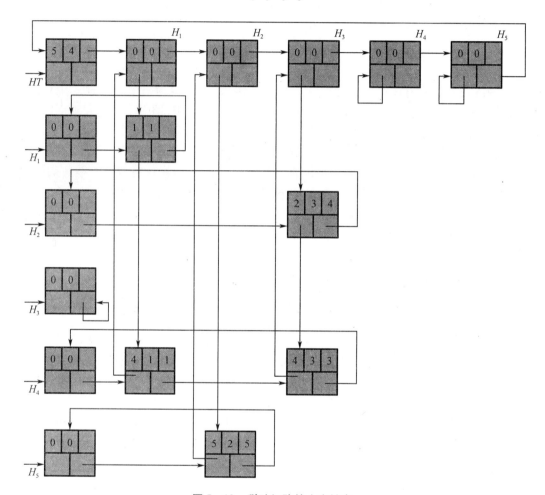

图 5 – 13　稀疏矩阵的十字链表

2. 稀疏矩阵的基本算法

（1）稀疏矩阵的创建

操作说明：

①确定稀疏矩阵的行数 M、列数 N，以及非零元素的个数 r。

②申请行、列头指针数组的存储空间,并初始化。

③逐个输入非零元素的三元组,建立三元组节点,并将其插入到行链表和列链表中,直到所有非零元素的三元组都输入完。

算法代码如下:

```
int create_SMatrix( CrossList  * M)
{
    int i, j, m, n, t;   //m,n 分别行、列头指针
    M. rhead = ( OLink  * ) malloc( ( m + 1 ) * ( sizeof( OLink ) ) ;      //申请行头节点的空间
    if( ! M. rhead )   exit ( OVERFLOW ) ;
    M. chead = ( OLink  * ) malloc( ( n + 1 ) * ( sizeof( OLink ) ) ;      //申请列头节点的空间
    M. rhead[  ] = M. chead[  ] = NULL;                    //行、列头节点指针数置空
    for( k = 1 ; k <= M. tu; k ++ )                        //申请第 k 个节点
    {       p = ( OLink  * ) malloc ( sizeof( OLNode ) ) ;
            if ( ! p)
                exit ( OVERFLOW ) ;
            p -> i = i;       //输入节点数据 i,j,e
            p -> j = j;
            p -> e = e;
            if( NULL == M. rhead[ i ]  || M. rhead[ i ] -> j > j)   //在第 i 个链表插入相应的节点
            {
                p -> right = M. rhead[ i ];
                M. rhead[ i ] = p;
            }
            else                  //在第 i 个行链表找到插入位置,并插入节点
            {
                for( q = M. rhead[ i ]; q -> right && q -> right -> j < j; q = q -> right ) ;
                p -> right = q -> right;
                q -> right = p;
            }
            if( NULL == M. chead[ j ]  || M. chead[ j ] -> i > i)   //在第 j 个列链表插入相应的节点
            {
                p -> down = M. chead[ j ];
                M. chead[ j ] = p;
            }
            else                  //在第 j 个列链表找到插入位置,并插入节点
            {
                for( q = M. chead[ j ]; q -> down && q -> down -> i < i; q = q -> down ) ;
                p -> down = q -> down;
                q -> down = p;
            }
    }
    return OK;
}
```

在插入时,插入每个节点都需要分别查找其在行链表和列链表的相应位置。所以创建稀疏矩阵算法的时间复杂度为 $O(t \times s)$,其中 $s = \max(m, n)$。算法对于三元组的输入顺序实际上是没有要求的,但如果输入三元组时按以行为主序(或以列为主序)输入,则时间复杂度可以降为 $O(s + t)$。

（2）稀疏矩阵的加法

假设有两个稀疏矩阵 A 和 B，则矩阵加法为 $C = A + B$。当 B 加到 A 上时，对矩阵 A 的十字链表，会有以下几种可能的改变：第一种是改变节点 value 域值（$a_{ij} + b_{ij} \neq 0$），第二种节点值不变（$b_{ij} = 0$），第三种插入一个新的节点（$a_{ij} = 0, b_{ij} \neq 0$），第四种删除一个节点（$a_{ij} + b_{ij} = 0$）。所以当两个矩阵相加时，从矩阵的第 1 行起逐行进行计算。对每一行都从行表头开始分别查找 A 和 B 中在该行第 1 个不为零的节点进行比较，然后针对 4 种情况进行相应的处理。

设两个指针 pa 和 pb，分别指向 A 和 B 的十字链表中行值相同的两个节点。

①若 pa -> col = pb -> col，且 pa -> e + pb -> e ≠ 0，则将 $a_{ij} + b_{ij}$ 的值赋给 pa 所指节点的值域中即可。其他的域的值不变。

②若 pa -> col = pb -> col，且 pa -> e + pb -> e = 0，则将矩阵 A 的链表中 pa 所指节点删除。因此需要改变同一行中前一个节点的 right 域的值，以及同一列中前一节点的 down 域的值。

③若 pa -> col < pb -> col，且 pa -> col ≠ -1，即 pa 所指节点不是头节点，则需要将 pa 指针向右移动一步，并且重新进行比较。

④若 pa -> col > pb -> col，或者 pa -> col = 0，则需要在矩阵 A 的链表中插入一个节点，此节点值为 b_{ij}，并改变指针。

算法代码如下：

```
void AddMatrix( CrossList &A, CrossList &B)
{
    OLNode    * p, * q, * pa, * pb, * ca, * cb, * qa;
    if( A. mu != B. mu  ||  A. nu != B. nu)          return ERROR;
    ca = A. rhead[1];
    cb = B. rhead[1];
    do
      {
                    pa = ca -> right;
                    qa = ca;
                    pb = cb -> right;
                    while( pb -> col !=0)
                      {
                          if( pa -> col < pb -> col && pa -> col !=0)
                              {  qa = pa;   pa = pa -> right;  }
                          else if( pa -> col > pb -> col  ||  pa -> col ==0)
                              {
                                  p = malloc( sizeof( OLNode) );
                                  p -> row = pb -> row;
                                  p -> col = pb -> col;
                                  p -> e = pb -> e;
                                  p -> right = pa;
                                  qa -> right = p;
                                  pa = p;
```

```
                    q = Find( Ha,p -> col) ;
                    while( q -> down -> row  !=0 && q -> down -> row < p -> row)
                         q = q -> down;
                    p -> down = q -> down;
                    q -> down = p;
                    pb = pb -> right;
                }
            else
                {
                    x = pa -> v_next. v + pb -> v_next. v;
                    if( x ==0 )
                      {
                            qa -> right = pa -> right;
                            q = Find( ha,pa -> col) ;
                            while( q -> down -> row < pa -> row)
                                 q = q -> down;
                            q -> down = pa -> down;
                            free( pa) ;
                            pa = pa;
                      }
                    else
                        {
                            pa -> e = x;
                            qa = pa;
                        }
                    pa = pa -> right;
                    pb = pb -> right;
                }
        }
        ca = ca -> next;
        cb = cb -> next;
    }  while( ca -> row ==0 )
}
```

5.4 广 义 表

广义表是对线性表的推广。如果允许线性表的元素可以是单个独立的数据元素,也可以是另一个线性表,那么这样的线性表就称之为广义表。即广义表中放松了对表元素的原子限制。广义表又称列表,通常以复数形式 Lists 表示,以此来区别通常的表 List。线性表中的元素可以有不同的结构类型。

5.4.1 广义表的定义

1. 广义表的定义

广义表是由 $n(n \geq 0)$ 个数据元素 $a_1, a_2, \cdots, a_i, \cdots, a_n$ 组成的有序序列。记作:

$$Ls = (a_1, a_2, \cdots, a_i, \cdots, a_n) \qquad n \geq 0$$

其中 Ls 是广义表的名称, n 称为广义表的长度, 记作 $Length(Ls)$。在广义表中, 每个元素 $a_i(1 \leq i \leq n)$ 称作 Ls 的成员。与线性表不同, 广义表中的元素允许以不同的形式出现, 即元素可以是逻辑上不能再分解的元素, 称为广义表的原子; 广义表中的元素也可以是一个广义表, 称为广义表的子表。

当 $n = 0$ 时, 广义表称为空表。当 $n \geq 0$ 时, 广义表 Ls 非空, 第一个元素 a_i 称为 Ls 的表头($head$), 其他数据元素组成的子表 $(a_2, \cdots, a_i, \cdots, a_n)$ 为 Ls 的表尾。一个广义表中的括号嵌套层数称为广义表的深度, 记作 $Depth(Ls)$。

由上述可见, 广义表的定义是递归的。习惯上, 广义表用大写字母表示, 原子用小写字母表示。

2. 广义表的表示

【例 5 - 1】 广义表的几种形式。

$A = ( )$, A 是空广义表, 其长度为 0, 深度为 1。

$B = (e)$, B 是由单个原子构成的广义表, 其长度为 1, 深度为 1。

$C = (a, (b, c, d))$, C 是由一个原子和一个构成的广义表, 其长度为 2, 深度为 2。

$D = (A, B, C) = (( ), (e), (a, (b, c, d)))$, D 是由三个广义表组成, 分别是广义表 A, B, C, 其长度是 3, 深度是 3。

$E = (a, (E)) = (a, (a, (a \cdots, (a, E) \cdots)))$, E 是由两个元素组成, 一个是原子 a, 另一个是 E 的自身, 其长度为 2, 深度可以是任意大。

$F = (( ))$, F 是由一个空广义表构成的广义表, 其长度为 1, 深度为 2。

3. 广义表的性质

(1)广义表是一种线性结构

广义表与线性表相似, 广义表中的元素之间存在着固定的顺序。

(2)广义表是一种多层次的数据结构

广义表中的元素即可以是原子, 也可以是子表, 而且子表中的元素也可以是子表。如前所述广义表 D 是由广义表 A, B, C 构成的, 其中 C 是由一个原子 a 和一个子表 (b, c, d) 构成的广义表。如图 5 - 14 所示, 广义表可以画成树的形式。树形结构中原子用小矩形表示, 子表用圆圈表示。

(3)广义表可以共享

一个广义表可以为其他广义表共享, 这种共享广义表称为再入表。如在上例中, 广义表 A、B、C 是 D 的子表, 所以在 D 中可以通过子表的名称引用, 不必列出广义表的值。在引用中广义表的共享特性可以减少存储结构中的数据冗余, 节约存储空间。

(4)广义表可以是递归的表

即一个广义表可以是自身的子表。如广义表 E 就是递归表, 长度为 2, 深度是任意大。所以递归表的长度是有限的, 而深度是无限的。

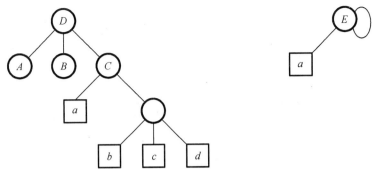

图 5 - 14　广义表的图形表示

4.广义表的抽象数据类型定义

ADT Glist
{
　数据对象:D = { e_i | i = 1,2,..,n;　n≥0; e_i ∈ AtomSet 或 ei ∈ GList, AtomSet 为某个数据对象}

　数据关系:R = { < e_{i-1} , e_i > | e_{i-1} , e_i ∈ D, 2≤i≤n}

　基本操作:

　　　(1)初始化广义表 InitGList(&L);

　　　操作结果:构造一个空的广义表 L。

　　　(2)创建广义表 CreateGList(&L,S);

　　　初始条件:广义表的书写形式的字符串 S。

　　　操作结果:由 S 创建广义表 L。

　　　(3)销毁广义表 DestroyGList(&L);

　　　初始条件:广义表 L 存在。

　　　操作结果:销毁广义表 L。

　　　(5)复制广义表 CopyGList(&T,L);

　　　初始条件:广义表 L 已经存在。

　　　操作结果:将广义表 L 复制得到广义表 T。

　　　(6)求广义表长度 GListLength(L);

　　　初始条件:广义表 L 已经存在。

　　　操作结果:求广义表 L 的长度,即返回广义表的元素个数。

　　　(7)求广义表深度 GListDepth(L);

　　　初始条件:广义表 L 已经存在。

　　　操作结果:求广义表 L 的深度。

　　　(8)判断广义表是否为空 GListEmpty (L);

　　　初始条件:广义表 L 已经存在。

　　　操作结果:判断广义表 L 是否为空。

　　　(9)求广义表表头元素 GetHead(L);

　　　初始条件:广义表 L 已经存在。

　　　操作结果:取广义表 L 的表头。

　　　(10)求广义表表尾元素 GetTail(&T,L);

　　　初始条件:广义表 L 已经存在。

操作结果:取广义表 L 的表尾。

(11)插入元素 InsertFirstGList(&L,e);

初始条件:广义表 L 已经存在。

操作结果:将元素 e 插入到广义表 L 中作为其第一元素。

(12)删除元素 DeleteFirstGList(&L,&e);

初始条件:广义表 L 已经存在。

操作结果:删除广义表 L 的第一元素,并用 e 返回其值。

(13)遍历广义表 TraverseGList (L,visit( ));

初始条件:广义表 L 已经存在。

操作结果:遍历广义表 L,即逐一访问广义表中的每个元素,函数 visit 为处理每个元素的操作。

⎬ADT Glist

5.4.2　广义表的存储结构

广义表是递归的数据结构,其中的数据元素具有不同的结构,所以通常不易用顺序存储结构存储及表示。所以广义表的存储结构一般采用链式存储结构。这种链式存储结构便于解决广义表的共享和递归。

广义表的链式存储结构,按照节点形式不同可以分为两种不同的存储方式,一种为头尾表示法,一种是孩子兄弟表示法。

1.头尾表示法

根据前面所述内容,当 $n \geqslant 0$ 时,广义表 Ls 非空,第一个元素 a_i 称为 Ls 的表头(head),其他数据元素组成的子表 $(a_2, \cdots, a_i, \cdots, a_n)$ 为 Ls 的表尾。所以如果广义表不空,则可以将广义表唯一地分解成表头和表尾,反之,表头和表尾可以唯一地确定一个广义表。根据上述性质可以采用头尾表示法来进行广义表的存储。

由于广义表中的元素分为原子和广义表两种。所以在头尾表示法中,节点的结构形式有两种,一种是原子节点,另一种是子表节点。原子节点用来表示原子,子表节点用来表示子表。如图 5 – 15 所示为广义表的两种节点结构。

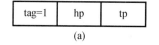
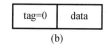

(a)　　　　　　　　　　　　　　　(b)

图 5 – 15　广义表的两种节点结构
(a)表节点;(b)原子节点

表节点中包含三个域:标志域 tag、指向表头的指针域 hp 和指向表尾的指针域 tp。原子节点仅有两个域:标志域 tag、值域 data。为了区分表节点和原子节点,用标志域来标识,当标志域 tag 等于 1 时,表示该节点为表节点;当标示域 tag 等于 0 时,表示该节点为原子节点。

广义表的头尾表示法存储结构定义如下:

```
typedef enum ⎨ATOM, LIST⎬ ElemTag;        //ATOM = 0 表示原子,LIST = 1 表示子表
typedef struct GLNode
```

```
    {
        ElemTag    tag;                          //标志域
        union{
            AtomType    data;                    //原子节点的数据域
            struct {struct GLNode * hp, * tp;} ptr;
                //ptr 是表节点的指针域,ptr,hp 和 ptr 和 tp 分别指向表头和表尾
        };
    } * GList
```

【**例 5 – 2**】 将例 5 – 1 所举的广义表 A,B,C,D,E,F 采用头尾表示法存储的存储结构表示出来。

$A = NULL$

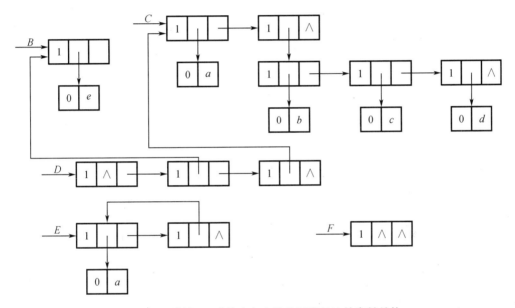

图 5 – 16 【例 5 – 1】的广义表的头尾表示法的存储结构

由图示可以看出广义表存储结构有以下几种情况:

(1)除了空表的表头指针为空以外,对于任何非空的广义表,其表头指针都指向一个表节点,而且该节点中的指向表头的指针 hp 指向子表的表头或者指向原子节点,表尾指针 tp 指向广义表表尾(如果表尾为空,则指针即为空)。

(2)通过存储结构示意图可知,采用头尾表示法可以很容易地看出广义表的原子和子表所在的层次。如,在广义表 D 中,原子 a 和原子 e 在同一层上,而原子 b、c、d 在同一个层上,而且原子 b、c、d 比原子 a 和原子 e 低一层;子表 B 和子表 C 在同一层上。

(3)通过存储结构也可以看出广义表的长度,如最高层的表节点个数即是广义表的长度。所以在广义表 D 中,最高层次有 3 个表节点,D 的广义表长度为 3。子表节点的层次数即是广义表的深度。

2. 孩子兄弟表示法

孩子兄弟表示法是广义表的另一种表示法。在孩子兄弟表示法中,通过也有两种节点形式:一种是有孩子的节点;一种是无孩子的节点。有孩子的节点用来表示子表;没有孩子

的节点用来表示原子。有孩子的节点包含三个域:标志域 tag、指向第一个孩子的指针域 hp 和指向兄弟的指针域 tp,无孩子的节点包含两个域:标志域 tag、指向兄弟的指针域 tp 和值域 data。为了区分有孩子的节点和无孩子的节点,通常用标志域来标识,当标志域 tag 等于 1 时,表示该节点是有孩子的节点;当标示域 tag 等于 0 时,表示该节点是无孩子的节点。

表节点中包含三个域;原子节点仅有两个域:

图 5 - 17　孩子兄弟表示法的节点结构

(a)有孩子的节点;(b)无孩子的节点

孩子兄弟表示法存储结构定义如下:

```
typedef enum {ATOM, LIST} ElemTag;          //ATOM = 0 表示原子,LIST = 1 表示子表
typedef struct GLNode
{
    ElemTag    tag;                         //标志域
    union{
        AtomType    data;                   //原子节点的数据域
        struct GLNode *hp;                  //表节点的表头指针
    }
    struct GLNode *tp;                      //指向下一个节点的指针
} GLNode, *GList;                           //广义表类型
```

【例 5 - 3】　将【例 5 - 1】所举的广义表 A,B,C,D,E,F 采用孩子兄弟表示法存储的存储结构表示出来。

如图 5 - 18 所示,采用孩子兄弟存储表示时,广义表中的左括号对应存储结构中的 tag = 1 的节点,且最高层节点的 tp 域始终为 NULL。

5.4.3　广义表的基本操作

广义表采用的是递归的定义方法,所以算法一般来说也是递归的。下面讨论一下有关广义表的基本操作,所有算法都以头尾表示法存储广义表。

1. 建立广义表

算法设计:假设以字符串 S 的形式给出广义表。当广义表为空时,S = 0,此时直接返回 Ls = NULL。当广义表不为空时,S = 0,其中 $a_i (1 \leq i \leq n)$ 是 S 串的子串所表示的子表。当要建立广义表 Ls 时,就是将串 S 所表示的 n 个表节点建立含有 n 个子表的广义表。第 i 个 a_i $(1 \leq i \leq n)$ 表节点的指针 tp 指向第 $i + 1$ 个表节点,第 n 个表节点的指针 tp 指为 NULL。如果我们把原子也看成子表,则第 i 个表节点的指针 hp 指向由 $a_{ii} (1 \leq i \leq n)$ 建立的子表。所以,当将字符串 S 转化成广义表时,就是将 $a_i (1 \leq i \leq n)$ 建立子表的过程。很显然,建立子表 $a_i (1 \leq i \leq n)$ 过程与建立广义表过程是完全相同的,所以这是一个递归问题。由于每个 $a_i (1 \leq i \leq n)$ 可能有 3 种情况,所以我们可以分三种情况来讨论:

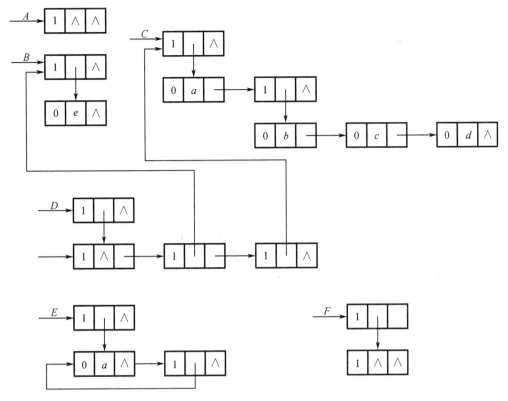

图 5 – 18　【例 5 – 1】的广义表的孩子兄弟表示法的存储结构

(1)$a_i(1 \leqslant i \leqslant n)$是带括号的空串,表示子表空表;

(2)$a_i(1 \leqslant i \leqslant n)$是长度为 1 的单字符串,表示子表只含有一个原子节点;

(3)$a_i(1 \leqslant i \leqslant n)$是长度大于 1 的字符串,表示长度大于 1 的子表。

前两种情况其实就是递归的终止状态,第三种表示是递归调用。所以当输入不同字符串时,建立广义表的递归过程如下:

基本项:置空广义表　　　　　　当 S 为空表串时

　　　　建立原子节点的子表　　　当 S 为单字符串时

归纳项:假设 S = (a_1,a_2,$\cdots$,a_i,$\cdots$,a_n),sub 为脱去 S 最外层括号后的子串,sub = 's_1,s_2,$\cdots$,s_n',其中 $s_i(1 \leqslant i \leqslant n)$是非空的字符串,对于每个 s_i 建立一个表节点,并且将指针 hp 指向由 s_i 建立的子表,tp 指向 s_i 建立的表节点,最后一个表节点的指针 tp 为 NULL。

构造函数 sever(str,hstr),其功能为从字符串 str 中取出第一个","前的子串并把它赋给 hstr,同时删除 str 中子串 hstr 和","形成一个新的 str 串,如果新的 str 串中没有字符",",则说明操作后的 hstr 就是操作前的 str,则操作以后 str 是空串。

算法实现代码如下:

```
void CreateGList( Glist &Ls, SString S)
{
    if （StrEmpty(S)）  Ls = NULL;  // 如果 S 为空串,则创建空表
    else {
```

```
                        if( ! ( Ls = ( GList ) malloc ( sizeof ( GLNode ) ) ) )
                                exit ( OVERFLOW ) ;                        //创建表节点
                else
                        {

                                Ls –> tag = LIST ;
                                p = Ls ;                                //重复建立 n 个子表
                                SubString( sub , S , 2 , StrLength( S ) – 2 ) ;        //脱去外层的括号
                                do {
                                        sever( sub , hsub ) ;                //从 sub 中分离出表头串
                                        CreateGList( p –> ptr. hp , hsub ) ;
                                        q = p ;
                                        if( ! StrEmpty( sub ) )                //表尾不为空
                                                {
                                                if( ! ( p = ( GList ) malloc ( sizeof ( GLNode ) ) ) )
                                                        exit    ( OVERFLOW ) ;
                                                }
                                } while( ! StrEmpty( sub ) ) ;
                                q –> ptr. tp = NULL ;
                        }
                }
        return    OK ;
}
status sever( SString &str , SString &hstr )                //从子表 str 分离出表头串
        {
        n = StrLength( str ) ;
        i = 1 ; k = 0 ;
        for( i = 1 , k = 0 ; i <= n    ‖ k != 0 ; i ++ )
                {
                if( ch != ',' )
                        SubString( ch , str , i , 1 ) ;
                if( ch == '(' )
                        ++ k ;
                else if( ch == ')' )
                        -- k ;
                }
        if( i <= n )
                {
                hstr = SubString( hstr , str , 1 , i – 2 ) ;
                str = SubString( str , i , , n – i + 1 ) ;
                }
        else
                {
                StrCopy( hstr , str ) ;
                ClearString( str ) ;
```

```
        }
    }
```

2. 求广义表的长度

算法设计:在广义表中同一层次的每个节点都是通过 tp 指针链接的,所以可以把广义表看成是通过 tp 链接起来的单链表。求广义表的长度就是求单链表的长度,返回最顶层的表节点个数即可。

算法实现代码如下:

```
int LengthGList( GLNode  ∗ Ls)
{
    if( Ls! = NULL)
        return   1  +  LengthGList( Ls –> tp) ;
    else
        return   0;
}
```

3. 求广义表的深度

算法设计:设广义表 $Ls(a_1, a_2, \cdots, a_i, \cdots, a_n)$,求广义表深度,可以用以下递归方法。所以求广义表的深度可以分解成 n 个子问题,每个子问题分别求 $a_i(1 \leqslant i \leqslant n)$ 的深度,a_i 深度有下面三种情况:

(1)若广义表 Ls 是空表,那么其深度为 1;

(2)若广义表 Ls 中的 a_i 是原子,那么其深度为 0;

(3)若广义表 Ls 中的 a_i 是广义表,那么其深度求解需要将其分解为 m 个子表,分别求每个子表的深度,Ls 的深度等于各个子表的深度中最大值加 1。

由上可知,前两种情况是递归的终止状态。

广义表的 Ls 深度的递归定义:

基本项:GListDepth(Ls) = 1　　　　　　　　当 Ls 为空广义表

GListDepth(Ls) = 0　　　　　　　　当 Ls 为原子

归纳项:GListDepth(Ls) = 1 + MAX｛ GListDepth(a_i)　｜ $1 \leqslant i \leqslant n, n \geqslant 1$ ｝

算法实现代码如下:

```
int GListDepth( GList Ls)
{
    if( ! Ls)    return 1 ;                        //如果 Ls 是空表,则返回其深度为 1
    if( Ls –> tag == ATOM)       return   0;      //如果 a_i 是原子,则返回其深度为 0
    for( max = 0, p = Ls; p; p –> ptr. tp)
        {
            dep = GListDepth ( Ls –> p –> ptr. hp) ;   //递归调用求出子表的深度
            if( dep > max)
                max = dep;          // max 为同一层所求过的子表中深度的最大值
        }
```

```
    return   max + 1;                        //返回表的深度
  }
```

4. 取广义表的头、尾部分

算法设计:广义表的表头是指该广义表中的第一个元素。广义表的表尾是除去该广义表第一个元素后所有剩余元素组成的表。所以要返回广义表表头和表尾部分,只需要返回表头和表尾指针即可。

算法实现代码如下:

```
GList GetHead( GList Ls)                     //取表头的部分
  {
    if ( L -> tag == 1 )
        p = Ls -> hp;
    return p;
  }
GList GetTail( GList Ls)                     //取表尾的部分
  {
    if ( L -> tag == 1 )
        p = Ls -> tp;
    return p;
  }
```

5. 取广义表的头、尾部分

算法设计:复制广义表可以分成两个部分,即表头和表尾两个部分。复制一个非空的广义表,先复制表头,再复制表尾。如果表头部分是原子,则建立一个原子节点;如果表头是子表,则继续将子表分成表头和表尾两个部分再做相同的处理。表尾部分一般是子表,所以也分成表头和表尾部分处理。广义表的复制和子表的复制的过程是完全相同的,所以在复制过程中采用递归方式实现。假设复制后的新的广义表为 NewLs,则递归过程如下所示:

基本项:InitGList(NewLs)   当广义表 Ls 为空时,置为空表
归纳项:CopyGList(GetHead(Ls), GetHead(NewLs))   复制广义表的表头
CopyGList(GetHead(Ls), GetHead(NewLs))   复制广义表的表尾
算法代码实现过程如下:

```
status CopyGList( GList &NewLs, GList Ls)
  {
    if( ! Ls)
    NewLs = NULL;
    else
      {      NewLs = ( GList) malloc( sizeof( GLNode) );      }
    if( ! NewLs)
        exit ( OVERFLOW);
    NewLs -> tag = Ls -> tag;
```

```
        if( Ls -> tag == ATOM)
            NewLs -> data = Ls -> data;
        else
          {
              CopyGList (NewLs -> ptr. hp, Ls -> ptr. hp);      //复制广义表的表头
              CopyGList (NewLs -> ptr. tp, Ls -> ptr. tp);      //复制广义表的表尾
          }
        return    OK;
      }
```

6. 输出广义表

算法设计:输出广义表采用递归方法实现,分别从纵向的子表和横向的后继表两个方向进行递归调用。当节点为表元素节点时,首先输出作为表的起始符号的左括号,然后再输出 Ls -> hp 指针所指的子表,最后再输出作为终止符号的右括号;当节点为原子节点时,则直接输出原子节点的元素值;当子表输出结束后,还需要输出一个',';然后递归地输出 L -> tp 指针所指的后继表。

算法实现过程如下:

```
void PrintGList( GList Ls)
    {
        if( Ls -> tag == LIST)
          {
                printf("% c","(");
                if(Ls -> hp)
                    printf("% c","");              //若子表为空,则输出空格字符
                else
                    PrintGList(Ls -> hp);          //递归输出子表
                printf("% c",")");
            }
        else
            printf("% c",Ls -> data);
        if( Ls -> tp)
          {
                printf("% c",",");
                PrintGList(Ls -> tp);              //递归输出后继子表
            }
      }
```

5.4.4　广义表的应用

通常情况下使用广义表多数被使用在既非递归表,也不被其他表所共享的情况。因为广义表中的一个数据元素也可以是另一个广义表,比如一个多元多项式的存储可以使用广义表来进行存储。

对于一个 m 元多项式,如果用一个线性表来表示多元多项式,会产生两个问题。一是无论多项式中各项的变元数多少,如果都按 m 个变元分配存储空间,会造成空间的浪费;反之,如果按各项实际的变元数来分配存储空间又会造成节点的大小不均情况,给系统带来不便。二是对于不同 m 值的多项式,线性表中的节点大小也不同,也同样会造成存储管理的不便。因此多项式的每一项的变化数目的不均匀和变元信息的重要性就使得多元多项式不适于用线性表来表示。

设三元多项式

$$P(x,y,z) = x^{10}y^3z^2 + 2x^6y^3z^2 + 3x^5y^2z^2 + x^4y^4z + 6x^3y^4z + 2yz + 15$$

上式中各项的变元数目不同,而 y^3,z^2 等因子又出现多次,于是将上式改写为

$$P(x,y,z) = (x^{10} + 2x^4)y^3 + 3y^5y^2)z^2 + ((x^4 + 6x^3)y^4 + 2y)z + 2y)z + 15$$
$$= A(x,y)z^2 + B(x,y)z + 15$$

其中

$$A(x,y) = (x^{10} + 2x^4)y^3 + 3y^5y^2 = C(x)y^3 + D(x)y^2$$
$$B(x,y) = (x^4 + 6x^3)y^4 + 2y) = E(x)y^4 + F(x)y$$

经过上面的转换以后,$P(x,y,z)$ 是关于 z 的一元多项式,系数为 $A(x,y)$ 和 $B(x,y)$ 是关于 y 的一元多项式,$A(x,y)$ 和 $B(x,y)$ 是系数 $C(x)$、$D(x)$、$E(x)$、$F(x)$ 关于 x 的一元多项式,$P(x,y,z)$ 的多层嵌套的一元多项式结构可用广义表来表示。

$P = z((A,2),(B,1),(15,0))$

其中

$A = y((C,3),(D,2))$

$C = x((1,10),(2,6))$

$D = x((3,5))$

$B = y((E,4),(F,1))$

$E = x((1,4),(6,3))$

$F = x((2,0))$

对于一般的 m 元 n 次多项式可以采用类似于上面的处理方式。由此可知,任何一个多元多项式都可以用广义表来存储表示。

如图 5 – 19 所示为用广义的表示多项式的节点结构。

图 5 – 19　用广义表表示多项式的节点结构

其中 exp 为指数域,coef 为系数域,hp 指针指向系数子表,tp 指针指向下一项指针。

如图 5 – 19 所示的广义表存储结构,在每层中增加一个表头节点并且利用 exp 指示该层的变元,可以用一维数组来存储多项式中所有的变元,所以 exp 域存储的是该变元在一维数组中的下标。头指针 p 指向表结构中 exp 值为 3 的多项式中变元的数目,如图 5 – 20 所示。

节点结构定义如下:

```
typedef struct MPNode
    {
            ElemTag    tag;
            int        exp;
            union
                {
                    float   coef;
                    struct  MPNode    * hp;
                }
            struct MPNode   * tp;
    } * MPNode;
```

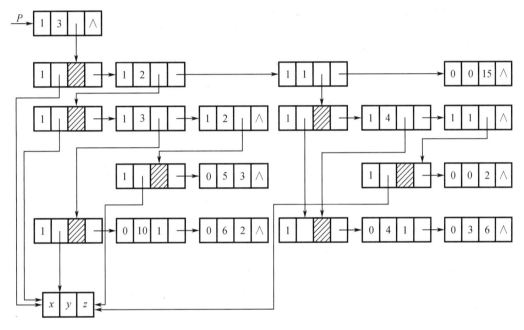

图 5 – 20 广义表存储表示多项式

习 题 5

一、选择题

1. 在以下讲述中,正确的是( )。

A. 线性表的线性存储结构优于链表存储结构

B. 二维数组是其数据元素为线性表的线性表

C. 栈的操作方式是先进先出

D. 队列的操作方式是先进后出

2. 若采用三元组压缩技术存储稀疏矩阵,只要把每个元素的行下标和列下标互换,就完成了对该矩阵的转置运算,这种观点(　　　)。

 A. 正确　　　　　　B. 错误

3. 二维数组 SA 中,每个元素的长度为 3 个字节,行下标 I 从 0 到 7,列下标 J 从 0 到 9,从首地址 SA 开始连续存放在存储器内,该数组按列存放时,元素 $A[4][7]$ 的起始地址为(　　　)。

 A. $SA+141$　　　　B. $SA+180$　　　　C. $SA+222$　　　　D. $SA+225$

4. 数组 SA 中,每个元素的长度为 3 个字节,行下标 I 从 0 到 7,列下标 J 从 0 到 9,从首地址 SA 开始连续存放在存储器内,存放该数组至少需要的字节数是(　　　)。

 A. 80　　　　　　B. 100　　　　　　C. 240　　　　　　D. 270

5. 设一维数组中有 n 个数组元素,则读取第 i 个数组元素的平均时间复杂度为(　　　)。

 A. $O(n)$　　　　B. $O(n\log_2 n)$　　　　C. $O(1)$　　　　D. $O(\log_2 n)$

6. 常对数组进行的两种基本操作是(　　　)。

 A. 建立与删除　　　B. 索引和修改　　　C. 查找和修改　　　D. 查找和索引

7. 将一个 $A[15][15]$ 的下三角矩阵(第一个元素为 $A[0][0]$),按行优先存入一维数组 $B[120]$ 中,A 中元素 $A[6][5]$ 在 B 数组中的位置 K 为(　　　)。

 A. 19　　　　　　B. 26　　　　　　C. 21　　　　　　D. 15

8. 二维数组 $M[0..7,0..9]$ 的元素是由 4 个字符组成的串(每个字符占用 1 个存储单元),存放 M 需要存储单元数为(　　　)。

 A. 360　　　　　　B. 480　　　　　　C. 320　　　　　　D. 240

9. 若广义表 A 满足 $Head(A)=Tail(A)$,则 A 为(　　　)。

 A. ( )　　　　　　B. (( ))　　　　C. (( ),( ))　　　　D. (( ),( ),( ))

10. 广义表((b),b)的表头是(　　　),表尾是(　　　)。

 A. b　　　　　　B. 0　　　　　　C. (b)　　　　　　D. ((b))

11. 广义表((b))的表头是(　　　),表尾是(　　　)。

 A. b　　　　　　B. (b)　　　　　　C. ( )　　　　　　D. ((b))

12. 广义表((a,b),c,d)的表头是(　　　),表尾是(　　　)。

 A. a　　　　　　B. b　　　　　　C. (a,b)　　　　　　D. (c,d)

13. 广义表(a,b,c,d)的表头是(　　　),表尾是(　　　)。

 A. a　　　　　　B. (a)　　　　　　C. (a,b)　　　　　　D. (b,c,d)

14. 广义表((a,b,c,d))的表头是(　　　),表尾是(　　　)。

 A. a　　　　　　B. ( )　　　　　　C. (a,b,c,d)　　　　　　D. ((a,b,c,d))

15. 下面结论正确的是(　　　)。

 A. 一个广义表的表头肯定不是一个广义表

 B. 一个广义表的表尾肯定是一个广义表

 C. 广义表 $L=(( ),(A,B))$ 的表头为空表

 D. 广义表中原子个数即为广义表的长度

16. 对稀疏矩阵进行压缩存储目的是(　　　)。

 A. 便于进行矩阵运算　　　　　　　　　B. 便于输入和输出

 C. 节省存储空间　　　　　　　　　　　D. 降低运算的时间复杂度

17. 二维数组 $M[i][j]$ 的元素是由 4 个字符组成的串(每个字符占用 1 个存储单元),行

下标是 0 到 4,列下标是 0 到 5,M 按行存储时元素 $M[3][5]$ 的起始地址与 M 按列存储时元素($\quad$)的起始地址相同。

  A. $M[2][4]$ B. $M[3][4]$ C. $M[3][5]$ D. $M[4][4]$

18. 已知广义表 $L=((x,y,z),a,(u,t,w))$,从 L 表中取出原子项 t 的运算是($\quad$)。

  A. head(tail(tail(L)))   B. tail(head(head(tail(L))))

  C. head(tail(head(tail(L))))   D. head(tail(head(tail(tail(L)))))

19. 已知广义表 $LS=((a,b,c),(d,e,f))$,运用 head 和 tail 函数取出 LS 中原子 e 的运算是($\quad$)。

  A. head(tail(LS))   B. tail(head(LS))

  C. head(tail(head(tail(LS))))   D. head(tail(tail(head(LS))))

20. 稀疏矩阵压缩存储之后,将失去($\quad$)功能。

  A. 顺序存储   B. 随机存取   C. 输入输出   D. 以上都不对

21. 下面说法不正确的是($\quad$)。

  A. 广义表的表头总是一个广义表   B. 广义表的表尾总是一个广义表

  C. 广义表难以用顺序存储结构   D. 广义表可以是一个多层次的结构

22. 数组的两种常用操作是($\quad$)。

  A. 建立与插座   B. 删除与查找   C. 插入与索引   D. 查找与修改

23. 广义表 $A=(A,B,(C,D),(E,(F,G)))$,则 head(tail(head(tail(tail(A)))))=($\quad$)。

  A. (G) B. (D) C. C D. D

24. 若对 n 阶对称矩阵 A 以行序为主序方式将其下三角形的元素(包括主对角线上所有元素)依次存放于一维数组 $B[1..(n(n+1))/2]$ 中,则在 B 中确定 $a_{ij}(i<j)$ 的位置 k 的关系为($\quad$)。

  A. $i*(i-1)/2+j$ B. $j*(j-1)/2+i$ C. $i*(i+1)/2+j$ D. $j*(j+1)/2+i$

25. 采用稀疏矩阵的三元组表形式进行压缩存储,若要完成对矩阵的转置,只要将三元组表中元素的行、列对换,这种说法($\quad$)。

  A. 正确   B. 错误   C. 无法确定   D. 以上都不对

26. 多维数组之所以有行优先顺序和列优先顺序两种存储方式是因为($\quad$)。

  A. 数组的元素处在行和列两个关系中

  B. 数组的元素必须从左到右顺序排列

  C. 数组的元素之间存在次序关系

  D. 数组是多维结构,内存是一维结构

27. 稀疏矩阵的压缩存储方法一般有($\quad$)。

  A. 二维数组和三维数组   B. 三元组和散列

  C. 散列和十字链表   D. 三元组和十字链表

28. 对矩阵压缩存储是为了($\quad$)

  A. 方便运算   B. 节省空间   C. 方便存储   D. 提高运算速度

29. 稀疏矩阵一般的压缩存储方法有两种,即($\quad$)

  A. 二元数组和三元数组   B. 三元组和散列

  C. 三元组和十字链表   D. 散列和十字链表

二、填空题

1. 设 a 是含有 N 个分量的整数数组,则求该数组中最大整数的递归定义为_____,最小整数的递归定义为_____。

2. 稀疏矩阵常用的压缩存储方法有_____和_____两种。

3. 二维数组 $A[10][5]$ 采用行序为主方式存储,每个元素占 4 个存储单元,并且 $A[5][3]$ 的存储地址是 1000,则 $A[4][3]$ 的地址是_____。

4. 二维数组 $A[10][20]$ 采用列序为主方式存储,每个元素占一个存储单元,并且 $A[0][0]$ 的存储地址是 200,则 $A[6][12]$ 的地址是_____。

5. 广义表的_____定义为广义表中括弧的重数。

6. 数组是 $n(n>1)$ 个(　　)的有序组合,数组中的数据是按顺序存储在一块(　　)的存储单元中。

7. 数组中的每个数据通常称为(　　),用下标区分,其中下标的个数由数组的(　　)决定。

8. 对于需要压缩存储的矩阵可以分为(　　)和(　　)。对那些具有相同值元素或零元素分布具有一定规律的矩阵,称之为(　　);对那些零元素数目远远多于非零元素数目,并且非零元素的分布没有规律的矩阵称为(　　)。

9. 设广义表 $L=((\ ),(\ ))$,则 $\text{Head}(L)=$_____;$\text{Tail}(L)=$_____;L 的长度是_____;L 的深度是_____。

10. 广义表中的元素可以是_____,其描述宜采用程序设计语言中的_____表示。

11. 广义表 $(((a)))$ 的表头是_____,表尾是_____。

12. 广义表 $((a),((b),c),(((d))))$ 的表头是_____,表尾是(　　)。

13. 数组的存储结构采用(　　)存储。

14. 设数组 $A[0..8,1..10]$ 的任一元素均占 48 个二进制位,从首地址 2000 开始连续存放在主内存里,主内存字长为 16 为,则:

(1)存放该数组至少需要的单元数是(　　);

(2)存放数组的第 8 列的所有元素至少需要的单元数是(　　);

(3)数组按列存储时,元素 $A[5,8]$ 的起始地址是(　　)。

15. 下三角矩阵 $A[1..N,1..N]$ 的下三角元素已压缩到一维数组 $S[1..N*(N+1)/2+1]$ 中,若按行序为主序存储,则 $A[I,j]$ 对应的 S 中的存储位置是_____。

16. 已知一个稀疏矩阵为 $\begin{bmatrix} 0 & 0 & 4 & 0 \\ 5 & 0 & 0 & 0 \\ 0 & 0 & 2 & 3 \\ 0 & 0 & 0 & 0 \end{bmatrix}$,则对应的三元组表表示为_____。

17. 一个 $n \times n$ 的对称矩阵,如果以行或列为主序存入内存,则其容量为_____。

18. 三维数组 $A[c1..d1,c2..d2,c3..d3]$ 共有_____个元素。

19. 数组 $A[1..10,-2..6,2..8]$ 以行优先顺序存储,设基地址为 100,每个元素占 3 个存储单元,则元素 $A[5,0,7]$ 的存储地址是_____。

20. 将一个下三角矩阵 $A[1..100,1..100]$ 按行优先存入一维数组 $B[1..n]$ 中,A 中元素 $A[66,65]$ 在 B 数组中的位置为_____。

三、计算题

1. 数组 $A[8][6][9]$ 以行主序存储,设第一个元素的首地址是 54,每个元素的长度为 5,求元素 $A[2][4][5]$ 的存储地址。

2. 假设二维数组 A 为 6×8,每个元素用相邻的 6 个字节存储,存储器按字节编址,已知 A 的基地址为 1000,计算:

(1) 数组 A 的体积(存储量)。

(2) A 的最后一个元素第一个字节的地址。

(3) 按行存储时,a_{14} 的第一个字节的地址。

(4) 按列存储时,a_{47} 的第一个字节的地址。

3. 按行优先顺序和按列优先顺序分别列出四维数组 $A[2][2][2][2]$ 所有元素在内存中的存储顺序。

4. 一个 n 阶对称矩阵 A 采用一维数组 S 按行序为主序存放其上三角各元素,写出 $S[k]$ 与 $A[i,j]$ 的关系公式。设 $A[1,1]$ 存于 $S[1]$ 中。

5. 写出下面稀疏矩阵对应的三元组表示,并画出十字链表表示法。
$$A = [(0,0,2,0),(3,0,0,0),(0,0,-1,5),(0,0,0,0)]$$

6. 设有矩阵 A,执行下列语句后,矩阵 C 和 A 的结果分别是什么,已知矩阵
$$A = \begin{vmatrix} 2 & 3 & 1 \\ 1 & 3 & 2 \\ 3 & 1 & 2 \end{vmatrix}$$

(1) for (i = 1; i <= 3; i ++)
　　　　for(j = 1; j <= 3; j ++)
　　　　　　C[i, j] = A[A[i, j], A[j, i]]

(2) for (i = 1; i <= 3; i ++)
　　　　for(j = 1; j <= 3; j ++)
　　　　　　A[i, j] = A[A[j, i], A[i, j]]

四、简答题

1. 什么是广义表,简述广义表与线性表的主要区别。

2. 利用广义表的 Head 和 Tail 运算把原子 student 从下列广义表中分离出来。

(1) $L1 = (soldier, teacher, student, worker, farmer)$

(2) $L2 = (soldier, (teacher, student), (worker, farmer))$

3. 画出下列广义表的存储结构图,并求它的深度。

(1) $(((\ )), a, ((b,c)), (((d))))$ 　(2) $((((a), (b))), (((\ ), d), (e, f)))$

4. 已知下图为广义表的存储结构图,写出各图的广义表。

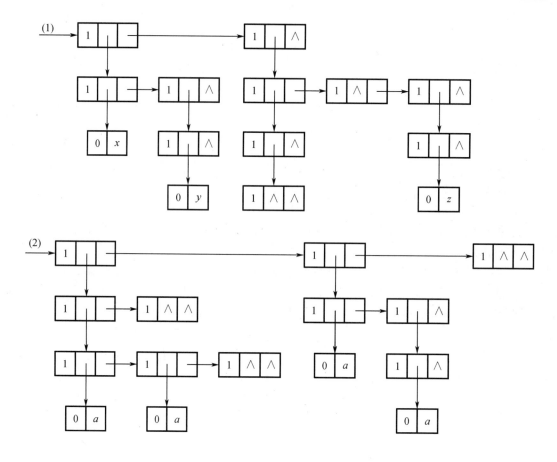

五、设计题

1. 对于二维数组 $A[m][n]$,分别编写相应函数实现如下功能:

(1)求数组 A 靠边元素之和;

(2)求从 $A[0][0]$ 开始的互不相邻的各元素之和;

(3)当 $m=n$ 时分别求两条对角线上的元素之和,否则打印出 $m\neq n$ 的信息。

2. 如果矩阵 A 中的一个元素 $A[i][j]$ 满足下列条件:$A[i][j]$ 是第 I 行中最小的元素,又是第 j 列中值最大的元素,则称之为该矩阵的一个马鞍点。编写函数计算 $m \times n$ 的矩阵 A 的所有马鞍点,并分析算法的时间复杂度。

第6章 递 归

在程序设计过程中,许多数据结构,比如广义表、树和二叉树等,都是通过递归的方式定义的。由于这些结构固有的递归性质,许多关于它们的问题以及算法都可以采用递归的方式加以实现。采用递归的方式所设计的算法,具有结构清晰、可读性强,以及便于理解等特点。因为在递归算法中,伴随着函数自身的多次调用,因此递归执行效率较低。为了追求执行效率,通常会采用非递归的方式来实现算法程序,本章主要介绍递归程序设计。

6.1 递归的定义

在一个过程或函数定义时,出现调用本过程或本函数的成分,称为递归。如果调用自身,则称为直接调用;如果过程或函数 p 调用过程或函数 q,而 q 的实现过程又调用 p,则称之为间接递归。

递归是数学中的一个重要概念,也是计算技术中的一个重要概念。在很多的高级程序设计中也提供支持递归定义的机制和手段。

首先,通过以下两个实例了解递归程序设计。

【例6-1】 求 $n!$ (n 为正整数)的递归函数。

一般情况下,许多问题的定义是递推定义的。如阶乘函数的常见定义是:

$$n! = \begin{cases} 1 & n=0 \\ n \cdot (n-1) \cdots 1 & n>0 \end{cases}$$

很明显,这是一个循环过程定义,一旦 n 值确定,则可以由这个循环过程定义得出 $n!$。如 $n=4$,则 $4! = 4 \times 3 \times 2 \times 1$。

如果使用 $\text{Fact}(n)$ 表示 n 的阶乘值,根据阶乘的定义可知:

$$\text{Fact}(n) = \begin{cases} 1 & n=0 \\ n * \text{Fact}(n-1) & n>0 \end{cases}$$

通过上述定义可知,当 $n>0$ 时,$\text{Fact}(n)$ 是在 $\text{Fact}(n-1)$ 的基础上建立的。而且由于 $\text{Fact}(n-1)$ 的求解过程与 $\text{Fact}(n)$ 的求解过程是完全相同的,所以在程序设计过程中,不需要考虑 $\text{Fact}(n-1)$ 的具体实现,只需要利用递归机制进行自身的调用即可。

算法实现代码如下:

```
int fact(int n)
{
    int f;
    if(n<0)
        return   -1;
```

```
        else if( n ==0  ‖  n ==1 )
             f = 1;
        else
             f = fact( n -1 );
        return   f * n;
   }
```

【例 6 – 2】 求 n(n 为正整数)项的 Fibonacci 级数的值。

Fibonacci 级数的计算公式为

$$\text{Fibonacci}(n) = \begin{cases} 1 & n = 1 \\ 1 & n = 2 \\ \text{Fibonacci}(n-1) + \text{Fibonacci}(n-2) & n > 2 \end{cases}$$

由上式可知,当 $n > 2$ 时,第 n 项 Fibonacci 级数为第 $n-1$ 项和第 $n-2$ 项的 Fibonacci 级数值相加之和。而相应的第 $n-1$ 项和第 $n-2$ 项的 Fibonacci 级数的求解则分别为其各自的前两项之和。所以,第 $n-1$ 项和第 $n-2$ 项的 Fibonacci 级数的求解与 Fibonacci(n)级数的求解过程是相同的,区别只在于其参数不同。利用这种性质,可以通过递归技术在程序中求解 Fibonacci(n)级数。

算法实现代码如下:

```
int Fibonacci (int n)
   {
        int f;
        if( n ==1 )
             f = 1;
        else if( n ==2 )
             f = 1;
        else
             f = Fibonacci (n -1) + Fibonacci (n -2);
        return f;
   }
```

由实例可以看出,如果使用递归技术来进行程序设计,首先需要将求解的问题分解成多个子问题,这些子问题具有与原问题相同的结构,但是规模要小于原问题。由于子问题和原问题的结构相同,所以子问题和原问题的求解过程是相同的,进行程序设计时,也就不需要再去仔细考虑子问题的求解,而是利用递归机制进行函数的自己调用来实现,最后将所得到的子问题的解组合成原问题的解。在递归程序执行过程中,通过不断修改参数进行自身调用,将子问题分解成更小的子问题进行求解,最终分解到子问题可以直接进行求解为止。所以,在递归程序中,一定要有一个终止条件,当程序执行到满足终止条件时,递归程序结束并返回,否则递归将无限地执行下去,导致程序无法正常终止。

为了便于理解递归,首先了解以下几个与递归有关的概念。

(1)递归关系是指一个数列的若干连续项之间的关系。

(2)递归数列指由递归关系所确定的数列。

(3)递归过程是指直接或间接调用自身的过程。

(4)递归算法是指包含递归的算法。

(5)递归程序指直接或间接调用自身的过程。

(6)递归方法指在有限步骤内,根据特定的法则或公式对一个或多个前面的元素进行运算,以确定一系列元素的方法。

如果一个递归过程或函数中递归调用语句是最后一条执行语句,则称这种递归调用为尾递归。

6.2 递归算法的执行过程

递归函数直接或者间接调用自身。但是如果递归函数中只有这些操作,那么将会由于无休止地调用出现死循环。所以一个正确的递归程序,虽然每一次调用时都是相同的子程序,但是在调用过程中会出现参量、输入数据等发生变化,在正常的情况下,随着调用的不断深入,一定会出现在调用到某一层函数时不再执行递归调用,而终止函数的执行。

递归函数被调用时,系统需要做的工作和非递归函数被调用时系统需要做的工作在形式上是类似的,只是保存信息的方法不同。递归调用其实就是函数嵌套调用的一种特殊情况,递归调用其调用的是自身代码。所以我们可以把每一次递归调用看成调用自身代码的一个复制。因为每一次调用时,参数和局部变量均不同,所以各复制之间执行的具有独立性。这些调用在内部实现时,采用的是代码共享的方式,即不是每次调用都复制到内存中。为实现共享,系统为每一次调用开辟一组存储单元,这组存储单元用来存放本次调用时的返回地址和被中断的函数的参数量。由于递归函数的运行特点,最后被调用的函数要最先被返回,所以不能按非递归函数那样去保存信息,于是存储返回地址和被中断的函数的参数量的这些单元以栈的形式存放,因为栈刚好满足后进先出的特点,每调用一次就执行一次进栈操作,当返回时就执行出栈操作。出栈时把当前栈顶保留值送回到参量中进行恢复,并且按其栈顶中的返回地址从断点执行。

在递归程序的执行过程中,每当执行函数调用时,需要完成以下任务:

(1)计算当前被调用的函数的每个实参值;

(2)分配存储空间,即为当前被调用的函数分配所需要的存储空间,存放其所需要的各种数据,并且还需要将申请的存储空间的首地址压入栈中;

(3)将当前被调用函数的实参、当前函数执行完毕后返回地址等数据存入到所分配的存储空间中;

(4)控制转到被调用函数的函数体,从第 1 个可执行的语句开始执行。

当从被调用的函数返回时,需要完成以下任务:

(1)若被调用的函数有返回值,则记下其返回值,并且找到栈顶元素,通过其找到该调用函数对应的存储空间取出其返回地址;

(2)回收分配给被调用函数的存储空间,栈顶元素出栈;

(3)根据被调用函数的返回地址返回到调用点,如果有返回值,则需要将返回值传递给调用者,并且继续执行程序。

下面通过实例来分析递归程序的执行过程。

如【例6-1】所设计的求 $n!$ 的程序,当 $n=4$ 时,为说明其递归算法执行过程,设计主函数。

```
void main( )
  {
    int fn;
    fn = fact(4);
  }
```

主函数中用实参 $n=4$ 调用递归算法 fact(4)。而递归算法中,fact(4)需要调用 fact(3),fact(3)需要调用 fact(2),fact(2)需要调用 fact(1),fact(1)需要调用 fact(0),最终得到如图6-1所示的调用过程。

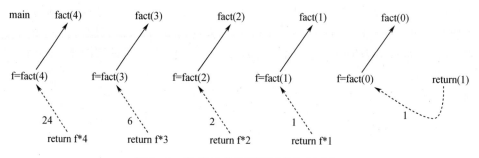

图6-1 fact(4)的递归调用的执行过程

【例6-2】 所设计的求 n(n 为正整数)项的 Fibonacci 级数的值,当 $n=4$ 时,其执行过程如图6-2所示。

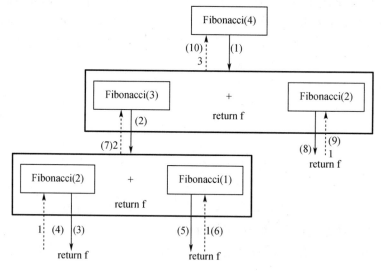

图6-2 Fibonacci 的执行过程

图6-2中所示,实线表示函数的调用过程,虚线表示函数的返回值,括号中的数字表示递归程序执行过程中其动作的先后顺序,不难发现,每一次新的调用都会使用不同的存储

空间。也就是说当计算 Fibonacci(4)时,需要执行 Fibonacci(3) + Fibonacci(2),即分别求出 Fibonacci(3)、Fibonacci(2)的值。其中当求 Fibonacci(2)时,即 $n = 2$,Fibonacci(2)的返回值为 1,而 Fibonacci(3)的值,由于 $n > 2$,则需要执行 Fibonacci(2) + Fibonacci(1),则当 $n = 2$ 和 $n = 1$ 时,Fibonacci(2)均等于 1。所以要求出 Fibonacci(4)的值则必须求出 Fibonacci(3)、Fibonacci(2)的值,而要进一步求出 Fibonacci(3)的值则需要进一步求出 Fibonacci(2)、Fibonacci(1)的值,直到某一次调用时返回一个确定的值。图中虚线部分为返回值,当 $n = 1$ 和 $n = 2$ 时会有确切的返回值,从而可以得出 $n = 3$ 时 Fibonacci(3)的值。如此反复运算下去,直到返回 Fibonacci(4)的值。图 6 - 2 给出的即是 Fibonacci(n)级数求解的程序执行顺序。

6.3 递归算法的设计

递归算法求解问题的基本思想是:对于一个比较复杂的问题,先将整个问题分解成若干个相对简单且同类的子问题,通过分别求解子问题,最后得到整个问题的解。被分解的原问题与子问题具有相同的求解方法,所以这些子问题可以进一步分解成若干子问题,分别求解,如此反复进行,直到子问题不能再被分解成子问题,或是可以求解为止。

递归算法即是一种分而治之的有效的算法设计方法,也是一种有效的分析问题的方法。当然并不是每个问题都可以采用递归算法进行求解。能够运行递归算法求解的问题必须满足以下几个条件:

(1)问题具有某种可以借类同自身的子问题描述的性质;

(2)在经过有限步的子问题后可以直接得到某个不可分解的某个子问题的解。

当一个问题存在上述两个条件时,就可以把问题的求解设计成递归方法:

(1)把对原问题的求解设计成包含了问题求解的形式;

(2)设计递归的出口。

下面以实例来说明递归算法的设计方法。

【例 6 - 3】 汉诺塔问题的求解。

汉诺塔问题描述:

设有三根柱子,标号设为 1,2,3,其中一根柱子上放着 n 个圆盘,每个圆盘都比下面的圆盘略小一点,另外两个柱子是空闲的。要求把柱子 1 上的圆盘全部移动到柱子 2 上,要求在移动过程中,一次只能移动一个圆盘,并且移动过程中大的圆盘不能放在小的圆盘上,移动过程中可以借助其他 2 根柱子。

求解过程:

此问题可以利用递归思想进行求解。首先需要找到递归的步骤。假设圆盘的个数为 1,则只需要把 1 号柱子上的圆盘直接移动到 3 号柱子上即可。当 $n > 1$ 时,移动圆盘时可以借助 3 号柱子先将 1 号柱子上的 $n - 1$ 个圆盘移动到 2 号柱子上,此时 1 号柱子上只剩下最底层的一个圆盘,然后将 1 号柱子最底下的圆盘移动到 3 号柱子上,最后把移动到 2 号柱子上的 $n - 1$ 个圆盘再移动到 3 号柱子上。

如图 6 - 3 所示 n 个圆盘的汉诺塔的移动。

经过如图 6 - 3 的移动,原问题转化成了将 2 号柱子上 $n - 1$ 个圆盘借助 1 号柱子移动

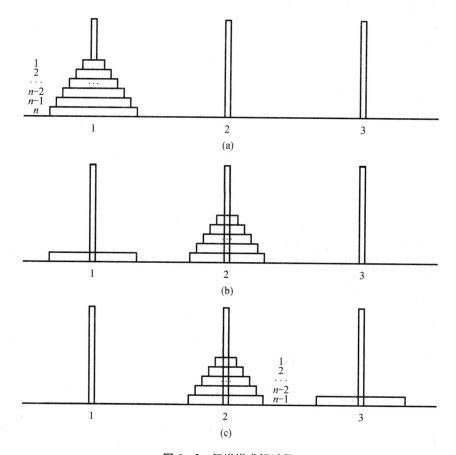

图 6 - 3　汉诺塔求解过程

(a)初始状态;(b)把 $n-1$ 个圆盘移动到 2 号柱子;(c)1 号柱子的 1 个圆盘移动到 3 号柱子

到 3 号柱子上,所以可以采取与上面相同的方法,先将 2 号柱子上 $n-2$ 个圆盘借助 3 号柱子移动到 1 号柱子上,然后将 2 号柱子剩下的一个圆盘移动到 3 号柱子上。同时问题再次转化成将 1 号柱子上 $n-3$ 个圆盘借助 2 号柱子移动到 3 号柱子上。依此类推,最后将剩下的一个圆盘从 1 号或 2 号柱子移动到 3 号柱子,到达递归出口,即 $n=1$ 时结束。

算法设计:

为了方便表述,分别将 1,2,3 号柱子编号标注为 x,y,z,并将盘子从上到下依次标为 1, 2,3,$\cdots$,n。设求解汉诺塔的函数为 hanoi(x,y,z,n),表示将 x 柱子上 n 个圆盘借助 y 柱移动到 z 柱上。函数 move(x,k,z) 表示将编号为 k 的圆盘从 x 柱移动到 z 柱上,move(y,k,z) 表示将编号为 k 的盘子从 y 柱上移动到 z 柱上。

move 语句可以定义成一个打印输出语句:

printf($"$move disk $\%$ i from $\%$ c to $\%$ c\n$"$,n,x,z);

根据上面的分析,当 $n=1$,则将 x 柱的 1 个圆盘直接移动到 z 号柱上,记作 move$(x,1,z)$;当 $n>1$ 时,将 x 柱上的 $n-1$ 个圆盘移动到 y 柱上,hanoi$(x,z,y,n-1)$,将 x 柱上的 1 个盘子移动到 z 柱上,move(x,n,z),将 y 柱上的 $n-1$ 个圆盘移动到 z 柱上,hanoi$(y,x,z,n-1)$。

算法代码实现如下:

```
void hanoi( char x, char y, char z, int n)
    {
        if( n == 1)    move( x, n, z);
        else
            {
    hanoi( x, z, y, n - 1);
    move( x, n, z);
    hanoi( y, x, z, n - 1);
}
}
```

设主函数:

```
#include < stdio. h >
void main( )
    {
        hanoi( 1, 2, 3, 3);
}
```

测试数据表示将 3 个圆盘从 1 号柱子借助 2 号柱移动到 3 号柱上。

```
move disk 1 from x to z
move disk 2 from x to y
move disk 1 from z to y
move disk 3 from x to z
move disk 1 from y to x
move disk 2 from y to z
move disk 1 from x to z
```

从程序运行的结果可以看出,通过递归算法把移动 n 个圆盘的汉诺塔问题分解成为移动 $n-1$ 个圆盘的汉诺塔的问题,再把移动 $n-1$ 个圆盘的汉诺塔问题分解为移动 $n-2$ 个圆盘的汉诺塔的问题……递归算法的执行过程不断地自身调用,直到到达递归出口并结束自身调用过程。到达递归出口后,递归算法开始按最后调用过程最先返回的次序依次返回,返回到最外层的调用时递归算法执行过程结束。

6.4 递归算法到非递归算法的转换

通常情况下递归算法有两个基本特性:

(1)递归算法是一种把复杂问题分解为简单问题的求解方法,对某些求解复杂的问题,递归算法分析解决问题是十分有效的;

(2)递归算法的时间效率通常是比较差的。

在程序设计语言中,不是所有的程序设计都支持递归,有些问题需要采用非递归的方式实现。如以下两种情况的递归算法:

（1）存在不需要借助堆栈的循环结构的非递归算法,例如阶乘计算、斐波那契数列的计算、折半查找等;

（2）存在借助堆栈的循环结构的非递归算法,所有递归算法都可以借堆栈转换成循环结构的非递归算法。

通常情况下可以把递归算法转成相应的非递归算法。把递归算法转换成非递归算法有以下三种方法:

（1）对于尾递归和单向递归的算法,可以用循环结构的算法代替递归算法;

（2）用自己设置的栈模拟系统的运行时栈,分析必须保存的信息,然后用非递归算法替代递归算法;

（3）利用栈的后进先出的特性来保存参数,用非递归算法替代递归算法。

6.4.1 尾递归和单向递归的消除

递归调用语句只有一个并处于算法的最后,称为尾递归。如【例6.1】的阶乘求解算法就是尾递归。通过分析算法可以推出,当递归调用返回时,返回到上一层再递归调用下一语句,而这个返回位置刚好在算法的末尾。也就是说,每次递归调用时保存的返回地址和函数返回值以及函数参数等在这里根本没有被使用。因此,对于尾递归形式的递归算法,不需要利用系统运行时的栈保存各种信息。尾递归形式的算法可以变成循环结构的算法。如阶乘问题算法可以改成如下循环结构。

```
int fact(int n)
{
        inf f,i;
        f = 1;
        for(i = 2;i <= n;i ++ )
            f = f * n;
        return f;
}
```

尾递归是单向递归的一个特例。单向递归中递归函数虽然有一处以上的递归调用语句,但各次调用语句的参数只与主调用函数相关,相互之间的参数无关,而且这些递归调用语句也和尾递归一样在算法的最后。如前面所述的 Fibonacci 数列递归算法。在 Fibonacci 数列递归算法中递归调用的两个语句 Fibonacci(n − 1) 和 Fibonacci(n − 2) 只和主调用函数 Fibonacci(n) 相关,而两个递归调用语句是相互无关的,同时这些递归语句也和尾递归一样处于算法的最后。将 Fibonacci 数列递归算法改为循环结构如下:

```
int Fibonacci(n)
  {
    int i,f1,f2,f3;
      f1 = 1;
      f2 = 2;
    if( n == 1 ‖ n == 2)
       return  n;
```

```
for( i = 3 ; i <= n ; i ++ )
  {
     f3 = f1 + f2 ;
     f1 = f2 ;
     f2 = f3 ;
  }
  return f3 ;
}
```

采用循环结构消除递归,对于具体的问题需要分析对应的递归结构,设计有效的循环语句进行递归到非递归的转换。

6.4.2 借助堆栈模拟系统的运行栈消除递归

对于非尾递归和单向递归的算法,很难转化为与之等价的循环算法。但是所有的递归程序都可以转成与之等价的非递归程序。通常情况下有一个通用算法可以将递归程序转为非递归程序,由于算法是通用的,所以相对来说比较复杂,且不易理解,而且通常需要使用 goto 语句进行跳转,这违反了结构化程序的设计规定。在递归算法转为非递归算法中,可以借助堆栈模拟系统的运行时栈来实现。

【例 6 – 4】 借助堆栈模拟系统的运行时栈,实现汉诺塔问题的递归算法转化为非递归算法。

问题分析:在汉诺塔问题的递归算法中有两处递归调用,加上主调用函数,所以非递归算法中有三个模仿返回地址。返回主调用函数处、返回第一次递归调用处和返回第二次递归调用处这三个返回地址。在模拟算法中,这三个返回地址分别对应三个语句 lable1、lable2、lable3,并分别用三个整数值 1,2,3 来表示这三种情况。递归算法中共有四个参数需保存。递归函数的局部变量在整个递归调用中未发生变化,所以不需要进行保存。因此非递归模拟算法中每次需要保存算法的四个参数和一个模拟返回地址。

为实现汉诺塔的非递归算法,需要定义堆栈来模拟系统的运行时栈。顺序堆栈的数据元素类型 DataType 定义如下:

```
typedef struct
  {
     int reAddr ;
     int nhanoi ;
     char xhanoi ;
     char yhanoi ;
     char zhanoi ;
  } DataType ;
```

汉诺塔的非递归算法代码如下:

```
void hanoi( char x,char y,char z)
    {
        DataType currentarea;
        SeqStack s;
        char temp;
        int i;
        StackInitiate( &s);            //堆栈初始化
        currentarea. nhanoi = n;
        currentarea. xhanoi = x;
        currentarea. yhanoi = y;
        currentarea. zhanoi = z;
        currentarea. retAddr = x1;
        StackPush( &s,currentarea);
        start:
            if( currentarea. nhanoi == 1;)
            {
                printf("move disk % i from % c to % c\n",nhanoi,xhanoi,zhanoi);
                i = currentarea. retAddr;
                StackPush( &s,&currentarea);
                switch( i)
                    {
                        case 1: goto label1;
                        case 2: goto label2;
                        case 3: goto label3;
                    }
            }
        StackPush( &s,&currentarea);
        currentarea. nhanoi  -- ;
        temp = currentarea. yhanoi;
        currentarea. yhanoi = currentarea. zhanoi;
        currentarea. zhanoi = temp;
        currentarea. retAddr = 2;
        goto start;

    lable2:
        printf("move disk % i from % c to % c\n",nhanoi,xhanoi,zhanoi);
        currentarea. nhanoi  -- ;
        temp = currentarea. xhanoi;
        currentarea. xhanoi = currentarea. yhanoi;
        currentarea. yhanoi = temp;
        currentarea. retAddr = 3;
        goto start;

    lable3:
```

```
        i = currentarea. retAddr;
        StackPop( &s ,&currentAddr) ;
        switch( i )
        {
                case 1 : goto label1 ;
                case 2 : goto label2 ;
                case 3 : goto label3 ;
        }


    lable1 :
        return ;
}
```

6.5 递归程序设计实例

【例 6 – 5】 设计一个输出如下数值的递归算法。

```
            n       n       n       ---       n
            ⋮       ⋮       ⋮       ---
            3       3       3
            2       2       2
            1
```

问题分析:由题义可以看出,所给问题可以看成由两个部分组成:一个部分输出一行值为 n 的数值;另一个部分是原问题的子问题,参数为 $n-1$。当参数减为 0 时,不再输出任何数据,所以可以得出递归的出口是参数 $n \leqslant 0$ 时空语句返回。

递归算法设计实现代码如下:

```
void Print( int n)
  {
    int i;
    for( i = 1 ; i <= n; i ++ )
        printf( "% d     " ,n) ;
    printf( "\n") ;
    if( n > 0)    Print( n – 1 ) ;
}
```

【例 6 – 6】 设计一个递归函数,求解两个正整数 m 和 n 的最大公约数。
求解公式如下所示:

$$gcd(m,n) = \begin{cases} gcd(n,m) & m < n \\ m & n = 0 \\ gcd(n,m\%n) & n > 0 \end{cases}$$

由上述公式可得,最大公约数定义本身即是递归定义,所以采用递归的方式来实现求 m 和 n 的最大公约数问题十分容易。设 $n=0$ 为递归的终止条件,其他情况按公式进行递归调用。

算法实现代码如下:

```
int gcd( int m, int n)
{
    int k;
    if( n == 0)
        return m;
    else if( n > m)
        return   gcd( n,m) ;
        else
        {
            k = m% n;
            return   gcd( n,k) ;
        }
}
```

算法分析:假设调用语句为 gcd(30,4) ,因为 $m>n$,递归调用 gcd(4,2) ,因为 $m>n$,递归调用 gcd(2,0) ,因 $n=0$,到达递归出口,函数返回值为 $n=2$ 。不难发现,上述递归算法前一次递归调用只为了两个参数进行交换位置,即可以用常规的方法替代,最后一行的递归调用可以转化为循环结构。所以求最大公约数的算法可以用如下循环结构设计:

```
int gcd1( int m, int n)
{
    int temm,temn,temp;
    if( m < n)
    {
        temm = n;
        temn = m;
    }
    else
    {
        temm = m;
        temn = n;
    }
    while( temn != 0)
    {
        temp = temm;
        temm = temn;
        temn = temp % temn;
    }
    return   temm;
}
```

【例 6 - 7】　设计一个递归函数,将正整数 n 转换成字符串。如将 $n = 1234$,转成的是成字符串,输出结果为"1234"。

算法设计思想:

为实现正整数转换成字符串,可以从正整数的高位到低位分别取出每位上的数字,并将其转化成相应的字符,按其原有的顺序输出。在转化的过程中,将 n 中前面的若干位(除去个位外)对应的整数转换成字符串的过程,除了与处理对象的不同,其他与将整个整数转化成字符串的过程是完全一致的,所以算法可以通过递归调用来实现,然后在此基础上将 n 的个位数字转换成字符输出。所以当 n 中前面的若干位(除去个位外)对应的整数为 0 时,递归调用终止。

算法代码实现如下:

```
void convert( int n)
{
    int i;
    char ch;
    if( ( i = n/10)  !=0)
        convert( i);
    ch = ( n%10) + '0'
    putchar( ch);
}
```

习　题　6

1. 试述递归程序设计的特点。

2. 分别简述简单递归程序向非递归程序转换的方法和复杂递归程序向非递归程序转换的方法

3. 说明栈在复杂递归程序转换成非递归程序的过程中所起的作用。

4. 八皇后问题:在一个 8×8 格的国际象棋棋盘上放上 8 个皇后,使其不能相互攻击,即任何两个皇后不能处于棋盘的同一行、同一列和同一斜线上。试编写一个函数实现八皇后问题

5. 已知多项式 $pn(x) = a_0 + a_1 x + a_2 x_2 + \cdots + a_n x_n$ 的系数按顺序存储在数组 a 中,试:

(1)编写一个递归函数,求 n 阶多项式的值;

(2)编写一个非递归函数,求 n 阶多项式的值。

6. 某路公共汽车,总共有八站,从一号站发车时车上已有 n 位乘客,到了第二站先下一半乘客,再上来六位乘客;到了第三站也先下一半乘客,再上来了五位乘客,以后每到一站都先下车上已有的一半乘客,再上来的乘客比前一站上来的乘客少一个,以此类推,到了终点站车上还有乘客六人。设计递归算法,求解发车时车上的乘客有多少位?

7. 已知两个一维整型数组 a 和 b,分别采用递归和非递归方式编写函数,求两个数组的内积(数组的内积等于两个数组对应元素相乘后再相加所得到的结果)。

8. McCathy 函数定义如下：

当 $x > 100$ 时 $m(x) = x - 10$；

当 $x <= 100$ 时 $m(x) = m(m(x + 11))$；

编写一个递归函数计算给定 x 的 $m(x)$ 值。

9. 写出求 Ackerman 函数 $Ack(m,n)$ 值的递归函数，Ackerman 函数在 $m \geq 0$ 和 $n \geq 0$ 时的定义为：

$$Ack(0,n) = n + 1;$$
$$Ack(m,0) = Ack(m - 1,1);$$
$$Ack(m,n) = Ack(m - 11, Ack(m,n - 1)) \qquad n > 0 \text{ 且 } m > 0$$

10. 设有不同价值、不同质量的物品 n 件，求从这 n 件物品中选取一部分物品的方案，使选中物品的总质量不超过指定的限制质量，但选中物品的总价值最大。编写一个凝 程序，求解该问题。

11. 设计递归算法实现对于一个长度为 n 的串或者 n 个字符（数字、节点）组成的字符串数组，输出它的全排列。字符串数组的全排列共有 $A(n,n) = n!$ 种。如 1,2,3，全排列可得到：$\{123,132,213,231,312,321\}$。

12. n 阶 Hanoi 塔问题：设有 3 个分别命名为 X,Y 和 Z 的塔座，在塔座 X 上从上到下放有 n 个直径各不相同且编号依次为 $1,2,3,\cdots,n$ 的圆盘（直径大的圆盘在下，直径小的圆盘在上），现要求将 X 塔座上的 n 个圆盘移至塔座 Z 上，并仍然按同样的顺序叠放，且圆盘移动时必须遵循以下规则：

（1）每次只能移动一个圆盘；

（2）圆盘可以插在塔座 X,Y 和 Z 中任何一个塔座上；

（3）任何时候都不能将一个大的圆盘压在一个小的圆盘之上。

13. 设计算法，求解下列问题。父亲将 2 520 个橘子分给六个儿子。分完后父亲说："老大将分给你的橘子的 1/8 给老二；老二拿到后连同原先的橘子分 1/7 给老三；老三拿到后连同原先的橘子分 1/6 给老四；老四拿到后连同原先的橘子分 1/5 给老五；老五拿到后连同原先的橘子分 1/4 给老六；老六拿到后连同原先的橘子分 1/3 给老大"。结果大家手中的橘子正好一样多。问六兄弟原来手中各有多少橘子？

第7章 树和森林

通过前面几章的学习不难发现在线性结构中的数据元素是一对一的关系。在数据结构中除了线性结构以外,还有两种非常重要的非线性结构:树形结构和图状结构。本章重点讨论树形结构的存储表示方式、基本操作,尤其是二叉树的定义、性质、存储表示与基本操作;同时研究树、森林与二叉树之间的转换关系。

树形结构是一种重要的一对多的非线性结构,类似于自然界中的树。树形结构是以分支关系定义的层次结构。数据元素之间既存在分支关系,也存在层次关系。树形结构在现实世界中广泛存在,比如家族的家谱、一个单位的组织机构等都可以用树形结构来形象地表示。树形结构在计算机领域中也有非常广泛的应用,如 Linux 操作系统中文件目录的管理就是采用树形结构。在数据库系统中,树形结构也是数据的重要组织形式之一。

7.1 树的基本概念

7.1.1 树的定义

树(Tree)是 $n(n \geq 0)$ 个数据元素的有限集合。树中的数据元素称为节点(Node)。当 $n = 0$ 时,树称为空树;当 $n > 0$ 时,树为非空树。

在任意一棵非空树中:

(1)有且仅有一个特殊的节点称为树的根节点,根节点没有前驱节点;

(2)若 $n > 1$,则除根节点外,其余节点被分成了 $m(m > 0)$ 个互不相交的集合 $T_1, T_2, \cdots, T_m$,其中每一个集合 $T_i(1 \leq i \leq m)$ 本身又是一棵树,称树 $T_1, T_2, \cdots, T_m$ 为这棵树的子树(Subtree)。

由上述树的定义可知,树是用递归定义的,即是用树来定义树。因此,树的许多算法都使用了递归方法。

树还可以用以下的形式定义为:树(Tree)简记为 T 是一个二元组,$T = (D, R)$。其中:D 是树的节点的有限集合;R 是树中节点之间关系的有限集合。当树为空树时,$D = \varnothing$;当树不为空时,有 $D = \{\text{Root}\} \cup D_F$,其中 Root 是树 T 的根节点,D_F 是根节点 Root 的子树集合。$D_F = T_1 \cup T_2 \cup \cdots \cup T_m$,egd $T_i \cap T_j = \varnothing(i \neq j, 1 \leq i \leq m, 1 \leq j \leq m)$。当树 T 的节点个数 $n \leq 1$ 时,$R = \varnothing$;当树 T 的节点个数 $n > 1$ 时,有 $R = \{<\text{Root}, r_i>, i = 1, 2, \cdots, m\}$,其中 Root 是树 T 的根节点,r_i 是树 T 的根节点 Root 的子树 T_i 的根节点。

如图 7－1 所示,图为一棵具有 8 个节点的树,即 $T = \{A, B, C, D, E, F, G, H\}$。节点 A 是树 T 的根节点,根结 A 没有前驱节点。除了 A 之外的其余节点分成了三个互不相交的集合:$T_1 = \{B\}$,$T_2 = \{C, E, F, G\}$,$T_3 = \{D, H\}$。分别形成了三棵子树 T_1, T_2, T_3。B、C 和 D 分

别是这三棵子树的根节点。子树 T_2 以 C 为根节点,其余节点再分成 3 个不相交的集合:$T_{21}=\{E\}$,$T_{22}=\{F\}$,$T_{23}=\{G\}$,构成 T_2 的子树。如果下面还有其他节点,则继续分解成更小的子树,直到每棵树只有一个根节点为止。

从树的定义和图 7 - 1 的树的示意图可以看出,树具有以下两个特点:

(1)树的根节点没有前驱节点,除根节点以外的所有节点有且只有一个前驱节点;

(2)树中的所有节点都可以有零个或多个后继节点。

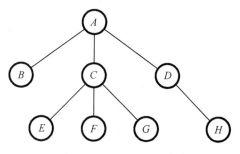

图 7 - 1 树的示意图

从树的两个特点可以看出,第①个特点表示是树形结构节点关系的"一对多关系"中的"一",即一个节点最多只能有 1 个前趋节点;第②特点表示的是树结构的节点关系中的"多"。一个节点可以有零个或多个后继节点。所以可以看出,在树结构中一定没有环路,即不会从某节点沿着某些边走再回到该节点,树是连通的,即任意两个节点之间都有路径。如图 7 - 2 所示的都不是树。

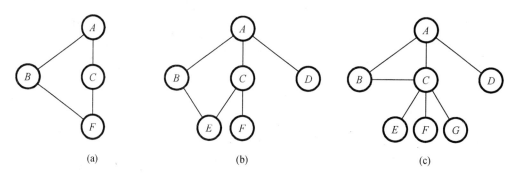

(a)   (b)   (c)

图 7 - 2 非树结构示意图

7.1.2 树的相关术语

(1)树的节点(Node):表示树中的数据元素由数据项和数据元素之间的关系组成,包含一个数据元素和若干指向其树的分支。在图 7 - 1 中,共有 8 个节点。

(2)节点的度(Degree of Node):节点所拥有的子树的个数。在图 7 - 1 中,节点 A 的度为 3,节点 B 的度为 0,节点 C 的度为 1。

(3)叶子节点(Leaf Node):度为 0 的节点,也称终端节点。在图 7 - 1 中,节点 B,E,F,G,H 都是叶子节点。

(4)分支节点(Branch Node):度不为 0 的节点,也称非终端节点。除了根节点外,分支节点也称为内部节点。在图 7 - 1 中,节点 A,C,D 是分支节点,C,D 称为内部节点。

(5)树的度(Degree of Tree):树中各节点度的最大值。在图 7 - 1 中,树的度为 3。

(6)孩子(Child):节点的子树的根。在图 7 - 1 中,节点 B,C,D 是节点 A 的孩子。

(7)双亲(Parent):节点的上层节点称为该节点的双亲。在图 7 - 1 中,节点 B,C,D 的双亲是节点 A。

(8)祖先(Ancestor):从根到该节点所经分支上的所有节点。在图7-1中,节点E的祖先是A和C。

(9)子孙(Descendant):以某节点为根的子树中的任一节点。在图7-1中,除A之外的所有节点都是A的子孙。

(10)兄弟(Brother):同一双亲的孩子。在图7-1中,节点B、C、D都是A的孩子,互为兄弟。

(11)节点的层次(Level of Node):从根节点到树中某节点所经路径上的分支数称为该节点的层次。规定根节点的层次为1,其余节点的层次等于其双亲节点的层次加1。所以从根节点开始,根是第一层,根的孩子是第二层。如果某一个节点在第i层,则其子树的根在第$i+1$层。

(12)堂兄弟(Sibling):同一层的双亲不同的节点。在图7-1中,E和H互为堂兄弟。

(13)树的深度(Depth of Tree):树中节点的最大层次数。在图7-1中,树的深度为3。

(14)无序树(Unordered Tree):树中任意一个节点的各孩子节点之间的次序无关紧要的树。通常树均指无序树。

(15)有序树(Ordered Tree):树中任意一个节点的各孩子节点从左至右是有序的(即节点不能互换)。二叉树是有序树,因为二叉树中每个孩子节点都确切定义为是该节点的左孩子节点还是右孩子节点。一般在一个有序树中最左边的子树的根称为第一个孩子,最右边的子树的根称为最后一个孩子。

(16)森林(Forest):$m(m \geqslant 0)$棵互不相交树的集合。由定义可知,假设一棵树由根节点和m个子树构成,则把树的根节点删除,树就变成了包含m棵树的森林。一棵树也可以称为森林。在数据结构中树和森林的概念差别很小。树可以由森林和树相互递归来描述。

7.1.3 树的表示方法

树的逻辑表示方法很多,目的各有不同。下面介绍几种常见的表示方法。

(1)直观表示法

树可以用一棵倒立的树表示,从根节点出发不断扩展,根节点在上层,叶子节点在下面,如图7-1所示。直观表示法是树最常用的表示方法。

(2)凹入表示法 每个节点对应一个矩形,所有节点的矩形都右对齐,根节点用最长的矩形表示,同一层的节点的矩形长度相同,层次越高,矩形长度越短,图7-1中的树的凹入表示法如图7-3(a)所示。

(3)广义表表示法。用广义表的形式表示树。将根节点作为由子树森林组成的广义表,子树的名字写在表的左边,即根节点排在最前面,用一对圆括号把它的子树节点括起,子树节点用逗号隔开。如图7-1的树用广义表表示如下:

(A(B,C(E,F,G),D(H)))

(4)嵌套表示法

用嵌套的形式表示树,类似于数学中的文氏图表示法,即是将整棵树作为一个全集,将每棵子树构成集合的互不相交的子集,如此嵌套下去,从而构成一棵树的嵌套表示。图7-1中的树用嵌套表示法如图7-3(b)所示。

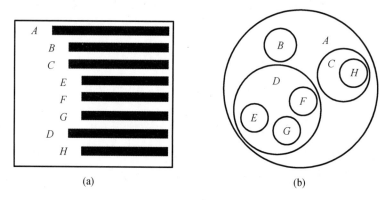

图 7 - 3　树的凹入表示法和树的嵌套表示法

7.1.4 树的抽象数据类型定义

ADT Tree{

　　数据对象:D = {e_i | e_i ∈ ElemType(i = 1,2,…,n)},D 是具有相同特性的数据元素的集合。

　　数据关系:R 若 D 为空集,则树称为空树;

　　　　若 D 中仅含有一个数据元素,则 R 为空集,否则 R = {H},H 是如下二元关系:

　　　　(1)若 D 中存在唯一的一个元素,则这个元素是称为根的数据元素 root,它在关系 H 下无前驱;

　　　　(2)若 D - {root} ≠ Ø,则存在 D - {root}的一个划分 D_1,D_2,D_3,……,D_m(m > 0),对于任意一个 j ≠ k(1 ≤ j,k ≤ m)有 D_j ∩ D_k = Ø,对于每个 D_i(1 ≤ i ≤ m),存在唯一一个数据元素 x_i ∈ D_i,有 < root,x_i > ∈ H;

　　　　(3)对应于 D - {root}的划分,H - {< root,x_i >,…,< root,x_m >}有唯一的一个划分 H_1,H_2,……,H_m(m > 0),对任意 j ≠ k(1 ≤ j,k ≤ m)有 H_j ∩ H_k = Ø,且对任意 i(1 ≤ i ≤ m),H_i 是 D_i 上的二元关系,(D_i,{H_i})是一棵符合本定义的树,称为根 root 的子树。

　　基本操作:

　　　　(1)初始化一棵空树 InitTree(&T)

　　　　操作结果:构造一棵空树 T。

　　　　(2)创建一棵树 CreateTree(&T,n)

　　　　初始条件:树 T 已经存在,且为空树。

　　　　操作结果:构造一棵含有 n 个节点的树 T。

　　　　(3)清空一棵树 ClearTree(&T)

　　　　初始条件:树 T 已经存在;

　　　　操作结果:将树 T 清为空树。

　　　　(4)判断 T 是否为空树 TreeEmpty(T)

　　　　初始条件:树 T 已经存在。

　　　　操作结果:如果 T 为空树,则返回 TRUE,否则返回 FALSE。

　　　　(5)求树的深度 TreeDepth(T)

　　　　初始条件:树 T 已经存在。

　　　　操作结果:求树 T 的深度,并树 T 的深度值返回。

（6）求树的根节点 Root(T,e)

初始条件:树 T 已经存在。

操作结果:将 T 的根节点的值赋给 e,并返回 e 值。

（7）求某一节点的值 Value(T,cur_e)

初始条件:树 T 已经存在,cur_e 是 T 中某个节点。

操作结果:返回节点 cur_e 的值。

（8）为某个节点赋值 Assign(T,cur_e,value)

初始条件:树 T 已经存在,cur_e 是 T 中某个节点。

操作结果:将节点 cur_e 的值赋值为 value。

（9）求某个节点的双亲 Parent(T,cur_e)

初始条件:树 T 已经存在,cur_e 是 T 中某个节点。

操作结果:若 cur_e 是 T 为非根节点,则返回它的双亲,否则函数值为空。

（10）求某个节点的左孩子节点 LeftChild(T,cur_e)

初始条件:树 T 已经存在,cur_e 是 T 中某个节点。

操作结果:若 cur_e 是 T 的非叶节点,则返回它的最左孩子,否则返回空。

（11）求某个节点的右孩子节点 RightChild (T,cur_e);

初始条件:树 T 已经存在,cur_e 是 T 中某个节点。

操作结果:若 cur_e 是 T 的非叶节点,则返回它的最右孩子,否则返回空。

（12）在树中插入一棵子树 InsertChild(&T,&p,i,c)

初始条件:树 T 已经存在,p 指向 T 中某个节点,i 为 p 所指节点的度,且 i≥1,c 为非空树且与树 T 不相交。

操作结果:将非空树 c 插入到 T 中 p 指针所指节点的第 i 棵子树,同时将 p 所指节点的度加 1。

（13）删除树中的一棵子树 DeleteChild(&T,&p,i)

初始条件:树 T 已经存在,p 指向 T 中某个节点,i 为 p 所指节点的度,且 i≥1。

操作结果:删除 T 中 p 所指节点的第 i 棵子树,且 p 所指节点的度减 1。

（14）遍历一棵树 Traverse(&T,visit))

初始条件:树 T 已经存在。

操作结果:按某种顺序通过 visit( )对树 T 中的每个节点访问一次且仅访问一次,如果调用 visit( )失败,则返回错误信息。

（15）销毁树 DestroyTree(&T)

初始条件:树 T 已经存在。

操作结果:销毁树 T。

} ADT Tree

7.1.5　树的性质

性质 1　树中的节点数等于所有节点的度数加 1。

证明:根据树的定义,在一棵树中,除了树的根节点以外,每个节点有且仅有一个前驱节点。也就是说,每个节点都与指向它的一个分支一一对应,所以除树根节点以外的节点数等于所有节点的度数(分支数),因此可以得到树的节点数等于所有节点的度数加 1。

性质 2　度为 m 的树的第 i 层上至多有 m^{i-1} 个节点($i \geqslant 1$)。

证明　采用数学归纳法证明

对于第 1 层,因为第 1 层只有一个节点,即整个树的根节点,将 $i=1$ 代入 m^{i-1} 中,得到 $m^{i-1}=m^{1-1}=1$,同样得到了只有一个节点,显然结论成立。

假设对于第 $(i-1)$ 层 $(i>1)$ 命题成立,即度为 m 的树中第 $(i-1)$ 层上至多有 m^{i-2} 个节点,则根据树的度的定义,度为 m 的树中每个节点至多有 m 个孩子节点,所以第 i 层上的节点数至多为第 $(i-1)$ 层上节点数的 m 倍,即至多为 $m^{i-2} \times m = m^{i-1}$ 个,这与命题相同,故命题成立。

性质 3 高度为 h 的 m 次树至多有 $\dfrac{m^k-1}{m-1}$ 个节点。

证明 由树的性质 2 可知,第 i 层上最多节点数为 $m^{i-1}(i=1,2,\cdots,h)$,当高度为 h 的 m 次树(即度为 m 的树)上每一层都达到最多节点数时,整个 m 次树具有最多节点个数,因此有:

整个树的最多节点数 = 每一层最多节点数之和 $= m^0 + m^1 + m^2 + \cdots + m^{h-1} = \dfrac{m^k-1}{m-1}$。

当一棵 m 次树上的节点数等于 $\dfrac{m^k-1}{m-1}$,则称这棵树为满 m 次树。比如,对于一棵高度为 4 的满二叉树,其节点数为 $\dfrac{2^4-1}{2-1}=15$;一棵高度为 5 的满三次树,其节点数为 $\dfrac{3^4-1}{3-1}=40$。

性质 4 具有 n 个节点的 m 次树的最小高度为 $\log_m(n(m-1)+1)$。

证明 设具有 n 个节点的 m 次树的高度为 h,若在该树中前 $h-1$ 层都是满的,即每一层的节点数都等于 m^i-1 个 $(1 \leq i \leq h-1)$,第 h 层(即最后一层)的节点数可能满,也可能不满,则该树具有最小的高度。其高度 h 可计算如下:

根据树的性质 3 可得: $\dfrac{m^{k-1}-1}{m-1} < n \leq \dfrac{m^4-1}{m-1}$

乘 $(m-1)$ 后得: $m^{h-1} < n(m-1)+1 \leq m^h$

以 m 为底取对数后得: $h-1 < \log_m(n(m-1)+1) \leq h$

即 $\log_m(n(m-1)+1) \leq h < \log_m(n(m-1)+1)+1$

因 h 只能取整数,所以 $h = \lceil \log_m(n(m-1)+1) \rceil$

结论得证。

例如:根据最小高度的运算公式 $\lceil \log_m(n(m-1)+1) \rceil$,对于一个二叉树,其 m 值等于 2,$n=20$,则最小高度为 $\lceil \log_2(20(2-1)+1) \rceil = \lceil \log_2(21) \rceil = 5$,所求二叉树高度为 5。若 $n=20$ 时,是一棵三次树,则其最小高度公式为 $\lceil \log_3(2n+1) \rceil = 4$,即最小高度为 4。

【例 7-1】 含有 n 个节点的三次树的最小高度是多少?最大高度是多少?

解:设含 n 个节点的三次树的最小高度为 h,则有:

当一棵树为完全三次树时高度最小。

$1+3+9+\cdots+3^{h-2} < n \leq 1+3+9+\cdots+3^{h-1}$

即:$\lceil \log_3(2n+1) \rceil$

最大高度只需要保证树中其中一个节点的度为 3 就可以,所以其最大高度为 $n-2$。

【例 7-2】 若一棵三次树中度为 3 的节点数为 2 个,度为 2 的节点数为 1 个,则度为 0 的节点个数是多少?该三次树的总节点个数是多少

解 设该树总共有 n 个节点,n_0,n_1,n_2,n_3 分别表示度为 0 的节点个数,度为 1 的节点个数,度为 2 的节点个数,度为 3 的节点个数。则 $n = n_0 + n_1 + n_2 + n_3$。 ①

该树中除了根节点没有前驱以外,每个点有且只有一个前驱,因此有 n 个节点的树的总边数为 $n-1$ 条。根据度的定义,总边数与度之间的关系为

$$n-1 = 0 \times n_0 + 1 \times n_1 + 2 \times n_2 + 3 \times n_3 \qquad ②$$

联立①、②两个方程求解,可以得到 $n_0 = 6$。

7.1.6 树的基本运算

树是一种典型的非线性结构,节点之间的关系要比线性结构复杂,所以树的运算也要比前面介绍的线性运算复杂很多。

树的运算主要分为以下三大类:

第一类,寻找满足某种特定关系的节点,比如寻找当前节点的孩子节点、双亲节点等。

第二类,插入或删除某个节点,比如在树的当前节点上插入一个新节点或者删除当前节点的第 i 个孩子节点等。

第三类,遍历树中每个节点。

树的遍历是指按某种方式访问树中的每一个节点并且每一个节点仅被访问一次。树的遍历运算的算法主要有两种,一种是有先根遍历,一种后根遍历。下面的先根遍历和后根遍历算法都采用递归的方式实现。

1. 先根遍历

先根遍历算法如下:

(1)访问根节点;

(2)按照从左到右的次序先根遍历根节点的每一棵子树。

如图 7-1 所示的树,按先根遍历算法的节点访问次序为 ABCEFGDH。

2. 后根遍历

后根遍历算法如下:

(1)按照从左到右的次序后根遍历根节点的每一棵子树;

(2)访问根节点。

如图 7-1 所示的树,按后根遍历算法的节点访问次序为 BEFGCHDA

7.1.7 树的存储结构

根据树的特点,要存储树的节点,不仅要存储数据元素本身,还要存储节点之间的逻辑关系。树的存储方式有多种,既可以采用顺序存储结构、也可以采用链式存储结构。

下面讨论常见的 3 种树的存储结构:双亲存储结构,孩子链存储结构以及孩子兄弟链存储结构。

1. 双亲存储结构

根据树的定义,树中的每个节点都有唯一的一个双新节点。根据树的特性,可以采用连续的存储空间来存储树中的各个节点。通常用数组来存储树中的每个节点。

双亲存储结构就是树的一种顺序存储结构,用一组连续空间存储树的所有节点,同时在每个节点中附设一个指针指示其双亲节点的位置。这种存储结构利用了除根节点以外的每个节点有且仅有一个双亲的性质。

如图 7-4(a)所示树的双亲存储结构如图 7-4(b)所示,其中根节点 A 无双亲节点,所以其指针为 -1,B、C、D 节点的双亲是 A 节点,所以 B、C、D 节点的指针为 0。以此类推,其

他节点的指针均是其双亲的节点。

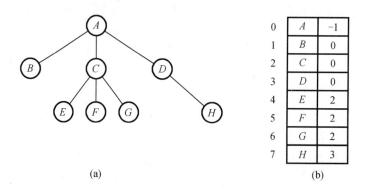

图7-4 树的双亲存储结构

(a)树;(b)对应的双亲存储结构

如图7-4(b)所示的树的双亲存储结构中,求某个节点的双亲节点很容易,但是如果想要求某个节点的孩子节点时需要遍历整个结构。

2.孩子链存储结构

由于树中每个节点可能有许多棵子树,孩子链存储结构按树的度(即树中所有节点度的最大值)设计节点的孩子节点指针域个数。孩子链存储节点每个节点中的指针指向该节点的孩子节点。该存储节点可以用多重链表,即每个节点设有多个指针域,其中每个指针指向一棵子树的根节点。但是由于每个节点的度(即节点的子树)不同,如果采用这种结构,则节点会造成链表中有很多空链域,浪费存储空间。下图7-5(a)的树对应的孩子链存储结构如图7-5(b)所示。按树的度设计孩子链存储结构中节点指针域的个数,如图7-5(a)所示的树度为3,因此每个节点的孩子节点指针个数为3。

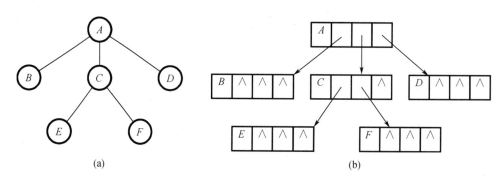

图7-5 树的孩子链存储结构

(a)树;(b)对应的孩子链存储结构

与双亲存储结构不同,孩子链存储节点在寻找一个节点的孩子节点时操作简单,容易实现,但对于查找一个节点的双亲节点操作麻烦。

3.孩子兄弟链存储结构

孩子兄弟链存储结构是为每个节点设计三个域:一个是数据元素域,一个是该节点的第一个孩子节点指针域,一个该节点的下一个兄弟节点指针域。也就是说,孩子兄弟链存储结构中,用指针既可以指出其孩子节点,也可以指出其兄弟节点。下图7-6(a)的树对应的孩子兄弟链存储结构如图7-6(b)所示。

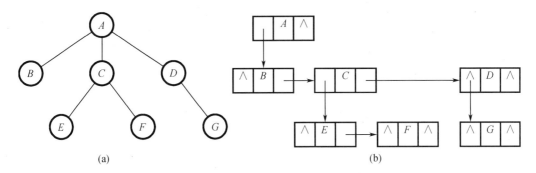

图7-6　树的孩子兄弟链存储结构

(a)树;(b)对应的孩子兄弟链存储结构

在树的孩子兄弟链存储结构,每个节点最多有两个指针域,而且两个指针是有序的,且含义不同。孩子兄弟链存储结构把树转化为二叉树的存储结构。把树转化成二叉树所对应的结构实际上就是孩子兄弟存储结构。但孩子兄弟链存储结构在已知当前节点查找其双亲节点时,需要从树的根节点开始逐一进行比较查找,实现比较麻烦。

【例7-3】　以孩子兄弟链存储结构作为树的存储节点,编写一个算法求树高度。

算法思想:在求树的高度过程中,可以采用递归方法来实现。

$$h(t) = \begin{cases} 0 & t = \text{NULL} \\ 1 & t \ \text{没有孩子节点} \\ \text{MAX}(h(p)) + 1 & \text{其他情况} \end{cases}$$

由公式可知,当树 t 为空时,树的高度为0,当树 t 没有孩子节点,即树只有根节点,则树的高度为1,当树节点不止一个,则求树的高度就是其子树最大高度加1。

```
typedef struct TNode
{
    ElemType data;      //节点的值
    struct tnode * hp;   //指向兄弟的指针
    struct tnode * vp;   //指向孩子节点指针
} TNode;
int TreeHeight( TNode * t)
{
    TNode * p;
    int m, max = 0;
    if( t == NULL)
        return  0 ;
    else if( t -> vp == NULL)
        return  1 ;
    else
    {
        p = t -> vp;
```

```
        while( p! = NULL)
          {
            m = TreeHeight( p) ;
            if( max < m)
                max = m;
            p = p -> hp;
          }
        return    max + 1;
      }
  }
```

7.2　二叉树的定义与性质

7.2.1　二叉树的定义

1. 二叉树的定义

二叉树(Binary Tree)是 $n(n \geqslant 0)$ 有限个元素的集合。当 $n = 0$ 时,二叉树为空二叉树 (Empty Binary Tree);对于 $n > 0$ 的任意非空二叉树,由一个根节点和两个不相交的、分别被称作左子树和右子树的二叉树构成。

根据二叉树定义可知,一个二叉树具有以下特点:

(1)有且仅有一个特殊的节点称为二叉树的根节点,根没有前驱节点;

(2)若 $n > 1$,则除根节点外,其余节点被分成了 2 个互不相交的集合 TL,TR;而 TL 和 TR 本身又是一棵二叉树,分别称为这棵二叉树的左子树和右子树。二叉树的形式定义为: 二叉树(Binary Tree)简记为 BT,是一个二元组,$BT = (D, R)$ 其中:D 是节点的有限集合;R 是节点之间关系的有限集合。由树的定义可知,二叉树是另外一种树形结构,并且是有序树,它的左子树和右子树有严格的次序,若将其左、右子树颠倒,就成为另外一棵不同的二叉树。

如图 7-7 所示为二叉树的五种基本形态。

在二叉树中,每个节点都是它的左/右子树的根节点的前驱,而其左/右子树根节点也就是它的后继。从逻辑上看,二叉树节点描述的是一种层次关系:二叉树的根节点没有前驱节点,除了根节点之外,所有节点都只有一个前驱节点;二叉树的所有节点可以有零到两个后继节点。

2. 二叉树的相关术语

(1)节点的度:一个节点含有的子树的个数。二叉树的任意节点的度都不大于 2。

(2)叶子节点:度为零的节点,也称为终端节点。

(3)非叶子节点:度不为零的节点,也称为分支节点,或称为非终端节点。一棵二叉树的节点除叶子节点以外,其余的节点都是分支节点。

(4)左孩子节点、右孩子节点:二叉树中,一个节点的左子树的根节点称为左孩子节点;一个节点的右子树的根节点称为右孩子节点。

(5)双亲节点:二叉树中,有左孩子或右孩子的节点,称为左孩子或右孩子的双亲节点。

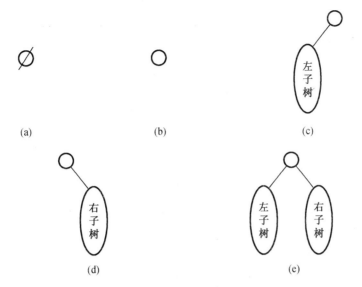

图7-7 二叉树的五种基本形态

(a)空二叉树;(b)只有一个根节点;(c)有根节点和非空左子树;

(d)有根节点和非空右子树;(e)有根节点并且左右子树均为非空

(6)兄弟节点:拥有同一个双亲的孩子节点互称为兄弟节点。

(7)祖先节点、子孙节点:在二叉树中,如果节点 y 在以节点 x 为根节点的树中,且 $x \neq y$,则称 y 是 x 的子孙节点,x 称为 y 的祖先节点。例如,图7-8中,A 是所有节点的祖先节点,B 是 D,E 的祖先节点。

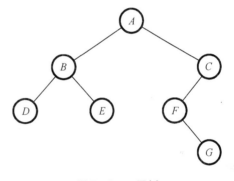

图7-8 二叉树

(8)节点的层数:规定根节点的层数为1,其余节点的层数等于其父节点的层数加1。所以根的子节点的层数为2,以此类推。如图7-8所示二叉树中,1 层节点是 A,2 层节点是 B 和 C,3 层节点是 D,E,F。

(9)树的高度:二叉树中节点的最大层数。图7-8中,二叉树的高度为4。

(10)树的深度:二叉树某个节点所在的层数即为该节点的深度,树的深度是该树中所有子孙节点深度的最大值。

(10)节点的祖先:从根节点到该节点所经过的分支上的所有节点。

(11)路径、路径长度:如果 x 是 y 的一个祖先,且有 $x = x_0, x_1, \cdots, x_n = y$,满足 $x_i(i = 0, 1, \cdots, n-1)$ 为 x_{i+1} 的双亲节点,则称 $x_0, x_1, \cdots, x_n$ 为从 x 到 y 的一条路径,n 称为路径长度。例如图7-8中,$A、C、F、G$ 从 A 到 G 的一条路径,其长度为3。

(12)满二叉树:一个二叉树如果每一层节点数都达到最大值,则这棵二叉树称为满二叉树。也就是说,满二叉树中除了最后一层无任何子节点外,每一层上的所有节点都有两个子节点。一个深度为 k 的满二叉树其节点数为 2^{k-1} 个,如图7-9所示。值得注意的是满二叉树国内与国外给出的概念有所不同。

(10)完全二叉树:完全二叉树是由满二叉树而引出来的。如果一棵二叉树中,只有最下面的两层节点度数小于2,其余各层的节点度都等于2,并且最下面一层的节点,都集中在该层最左边的若干位置上,则称此二叉树为完全二叉树。由定义可知,一棵完全二叉树不一定是满二叉树。所以在深度为 K 的二叉树中,如果 n 个节点,则必有其每一个节点都与深度为 K 的满二叉树中编号从1至 n 的节点一一对应,如图7-10所示。

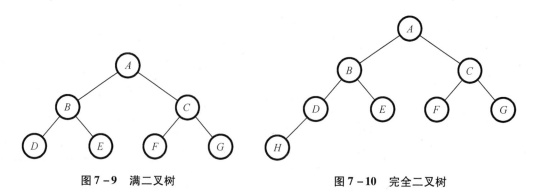

图7-9 满二叉树   图7-10 完全二叉树

7.2.2 二叉树的性质

性质1 一棵非空二叉树的第 i 层上最多有 2^{i-1} 个节点($i \geqslant 1$)。

证明:利用数学归纳法进行证明。

当 $i=1$ 时,二叉树只有1层,这一层只有根节点一个节点,所以第1层的节点数为 $2^{i-1} = 2^{1-1} = 2^0 = 1$,命题成立。

假设当 $i=j(1 \leqslant j < i)$ 时命题成立,即第 j 层最多有 2^{j-1} 个节点。

由此可知,第 $i-1$ 层上最多有 2^{i-2} 个节点。

由于二叉树的每个节点的度至多为2,则第 i 层上共有节点数是第 $i-1$ 层上最大节点数的2倍,即 $2 \times 2^{i-2} = 2^{i-1}$。所以命题成立。

性质2 深度为 k 的二叉树最多有 $2^k - 1$ 个节点($k \geqslant 1$)。

证明 当 $k=1$ 时,树的节点数为 $2^1 - 1 = 1$,即只有一个根节点,命题成立。

当深度为 $k(k>1)$ 时,由性质1可知,第 $i(1 \leqslant i \leqslant k)$ 层多有 2^{i-1} 个节点,所以二叉树的最大节点数是:

$$\sum_{i=1}^{k} (\text{第} i \text{层上最大节点数}) = \sum_{i=1}^{k} 2^{i-1} = 2^k - 1$$

性质3 对于一棵非空二叉树,如果度为0的节点个数为 n_0,度为2的节点个数为 n_2,则有 $n_0 = n_2 + 1$。

证明 设 n 为二叉树的节点总数,n_1 二叉树中度为1的节点个数,则有

$$n = n_0 + n_1 + n_2 \qquad ①$$

在二叉树中,除根节点以外,其余节点都有唯一的一个分支进入。设 B 为二叉树中的分支总数,则有

$$B = n - 1 \qquad ②$$

由于这些分支由度为1和度为2的节点发出的,一个度为1的节点发出一个分支,一个度为2的节点发出2个分支,所以有

$$B = n_1 + 2n_2 \qquad ③$$

综合上面 3 个式子,可以得到 $n_0 = n_2 + 1$,所以命题成立。

性质 4　具有 n 个节点的完全二叉树的深度 k 为 $\lfloor \log_2 n \rfloor + 1$。

证明　根据性质 2 和完全二叉树的定义可知,当一棵完全二叉树的节点数为 n、深度为 k 时,有 $2k - 1 - 1 < n \leq 2k - 1$ 即 $2k - 1 \leq n < 2k$ 对不等式取对数,有 $k - 1 \leq \log_2 n < k$ 由于 k 是整数,所以有 $k = \log_2 n + 1$。

性质 5　对于具有 n 个节点的完全二叉树,如果按照从上到下和从左到右的顺序对所有节点从 1 开始编号,则对于序号为 i 的节点,有:

(1)如果 $i > 1$,则序号为 i 的节点的双亲节点的序号为 $\lfloor i/2 \rfloor$;如果 $i = 1$,则该节点是根节点,无双亲节点。

(2)如果 $2i \leq n$,则该节点的左孩子节点的序号为 $2i$;若 $2i > n$,则该节点无左孩子。

(3)如果 $2i + 1 \leq n$,则该节点的右孩子节点的序号为 $2i + 1$;若 $2i + 1 > n$,则该节点无右孩子。

性质 5 的证明比较复杂,在此不进行证明。但我们可以用实例来检验性质 5 的正确性。对于图 7 - 11 所示的完全二叉树,如果按照从上到下和从左到右的顺序对所有节点从 1 开始编号,则节点和节点序号的对应关系如下:

1	2	3	4	5	6	7	8
A	B	C	D	E	F	G	H

图 7 - 11　图 7 - 10 所示的完全二叉树中节点与节点序号对应关系

该完全二叉树的节点总数 $n = 8$。对于节点 D,相应的序号为 4,则节点 D 的双亲节点的序号为 $\lfloor 4/2 \rfloor = 2$,即节点 B;左孩子节点的序号为 $2i = 2 \times 4 = 8$,即节点 H;右孩子节点的序号为 $2i + 1 = 2 \times 4 + 1 = 9 > 8$,所以节点 D 没有右孩子。对于节点 C,相应的序号为 3,则节点 E 的双亲节点的序号为 $\lfloor 3/2 \rfloor = 1$,即 C 的双亲节点为 A;左孩子节点的序号为 $2i = 2 \times 3 = 6$,即左孩子节点为 F;右孩子节点的序号为 $2i + 1 = 2 \times 3 + 1 = 7$,即节点 G 是节点 C 的右孩子。

性质 6　一棵含有 n 个节点的非空满二叉树,其叶子节点的个数为 $(n + 1)/2$。

证明　假设满二叉树的高度为 h,叶子节点个数为 n^2,则总的节点个数为:

$$n = 2^4 - 1 = 2 \times 2^{h-1} - 1$$

由于叶子节点都在第 h 层,第 h 层上的节点个数是 2^{h-1} 个节点,即 $n_0 = 2^{h-1}$,从而得到 $n = 2 \times n_0 - 1$,所以 $n_0 = (n + 1)/2$。

性质 7　一个高度为 h 的完全二叉树至少有 2^{h-1} 个节点,最多有 $2^h - 1$ 个节点。

证明:由于前 $h - 1$ 层满,第 h 层只有一个节点时,节点的个数最小,其个数为:

$$2^{h-1} - 1 + 1 = 2^{h-1}$$

当为满二叉树时,节点个数最多,其个数为 $2^h - 1$。

7.2.3 二叉树的抽象数据类型

ADT BinaryTree
{
　　数据对象:D 是具有相同特性的数据元素的集合。
　　数据关系:R
　　　　若 D = Φ,则 R = Φ,称 BinaryTree 为空二叉树;
　　　　若 D≠Φ,则 R = {H},H 是如下二元关系;
　　　　(1)在 D 中存在唯一的称为根的数据元素 root,它在关系 H 下无前驱;
　　　　(2)若 D − {root}≠Φ,则存在 D − {root} = {D1,Dr},且 D1∩Dr = Φ;
　　　　(3)若 D1≠Φ,则 D1 中存在唯一的元素 x_1,< root,x_1 > ∈H,且存在 D_1 上的关系 $H_1⊆H$;
　　　　　　若 D_r≠Φ,则 D_r 中存在唯一的元素 x_r,< root,x_r > ∈H,且存在 D_r 上的关系 Hr⊆H;H =
　　　　　　{ < root,x_1 > , < root,x_r > ,H_1,H_r};
　　　　(4)(D_1,{H_1})是一棵符合本定义的二叉树,称为根的左子树;(D_r,{H_r})是一棵符合本
　　　　　　定义的二叉树,称为根的右子树。
　　基本操作:
　　　　(1)初始化二叉树 InitBiTree(&T)
　　　　　　操作结果:构造空二叉树 T。
　　　　(2)销毁二叉树 DestroyBiTree(&T)
　　　　　　初始条件:二叉树 T 已经存在。
　　　　　　操作结果:销毁二叉树 T。
　　　　(3)构造二叉树 CreateBiTree(&T, n)
　　　　　　初始条件:二叉树 T 已经存在。
　　　　　　操作结果:建立含有 n 个节点的二叉树。
　　　　(4)清空二叉树 ClearBiTree(&T)
　　　　　　初始条件:二叉树 T 已经存在。
　　　　　　操作结果:将二叉树 T 清空为空树。
　　　　(5)判断二叉树是否为空 BiTreeEmpty(T)
　　　　　　初始条件:二叉树 T 已经存在。
　　　　　　操作结果:判断二叉树 T 是否为空。若 T 为空二叉树,则返回 TRUE,否则返回
　　　　　　　　　　FALSE。
　　　　(6)求二叉树的深度 BiTreeDepth(T)
　　　　　　初始条件:二叉树 T 已经存在。
　　　　　　操作结果:返回 T 的深度。
　　　　(7)取二叉树的根节点 Root(T)
　　　　　　初始条件:二叉树 T 已经存在。
　　　　　　操作结果:返回 T 的根。
　　　　(8)求二叉树的某个节点的值 Value(T, e)
　　　　　　初始条件:二叉树 T 已经存在,e 是 T 中某个节点。
　　　　　　操作结果:返回 e 的值。
　　　　(9)为某节点赋值 Assign(T, &e, value)
　　　　　　初始条件:二叉树 T 存在,e 是 T 中某个节点。
　　　　　　操作结果:节点 e 赋值为 value。

(10)求节点的双亲节点 Parent(T, e)

　　初始条件:二叉树 T 已经存在,e 是 T 中某个节点。

　　操作结果:若 e 是二叉树 T 的非根节点,则返回它的双亲,否则返回"空"。

(11)求节点的左孩子 LeftChild(T, e)

　　初始条件:二叉树 T 存在,e 是 T 中某个节点。

　　操作结果:返回节点 e 的左孩子。若 e 无左孩子,则返回"空"。

(12)求节点的右孩子 RightChild(T, e)

　　初始条件:二叉树 T 已经存在,e 是 T 中某个节点。

　　操作结果:返回节点 e 的右孩子。若 e 无右孩子,则返回"空"。

(13)求节点的左兄弟 LeftSibling(T, e)

　　初始条件:二叉树 T 已经存在,e 是 T 中某个节点。

　　操作结果:返回节点 e 的左兄弟。若 e 是 T 的左孩子或无左兄弟,则返回"空"。

(14)求节点的右兄弟 RightSibling(T, e)

　　初始条件:二叉树 T 已经存在,e 是 T 中某个节点。

　　操作结果:返回节点 e 的右兄弟。若 e 是 T 的右孩子或无右兄弟,则返回"空"。

(15)插入节点操作 InsertChild(T, p, LR, c)

　　初始条件:二叉树 T 已经存在,p 指向 T 中某个节点,LR 为 0 或 1,非空二叉树 c 与 T 不相交且右子树为空。

　　操作结果:根据 LR 为 0 或 1,向二叉树 T 中插入 c,作为 p 所指节点的左或右子树。p 所指节点的原有左或右子树则成为 c 的右子树。

(16)删除节点操作 DeleteChild(T, p, LR)

　　初始条件:二叉树 T 已经存在,p 指向 T 中某个节点,LR 为 0 或 1。

　　操作结果:根据 LR 为 0 或 1,删除 T 中 p 所指节点的左或右子树。

(17)先序遍历二叉树 PreOrderTraverse(T, visit( ))

　　初始条件:二叉树 T 已经存在,Visit 是对节点操作的应用函数。

　　操作结果:先序遍历 T,对每个节点调用函数 Visit 访问一次且仅访问一次。一旦 visit( )失败,则操作失败。

(18)中序遍历二叉树 InOrderTraverse(T, visit( ))

　　初始条件:二叉树 T 已经存在,Visit 是对节点操作的应用函数。

　　操作结果:中序遍历 T,对每个节点调用函数 Visit 访问一次且仅访问一次。一旦 visit( )失败,则操作失败。

(19)后序遍历二叉树 PostOrderTraverse(T, visit( ))

　　初始条件:二叉树 T 已经存在,Visit 是对节点操作的应用函数。

　　操作结果:后序遍历 T,对每个节点调用函数 Visit 访问一次且仅访问一次。一旦 visit( )失败,则操作失败。

(20)层次遍历二叉树 LevelOrderTraverse(T, visit( ))

　　初始条件:二叉树 T 已经存在,Visit 是对节点操作的应用函数。

　　操作结果:层次遍历 T,对每个节点调用函数 Visit 访问一次且仅访问一次。一旦 visit( )失败,则操作失败。

} ADT BinaryTree

7.3 二叉树的存储结构

二叉树的存储结构主要有三种:顺序存储结构、二叉链表存储结构和三叉链表存储结构。

7.3.1 二叉树的顺序存储结构

前面我们介绍过,对于一棵完全二叉树,由性质 5 可计算得到任意节点 i 的双亲节点序号、左孩子节点序号和右孩子节点序号。所以,完全二叉树的节点可按从上到下和从左到右的顺序存储在一维数组中,其节点间的关系可由性质 5 计算得到,这就是二叉树的顺序存储结构。顺序存储结构就是用一组地址连续的存储单元依次自上而下、自左向右存储完全二叉树的上节点元素。如图 7 – 10 所示的完全二叉树的顺序结构表示为图 7 – 12(a)所示。图 7 – 8 所示的二叉树的顺序结构表示为图 7 – 12(b)所示。其中"0"表示不存在此节点。

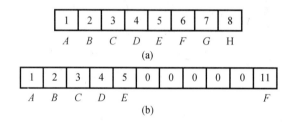

图 7 – 12 二叉树的顺序存储结构

(a)完全二叉树;(b)非完全二叉树

由图 7 – 12 可以看出,顺序存储节点只适用于完全二叉树。因为在最坏的情况下,一棵深度为 k 且只有 k 个节点的树(即除叶子节点外,每个节点只有一个孩子节点),则存储这样的树需要长度为 $2^k - 1$ 的一维数组,这会造成极大的空间浪费。

7.3.2 二叉树的链存储结构

1. 二叉树的链存储结构

由二叉树的定义可知,二叉树的节点是由一个数据元素和分别指向其左、右子树根节点的两个分支构成,所以二叉树的链式存储结构中至少要包含三个域:一个数据域和左、右指针域。如图 7 – 13(a)所示,数据域存储数据,两个左、右指针域分别存放其左、右孩子节点的地址。有时,为了方便找到节点的双亲,还会在节点结构中增加一个指向其双亲节点的指针域,如图 7 – 13(b)所示。

图 7 – 13 二叉树的链式存储结构

(a)含有两个指针域的节点结构;(b)含有三个指针域的节点结构

利用图 7 - 13 两种节点结构进行二叉树存储的结构分别称为二叉树和三叉树。这种结构存储二叉树节点时,如果左孩子或右孩子不存在时,相应指针域置为空,用符号 NULL 或 ∧ 表示。

如图 7 - 14 所示二叉树,用二叉链存储结构进行存储如图 7 - 15 所示。用三叉链存储结构存储如图 7 - 16 所示。

2. 二叉链存储结构的二叉树基本操作

以二叉链存储结构为例,讨论带头节点的二叉树的节点定义与基本操作。

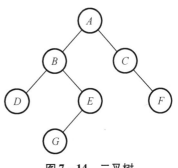

图 7 - 14　二叉树

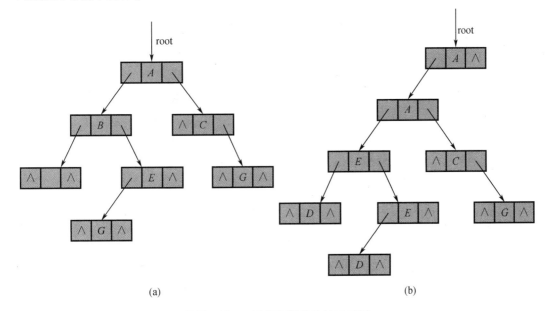

(a)　　　　　　　　　　　　　　(b)

图 7 - 15　二叉链存储结构的二叉树

(a)不带头节点的二叉树;(b)带头节点的二叉树

(1)二叉树的节点定义

```
typedef struct
{
    ElemType data;                      //数据域
    struct BTNode * lchild, * rchild;    //左、右指针域
} BTNode, * BTree;                       //节点的结构体定义
```

(2)初始化创建二叉树的头节点

```
void Initiate( BTNode * * root)
{
    * root = ( BTNode * ) malloc( sizeof( BTNode ) );
    ( * root) -> lchild = NULL;
    ( * root) -> rchild = NULL;
}
```

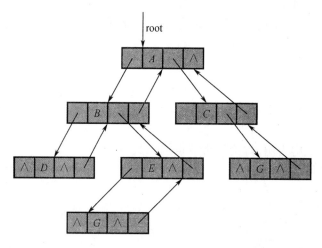

图 7 – 16   三叉链式存储节点的二叉树

(3)在当前节点的左子树中插入节点

算法设计:在当前二叉树中 curr 节点的左子树插入值为 x 的节点,若 curr 节点不为空,则原节点 curr 所指节点的左子树成为新插入节点的左子树,如果插入成功则返回插入节点的指针,反之则返回空指针。

```
BTNode  * InsertLeftNode( BTNode  * curr, ElemType x)
{
    BTNode  * s, * t;
    if( curr == NULL)
        return NULL;
    t = curr -> lchild;
    s = (  BTNode  * ) malloc( sizeof( BTNode) ) ;
    s -> data = x;
    s -> lchild = t;
    s -> rchild = NULL;
    curr -> lchild = s;
    return curr -> lchild;
}
```

(4)在当前节点的右子树中插入节点

算法设计:在当前二叉树中 curr 节点的右子树插入值为 x 的节点,若 curr 节点不为空,则原节点 curr 所指节点的右子树成为新插入节点的右子树,如果插入成功则返回插入节点的指针,反之则返回空指针。

```
BTNode  * InsertLeftNode( BTNode  * curr, ElemType x)
{
    BTNode  * s, * t;
    if( curr == NULL)
```

```
            return NULL;
    t = curr -> rchild;
    s = ( BTNode * ) malloc( sizeof( BTNode ) );
    s -> data = x;
    s -> rchild = t;
    s -> lchild = NULL;
    curr -> rchild = s;
    return curr -> rchild;
}
```

（5）删除当前节点的左子树

算法设计：若 curr 不为空，删除 curr 所指节点的左子树，反之，返回空指针。

```
BTNode * DeleteLeftTree( BTNode * curr)
{
    if( curr == NULL || curr -> lchild == NULL)
        return NULL;
    Destroy( &curr -> lchild) ;
    curr -> lchild = NULL;
    return curr;
}
```

（6）删除当前节点的右子树

算法设计：若 curr 不为空，删除 curr 所指节点的右子树，反之，返回空指针。

```
BTNode * DeleteRightTree( BTNode * curr)
{
    if( curr == NULL || curr -> rchild == NULL)
        return NULL;
    Destroy( &curr -> rchild) ;
    curr -> rchild = NULL;
    return curr;
}
```

【例 7 - 4】　设计一个建立如图 7 - 14 所示的带头节点的二叉链存储节点二叉树程序。

设计思想：假设二叉树节点结构体定义和其操作实现函数存在文件"BTree. h"中。

程序设计代码如下：

```
void main( )
{
    BTNode * root, * p, * Q;
    Initiate( &root) ;
    p = InsertLeftNode( root, 'A') ;
    Q = InsertLeftNode( p, 'B') ;
```

```
p = InsertLeftNode( Q, 'D') ;
p = InsertRightNode( Q, 'E') ;
p = InsertLeftNode( p, 'G') ;
p = InsertRightNode( root –> rchild, 'C') ;
Q = InsertRightNode( p, 'F') ;
}
```

7.4　二叉树的遍历

在二叉树的应用中,很多情况下要求访问查找树中具有某种特征的节点,或者二叉树中的所有节点,这就是二叉树的遍历。二叉树的遍历是指按照某种顺序访问二叉树中的每个节点,使每个节点被访问一次且仅被访问一次。遍历是二叉树中经常要进行的一种操作,因为在实际应用中,常常要求对二叉树中某个或某些特定的节点进行处理,要进行特定的处理,首先需要的就是先查找到这个或这些符合要求的节点。在线性表中,有时我们也需要对线性表元素进行遍历,即按一定的顺序访问线性表的各个节点。实际上,与线性表的遍历相同,遍历二叉树就是将二叉树中的节点信息由非线性排列变为某种意义上的线性排列。也就是说,遍历操作使非线性结构线性化。

由二叉树的定义可知,一棵二叉树由三部分组成:根节点、左子树和右子树。如果能够依次遍历这三个部分,那么也就意味着能够遍历整个二叉树。假设 D,L,R 分别代表遍历根节点、遍历左子树、遍历右子树,则二叉树的遍历方式有 6 种:DLR,DRL,LDR,LRD,RDL,RLD。由于先遍历左子树还是先遍历右子树在算法设计上没有本质区别,所以,我们可以规定先左后右的访问顺序,于是可以只讨论三种方式:DLR(先序遍历)、LDR(中序遍历)和LRD(后序遍历)。除了这三种遍历方式外,还有一种层序遍历(Level Order)方式。层序遍历是从根节点开始,按照从上到下、从左到右的顺序依次访问每个节点一次且仅访问一次。

由于二叉树的定义是递归的,遍历左子树和遍历右子树的规律也遍历整棵树的规律都是相同,所以遍历算法也采用递归方式来实现。

下面分别介绍这四种算法,分别是先序遍历、中序遍历、后序遍历和层序遍历。

四种算法均有递归算法和非递归算法。首先讨论一下二叉树的递归遍历算法。

7.4.1　二叉树的递归遍历

1. 先序遍历(DLR)

先序遍历递归过程如下:

当二叉树不为空时执行以下操作:

(1)访问根节点;

(2)先序遍历左子树;

(3)先序遍历右子树。

算法实现代码如下:

```
void PreOrder( BTNode * t,void Visit( ElemType item ) )
 {
         if( t! = NULL)
           {
                   Visit( t -> data ) ;
                   PreOrder( t -> lchild,Visit ) ;
                   PreOrder( t -> rchild,Visit ) ;
             }
   }
```

如图 7 - 17 所示二叉树,按先序遍历得到的节点序列为:*ABDGEHICF*。

2. 中序遍历(LDR)

中序遍历递归过程如下:

当二叉树不为空时执行如下操作:

(1)中序遍历左子树;

(2)访问根节点;

(3)中序遍历右子树。

算法实现代码如下:

```
void InOrder( BTNode * t,void Visit( ElemType item ) )
 {
         if( t! = NULL)
           {
                 InOrder( t -> lchild,Visit ) ;
                 Visit( t -> data ) ;
                 InOrder( t -> rchild,Visit ) ;
             }
   }
```

如图 7 - 17 所示二叉树,按中序遍历得到的节点序列为:*GDBHEIACF*。

3. 后序遍历(LRD)

后序遍历递归过程如下:

当二叉树不为空时执行如下操作:

(1)后序遍历左子树;

(2)后序遍历右子树;

(3)访问根节点。

算法实现代码如下

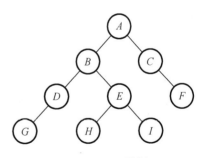

图 7 - 17 二叉树

```
void PostOrder( BiTreeNode * t,void Visit( DataType item ) )
 {
   if( t! = NULL)
       {
```

```
        PostOrder( t -> LChild, Visit) ;
        PostOrder( t -> RChild, Visit) ;
        Visit( t  -> data) ;
    }

}
```

如图 7 - 17 所示二叉树,按后序遍历得到的节点序列为:*GDHIEBFCA*。

4. 层序遍历

层序遍历算法是按照二叉树的层序次序,即从根节点层到叶子叶点层访问,同一层节点按照先左子树后右子树的次序遍历二叉树。

经分析,二叉树层序遍历中,所有未被访问的节点集合中,排列在已经被访问集合中最前面节点的左子树的根节点将最先被访问,然后再访问该节点的右子树的根节点。也就是说,如果我们把已经访问过的节点放在一个队列中,那么未被访问的节点的访问次序也可以由存储于队列中的已经访问过的节点的出队次序所决定。

当二叉树不为空时层序遍历递归过程如下:

(1)初始化设置一个队列,用来存储已经被访问的节点。

(2)把根节点指针入队。

(3)当队列不为空时,按从(a)到(b)的次序执行操作。

①出队取得一个节点指针,访问该节点。

②若该节点的左子树不为空,则将该节点的左子树指针入队。

③若该节点的右子树不为空,则将该节点的右子树指针入队。

(4)所有节点均被访问一次,遍历结束

算法实现代码如下

```
void LevelOrder( BTNode  * t, void Visit( ElemType item) )
{
    BTNode  * Queue[ MaxSize] ;
    int front = - 1 , rear = 0 ;
    if( t == NULL)
        return   NULL;
    Queue[ rear] = t ;
    while( front ! = rear)
    {
        front ++ ;
        Visit( Queue[ front] -> data) ;
        if( Queue[ front] -> lchild ! = NULL)
        {
            rear ++ ;
            Queue[ rear] = Queue[ front] -> lchild;
        }
        if( Queue[ front] -> rchild ! = NULL)
        {
            rear ++ ;
```

$$\text{Queue[rear] = Queue[front] -> rchild;}$$

　　　　　}
　　　}
　}

　　如图 7 - 17 所示二叉树,按后序遍历得到的节点序列为:*ABCDEFGHI*。

7.4.2　二叉树的非递归遍历

　　前面二叉树遍历的三种算法都是用递归算法实现的,而且当采用二叉树的链式存储结构表示以后,在具有递归功能的程序设计语言中,可以很容易地实现上述三种递归算法。但是有些程序设计语言并不支持递归,而且递归程序执行效率较低,所以下面我们讨论一下非递归遍历如何实现。

　　二叉树遍历算法分析。如图 7 - 17 所示二叉树,分别按先序、中序和后序遍历的算法进行遍历,无论哪种遍历算法都是从根节点开始,而且在遍历的过程中经过节点的路线都是相同的,只是什么时候访问节点有所不同。如图 7 - 18 所示,左侧箭头表示从根节点左侧开始,右侧箭头表示访问结束。也就是一个二叉树遍历的路线。由观察可知,这条遍历路线是从根节点开始,沿着左子树一直深入下去,当深入到最左端无左子树时,无法再深入下去时返回,再进入刚才深入时遇到节点的右子树深入下去,同样深入和返回,直到最后从根节点的右子树返回到根节点为止。从访问的路线上可以看出,每个节点都经过 3 次,第一次是从上方进入该节点,在图中标记为 1,第二次从左子树向上返回该节点,在图中标记为 2,第三次从右子树返回经过该节点,图中标记为 3。在遍历二叉树搜索路线上,如果在第一次经过时就访问该节点,那么即是先序遍历算法。如果在第二次经过才访问该节点,那么就是中序遍历。如果是在第三次经过时才访问该节点,则是后序遍历。如图 7 - 18 所示,先序遍历序列是沿着标记 1 路线访问节点,中序遍历序列是沿着标记 2 路线访问的节点,后序遍历是沿着标记 3 路线访问节点。

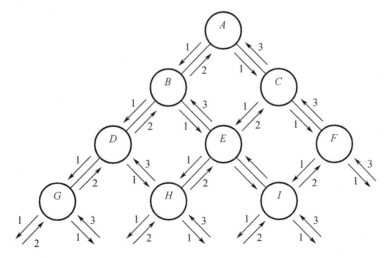

图 7 - 18　二叉树遍历过程经过每个节点走向

在遍历过程中,为了进入右子树,必须保留每个节点的指针,返回节点的顺序与深入节点的顺序是相反的,即后深入先返回,这正好符合栈结构的"后进先出"的结构特点,所以在非递归算法实现树的遍历过程中,需要通过栈来实现。

遍历算法如下:

在沿左子树向下访问节点时,每遇到一个节点,将该节点入栈,如果是先序遍历,则在入栈前进行访问;当沿左分支走到最左下方的节点后返回,即从栈中取出压入栈顶的节点;若是中序遍历,则此时访问节点,然后从该节点的右子树继续向下走进右子树;若是后序遍历,则将此节点再次入栈,然后从该节点的右子树继续走,每遇到一个节点,就将所遇节点入栈,直到走到最右下方的节点后返回,第二次从栈顶弹出该节点并进行访问。

下面分别给出先序遍历、中序遍历和后序遍历的非递归算法。

1. 先序遍历的非递归算法

设计思想:由于先序遍历的过程中,第一次经过节点即被访问,所以实现起来比较容易。设置一个栈,并将其初始化为空栈。将树的根节点指针进栈,然后判断栈是否为空,如果不为空则让栈顶元素出栈,并访问,然后依次判断当前指针所指节点是否有右子树和左子树,如果有,则让右子树和左子树的根节点依次进栈,每一次都是将右子树先进栈。当前节点的右子树和左子树根节点依次进栈后,再次判断栈是否为空,不为空时循环执行上述操作,直到所有节点均被访问一次,遍历结束。

算法代码程序如下:

```
void PreorderTransverse( BTNode T, * visit( ElemType) )
{
    if( T)
    {
        initStack( S) ;            //初始化栈
        Push( S,T) ;              //根指针进栈    T 为指向二叉树的指针
        while( ! EmptyStack( S) )
        {
            Pop( S, p) ;
            visit( p -> data) ;
            if( p -> rchild)
                Push( S,p -> rchild) ;
            if( p -> lchild)
                Push( S,p -> lchild) ;
        }
    }
}
```

2. 中序遍历的非递归算法

算法思想:设置栈 S,存放待访问的根节点指针。设置指针 p 初始指向二叉树的根节点。当指向根节点的指针非空时,将根节点指针进栈,然后将指针指向该访问节点的左子树的根节点,继续遍历二叉树。当指向根节点的指针为空时,则将栈顶的元素出栈,此时需要进行判断两种情况:第一种情况,如果从左子树返回,则访问当前层(栈顶指针所指)根节

点,然后将指针指向该节点的右子树,继续遍历;第二种情况,如果从右子树返回,则表示当前层遍历结束,继续退栈,也就是说遍历右子树时不再需要保存当前层的根节点指针,可以直接修改指针。当指针为空,并且栈也为空时,说明所有节点均被访问一次,遍历结束。

算法代码程序如下:

```
void InorderTransverse(BTNode T, * visit(ElemType))
{
    if(T)
    {
        initStack(S);            //初始化栈
        p = T;
        while(p || ! EmptyStack(S))
        {
            if(p)
            {
                Push(S,p);
                p = p -> lchild;
            }
            else
            {
                Pop(S,p);
                visit(p -> data);
                p = p -> rchild;
            }
        }
    }
}
```

3.后序遍历的非递归算法

后序遍历算法比前两种遍历算法要复杂,在后序遍历的非递归算法实现过程中,每个节点要两次入栈,两次出栈。第一次搜索经过时入栈并不访问,进入左子树。从左子树返回时第一次出栈,第二次经过,此时依然不访问,并进行第二次入栈,进入右子树,当从右子树返回时,第二次出栈,此时是第三次经过,立即访问该节点。所以要设置一个标志,来判断节点是第几次出栈,才能保证遍历算法的正确性。设标志为 Tag[top],其中 Tag 值表示其是否能被访问,当 Tag 值等于 0 时,表示节点第一次出栈不能被访问,当 Tag 值等于 1 时,表示节点第二次出栈能被访问

算法代码程序如下:

```
void PostorderTransverse(BTNode T, * visit(ElemType))
{
    BTNode S[n];
    int Tag[n];top = 0;
    p = T;
    while(p || top)
```

```
      {
          while( p)
           {
                S[ top] = p;
                Tag[ top] = 0;
                top ++ ;
                p = p -> lchild;
            }
          while( top && Tag[ top] == 1)
           {
                p = S[ top] ;
                top -- ;
                visit( p -> data) ;
            }
          if( top)
           {
                Tag[ top] = 1;
                p = S[ top] -> rchild;
            }
        }
    }
```

7.5　二叉树的基本算法及实现

二叉树的基本运算包括创建二叉树、查找节点、查找某个节点的孩子节点、求二叉树的高度以及二叉树的输出操作等。本节主要讨论关于二叉树的基本操作如何实现。二叉树的存储结构采用二叉链存储结构表示。

1. 创建二叉树

设计思想：利用先序遍历算法创建二叉树。

算法实现代码如下：

```
BTNode CreateBiTree( BTNode * T)
 {
     ElemType ch;
     scanf( "% c" ,&ch) ;
     if( ch == '#' )
       {
            * T = NULL;
        }
     else
       {
            * T = ( BTNode) malloc( sizeof( BTNode) ) ;
            if( ! * T)
```

```
            exit  ( -1);
        ( * T) -> data = ch;
        createBiTree( &( * T) -> lchild);
        createBiTree( &( * T) -> rchild);
    }
    return T;
}
```

2. 查找节点

设计思想:采用先序遍历算法访问树中的各个节点,查找值为 x 的节点,如果找到则返回其指针,否则返回空。

算法实现代码如下:

```
BTNode  * FindNode( BTNode  * ff, ElemType x)
{
    BTNode  * p;
    if ( ff == NULL)
        return NULL;
    else if ( ff -> data == x)
        return ff;
    else
    {
        p = FindNode( ff -> lchild, x);
        if ( p! = NULL)
            return p;
        else
            return FindNode( ff -> rchild, x);
    }
}
```

3. 查找孩子节点

设计思想:二叉树某一节点的孩子节点有以下几种情况:只有左子树;只有右子树;左、右子树均有;左、右子树均没有。无论哪种情况,只需返回该节点的左、右孩子节点指针即可。

算法实现代码如下:

```
BTNode  * LchildNode( BTNode  * p)    //返回 * p 节点的左孩子节点指针
{
        return p -> lchild;
}
BTNode  * RchildNode( BTNode  * p)    //返回 * p 节点的右孩子节点指针
{
        return p -> rchild;
}
```

4. 求二叉树的深度

设计思想:求二叉树的深度采用递归算法,实际不就是求其左、右子树最大高度再加1。

即二叉树的深度的递归模型为

$$f(b) = \begin{cases} 0 & b = \text{NULL} \\ \text{MAX}\{f(b \to \text{lchild}) \quad f(b \to \text{rchild})\} & \text{其他情况} \end{cases}$$

算法实现代码如下:

```
int BTNodeDepth(BTNode * b)   //求二叉树 b 的深度
{
    int lchilddep,rchilddep;
    if ( b == NULL)
        return(0);                              //空树的高度为 0
    else
    {
        lchilddep = BTNodeDepth(b -> lchild);   //求左子树的高度为 lchilddep
        rchilddep = BTNodeDepth(b -> rchild);   //求右子树的高度为 rchilddep
        return (lchilddep > rchilddep)? (lchilddep + 1):(rchilddep + 1);
    }
}
```

5. 输出二叉树

设计思想:采用递归算法实现以括号形式输出二叉树。若二叉树非空,则输出其元素值,如果存在左孩子节点或右孩子节点,则输出一个"(",然后递归处理左子树,并输出一个",",再递归处理右子树,最后输出")"。

算法实现代码如下:

```
void DispBTNode(BTNode  * ff)
{
    if (ff!= NULL)
    {
        printf("% c",ff -> data);
        if (ff -> lchild!= NULL  ‖  ff -> rchild!= NULL)
        {
            printf("(");
            DispBTNode(ff -> lchild);
            if (ff -> rchild!= NULL) printf(",");
            DispBTNode(ff -> rchild);
            printf(")");
        }
    }
}
```

6. 二叉树的节点个数

设计思想:采用递归算法实现求二叉树节点个数,考虑三种情况:

（1）当 ff 指针为空时，即二叉树为空，返回值 0；

（2）当 ff 指针所指节点即没有左孩子又没有右孩子时，该节点为叶子节点，此时返回值为 1；

（3）当 ff 指针所指节点的左、右孩子指针不全为空时，递归调用求节点算法，分别求左、右子树的节点个数，并将左、右子树节点个数相加并加 1。

算法实现代码如下：

```
int Nodes( BTNode  * ff)
{
    int num1 , num2 ;
    if ( ff == NULL)
        return 0 ;
    else if ( ff -> lchild == NULL && ff -> rchild == NULL)
        return 1 ;
    else
    {
        num1 = Nodes( ff -> lchild) ;
        num2 = Nodes( ff -> rchild) ;
        return ( num1 + num2 + 1) ;
    }
}
```

7. 销毁二叉树

设计思想：销毁二叉树采用递归算法实现，即分别递归销毁当前节点的左子树和右子树，再释放该节点。

算法实现代码如下：

```
void DestroyBTNode( BTNode  * &ff)
{
    if ( ff!= NULL)
    {
        DestroyBTNode( ff -> lchild) ;
        DestroyBTNode( ff -> rchild) ;
        free( b) ;
    }
}
```

7.6　线索二叉树

前面对于二叉树的遍历采用了两种方法来实现：一种是根据二叉树定义及结构的递归性，采用递归方法来实现；另一种，则是通过栈辅助的非递归的实现。无论采用哪种方法对二叉树进行遍历，都会在遍历过程中产生额外的空间开销。而且递归的深度和栈的大小是动态变化的，它们都与二叉树的高度有关。所以，在最坏情况下，当二叉树退化成单支树，即每个非叶子节点只有一个孩子节点时，假设二叉树节点个数为 n，则递归的深度等于 n，栈所需要的存储空间大小也等于 n。这时的空间复杂度为 $O(n)$。在二叉树的遍历方法中,还有以下几种方法即不用递归,也不用栈,即可实现二叉树的遍历。方法如下:

（1）采用二叉树的三叉链表存储结构进行遍历。三叉链表存储结构是在二叉链表的存储结构基础上,在每个节点中增加了一个双亲节点指针域 parent。在遍历过程中,当深入到不能再深入时,可以沿着节点的双亲节点指针 parent 返回上一层进入到右子树。当然,由于每个节点均多了一个指向其双亲节点的指针域 parent,空间开销增加。

（2）采用逆转链的方法进行遍历。在遍历过程中,每深入一层,就将其再下一层的孩子节点的地址取出,并将其双亲节点的地址存入。当深入到不能再深下去时返回,然后逐级取出双亲节点的地址,沿原路返回。这种方法并没有增加额外的存储空间,但是在遍历过程中,需要对子女节点的指针进行修改,达到以时间换空间的目的。而且如果多个用户同时访问同一棵二叉树,将会发生冲突。

（3）采用线索二叉树进行遍历。在一棵有 n 个节点的二叉树中,叶子节点和度为 1 的节点中共有 $n+1$ 个指针域是空闲的。可以利用这些空指针来存储遍历序列的前驱和后继节点的指针,这些指针称之为线索。这种具有线索的二叉树在遍历的过程中可以不用栈,也可以不用递归。所以这一节重点介绍线索二叉树存储结构以及遍历算法。

7.6.1　线索二叉树的定义与结构

遍历二叉树的过程是沿着某一条搜索路径对二叉树中的节点进行一次且仅一次的访问,即可以按照某种规律将二叉树中的节点排成一个线性序列后进行依次访问。在这个线性序列中,每个节点（除开始节点和终止节点外）有且仅有一个前驱和后继。前面讨论过,当二叉树的节点个数为 n 时,会有 $n+1$ 个指针域是空闲的,将节点的前驱和后继指针存放在这些空链域中。这些指向线性序列的前驱、后继指针称为线索。由于不同遍历方式,得到的遍历序列也不同,所以线索二叉树又分为 3 种,即先序线索二叉树、中序线索二叉树和后序线索二叉树。为了统一,我们做如下规定:当某个节点的左指针为空时,令该指针指向某种遍历方式遍历二叉树得到的该节点的前驱节点;当某节点的右指针为空时,令该指针指向某种遍历方式遍历二叉树得到的该节点的后继节点。那么如何区分左指针指向的节点是左孩子节点还是前驱节点,右指针指向的节点是右孩子节点还是后续节点？为解决这一问题,人们在节点的存储结构上增加了左、右两个标志位来区分:

$$左标志位\ \text{ltag} = \begin{cases} 0 & 表示\ \text{lchild}\ 指向左孩子节点 \\ 1 & 表示\ \text{lchild}\ 指向前驱节点 \end{cases}$$

$$右标志位\ \text{rtag} = \begin{cases} 0 & 表示\ \text{rchild}\ 指向左孩子节点 \\ 1 & 表示\ \text{rchild}\ 指向后继节点 \end{cases}$$

如图 7-19 所示,增加了标示位的二叉树的节点存储结构如下:

按上述原则,在二叉树的每个节点加上线索的二叉树称为线索二叉树。对二叉树进行某

| ltag | lchild | data | rchild | rtag |

图 7-19　二叉树的节点存储结构

种方式的遍历,使其变成线索二叉树的过程称为按该方式对二叉树进行线索化。

假设一个带头节点的线索二叉树中,头节点的 data 为空,lchild 指向无线索时的根节点,ltag 等于 0;rchild 指向按某种方式遍历二叉树的最后一个节点。rtag 等于 1。如图 7-20 所示二叉树的线索二叉树。其中（b）、（c）、（d）分别为（a）所示二叉树的先序线索二叉树、中序线索二叉树、

后序线索二叉树。图中实现表示原二叉树指针所指节点,虚线表示线索二叉树的线索。

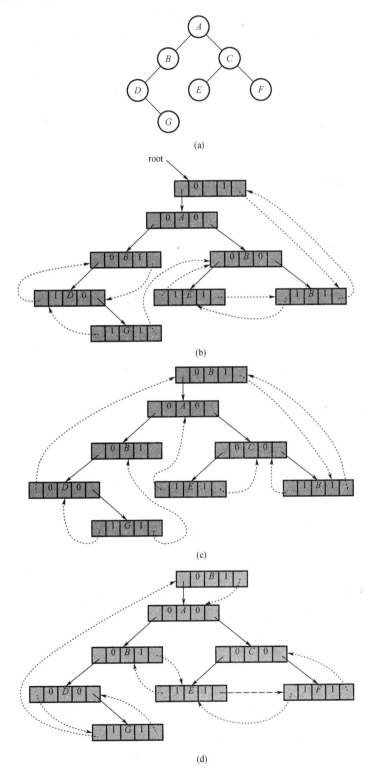

图 7－20　线索二叉树

(a)二叉树;(b)先序线索二叉树;(c)中序线索二叉树;(d)后序列线索二叉树

建立线索二叉树,就是遍历二叉树。在遍历的过程中,检查当前节点的左、右指针是否为空,如果为空,则将它们改成指向前驱节点或后继节点的线索。另外在对一棵二叉树添加线索时,创建一个头节点,并建立头节点与二叉树的根节点的线索。对二叉树线索化后,还要建立最后一个节点与头节点之间的线索。

为实现线索化二叉树,需要对二叉树的节点类型定义进行修改,结果如下:

```
typedef struct ThrBTNode
{
    ElemType data;                      //数据域
    ThrBTNode * lchild, * rchild;       //左右孩子指针
    PointerTag ltag, rtag;              //左右标志
}ThrBTNode, * ThrBTree;
```

7.6.2　线索二叉树的基本操作

1. 建立中序线索二叉树

设计思想:线索化二叉树的实质就是将二叉链表中的空指针改为指向前驱或后继节点的指针,而前驱或后继是由遍历算法决定的,所以线索化过程就是在二叉树的遍历过程中修改空指针的过程。中序线索化二叉树只需要按中序遍历算法访问节点,并在访问过程中修改正在访问节点与其非空中序前驱节点之间的线索。设置一个指针 pre,该指针始终指向刚刚访问过的节点,指针 p 指向当前正在访问的节点。所以 pre 所指节点是 p 所指节点的前驱,而 p 所指节点是 pre 所指节点的后继。

算法代码实现如下:

```
void inOrderThreading( ThrBTree T, ThrBTree &Thrt)
{
    //初始化线索链表,建立一个头节点
    Thrt = ( ThrBTree) malloc( sizeof( ThrBTNode) );
    Thrt -> ltag = Link;
    Thrt -> rtag = Thread;
    if( ! T)
        {       //如果二叉树为空树,则 Thrt -> lchild 指针回指
            Thrt -> lchild = Thrt;
            Thrt -> rchild = Thrt;      //右指针回指
        }
    else
        {
        Thrt -> lchild = T;
        ThrBiNode * pre = Thrt;         //pre 指针总指向当前节点的前驱节点
        inThreading( T, pre) ;
        //继续为最后一个节点加入线索
        //此时 pre 应指向最后一个节点
        pre -> rtag = Thread;
```

```
        pre -> rchild = Thrt;              //最后一个节点的 rchild 域指针指向后继节点
        Thrt -> rchild = pre;              //头节点的 rchild 域指针指向最后一个节点
    }
}


//中序遍历进行中序线索化
void inThreading(ThrBTree T, ThrBTree &pre)
{
    if(T)
    {
        inThreading(T -> lchild, pre);        //线索化左子树
        if(!T -> lchild)
            {
                T -> ltag = Thread;
                T -> lchild = pre;
            }
        else
            {
                T -> ltag = Link;
            }
                    if(!pre -> rchild)
            {
                pre -> rtag = Thread;
                pre -> rchild = T;
            }
        else
            {
                pre -> rtag = Link;
            }
        pre = T;
        inThreading(T -> rchild, pre);        //线索化右子树
    }
}
```

2. 遍历中序线索化二叉树

设计思想:中序线索链表中,设指针 p 指向根节点,且当二叉树非空或者遍历未结束时,重复进行下面的操作:

(1)沿着指针 p 的左子树查找,直到节点标示 ltag 等于 Thread 为止;

(2)访问其左标志 ltago 为 Thread 的节点,即左子树为空的节点;

(3)当指针 p 的右标志 rtag 为 Thread,且右指针 rchild 不指向头节点,即 rchild 指向后继时访问其后继;

(4)当指针 p 的右标志 rtag 为 Link,即指向右孩子时,或右指针 rchild 指向头节点时,令 p = -> rchild。

算法实现代码如下：

```
void inOrderTraversePrint( ThrBiTree T)
{
    ThrBiNode  * p = T -> lchild;
    while( p != T)
        {
            while( p -> ltag == Link )
                {
                    p = p -> lchild;
                }
            printf( " % c " , p -> data );        // p 指向中序遍历序列的第一个节点,输出该节点
            while( p -> rtag == Thread && p -> rchild != T)
                {
                    p = p -> rchild;
                    printf( " % c " , p -> data );   //访问后继节点
                }
            //当 p 所指节点的 rchild 指向的是孩子节点,
            //则 p 的后继应该指向其右子树的最左下的节点
            p = p -> rchild;
        }
    printf( " \n" );
}
```

7.7　哈夫曼树

　　在很多应用中,树中的节点常被赋予带有某种意义的数值,这个数值即为该节点的权值。如在数据通信中,经常会将需要传送的文字转换成二进制的字符 0 和 1,组成一个二进制串,这个赛程称为字符编码。比如,有一组要传送的电文"ABACDAC",其中 A,B,C,D 这四个字符采用如图 7-21(a)所示的编码,则将电文转换成二进制串为"000010100111000100",长度为21。在电文传送的过程中,人们总希望传送的电文尽可能短,传送时间也尽可能地短,所以如果采用图 7-21(b)所示的编码,则其电文转成二进制串为"000110110010",长度变为 14。在编码过程中,7-21(a)和 7-21(b)都采用等长编码。而如果考虑到字符出现的频率,让出频率高的字符采用更短的编码,则可以使得二进制串更短。

字符	编码
A	000
B	010
C	100
D	111

(a)

字符	编码
A	00
B	01
C	10
D	11

(b)

字符	编码
A	0
B	110
C	10
D	111

(c)

字符	编码
A	01
B	010
C	001
D	10

(d)

图 7-21　字符的 4 种不同编码方案

哈夫曼树是可以用于构造使电文的编码总长度最短的编码方案。

哈夫曼树又叫作最优二叉树,是 n 个带权叶子节点构成的所有二叉树中带权路径最短的二叉树。

7.7.1 哈夫曼树的定义

1. 相关概念

要理解哈夫曼树,首先理解以下几个基本概念。

(1)路径(Path):从树中的一个节点到另一个节点之间的分支构成这两个节点间的路径。

(2)路径长度(Path Length):路径上的分支数。

(3)树的路径长度(Path Length of Tree):从树的根节点到每个节点的路径长度之和。在节点数目相同的二叉树中,完全二叉树的路径长度短。

(4)节点的权(Weight of Node):在一些应用中,赋予树中节点的一个有实际意义的数。

(5)节点的带权路径长度(Weight Path Length of Node):从该节点到树的根节点的路径长度与该节点的权的乘积。

(6)树的带权路径长度(WPL):树中所有叶子节点的带权路径长度之和,也称为树的代价,记为

$$WPL = \sum_{k=1}^{n} W_k l_k$$

其中,W_k 为第 k 个叶子节点的权值,L_k 为第 k 个叶子节点的路径长度。

2. 哈夫曼树的定义

那么,什么是哈夫曼树呢?

哈夫曼树(Huffman Tree),是指对于一组具有确定权值的叶子节点的具有最小带权路径长度的二叉树,哈夫曼树又称为最优二叉树。

在图 7-22 所示的三棵二叉树,图(a)、(b)、(c)、(d)二叉树都有 4 个叶子节点 A,B,C,D,且其权值分别为 4,3,2,1。

它们的带权路径长度分别为:

(a)的 WPL $= 4 \times 2 + 3 \times 2 + 2 \times 2 + 1 \times 2 = 20$

(b)的 WPL $= 4 \times 2 + 3 \times 3 + 2 \times 1 + 1 \times 3 = 22$

(c)的 WPL $= 4 \times 3 + 3 \times 3 + 2 \times 2 + 1 \times 1 = 26$

(d)的 WPL $= 4 \times 1 + 3 \times 2 + 2 \times 3 + 1 \times 3 = 19$

图 7-22(d)所示二叉树的带权路径长度最小,所以这棵二叉树就是哈夫曼树。

7.7.2 哈夫曼树的构造

1. 哈夫曼算法

那么,如何根据给定的节点来构造一棵哈夫曼树呢?

假设给定 n 个权值,将其构造成一棵带有 n 个带有给定权值的叶节点的二叉树,使得其权值路径长度 WPL 最小的方法,这种方法就是哈夫曼算法。

哈夫曼算法的基本思想如下:

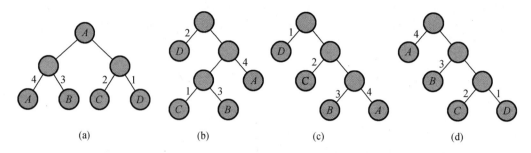

图 7－22　具有不同带权路径长度的二叉树

（1）根据给定的 n 个权值 $\{w_1,w_2,\cdots,w_n\}$，构造 n 棵只有根节点的二叉树集合，即森林 $F=\{T_1,T_2,\cdots,T_n\}$；

（2）从森林 F 中选取两棵根节点的权值最小的二叉树作为左、右子树，构造成一棵新的二叉树，且将新的二叉树的根节点的权值置为其左、右子树根节点权值之和；

（3）在森林 F 中删除这两棵树，并把新得到的二叉树加入森林 F 中；

（4）重复上述步骤，直到集合中只剩下一棵二叉树为止，这棵二叉树就是哈夫曼树。

图 7－23 是将 A,B,C,D 四个权值分别为 4,3,2,1 的节点构造成哈夫曼树的过程。

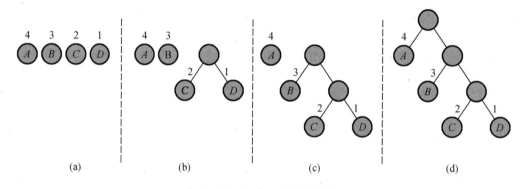

图 7－23　哈夫曼树构造过程

2.哈夫曼算法说明

（1）当选取两棵根节点权值最小的二叉树时出现权值相同的情况时，可以在相同权值的二叉树中选取任意一棵。

（2）两棵根节点权值最小的二叉树组成新的二叉树的左、右子树时，哪一个棵树做作左子树和右子树是没有规定。

（3）在哈夫曼树中，权值越大的叶子节点离根节点越近，这是 WPL 最小的实际根据和哈夫曼树的应用依据。

（4）在哈夫曼树中没有度为 1 的节点，根据二叉树的性质 4 和哈夫曼树的特点可知，一棵有 n 个叶子节点构造的哈夫曼树共有 $2n-1$ 个节点。

3.哈夫曼算法实现

为了能够实现哈夫曼算法，构造哈夫曼树，需要对哈夫曼树的类型进行如下定义。

```
typedef struct
{
    int weight;                    // 权值
    int parent, lchild, rchild;    // 双亲节点及左右孩子的下标
} HTNode, * HuffmanTree;
```

由上述定义可知,weight 表示权值,parent、lchild、rchild 分别为双亲节点和左、右孩子下标。

算法设计思想:

(1)初始化。将 ht[0..m-1] 中 2n-1 个分量里的双亲域、左孩子、右孩子均设置成 -1,权值设置为 0。

(2)输入。读入 n 个叶子节点的权值,并存放在 ht 的前 n 个分量中(即 ht[0..n-1])。ht[0..n-1] 是初始森林中 n 个孤立根节点上的权值。

(3)合并。对森林中的二叉树进行 n-1 次合并,所产生的新节点依次放入 ht 第 $i(n \le i \le m-1)$ 个分量中,并且每一次合并需要分为以下两步:

①在当前森林 ht[0..i-1] 的所有节点中,选取权值最小和次小的两个根节点 ht[s1] 和 ht[s2] 作为合并对象。其中 $0 \le s1, s2 \le i-1$。

②将根为 ht[s1] 和 ht[s2] 的两棵树作为左、右子树合并为一棵新的二叉树,新二叉树的根是新节点 ht[i]。即合并过程是将 ht[s1] 和 ht[s2] 的 parent 域置为 i;将 ht[i] 的 lchild 域和 rchild 域分别为 s1 和 s2;新节点 ht[i] 的权值置为 ht[s1] 和 ht[s2] 的权值之和。

合并后的 ht[s1] 和 ht[s2] 在当前森林中作为 ht[i] 的孩子节点,并将 ht[s1] 和 ht[s2] 的 parent 的域都设为 i,而下一次合并,ht[s1] 和 ht[s2] 不会再被选择。

ht 中前 n 个分量表示叶子节点,最后一个分量表示根节点。

算法实现代码如下:

```
void SelectMin( HuffmanTree ht, int n, int &s1, int &s2)        //选择两棵权值最小的树
{
    s1 = s2 = 0;
    int i;
    for( i = 1; i < n; ++ i)
    {
        if( 0 == ht[ i ]. parent)
        {
            if( 0 == s1)
            {
                s1 = i;
            }
            else
            {
                s2 = i;
                break;
```

```
                    }
                }
            }
        if( ht[s1].weight > ht[s2].weight)
            {
                int t = s1;
                s1 = s2;
                s2 = t;
            }
        for( i += 1; i < n; ++ i)
            {
                if( 0 == ht[i].parent)
                    {
                        if( ht[i].weight < ht[s1].weight)
                            {
                                s2 = s1;
                                s1 = i;
                            }
                        else if( ht[i].weight < ht[s2].weight)
                            {
                                s2 = i;
                            }
                    }
            }
    }


void CreateHufmanTree( HuffmanTree &hT)        // 构造有 n 个权值(叶子节点)的哈夫曼树
{
    int n, m;
    scanf( "%d",&n);
    m = 2 * n - 1;
    ht = new HTNode[m + 1];                    // 不使用 0 号节点
    for( int i = 1; i <= m; ++ i)
        {
            ht[i].parent = ht[i].lchild = ht[i].rchild = 0;
        }
    for( int i = 1; i <= n; ++ i)
        {
            scanf( "%d",&ht[i].weight);        // 输入权值
        }
    ht[0].weight = m;                          // 用 0 号节点保存节点数量
    //初始化完毕, 创建哈夫曼树
```

```
for( int i = n + 1; i <= m; ++ i)
  {
      int s1, s2;
      SelectMin( ht, i, s1, s2);
      hT[ s1 ]. parent = ht[ s2 ]. parent = i;
      hT[ i ]. lchild = s1; ht[ i ]. rchild = s2;          // 作为新节点的孩子
      hT[ i ]. weight = ht[ s1 ]. weight + ht[ s2 ]. weight;    //新节点为左右孩子节点权值之和
  }
}
```

7.7.3　哈夫曼树的编码

在数据通信中,常常需要将传送的文字转换成二进制字符 0 和 1 组成的二进制字符串,这一过程称之为编码。

最简单的编码方式是等长编码。假设电文中只有 A, B, C, D 四个字符,等长编码就是把他们转化成相同长度的二进制数来表示,如可以采用三位二进制数表示,A, B, C, D 四个字符分别表示成 $000, 001, 010, 011$。

显然,上述编码没有考虑到每个字符出现的频率问题,假设四个字符分别在一份电文中出现的次数为 4,2,6,9,则构造哈夫曼树,可以使得电文编码的长度最短,从而缩短传送电文的总长度。构造方法如下:

首先,设需要编码的字符集合为 $\{d_1, d_2, \cdots, d_n\}$,每个字符在电文中出现的次数集合为 $\{w_1, w_2, \cdots, w_n\}$,以 $d_i (1 \leqslant i \leqslant n)$ 作为叶子节点,$w_i (1 \leqslant i \leqslant n)$ 作为各叶子节点的权值,构造一棵哈夫曼树,规定哈夫曼树中左分支代为 0,右分支为 1,则从根节点到每个叶子节点所经过的路径分支组成了 0、1 序列即为该节点对应的字符的编码,该编码称为哈夫曼编码。

哈夫曼编码节点类型定义如下:

```
typedef struct
  {
      char cd[ N ];        //存放哈夫曼码
      int start;
  } HCode;
```

在哈夫曼树的每个叶子节点的哈夫曼编码的长度有所不同,HCode 类型变量记录着当前节点的哈夫曼编码。对于当前叶子节点 ht[i],首先将其对应的哈夫曼编码 hc[i] 的 start 域的初值置为 n,然后搜索其双亲节点,如果当前节点是双亲节点的左孩子节点,则将 hc[i] 的 cd 数组中添加"0";如果当前节点是双亲节点的右孩子节点,则将 hc[i] 的 cd 数组中添加"1",同时令 start 减 1,然后同样的方法对其双亲节点进行操作,直到无双亲节点为止,即到达根节点,此时 start 指向哈夫曼编码的起始字符。

哈夫曼树求对应的编码算法如下:

```
void CreateHCode( HTNode ht[ ] ,HCode hcd[ ] ,int n)
  {
      int i,f,c;
      HCode hc;
      for (i = 0;i < n;i ++ )            //根据哈夫曼树求哈夫曼编码
        {
            hc. start = n;c = i;
            f = ht[ i]. parent;
            while (f! = − 1)
              {
                  if (ht[ f]. lchild == c)      //处理左孩子节点
                      hc. cd[ hc. start −− ] = '0';
                  else                    //处理右孩子节点
                      hc. cd[ hc. start −− ] = '1';
                  c = f;f = ht[ f]. parent;
              }
            hc. start ++ ;          //start 指向哈夫曼编码 hc. cd[ ]中最开始字符
            hcd[ i] = hc;
        }
  }
```

【例 7 − 5】 假设在某电文中使用了以下 8 个字符 a,b,c,d,e,f,g,h,各字符在电文中出现的次数分别为 $7,19,25,6,21,15,9,11$,为该字符集构造哈夫曼编码。

解 构造哈夫曼树的方法如下:

(1)选择频率最低的 a 和 d 构造二叉树,将其根节点权值设为 a 和 d 的权值和 13,将根节点记为 $t1$。

(2)选择频率最低的 g 和 h 构造二叉树,将其根节点权值设为 g 和 h 的权值和 20,将根节点记为 $t2$。

(3)选择频率最低的 f 和 $t1$ 构造二叉树,将其根节点权值设为 f 和 $t1$ 的权值和 28,将根节点记为 $t3$。

(4)选择频率最低的 b 和 $t2$ 构造二叉树,将其根节点权值设为 b 和 $t2$ 的权值和 39,将根节点记为 $t4$。

(5)选择频率最低的 c 和 e 构造二叉树,将其根节点权值设为 c 和 e 的权值和 46,将根节点记为 $t5$。

(6)选择频率最低的 $t3$ 和 $t4$ 构造二叉树,将其根节点权值设为 $t3$ 和 $t4$ 的权值和 67,将根节点记为 $t6$。

(7)选择频率最低的 $t5$ 和 $t6$ 构造二叉树,将其根节点权值设为 $t5$ 和 $t6$ 的权值和 113,将根节点记为 $t7$。

构造出的哈夫曼树如图 7 − 24 所示,哈夫曼编码为:

a:1010 b:110 c:00 d:1011

e:01 f:100 g:1100 h:1111

编码的总长度 = $4 \times (7 + 6 + 9 + 11) + 3 \times (15 + 19) + 2 \times (25 + 21) = 326$

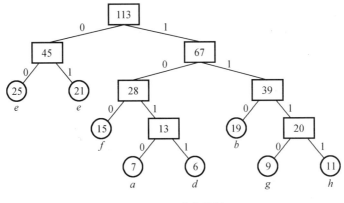

图 7-24　哈夫曼树

7.8　树 和 森 林

如果树和森林可以用二叉树来表示,那么就意味着可以借助二叉树的存储结构和在二叉树上的操作来完成对树和森林的存储表示和操作。从前面所讲的树的孩子兄弟表示法可以看出,如果约定某种规则,则可以实现用二叉树的存储结构来表示树和森林。本节讨论有关二叉树与树和森林之间的转换方法。

7.8.1　树、森林及二叉树之间的转换

1. 树转换成二叉树

如果一棵树其各节点的孩子节点次序无关紧要,那么这棵树即是一棵无序树。但是对于一个二叉树来说,二叉树节点的左、右孩子节点是有区别的。我们可以对树中的各个节点进行编号,即每个节点的孩子从左向右依次进行编号,如图 7-25 所示。

如果想要将一棵树转化成二叉树,则需要按以下方法进行操作:

(1)加虚线。在树的每层按"从左至右"的顺序在相邻的兄弟之间依次添加虚线相连。

(2)删连线。树中的每个节点除与最左的第一个子节点的连线外,节点与所有其他子节点的连线都删除掉。

(3)旋转。以树的根节点为轴心,将树顺时针旋转 45°,原有的实线左斜。

(4)整型。将旋转后树中的所有虚线改为实线,并向右斜,得到该树对应的二叉树。

转换过程如图 7-25 所示。

观察发现,这样转换后的二叉树具有如下几个特点:

(1)二叉树的根节点,只有左子树,没有右子树;

(2)左子节点仍然是原来树中相应节点的左子节点,即左分支上的各个节点与原来树中之间的关系是父子关系;而所有沿右链往下的右子节点均是原来树中该节点的兄弟节点,即右分支上的节点在原来树中是兄弟关系。

2. 二叉树转换成树

树可以转化成二叉树,同样的一棵二叉树也可以转化成树。如何将一棵二叉树转化

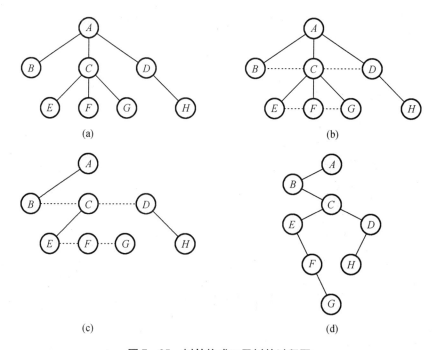

图 7-25 树转换成二叉树的过程图

(a)原树;(b)加虚线;(c)删连线;(d)旋转、整型

成树?

将二叉树转化成树,步骤如下:

(1)加虚线。若某节点是其父节点的左子树的根节点,则将该节点的右子节点以及沿右子链不断地搜索所有的右子节点,将所有这些右子节点与该节点的父节点之间加虚线相连。

(2)删连线。删除二叉树中所有父节点与右子节点之间的连线。

(3)整型。将各节点按层次排列且将所有的虚线变成实线。

如图 7-26 为将图 7-25(d)所示的二叉树转化成树的过程。

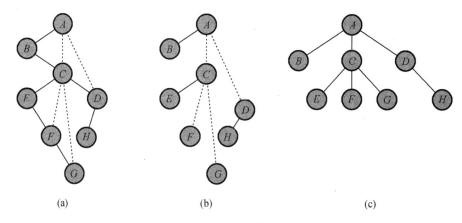

图 7-26 二叉树转化成树

(a)加虚线;(b)删连线;(c)整型

3. 森林转换成二叉树

森林是由若干棵树集合而成,只需要将其中的一棵树转换成二叉树后,二叉树的右子树必为空。若把森林中的第二棵树(转换成二叉树后)的根节点作为第一棵树(二叉树)的根节点的兄弟节点。转换步骤如下:

(1)将森林中的每棵树转换成二叉树;

(2)按给出的森林中树的次序,从最后一棵二叉树开始,每棵二叉树作为前一棵二叉树的根节点的右子树,依次类推,第一棵树的根节点即是转换后生成的二叉树的根节点。

如图 7-27 所示森林转化成二叉树的过程。

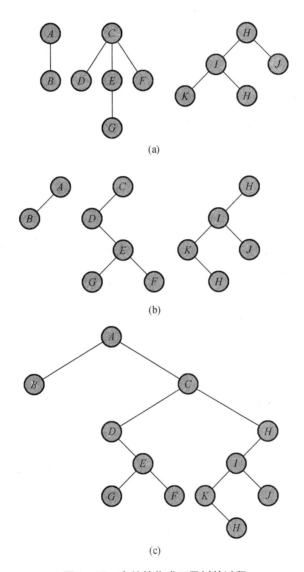

图 7-27 森林转化成二叉树的过程

(a)森林;(b)森林转换成三棵二叉树;(c)森林转化成二叉树

4. 二叉树转换成森林

将一棵二叉树,转换成由若干棵树构成森林的方法步骤如下所示:

（1）去连线。将二叉树的根节点与其右子节点以及沿右子节点链方向的所有右子节点的连线全部去掉,得到若干棵孤立的二叉树,每一棵就是原来森林中的树依次对应的二叉树。

（2）二叉树的还原。将所有孤立的二叉树按二叉树转换成树的方法还原成一般的树。

如图 7 - 28 所示为将图 7 - 27(c)所示二叉树转换成森林过程。

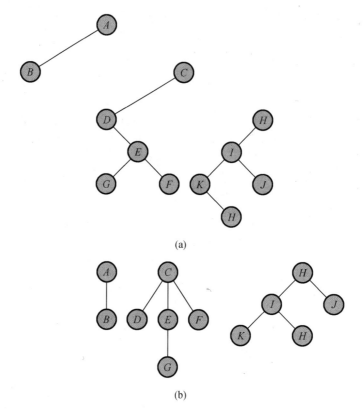

(a)

(b)

图 7 - 28　二叉树转换成森林过程

（a)删连线;(b)二叉树还原

7.8.2　树和森林的遍历

1.树的遍历

由树结构的定义可知,树的遍历有三种方法。

（1）先序遍历:先访问根节点,然后依次先序遍历完每棵子树。如图 7 - 29 的树,先序遍历的次序是:*ABCEFGDHI*

（2）后序遍历:先依次后序遍历完每棵子树,然后访问根节点。如图 7 - 29 的树,后序遍历的次序是:*BEFGCHIDA*

（3）层序遍历:从树的根节点开始,按层从左到右依次访问节点。如图 7 - 29 的树,层序遍历的次序是:*ABCDEFGHI*

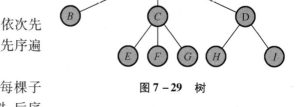

图 7 - 29　树

如果把树转换成二叉树,并对其进行先序遍历、中序遍历和后序遍历,我们会发现树的先序遍历实质上与将树转换成二叉树后对二叉树的先序遍历相同。树的后序遍历实质上与将树转换成二叉树后对二叉树的中序遍历相同。所以,当用二叉链表来存储树的结构时,树的先序遍历和后序遍历可以采用二叉树先序遍历算法和中序遍历算法来实现。

2. 森林的遍历

对森林的遍历可以采用三种方法。

(1)先序遍历:

实际上就是按先序遍历树的方式依次遍历森林中的每棵树。方法如下:

①访问森林中第一棵树的根节点;

②先序遍历第一棵树的根节点的子树;

③先序遍历除第一棵树以外的其他树。

(2)中序遍历:

按后序遍历树的方式依次遍历森林中的每棵树。方法如下:

①先序遍历第一棵树的根节点的子树;

②访问森林中第一棵树的根节点;

③中序遍历除第一棵树以外的其他树。

(3)层序遍历:

按层序遍历树的方式依次遍历森林中的每棵树。方法如下:

①先从第一棵树根节点开始,按层从左到右依次访问第一棵树的节点;

②按层依次访问森林中除第一棵树以外的其他树。

习　题　7

一、选择题

1. 树最适合用来表示(　　　)。

A. 有序数据元素

B. 元素之间具有分支层次关系的数据

C. 无序数据元素

D. 元素之间无联系的数据

2. 对含有(　　　)个节点的非空二叉树,采用任何一种遍历方式,其节点访问序列均相同。

A. 0　　　　　　　B. 1　　　　　　　C. 2　　　　　　　D. 不存在这样的二叉树

3. 有一"遗传"关系,设 x 是 y 的父亲,则 x 可以把它的属性遗传给 y,表示该遗传关系最适合的数据结构是(　　　)。

A. 向量　　　　　　　B. 树　　　　　　　C. 图　　　　　　　D. 二叉树

4. 树的层号表示为 $1a,2b,3d,3e,2c$,对应于下面选择的(　　　)。

A. $1a(2b(3d,3e),2c)$　　　　　　　　B. $a(b(D,e),c)$

C. $a(b(d,e),c)$　　　　　　　　D. $a(b,d(e),c)$

5. 如下所示的二叉树中,( )不是完全二叉树。

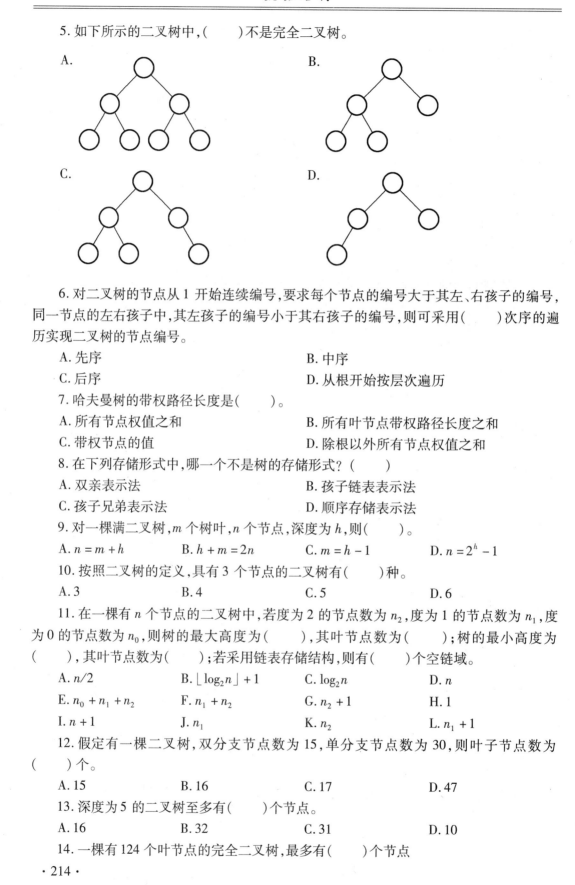

A.

B.

C.

D.

6. 对二叉树的节点从 1 开始连续编号,要求每个节点的编号大于其左、右孩子的编号,同一节点的左右孩子中,其左孩子的编号小于其右孩子的编号,则可采用( )次序的遍历实现二叉树的节点编号。

A. 先序

B. 中序

C. 后序

D. 从根开始按层次遍历

7. 哈夫曼树的带权路径长度是( )。

A. 所有节点权值之和

B. 所有叶节点带权路径长度之和

C. 带权节点的值

D. 除根以外所有节点权值之和

8. 在下列存储形式中,哪一个不是树的存储形式?( )

A. 双亲表示法

B. 孩子链表表示法

C. 孩子兄弟表示法

D. 顺序存储表示法

9. 对一棵满二叉树,m 个树叶,n 个节点,深度为 h,则( )。

A. $n = m + h$　　　　 B. $h + m = 2n$　　　　 C. $m = h - 1$　　　　 D. $n = 2^h - 1$

10. 按照二叉树的定义,具有 3 个节点的二叉树有( )种。

A. 3　　　　　　 B. 4　　　　　　 C. 5　　　　　　 D. 6

11. 在一棵有 n 个节点的二叉树中,若度为 2 的节点数为 n_2,度为 1 的节点数为 n_1,度为 0 的节点数为 n_0,则树的最大高度为( ),其叶节点数为( );树的最小高度为( ),其叶节点数为( );若采用链表存储结构,则有( )个空链域。

A. $n/2$　　　　　 B. $\lfloor \log_2 n \rfloor + 1$　　　 C. $\log_2 n$　　　　 D. n

E. $n_0 + n_1 + n_2$　 F. $n_1 + n_2$　　　　 G. $n_2 + 1$　　　　 H. 1

I. $n + 1$　　　　　 J. n_1　　　　　　 K. n_2　　　　　 L. $n_1 + 1$

12. 假定有一棵二叉树,双分支节点数为 15,单分支节点数为 30,则叶子节点数为( )个。

A. 15　　　　　　 B. 16　　　　　　 C. 17　　　　　　 D. 47

13. 深度为 5 的二叉树至多有( )个节点。

A. 16　　　　　　 B. 32　　　　　　 C. 31　　　　　　 D. 10

14. 一棵有 124 个叶节点的完全二叉树,最多有( )个节点

A. 247   B. 248   C. 249   D. 250

15. 设高度为 h 的二叉树中只有度为 0 和度为 2 的节点,则此类二叉树中所包含的节点数至少为(   ),至多为(   )。

A. $2h$ B. $2h-1$ C. 2^{h-1} D. 2^h-1

16. 在一棵二叉树上第 5 层的节点数最多为(   )(假设根节点的层数为 1)。

A. 5   B. 10   C. 2^5 D. 2^4

17. 含有 129 个叶子节点的完全二叉树,最少有(   )个节点

A. 254   B. 255   C. 256   D. 257

18. 以下说法错误的是(   )。

A. 一般在哈夫曼树中,权值越大的叶子离根节点越近

B. 哈夫曼树中没有度数为 1 的分支节点

C. 若初始森林中共有 n 棵二叉树,最终求得的哈夫曼树共有 $2n-1$ 个节点

D. 若初始森林中共有 n 棵二叉树,进行 $2n-1$ 次合并后才能剩下一棵最终的哈夫曼树

19. 用顺序存储的方法将完全二叉树中所有节点逐层存放在数组 $R[1\cdots n]$ 中,节点 $R[i]$ 若有左子树,则左子树是节点(   )。

A. $R[2i+1]$ B. $R[2i]$ C. $R[i/2]$ D. $R[2i-1]$

20. 下列说法正确的是(   )。

A. 树的先根遍历序列与其对应的二叉树的前序遍历序列相同

B. 树的先根遍历序列与其对应的二叉树的后序遍历序列相同

C. 树的后根遍历序列与其对应的二叉树的前序遍历序列相同

D. 树的后根遍历序列与其对应的二叉树的后序遍历序列相同

21. 下列说法中正确的是(   )。

A. 任何一棵二叉树中至少有一个节点的度为 2

B. 任何一棵二叉树中每个节点的度都为 2

C. 任何一棵二叉树中的每个节点的度肯定等于 2

D. 任何一棵二叉树中的每个节点的度都可以小于 2

22. 在一棵非空二叉树的中序遍历序列中,根节点的右边(   )。

A. 只有右子树上的所有节点   B. 只有右子树上的部分节点

C. 只有左子树上的所有节点   D. 只有左子树上的部分节点

23. 任何一棵二叉树的叶节点在先序、中序和后序遍历中的相对次序(   )。

A. 不发生改变   B. 发生改变   C. 不能确定   D. 以上都不对

24. 设 n、m 为一棵树上的两个节点,在中序遍历时,n 在 m 前的条件是(   )。

A. n 在 m 右方   B. n 是 m 祖先   C. n 在 m 左方   D. n 是 m 子孙

25. 一棵完全二叉树按层次遍历的序列为 $ABCDEFGHI$,则在先序遍历中节点 E 的直接前驱为(   ),后序遍历中节点 B 的直接后继是(   )。

A. B B. D C. A D. I E. F F. C

26. 已知某二叉树的后序遍历序列是 $dabec$,中序遍历序列是 $debac$,它的前序遍历序列是(   )。

A. $acbed$ B. $decab$ C. $deabc$ D. $cedba$

27. 以下有关二叉树的说法正确的是(   )。

A. 二叉树的度为 2

B. 一棵二叉树的度可以小于 2

C. 二叉树中至少有一个节点的度为 2

D. 二叉树中任一个节点的度均为 2

28. 一棵完全二叉树上有 1 001 个节点,其中叶子节点的个数为( )。

A. 250　　　　　　B. 500　　　　　　C. 254　　　　　　D. 501

29. 一棵完全二叉树有 999 个节点,它的深度为( )。

A. 9　　　　　　　B. 10　　　　　　C. 11　　　　　　D. 12

30. 一棵具有 5 层的满二叉树所包含的节点个数为( )。

A. 15　　　　　　B. 31　　　　　　C. 63　　　　　　D. 32

31. 若二叉树采用二叉链表作存储结构,要交换其所有分支节点左右子树的位置,利用( )遍历方法最合适。

A. 前序　　　　　B. 中序　　　　　C. 后序　　　　　D. 层次

32. 线索二叉树是一种( )结构。

A. 逻辑　　　　　B. 逻辑和存储　　C. 物理　　　　　D. 线性

33. 如果 $T2$ 是由有序树 T 转换而来的二叉树,那么 T 中节点的前序就是 $T2$ 中节点的( )。

A. 前序　　　　　B. 中序　　　　　C. 后序　　　　　D. 层次序

34. 设 T 是哈夫曼树,具有 5 个叶节点,树 T 的高度最高可以是( )。

A. 1　　B. 2　　C. 3　　D. 4　　E. 5　　F. 6

35. 由带权为 8,2,5,7 的四个叶子节点构造一棵哈夫曼树,该树的带权路径长度为( )。

A. 23　　　　　　B. 37　　　　　　C. 46　　　　　　D. 43

36. 树的后根遍历序列等同于该树对应的二叉树的( )。

A. 先序遍历　　　B. 中序遍历　　　C. 后序遍历　　　D. 层次遍历

37. 设有一表示算术表达式的二叉树(如右图所示)。

它所表示的算术表达式是( )

A. $A*B+C/(D*E)+(F-G)$

B. $(A*B+C)/(D*E)+(F-G)$

C. $(A*B+C)/(D*E+(F-G))$

D. $A*B+C/D*E+F-G$

38. 以下说法错误的是( )。

A. 树形结构的特点是一个节点可以有多个直接前趋

B. 线性结构中的一个节点至多只有一个直接后继

C. 二叉树与树是两种不同的数据结构

D. 树(及一切树形结构)是一种"分支层次"结构

39. 以下说法错误的是( )。

A. 二叉树可以是空集

B. 二叉树的任一节点都有两棵子树

C. 二叉树与树具有相同的树形结构

D. 二叉树中任一节点的两棵子树有次序之分

40. 设森林 F 对应的二叉树为 B，它有 m 个节点，B 的根为 p，p 的右子树节点个数为 n，森林 F 中第一棵树的节点个数是（　　）。

A. $m - n$　　　　　　B. $m - n - 1$　　　　　C. $n + 1$　　　　　D. 条件不足，无法确定

41. 以下说法错误的是（　　）。

A. 完全二叉树上节点之间的父子关系可由它们编号之间的关系来表达

B. 在三叉链表上，二叉树的求双亲运算很容易实现

C. 在二叉链表上，求根，求左、右孩子等很容易实现

D. 在二叉链表上，求双亲运算的时间性能很好

42. 将含有 41 个节点的完全二叉树从根节点开始编号，根为 1 号，后面按从上到下、从左到右的顺序对节点编号，那么编号为 21 的双亲节点编号为（　　）。

A. 10　　　　　　　B. 11　　　　　　　C. 41　　　　　　　D. 20

43. 任何一棵二叉树的叶节点在其先根、中根、后根遍历序列中的相对位置（　　）。

A. 肯定发生变化　　B. 有时发生变化　　C. 肯定不发生变化　　D. 无法确定

44. 在线索二叉树上，线索是（　　）。

A. 两个标志域　　　　　　　　　　B. 指向节点前驱和后继的指针

C. 数据域　　　　　　　　　　　　D. 指向左、右子树的指针

45. 已给出如右图所示哈夫曼树，那么电文 CDAA 的编码是（　　）。

A. 110100

B. 11011100

C. 010110111

D. 11111100

46. 如右图所示二叉树，A，B，C，D 分别带权值为 7，5，2，4 则该树的带权路径长度为（　　）。

A. 46　　　　　　　B. 36　　　　　　　C. 35　　　　　　　D. 都不是

47. 在线索化二叉树中，t 所指节点没有左子树的充要条件是（　　）。

A. $t ->$ lchild == NULL　　　　　　B. $t ->$ ltag == 1

C. $t ->$ ltag == 1 && $t ->$ lchild == NULL　　D. 以上都不对

48. 下列叙述中正确的是（　　）。

A. 二叉树是度为 2 的有序树　　　B. 二叉树中节点只有一个孩子时无左右之分

C. 二叉树中必有度为 2 的节点　　D. 二叉树中节点最多有两棵子树，并且有左右之分

二、填空题

1. 在树形结构中，树根节点没有（　　）节点，其余每个节点有且只有（　　）个前驱节点；叶子节点没有（　　）节点，其余每个节点的后继节点可以（　　）。

2. 假定一棵树的广义表表示为 $A(B(E), C(F(H, I, J), G), D)$，则该树的度为（　　），树的深度为（　　），终端节点的个数为（　　），单分支节点的个数为（　　），双分支节点的个数为（　　），三分支节点的个数为（　　），C 的双亲节点为（　　），其孩子节点为

(   )。

3.设树 T 中除叶节点外,任意节点的度数都是 3,则 T 的第 I 层节点的个数为(   )。

4.在具有 $n(n>=1)$ 个节点的 k 叉树中,有(   )个空指针。

5.设根节点的层次数为 0,定义树的高度为树中层次最大的节点的层次加 1,则高度为 k 的二叉树具有的节点数目,最少为(   ),最多为(   )。

6.n 个节点的完全二叉树,若按从上到下、从左到右给节点顺序编号,则编号最大的非叶节点编号为(   ),编号最小的叶节点编号为(   )。

7.下面是求二叉树高度的类 C 写的递归算法试补全算法

[说明]二叉树的两指针域为 lchild 与 rchild,算法中 p 为二叉树的根,lh 和 rh 分别为以 p 为根的二叉树的左子树和右子树的高,hi 为以 p 为根的二叉树的高,hi 最后返回。

```
height( p )
  { if (   (1)   )
      {  if( p -> lchild == null) lh =   (2)
         else lh =   (3)   ;
         if( p -> rchild == null) rh =   (4)   ;
         else   rh =   (5)   ;
         if ( lh > rh) hi =   (6)   ;
         else   hi =   (7)   ;
      }
    else   hi =   (8)   ;
    return     hi;
  }
```

8.下面是中序线索树的遍历算法,树有头节点且由指针 thr 指向。树的节点有五个域,分别为数据域 data,左、右孩子域 lchild、rchild 和左、右标志域 ltag,rtag。规定,标志域为 1 是线索,0 是指向孩子的指针。

```
inordethread( thr )
  { p = thr -> lchild;
    while (   (1)   )
      {   while(   (2)   )
              p =   (3)   ;
          printf( p -> data );
          while(   (4)   )
              { p =   (5)   ;printf( p -> data );}
          p =   (6)   ;
      }
  }
```

9.一棵含有 n 个节点的 k 叉树,可能达到的最大深度为(   ),最小深度为(   )。

10.一棵深度为 k 的满二叉树的节点总数为(   ),一棵深度为 k 的完全二叉树的节点总数的最小值为(   ),从左到右次序给节点编号(从 1 开始)则编号最小的叶子节点的编号是(　　　),最大值为(　　　)。

11. 在一棵二叉树中,度为 0 的节点个数为 n_0,度为 2 的节点个数为 n_2,则 $n_0 =$ (　　　)。

12. 具有 n 个节点的完全二叉树,其叶子节点的个数为(　　　)。

13. 对于一棵具有 n 个节点的二叉树,当进行链接存储时,其二叉链表中的指针域的总数为(　　　)个,其中(　　　)个用于链接孩子节点,(　　　)个空闲。

14. 对于一棵具有 n 个节点的二叉树,当它为一棵(　　　)二叉树时具有最小高度,高度为(　　　),当它为一棵单支树时具有(　　　)高度,高度为(　　　)。

15. 用一维数组存放完全二叉树:$ABCDEFGHI$,则后序遍历该二叉树的节点序列为(　　　)。

16. 有 n 个节点的二叉树,已知叶节点个数为 n_0,则该树中度为 1 的节点的个数为(　　　);若此树是深度为 k 的完全二叉树,则 n 的最小值为(　　　)。

17. 从概念上讲,树与二叉树是两种不同的数据结构,将树转化为二叉树的基本目的是(　　　)。

18. 一棵完全二叉树按层次遍历的序列为 $ABCDEFGHI$,则在先序遍历中节点 E 的直接前驱为(　　　),后序遍历中节点 B 的直接后继为(　　　)。

19. 某二叉树的中序遍历序列为 $ABCDEFG$,后序序列为 $BDCAFGE$,则该二叉树节点的前序序列为(　　　),该二叉树对应的森林包括(　　　)棵树。

20. 高度为 k 的二叉树的最大节点数为(　　　),最小节点数为(　　　)。

21. 对于一棵具有 n 个节点的二叉树,该二叉树中所有节点的度数之和为(　　　)。

22. 一棵二叉树的第 I 层最多有(　　　)个节点,一棵有 n 个节点的满二叉树共有(　　　)个叶子节点和(　　　)个非终端节点。

23. 一棵完全二叉树的第 5 层有 5 个节点,则共有(　　　)个节点,其中度为 1 的节点有(　　　)个,度为 0 的节点有(　　　)个。

24. 树所对应的二叉树其根节点的(　　　)子树一定为空。

25. 在一棵二叉排序树上按(　　　)遍历得到的节点序列为有序序列。

26. 由 n 个权值构成的哈夫曼树共有(　　　)个节点。

27. 设 F 是由 T_1、T_2 和 T_3 三棵树组成的森林,与 F 对应的二叉树为 B。已知 T_1、T_2 和 T_3 的节点数分别是 n_1、n_2 和 n_3,则二叉树 B 的左子树中有(　　　)个节点,二叉树 B 的右子树中有(　　　)节点。

28. 有一份电文中共使用 6 个字符:a,b,c,d,e,f,它们的出现频率依次为 2,3,4,7,8,9,试构造一棵哈夫曼树,则其加权路径长度 WPL 为(　　　),字符 c 的编码是(　　　)。

29. 由带权为 3,9,6,2,5 的 5 个叶子节点构成一棵哈夫曼树,则带权路径长度为(　　　)。

30. 设 F 是一个森林,B 是由 F 转换得到的二叉树,F 中有 n 个非终端节点,则 B 中右指针域为空的节点有(　　　)个。

三、简答题

1. 分别画出含 3 个节点的树与二叉树的所有不同形态。

2. 设在树中,节点 x 是节点 y 的双亲时,用 (x,y) 来表示边。已知一棵树边的集合为:$\{(i,j),(i,k),(b,e),(e,i),(b,d),(a,b),(c,g),(c,f),(c,h),(a,c)\}$,用树形表示法画

出此树,并回答下列问题:

(1)哪个是根节点?

(2)哪些是叶子节点?

(3)哪个是 g 的双亲?

(4)哪些是 g 的祖先?

(5)哪些是 e 的子孙?

(6)哪些是 f 的兄弟?

(7)节点 b 和 j 的层次各是多少?

(8)树的深度是多少?

(9)树的度数是多少?

3. 任意一个有 $n(n>0)$ 个节点的二叉树,已知它有 m 个叶子节点,试证明非叶子节点有 $m-1$ 个度为 2,其余度为 1。

4. 若一棵树中有度数为 1 至 m 的各种节点数为 $n_1,n_2,\cdots,n_m(n_m$ 表示度数为 m 的节点个数)请推导出该树中共有多少个叶子节点 n_0 的公式。

5. 试找出满足下列条件的二叉树

(1)先序序列与后序序列相同

(2)中序序列与后序序列相同

(3)先序序列与中序序列相同

(4)中序序列与层次遍历序列相同

6. 已知一组元素为(50,21,76,65,32,36,19,48,80),请完成以下操作:

(1)画出按元素排列顺序逐点插入所生成的二叉排序树 BT。

(2)分别计算在 BT 中查找各元素所要进行的元素间的比较次数及平均比较次数。

(3)画出在 BT 中删除(23)后的二叉树。

7. 分别画出题图 7 – 1 所示二叉树的二叉链表、三叉链表和顺序存储结构。

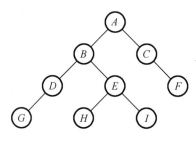

题图 7 – 1

8. 分别写出题图 7 – 2 所示二叉树的前序、中序和后序序列,并将其转化成树或森林。

9. 有七个带权节点,其权值分别为 2,6,8,1,5,10,12,试以它们为叶节点构造一棵哈夫曼树(请按照每个节点的左子树根节点的权小于等于右子树根节点的权的次序构造),并计算出带权路径长度 WPL 及该树的节点总数。

10. 设某密码电文由 8 个字母组成,每个字母在电文中的出现频率分别是 7,19,2,6,32,3,21,10,试为这 8 个字母设计相应的哈夫曼编码。

11. 将代数式:$y=3*(x+a)-a/x2$ 描述成表达式树,并写出前缀式和后缀式来。

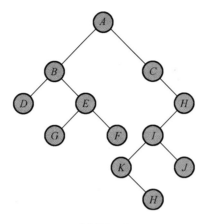

题图 7 - 2

12. 假设树采用指针方式的孩子表示法表示,试编写一个非递归函数,实现树的前序遍历算法和后序遍历算法。

13. 将题图 7 - 3、题图 7 - 4、题图 7 - 5 所示的森林转换成二叉树。

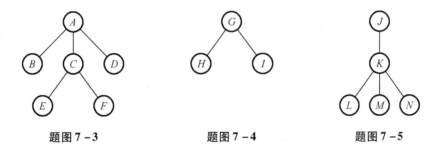

题图 7 - 3　　　　　　　　　题图 7 - 4　　　　　　　　　题图 7 - 5

14. 已知一棵树如题图 7 - 6 所示。要求:
(1)给出树的先根遍历序列和后根遍历序列;
(2)画出树的孩子链表、孩子兄弟链表和静态双亲链表;
(3)将该树转化为二叉树。

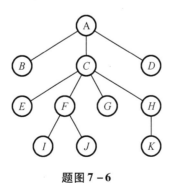

题图 7 - 6

第8章 图

在数据结构的非线性结构中,有一种比树形节点还复杂的结构,即图结构。相比与树形结构中,节点之间的分支层次关系,每一层的节点(除根节点外)只有一个前驱节点,但可以有多个后继节点。在图结构中,每个节点都可能有零个或多个前驱节点,也可以有零个或多个后继节点。所以图结构是比树形结构更复杂的结构。而且图结构比树形结构有更加广泛的应用,如:城市之间的交通网络。本章主要介绍图的基本概念、图的存储结构、图的遍历以及与图有关的算法等内容。

8.1 图的基本概念

8.1.1 图的定义和基本术语

1. 图的定义

图(Graph)是由两个集合 V(Vertex)和 E(Edge)组成的二元组,记作 $G = (V,E)$,其中 V 是顶点的非空有限集合,记为 $V(G)$,E 是连接 V 中两个不同顶点(顶点对)的边的有限集合,记作 $E(G)$。

图的形式化定义为:

$$G = (V, E)$$
$$V = \{v \mid v \in \text{data object}\}$$
$$E = \{<v,w> \mid v,w \in V \wedge p(v,w)\}$$

其中,$P(v,w)$ 表示从顶点 v 到顶点 w 有一条直接通路。

图 G 的顶点集 $V(G)$ 和边集 $E(G)$ 均可以为空。如果 $V(G)$ 为空,则表示图 G 为空图。如果 $E(G)$ 为空,则表示图 G 只有顶点而没有边。通常根据图的顶点偶对 $P(v,w)$ 将图分为有向图和无向图。

2. 基本术语

(1)无向图:在图 G 中,如果代表边的顶点对是无序的,则称 G 为无向图,无向图中代表边的无序顶点对通常用圆括号括起来,用以表示一条无向边。

(2)有向图:如果表示边的顶点对是有序的,则称 G 为有向图,在有向图中代表边的顶点对通常用尖括号括起来 。

在无向图中,若 $<v,w>$ 属于 $E(G)$,有 $<w,v>$ 属于 $E(G)$,即 $E(G)$ 是对称,则用无序对 (v,w) 表示 v 和 w 之间的一条边($Edge$),因此 (v,w) 和 (w,v) 代表的是同一条边。

【例8-1】 如图8-1所示。无向图 G1 和有向图 G2,其形式化定义分别是:

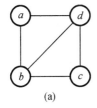 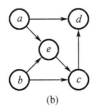

图 8 – 1 无向图和有向图

(a)无向图;(b)有向图

G1 = (V1 ,E1)

V1 = {a,b,c,d}

E1 = {(a,b),(a,d),(b,d),(b,c),(c,d)}

G2 = (V1,E1)

V2 = {a,b,c,d,e}

E2 = { < a,b > , < a,e > , < c,d > , < c,e > , < d,b > , < e,d > }

(3)无向完全图:若无向图中的每两个顶点之间都存在着一条边,则称图为无向完全图。

(4)有向完全图:有向图中的每两个顶点之间都存在着方向相反的两条边,则称图为有向完全图。

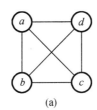 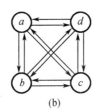

图 8 – 2 完全图

(a)无向完全图;(b)有向完全图

(5)稀疏图:当一个图含有较少的边数(即当 $e < n\log n$)时,则称为稀疏图。

(6)稠密图:当一个图中所含边数较多时(即当 $e \geqslant n\log n$)时,则称为稠密图。

(7)邻接点:在一个无向图中,若存在一条边 (v_i, v_j),则称 v_i 和 v_j 为此边的两个端点,并称它们互为邻接点。在一个有向图中,若存在一条边 $< v_i, v_j >$,则称此边是顶点 v_i 的一条出边,同时也是顶点 v_j 的一条入边;称 v_i 和 v_j 分别为此边的起始端点(简称为起点)和终止端点(简称终点);称 v_i 和 v_j 互为邻接点。

(8)弧:在有向图中,两个顶点 v 和 w 之间存在一个关系,用顶点偶对 $< v,w >$ 表示,称为弧或边。

(8)顶点的入度:在有向图中,以顶点 v_i 为终点的入边的数目,称为该顶点的入度。

(9)顶点的出度:在有向图中,以顶点 v_i 为起点的出边的数目,称为该顶点的出度。

(10)顶点的度:在有向图中,一个顶点的入度与出度的和为该顶点的度。在无向图中,顶点所具有的边的数目称为该顶点的度。

【例 8 - 2】 在图中分别用 n 和 e 分别表示顶点数和边数,每个顶点的度为 $D_i(1 \leqslant i \leqslant n)$,则有:则顶点的个数与边数这间的关系为:

$$e = \frac{1}{2} \sum_{i=1}^{n} D(v_i)$$

(11) 路径:在一个图中,从顶点 v_i 经过若干条边到达顶点 v_j,则称 v_i 和 v_j 是连通的,从顶点 v_i 到顶点 v_j 经过的序列$(v_i, v_{i1}, v_{i2}, \cdots, v_{im}, v_j)$,称为路径。

(12) 路径长度:一条路径上边或弧的条数,即为路径的长度。

(13) 简单路径:若一条路径上除去开始点和结束点可以相同外,其余顶点均不相同,则称此路径为简单路径。

例如,如图 8 - 1(a) 所示,$a \to b \to c$,$a \to d \to c$ 就是两条简单路径,其长度为 2。

(14) 回路:若一条路径上的开始点与结束点为同一个顶点,则此路径被称为回路或环。开始点与结束点相同的简单路径被称为简单回路或简单环。如图 8 - 1(a) 所示,$a \to b \to c \to a$ 就是一条简单回路,其长度为 3。

(15) 连通图:若图 G 中任意两个顶点都连通,则称 G 为连通图,否则称为非连通图。图 8 - 1(a) 是连通图。

(16) 连通分量:无向图 G 中的极大连通子图称为 G 的连通分量。显然,任何连通图的连通分量只有一个,即本身,而非连通图有多个连通分量。

(17) 强连通图:在有向图中,若图 G 中的任意两个顶点 v_i 和 v_j 都连通,即从 v_i 到 v_j 和从 v_j 到 v_i 都存在路径,则称图 G 是强连通图。强连通图如图 8 - 3 所示。

(18) 强连通分量:有向图 G 中的极大强连通子图称为 G 的强连通分量。显然,强连通图只有一个强连通分量,即本身,非强连通图有多个强连通分量。

图 8 - 3 强连通图

(19) 权:图中每一条边都可以附有一个对应的数值,这种与边相关的数值称为权。权可以表示从一个顶点到另一个顶点的距离或花费的代价。

(20) 带权图:边上带有权的图称为带权图,也称作网。

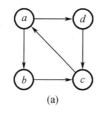 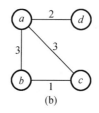

(a)   (b)

图 8 - 4 网

(21) 子图和生成子图:设有图 $G = (V, E)$ 和 $G' = (V', E')$,若 $V' \subset V$ 且 $E' \subset E$,则称图 G' 是 G 的子图;若 $V' = V$ 且 $E' \subset E$,则称 G' 是 G 的一个生成子图。

(22) 生成树、生成森林:一个连通图(无向图)的生成树是一个极小连通子图,它含有图中全部 n 个顶点和只有足以构成一棵树的 $n - 1$ 条边,称为图的生成树,如图 8 - 5 所示。

一棵有 n 个顶点的生成树有且仅有 $n - 1$ 条边,如果一个图有 n 个顶点和小于 $n - 1$ 条边,则是非连通图;如果多于 $n - 1$ 条边,则一定有环;有 $n - 1$ 条边的图不一定是生成树。

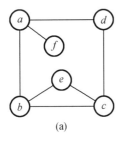 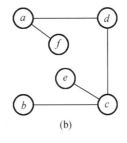

图 8 - 5　连通图的生成树

(a)连通图;(b)连通图的生成树

有向图的生成森林是这样一个子图,由若干棵有向树组成,含有图中全部顶点。

有向树是只有一个顶点的入度为 0,其余顶点的入度均为 1 的有向图,如图 8 - 6 所示。

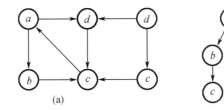

图 8 - 6　有向图的生成森林

(a)有向图;(b)生成森林

8.1.2　图的抽象数据类型定义

图的抽象数据类型定义如下:

ADT Graph

{

　　数据对象:V 是具有相同特性的数据元素的集合,称为顶点集。

　　数据关系:R = {VR}

　　　　　　VR = { <v,w> |v,w∈V 且 P(v,w),<v,w> 表示从 v 到 w 的弧,P(v,w)定义了弧

　　　　　　　　<v,w>的意义或信息}

　　基本操作:

　　　(1)构造图 CreateGraph(&G, V, E)

　　　　　初始条件:V 是图的顶点集合,E 是图中弧的集合。

　　　　　操作结果:按 V 和 E 构造图 G。

　　　(2)销毁图 DestroyGraph(&G)

　　　　　初始条件:图 G 已经存在。

　　　　　操作结果:销毁图 G。

　　　(3)查找顶点位置 LocateVertex(G, x)

　　　　　初始条件:图 G 已经存在,x 和 G 中顶点具有相同特征。

　　　　　操作结果:若 G 中存在顶点 x,则返回该顶点在图中位置;否则返回未找到。

　　　(4)返回顶点值 GetVertex (G, v)

初始条件:图 G 已经存在,v 是 G 中某个顶点。

操作结果:返回 v 的值。

(5)对顶点赋值 PutVertex (&G, v, value)

初始条件:图 G 已经存在,v 是 G 中某个顶点。

操作结果:对 v 赋值 value。

(6)求顶点的第一个邻接点 FirstAdjVertex (G, v)

初始条件:图 G 已经存在,v 是 G 中某个顶点。

操作结果:返回 v 的第一个邻接顶点。若顶点在 G 中没有邻接顶点,则返回"空"。

(7)求顶点的下一个邻接点 NextAdjVertex (G, v, w)

初始条件:图 G 已经存在,v 是 G 中某个顶点,w 是 v 的邻接顶点。

操作结果:返回 v 的(相对于 w 的)下一个邻接顶点。若 w 是 v 的最后一个邻接点,则返回"空"。

(8)插入新的顶点 InsertVertex (&G, v)

初始条件:图 G 已经存在,v 和图中顶点有相同特征。

操作结果:在图 G 中添加新顶点 v。

(9)删除顶点及相关的弧 DeleteVertex (&G, v)

初始条件:图 G 已经存在,v 是 G 中某个顶点。

操作结果:删除 G 中顶点 v 以及其相关的弧。

(10)在两个顶点中添加弧 InsertArc(&G, v, w)

初始条件:图 G 已经存在,v 和 w 是 G 中两个顶点。

操作结果:在 G 中添加弧 < v,w >,若 G 是无向的,则还需要添加对称弧 < v,w >。

(11)删除指定弧 DeleteArc(&G, v, w)

初始条件:图 G 已经存在,v 和 w 是 G 中两个顶点。

操作结果:在 G 中删除弧 < v,w >,若 G 是无向的,则还需要删除对称弧 < v,w >。

(12)深度遍历图 DFSTraverse(G, Visit( ))

初始条件:图 G 已经存在,Visit 是顶点的应用函数。

操作结果:对图进行深度优先遍历操作。在遍历过程中对每个顶点调用函数 Visit 访问一次且仅一次。一旦 visit( )失败,则操作失败。

(13)广度遍历图 BFSTraverse(G, Visit( ))

初始条件:图 G 已经存在,Visit 是顶点的应用函数。

操作结果:对图进行广度优先遍历操作。在遍历过程中对每个顶点调用函数 Visit 访问一次且仅一次。一旦 visit( )失败,则操作失败。

} ADT Graph

8.2　图的存储结构

图的存储表示方法有很多,而且存储结构也比较复杂。图的存储结构常用有以下四种:邻接矩阵、邻接表、十字链表以及多重链表。无论哪种存储表示法,都需要完整、准确地描述图的两方面信息,即顶点信息以及顶点之间的关系信息(边或弧)。

8.2.1　邻接矩阵存储方法

对于有 n 个顶点的图,用一维数组 vertex$[n]$ 存储顶点信息,用二维数组 $A[n][n]$ 存储顶点之间关系的信息。该二维数组称为邻接矩阵。在邻接矩阵中,以顶点在 vertex 数组中的下标代表顶点,邻接矩阵中的元素 $A[i][j]$ 存放的是顶点 i 到顶点 j 之间关系的信息。

G 的邻接矩阵 A 是 n 阶方阵,其定义如下:

(1) 如果 G 是无向图,则:

$$A[i][j] = \begin{cases} 1 & (v_i, v_j) \in E, \text{即 } v_i, v_j \text{ 邻接} \\ 0 & \text{其他情况,即 } v_i, v_j \text{ 不邻接} \end{cases}$$

(2) 如果 G 是有向图,则:

$$A[i][j] = \begin{cases} 1 & (v_i, v_j) \in E, \text{即 } v_i, v_j \text{ 有弧} \\ 0 & \text{其他情况,即 } v_i, v_j \text{ 没有弧} \end{cases}$$

(3) 如果 G 是带权无向图,则:

$$A[i][j] = \begin{cases} W_{ij} & (v_i, v_j) \in E, \text{即 } v_i, v_j \text{ 邻接,权值为 } W_{ij} \\ \infty & \text{其他情况,即 } v_i, v_j \text{ 不邻接} \end{cases}$$

(4) 如果 G 是带权有向图,则:

$$A[i][j] = \begin{cases} W_{ij} & (v_i, v_j) \in E, \text{即 } v_i, v_j \text{ 有弧,权值为 } W_{ij} \\ \infty & \text{其他情况,即 } v_i, v_j \text{ 没有弧} \end{cases}$$

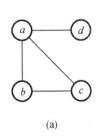
(a)

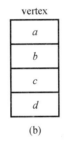
vertex
(b)

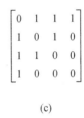
(c)

图 8-7　无向无权图的数邻接矩阵存储

(a)无向无权图;(b)顶点矩阵;(c)邻接矩阵

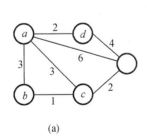
(a)

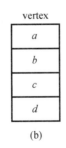
vertex
(b)

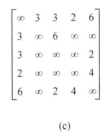
(c)

图 8-8　有向无权图的数邻接矩阵存储

(a)有向无权图;(b)顶点矩阵;(c)邻接矩阵

邻接矩阵的特点如下:

(1) 无向图的邻接矩阵一定是一个对称矩阵。所以,为了能够节省存储空间,可以采用压缩存储的思想进行存储,即在存储邻接矩阵时只需存放上(或下)三角形阵的元素。

(2) 对于无向图,邻接矩阵的第 i 行(或第 i 列)非零元素(或非 ∞ 元素)的个数正好是

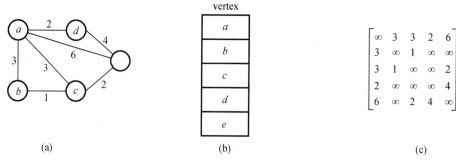

图 8 - 9 有向无权图的数邻接矩阵存储

(a)有向无权图;(b)顶点矩阵;(c)邻接矩阵

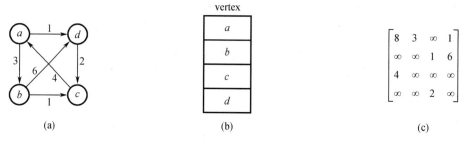

图 8 - 10 有向带权图的数邻接矩阵存储

(a)有向带权图;(b)顶点矩阵;(c)邻接矩阵

第 i 个顶点 v_i 的度。对于有向图,邻接矩阵的第 i 行(或第 i 列)非零元素(或非 ∞ 元素)的个数正好是第 i 个顶点 v_i 的出度(或入度)。

(3)邻接矩阵存储图具有一定的局限性。用邻接矩阵方法存储图,可以方便地确定图中任意两个顶点之间是相连。但是,要确定图中有多少条边,则必须按行、按列对每个元素进行检测,所花费的时间代价很大。

邻接矩阵的数据类型定义如下:

```
#define   MAXVERTEX                 //最大顶点个数
typedef struct
{      int no;           //顶点编号
       InfoType info;              //顶点其他信息
} VertexType;                 //顶点类型
typedef struct
{      int edges[MAXVERTEX][ MAXVERTEX];      //邻接矩阵
       int vexnum,arcnum;            //顶点数,弧数
       VertexType vertex[MAXVERTEX];        //存放顶点信息
} MGraph;                    //图的定义
```

8.2.2 邻接表存储方法

图的邻接表存储方法采用顺序分配与链式分配相结合的存储方法。在邻接表中,对图

的每个顶点建立一个单链表,存储该顶点所有邻接顶点及其相关信息。每一个单链表设一个表头节点。因此第 i 个单链表中的节点表示依附于顶点 v_i 的边(对有向图是以顶点 v_i 为头或尾的弧)。每个单链表上设一个表头节点。

单链表表节点和表头节点的结构如下:

图 8-11 邻接链表节点结构

(a)表节点;(b)表头节点

由图 8-11 可知,邻接表中的表节点由 adjvex、info、nextarc 三个域组成。adjvex 指示与顶点 v_i 邻接的点在图中的位置,nextarc 指向下一条边或弧的节点,即指向下一个与顶点 v_i 邻接的表节点,info 存储与边或弧相关的信息,如权值等。表头节点由 data、firstarc 两个域组成。data 存储顶点 v_i 的名称或其他信息,firstarc 指向链表中第一个节点。

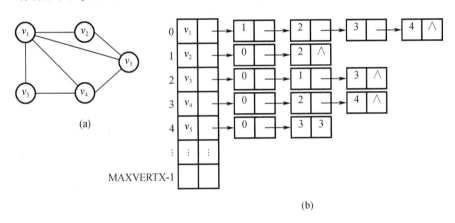

图 8-12 无向图及其邻接链表

(a)无向图;(b)邻接链表

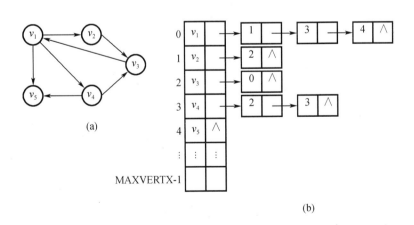

图 8-13 有向图及其邻接链表

(a)有向图;(b)邻接表

邻接表的特点如下：

（1）邻接表表示不唯一。在每个顶点对应的单链表中，建立邻接表的算法以及边的输入次序决定各边节点的链接次序，所以各边节点的链接次序是任意的。

（2）当边或弧稀疏的情况下，邻接表表示比邻接矩阵表示要节省存储空间。

（3）在无向图中，邻接表的顶点 v_i 对应的第 i 个链表的边节点数目是顶点 v_i 的度。

（4）在有向图中，邻接表的顶点 v_i 对应的第 i 个链表的边节点数目就是 v_i 的出度。其入度等于邻接表中所有 adjvex 域值为 i 的边节点数目。

邻接表存储结构的定义如下：

```
typedef struct ANode
{   int adjvex;                          //该邻接点在头节点数组中的位置
    struct ANode * nextarc;              //指向下一条表节点
    InfoType info;                       //该边或弧的相关信息
} ANode;                                 //表节点结构类型定义
typedef struct VNode
{       Vertex data;          //顶点信息
        ANode * firstarc;     //指向第一个表节点
} VNode;                      //表头节点的类型
typedef VNode AdjList[MAXVERTEX];    //AdjList 是邻接表类型
typedef struct
{   AdjList adjlist;          //邻接表
    int n,e;                  //图中顶点数 n 和边数 e
} ALGraph;                    //图的类型
```

【例8－3】　设计将给定一个具有 n 个节点的无向图的邻接矩阵和邻接表之间的相互转换算法，并分析两种算法的时间复杂度。

解　（1）将邻接矩阵转换为邻接表。

设计思想：在给定的邻接矩阵中查找值不为 0 的元素，若找到这样的元素，则创建一个表节点并将此表节点插入到邻接表对应的单链表中。

算法实现代码如下：

```
void MatToList(MGraph M,ALGraph * &H)
{   int i,j,n = M. vexnum;
    ANode *p;
    H = (ALGraph *)malloc(sizeof(ALGraph));
    for (i=0;i<n;i++)                    //给所有头节点的指针域置初值
    H -> adjlist[i]. firstarc = NULL;
    for (i=0;i<n;i++)                    //检查邻接矩阵中每个元素
        for (j=n-1;j>=0;j--)
            if (M. edges[i][j]!=0)
            {   p = (ANode *)malloc(sizeof(ANode));    //创建节点
                p -> adjvex = j;
                p -> nextarc = H -> adjlist[i]. firstarc;    //将 *p 链到链表后
```

```
                    H -> adjlist[i].firstarc = p;
                }
        H -> n = n;
        H -> e = M.arcnum;
    }
```

（2）将邻接表转换为邻接矩阵。

设计思想：在邻接表上查找相邻节点，若找到相应的节点，则修改矩阵元素的值。

算法实现代码如下：

```
void ListToMat(ALGraph  * H,MGraph &M)
    {    int i,j,n = H -> n;
        ANode  * p;
        for (i = 0;i < n;i ++)
            {    p = H -> adjlist[i].firstarc;
                while (p! = NULL)
                    {    M.edges[i][p -> adjvex] = 1;
                        p = p -> nextarc;
                    }
            }
        M.vexnum = n;M.arcnum = H > e;
    }
```

（3）将邻接矩阵转化为邻接表的算法的时间复杂度均为 $O(n^2)$。将邻接表转化为邻接矩阵的时间复杂度为 $O(n+e)$，其中 e 为图的边数。

8.2.3　十字链表法

十字链表是将有向图的正邻接表和逆邻接表结合起来得到的一种链表，是有向图的另一种链式存储结构。

在十字链表中，每条弧的弧头节点和弧尾节点都被存储在链表中，并将弧节点分别组织到以弧尾节点为头（顶点）节点和以弧头节点为头（顶点）节点的链表中。这种结构的节点逻辑结构如图 8 – 14 所示。

Data	firstin	firstout			tailvex	headvex	info	hlink	tlink
(a)					(b)				

图 8 – 14　十字链表的节点结构

(a)顶点节点;(b)弧节点

其中，节点结构中各域存储内容为：(1) data 域：存储和顶点相关的信息；(2) firstin、firstout 指针域分别向以该顶点为弧头的第一条弧所对应的弧节点和以该顶点为弧尾的第一条弧所对应的弧节点；(3)指针域：指向(4) headvex、tailvex 分别指示弧头顶点在图中的位置和弧尾顶点在图中的位置；(5) hlink、tlink 指针域分别指向弧头相同的下一条弧和弧尾相同的下一条弧；(6) Info 域：指向该弧的相关信息。

十字链表的类型定义如下

```
#define INFINITY    MAX_VAL          //最大值∞
#define MAXVERTEX   30               //最大顶点数
typedef struct ANode
{   int   tailvex , headvex ;        // 尾节点和头节点在图中的位置
    InfoType    info ;               // 与弧相关的信息，如权值
    struct ArcNode   * hlink , * tlink ;
} ANode ;                            //弧节点类型定义
typedef struct VNode
{   VexType    data;                 // 顶点信息
    ArcNode   * firstin , * firstout ;
} VNode ;                            //顶点节点类型定义
typedef struct
{   int vexnum ;
    VNode   xlist[MAXVERTEX] ;
} OLGraph ;                          //图的类型定义
```

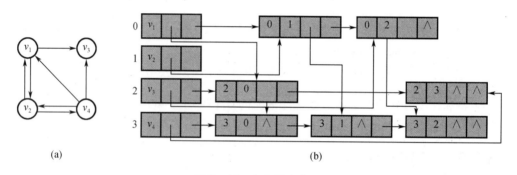

图 8 - 15　十字链表表示

（a)有向图；（b)十字链表存储结构

图 8 - 15 所示是一个有向图及其十字链表表示。从这种存储结构图可以看出，从一个顶点节点的 firstout 出发，沿表节点的 tlink 指针构成了正邻接表的链表结构，而从一个顶点节点的 firstin 出发，沿表节点的 hlink 指针构成了逆邻接表的链表结构。

8.2.4　邻接多重表

邻接多重表用于无向图的链式存储结构。

在无向图的邻接表中，每条边的两个边节点分别在以该边所依附的两个顶点为弧头节点的链表中出现两次，这样一来很容易求得顶点和边的信息，但又会浪费存储空间，边的操作会带来不便。

邻接多重表的结构和十字链表类似，是由顶点表和边表组成，每条边用一个节点表示；邻接多重表中的顶点节点结构与邻接表中的完全相同，表节点包括六个域如图 8 - 16 所示。

如图 8 - 16 所示，顶点节点的域和边节点的域所存储内容如下：

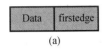
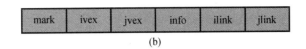

图 8 – 16 邻接多重表的节点结构

（a）顶点节点；（b）边节点结构

（1）Data 域：存储和顶点相关的信息；
（2）指针域 firstedge：指向依附于该顶点的第一条边所对应的表节点；
（3）标志域 mark：用以标识该条边是否被访问过；
（4）ivex 和 jvex 域：分别保存该边所依附的两个顶点在图中的位置；
（5）info 域：保存该边的相关信息；
（6）指针域 ilink：指向下一条依附于顶点 ivex 的边；
（7）指针域 jlink：指向下一条依附于顶点 jvex 的边；

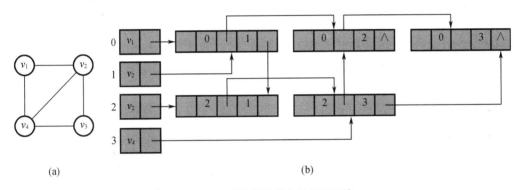

图 8 – 17 无向图及其多重邻接链表

（a）无向图；（b）多重邻接链表

邻接多重表存储结构表示如下：
节点类型定义

```
#define INFINITY   MAX_VAL                //最大值∞
#define MAXVERTEX  30                     //最大顶点数
typedef emnu {unvisited , visited}  Visitting;
typedef struct ENode
{   Visitting  mark;                      //访问标记
    int  ivex , jvex;                     //该边依附的两个节点在图中的位置
    InfoType   info;                      //与边相关的信息，如权值
    struct ENode  * ilink , * jlink;      //分别指向依附于这两个顶点的下一条边
}ENode;                                   //弧边节点类型定义
typedef struct VNode
{   VexType  data;                        //顶点信息
    ANode  * firsedge;                    //指向依附于该顶点的第一条边
}VNode;                                    //顶点节点类型定义
typedef struct
```

```
{    int vexnum ;
     VNode mullist[ MAXVERTEX ] ;
} AMGraph;
```

在邻接多重表中,所有依附于同一顶点的边串联在同一链表中,由于每条边依附于两个顶点,则每个边节点同时链接在两个链表中。邻接多重表与邻接表的区别:同一条边在邻接表中的同一条边用两个表节点表示,而邻接多重表中只用一个表节点表示;除标志域外,邻接多重表与邻接表表达的信息是相同的,因此,其基本操作的算法实现也基本相似。

8.3 图 的 遍 历

图的遍历是指从给定图中某一个指定的顶点(称为初始点)出发,按照某种搜索方法沿着图的边访问图中的所有顶点,使每个顶点仅被访问一次的过程。

图的遍历是一个复杂的过程。第一,在图的结构中是没有"自然的首节点"的,即图中任意一个顶点都可以作为第一个被访问的节点;第二,在非连通图中,从一个顶点出发只能访问它所在的连通分量上的所有顶点,要访问图中的全部节点,需要考虑如何选择下一个出发点,以便访问图中其他的连通分量;第三图的节点中,如果有回路,那么在一个顶点被访问过有可能还会沿回路回到该顶点;第四,图中的顶点与其他很多顶点是相连的,如何决定在一个顶点被访问过后选择下一个节点。

根据搜索方法的不同,图的遍历方法有两种:一种是深度优先搜索法(DFS);一种是广度优先搜索法(BFS)。

8.3.1 深度优先搜索遍历

深度优先搜索遍历算法类似于树的先序遍历算法。

深度优先搜索遍历的过程是:从图中某个初始顶点 v 出发,访问该顶点 v,然后选择一个与顶点 v 相邻且没被访问过的顶点 w 继续访问,依次类推,直到图中所有和 v 有路径连通的顶点都被访问到为止,此时,若图中尚有顶点未被访问,则另选一个未被访问过的顶点做为始点,重复前面的操作,直到图中所有顶点都被访问为止。

如图 8 - 18 所示无向图。对其进行深度优先搜索遍历。假设选取 v_1 作为出发点,则在访问 v_1 后,选择邻接点 v_3,再从 v_3 出发访问 v_4,之后访问 v_2,当 v_2 访问结束后,由于再没有与 v_2 连通的点未被访问过,于是返回 v_4,同样,也没与 v_4 连通没有被访问的节点,继续回到 v_3,同样理由,回到 v_1,访问与 v_1 连通且没有被访问过的 v_5,然后继续访问 v_6,直到所有节点均被访问过为止。于是可以得到节点的访问序列为:

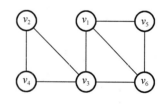

图 8 - 18 无向图

$$v_1 \rightarrow v_3 \rightarrow v_4 \rightarrow v_2 \rightarrow v_5 \rightarrow v_6$$

由上所述,深度优先搜索遍历过程是一个递归过程。以邻接表为存储结构的深度优先搜索遍历算法如下:

设 v 是初始顶点编号,visited[ ] 是一个全局数组,初始时所有元素均为 0 表示所有顶点

尚未访问过:

```
void DFS( ALGraph * G , int v )
{       ANode * p ;
        visited[ v ] = 1 ;                      //设置已访问标记
        printf( "% d    " , v ) ;               //输出被访问顶点的编号
        p = G -> adjlist[ v ]. firstarc ;       //p 指向顶点 v 的第一条弧的弧头节点
        while( p != NULL )
        {       if( visited[ p -> adjvex ] == 0 )
                    DFS( G , p -> adjvex ) ;     //若 p -> adjvex 顶点未访问,递归访问它
                p = p -> nextarc ;               //p 指向顶点 v 的下一条弧的弧头节点
        }
}
```

上述算法执行一次,只能遍历一个连通分量。如果为遍历整个图,则需要再添加一个函数,对未访问的顶点重复调用 DFS 算法,实现对整个图 G 进行深度优先遍历的完整算法。

```
void DFS_traverse_Grapg( ALGraph * G )
{       int v ;
        for ( v = 0 ; v < G -> vexnum ; v ++ )
            Visited[ v ] = FALSE ;               //访问标志初始化
        p = G -> AdjList[ v ]. firstarc ;
        for ( v = 0 ; v < G -> vexnum ; v ++ )
          if ( ! Visited[ v ] )
            DFS( G , v ) ;
}
```

算法分析:遍历时,对图的每个顶点至多调用一次 DFS 函数。其实质就是对每个顶点查找邻接顶点的过程,取决于存储结构。因为一旦某个顶点被标志成已经被访问后,将不再从它出发去搜索。当以邻接表作为图的存储结构时,当图有 e 条边,其时间复杂度为 $O(e)$,总时间复杂度为 $O(n+e)$。

8.3.2　广度优先搜索遍历

广度优先搜索遍历算法类似于树的层次遍历。广度优先搜索遍历的过程是:首先访问初始点 v_i,接着访问 vi 的所有未被访问过的邻接点 $v_{i1}, v_{i2}, \cdots, v_{iu}$,然后再按照 $v_{i1}, v_{i2}, \cdots, v_{iu}$ 的次序,访问每一个顶点的所有未被访问过的邻接点,依次类推,直到图中所有和初始点 vi 有路径相通的顶点都被访问过为止。广度优先搜索遍历图的过程中,以 v 为起点,由远至远依次访问和 v 有路径相通且路径长度分别由小至大去访问顶点。

如图 8 - 18 所示,无向图的广度优先搜索遍历。假设选取 v_1 作为出发点,则在访问 v_1 后,选择访问 v_1 的邻接点 v_3、v_5、v_6,再从 v_3、v_5、v_6 的邻接点中没被访问过的 v_2 和 v_4 直到所有节点均被访问过为止。于是可以得到节点的访问序列为:

$$v_1 \rightarrow v_3 \rightarrow v_5 \rightarrow v_6 \rightarrow v_2 \rightarrow v_4$$

以邻接表为存储结构,用广度优先搜索遍历图时,需要使用一个队列,以类似于按层次

遍历二叉树遍历图。对应的算法如下：

```
void BFS(ALGraph * G,int v)
{       ANode * p;
        int w,i;
        int queue[MAXVERTEX];
        front = 0,rear = 0;
        int visited[MAXVERTEX];               //定义存储节点的访问标志的数组
        for(i = 0;i < G -> n;i ++)
            visited[i] = 0;            //初始化访问标志数组
        printf("%2d",v);              //输出被访问顶点的编号
        visited[v] = 1;                  //设置已访问标记
        rear = (rear + 1)% MAXVERTEX;
        queue[rear] = v;              //v 进队
        while(front != rear)          //如果队列不空,则进行循环
        {       front = (front + 1)% MAXVERTEX;
                w = queue[front];                 //出队并赋值
                p = G -> adjlist[w].firstarc;     //寻找 w 的第一个的邻接点
                while(p != NULL)
                {   if(visited[p -> adjvex] == 0)
                    {   printf("%2d",p -> adjvex);
                        visited[p -> adjvex] = 1;
                        rear = (rear + 1)% MAXVERTEX;     //该顶点进队
                        queue[rear] = p -> adjvex;
                    }
                    p = p -> nextarc;         //寻找下一个邻接顶点
                }
        }
}
```

算法分析：用广度优先搜索算法遍历图与深度优先搜索算法遍历图的唯一区别是邻接点搜索次序不同,因此,广度优先搜索算法遍历图的总时间复杂度为 $O(n+e)$ 。

8.4　图的连通性问题

图的连通性问题是图应用中的一个问题,可以利用图的遍历算法来求解。

8.4.1　无向图的连通分量和生成树

对于无向图,对其进行遍历时有以下两种情况：

（1）如果图是连通图：则仅需从图中任一顶点出发,就能访问图中的所有顶点；

（2）如果图非连通图：则需从图中多个顶点出发。每次从一个新顶点出发所访问的顶点集序列恰好是各个连通分量的顶点集；

图 8-19(a)无向图是连通图,按图中给定的邻接表进行深度优先搜索遍历,1 次调用 DFS 所得到的顶点访问序列集是:$\{v_1,v_2,v_4,v_5,v_3\}$。

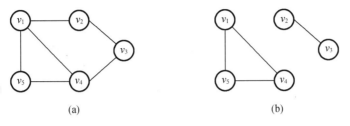

图 8-19 无向图

(a)无向连通图;(b)无向非连通图

图 8-19(b)所示的无向图是非连通图,按图中给定的邻接表进行深度优先搜索遍历,2 次调用 DFS 所得到的顶点访问序列集是:$\{v_1,v_4,v_5\}$ 和 $\{v_2,v_3\}$

(1)若 $G=(V,E)$ 是无向连通图,顶点集为 $V(G)$,边集为 $E(G)$,则从图 G 中任意一个顶点出发遍历图时,必定将 $E(G)$ 分成两个集合 $T(G)$ 和 $B(G)$,其中 $T(G)$ 是遍历图过程中经过的边的集合,$B(G)$ 是剩余的边的集合。其中 $T(G)\cap B(G)=\Phi$,$T(G)\cup B(G)=E(G)$。显然,$G'=(V,T)$ 是 G 的极小连通子图,即 G' 是 G 的一棵生成树。

从任意点出发按 DFS 算法得到生成树 G' 称为深度优先生成树;按 BFS 算法得到的 G' 称为广度优先生成树。

通常情况下为了能够画出给定无向图对应的生成树或生成森林,都必须先画出相应的邻接表,然后才能根据邻接表画出其对应的生成树或生成森林。

图 8-20 所示为图 8-18 所示无向连通图的邻接表。

如图 8-21 所示,将无向图转换成生成树。

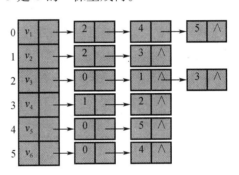

图 8-20 图 8-18 所示无向连通图的邻接表

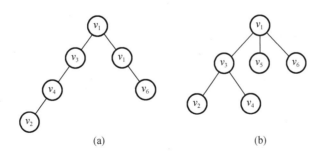

图 8-21 图 8-18 所示连通的无向图的生成树

(a)深度优先生成树;(b)广度优先生成树

(2)若 $G=(V,E)$ 是无向非连通图,对图进行遍历时将会得到若干个连通分量的顶点集:$V_1(G),V_2(G),\cdots,V_n(G)$ 和相应所经过的边集:$T_1(G),T_2(G),\cdots,T_n(G)$。则对应的顶点集和边集的二元组：$G_i = (V_i(G), T_i(G))$ $(1 \leq i \leq n)$ 是对应分量的生成树，所有这些生成树构成了原来非连通图的生成森林。

8.4.2 有向图的强连通分量

有向图的连通性与无向图的连通性不同，可以分为强连通和弱连通。

深度优先搜索是求有向图的强连通分量的一种十分有效的方法。

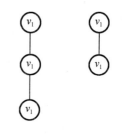

图 8 – 22　图 8 – 19(b) 非连通的
无向图的深度优先生成树

对于有向图，在其每一个强连通分量中，任何两个顶点都是可达的。与 V 可相互到达的所有顶点就是包含 V 的强连通分量的所有顶点。

假设从 V 可到达的顶点集合为 $T_1(G)$，到达 V 顶点集合为 $T_2(G)$，则包含 V 的强连通分量的顶点集合为：$T_1(G) \cap T_2(G)$。

以十字链表作为图的存储结构，求强连通分量的步骤如下：

(1)深度优先遍历有向图 G，生成 G 的深度优先生成森林 T。

(2)按中序遍历顺序对所生成的森林 T 的顶点进行编号。

(3)改变有向图 G 中每一条弧的方向，构成一个新的有向图 G'。

(4)选中(2)中标出的顶点编号最大的顶点开始对 G' 进行深度优先搜索，得到一棵深度优先生成树。如果一次完整搜索过程遍历完 G' 中所有的顶点，则遍历结束；若一次完整的搜索过程没有遍历 G' 的所有顶点，则从未访问的顶点中选择一个编号最大的顶点继续进行深度优先搜索，并且得到另一棵深度优先生成树。在第(4)步中，每一次深度优先搜索所得到的生成树中的顶点就是 G 的一个强连通分量的所有顶点。

(5)重复步骤(4)，直到 G' 中的所有顶点都被访问。

如图 8 – 23 所示，求一棵有向树的强连通分量过程。

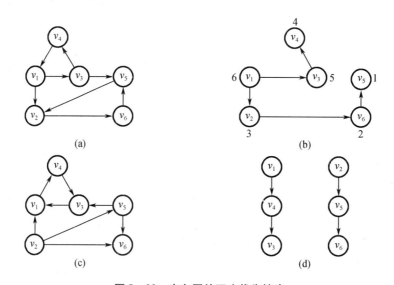

图 8 – 23　有向图的深度优先搜索
(a)有向图；(b)执行(1)(2)步骤；(c)执行(3)步骤；(d)执行(4)(5)步骤

8.5 最小生成树

8.5.1 生成树的概念

如果连通图是一个带权图,则其生成树中的边也是带权的,生成树中所有边的权值之和称为生成树的代价。

一个连通图的生成树是一个极小连通子图,它含有图中全部顶点,但只有构成一棵树的$(n-1)$条边。如果在一棵生成树上添加一条边,必定构成一个环:因为这条边使得它依附的那两个顶点之间有了第二条路径。一棵有 n 个顶点的生成树(连通无回路图)有且仅有$(n-1)$条边,如果一个图有 n 个顶点和小于$(n-1)$条边,则是非连通图。如果它多于$(n-1)$条边,则一定有回路。但是,有$(n-1)$条边的图不一定都是生成树。

一个带权连通无向图 G 的不同生成树,其每棵树的所有边上的权值之和可能不同;图的所有生成树中边上的权值之和最小的树称为图的最小生成树。最小生成树在具有实际应用价值,如在设计通信网络时,每个城市作为通信网络图中的顶点,边作为两个城市之间的线路,则边的权值即为通信线路的费用,所以在 n 个城市中建立通信线路,如何使得建造费用最低。

根据生成树的定义,n 个顶点的连通图的生成树具有 n 个顶点、$n-1$ 条边。因此,构造最小生成树的准则有三条:

(1)必须只使用该图中的边来构造最小生成树;

(2)必须使用且仅使用 $n-1$ 条边来连接图中的 n 个顶点;

(3)尽量选择权值最小的边,但是不能使用产生回路的边。

8.5.2 普里姆算法

普里姆(Prim)算法是一种构造性算法。

假设 $G=(V,E)$ 是一个具有 n 个顶点的带权连通无向图,$T=(U,TE)$ 是 G 的最小生成树,其中 U 是 T 的顶点集,TE 是 T 的边集,则由 G 构造最小生成树 T 的步骤如下:

(1)初始化 $U=\{v_0\}$。将 v_0 到其他顶点的所有边作为候选边;

(2)重复以下步骤 $n-1$ 次,将其他 $n-1$ 个顶点被加入 U 中:

首先,从候选边中选择其中权值最小的边输出,并将该边在 $V-U$ 中的顶点 v 加入 U 中,删除和 v 关联的边;

其次,从当前 $V-U$ 中的所有顶点 v_i 查看候选边的权值,若(v,v_i)的权值小于原来和 v_i 关联的候选边,则用(v,v_i)作为新的候选边并删除原候选边。

如图 8-24 所示。

算法设计思想:

为实现通过普理姆算法构造最小生成树,首先设置邻接矩阵来表示图,并且将两顶点之间没有边存在的权值设为最大值。设置一个一维数组 closedge[n],来存储 $V-U$ 中各顶点到 U 中顶点具有权值最小的边。

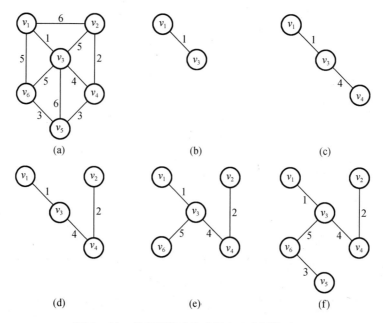

图 8 – 24　普理姆算法构造最小生成树的过程

数组元素的类型定义如下：

```
struct
{    int    adjvex ;        //该边所依附 U 中的顶点
     int    lowcost ;       //该边的权值
} closedge[ MAX_EDGE ] ;
```

算法步骤：

（1）初始化。假设从顶点 vs 开始构造最小生成树。设置初始值：将顶点 vs 首先加入 U 中，令 Closedge$[s]$. lowcost $= 0$；设置边（vk, vs）权值，且 $k \neq s$，Closedge$[k]$. adjvex $= s$，Closedge$[k]$. lowcost $= \mathrm{cost}(k,s)$。

（2）从 closedge 中选择一条权值（不为 0）最小的边（v_k,v_j），执行以下操作：

①令 closedge$[k]$. lowcost 为 0 ，表示 v_k 已加入 U 中。

②根据新加入 v_k 更新 closedge 中每个元素：

$\forall v_i \in V - U$，若 $\mathrm{cost}(i,k) \leqslant$ colsedge$[i]$. lowcost，即在 U 中新加入顶点 v_k 后，（v_i, v_k）即是 v_i 到 U 中权值最小的边，并同时设置：Closedge$[i]$. lowcost $= \mathrm{cost}(i,k)$，Closedge$[i]$. adjvex $= k$。

（3）重复（2）$n - 1$ 次，最后得到最小生成树。

为实现 Prime 算法，采用邻接矩阵存储结构存储图，用一维数组存储所构造的最小生成树的 $n - 1$ 条边，每条边的存储结构描述：

```
typedef struct MSTEdge
{    int    vex1, vex2 ;          //边所依附的图中两个顶点
     WeightType    weight ;       //边的权值
} MSTEdge ;
```

普里姆算法实现代码如下:

```
#define INFINITY    MAX_VAL          //定义最大值
MSTEdge * Prim_MST( AdjGraph * G , int u)    //从第 u 个顶点开始构造图 G 的最小生成树
{
    MSTEdge TE[ ] ;  //  存放最小生成树 n－1 条边的数组指针
    int j , k , v , min ;
    for ( j = 0; j < G -> vexnum; j ++ )      //初始化数组 closedge[ n]
      {
        closedge[ j]. adjvex = u  ;
        closedge[ j]. lowcost = G -> adj[ j][ u]   ;
      }
    closedge[ u]. lowcost = 0 ;        //初始时置 U = { u}
    TE = ( MSTEdge * )malloc( ( G -> vexnum － 1) * sizeof( MSTEdge) ) ;
    for ( j = 0; j < G -> vexnum － 1; j ++ )
      {
        min = INFINITY  ;
        for ( v = 0; v < G -> vexnum; v ++ )
          if( closedge[ v]. lowcost ! = 0&& closedge[ v]. Lowcost < min)
              {   min = closedge[ v]. lowcost ; k = v ;   }
        TE[ j]. vex1 = closedge[ k]. adjvex ;
        TE[ j]. vex2 = k ;
        TE[ j]. weight = closedge[ k]. lowcost ;
        closedge[ k]. lowcost = 0 ;        //顶点 k 并入 U 中
        for ( v = 0; v < G -> vexnum; v ++ )      //修改数组 closedge[ n]的各个元素的值
          if ( G -> adj[ v][ k] < closedge[ v]. lowcost)
              {
                  closedge[ v]. lowcost = G -> adj[ v][ k] ;
                  closedge[ v]. adjvex = k ;
              }
      }
    return( TE) ;
}
```

Prim( )算法中有两重 for 循环,所以时间复杂度为 $O(n^2)$。

8.5.3 克鲁斯卡尔算法

克鲁斯卡尔(Kruskal)算法是一种按照权值的递增顺序的边构造最小生成树的方法。

算法基本思想:

假设 $G = (V, E)$ 是一个具有 n 个顶点的带权连通无向图,$T = (U, TE)$ 是 G 的最小生成树,构造最小生成树的步骤如下:

(1)设置 U 的初值等于 V,表示 U 中包含有 G 中的全部顶点,TE 的初值为空集,表示图 T 中每一个顶点都构成一个分量。

　　(2)依次将图 G 中的边按权值从小到大的顺序选取:如果选取的边未使生成树 T 形成回路,则将边加入 TE;否则舍弃,直到 TE 中包含 $(n-1)$ 条边为止。

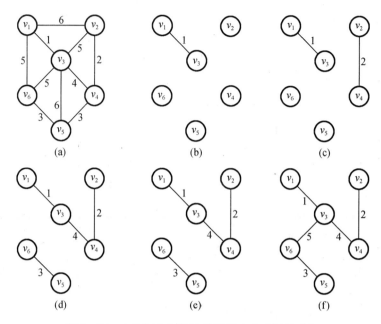

图 8-25　克鲁斯卡尔算法构造最小生成树的过程

　　在实现克鲁斯卡尔算法 Kruskal( )时,参数 E 放图 G 中的所有边,假设它们是按权值从小到大的顺序排列的。n 为图 G 的顶点个数,e 为图 G 的边数。

```
typedef struct
    {   int u;        //边的起始顶点
        int v;        //边的终止顶点
        int w;        //边的权值
    } Edge;
```

　　克鲁斯卡尔算法设计主要的核心是当一条新的边加入 TE 的集合后,如何判断是否构成回路? 一种解决方法是:定义一个一维数组 vset[n],存储图 T 中每个顶点所在的连通分量的编号。设初值:vset[i]=i,表示其每个顶点各自组成一个连通分量,连通分量的编号即是该顶点在图中的位置编号。向 T 中插入一条边(v_i,v_j) 时,先检查 vset[i]和 vset[j]值,判断 vset[i]是否等 vset[j],如果相等,则表示 v_i 和 v_j 处在同一个连通分量中,即表示加入此边会形成回路;如果 vset[i]和 vset[j]不相等,则加入此边不会形成回路,即将此边加入生成树的边集中。向 TE 中加入一条新边后,需要将两个不同的连通分量合并,而将其中一个连通分量的编号换成另一个连通分量的编号。

```
void Kruskal(Edge E[ ],int n,int e)
{     int i,j,m1,m2,sn1,sn2,k;
      int vset[MAXVERTEX];
      for (i=0;i<n;i++)
          vset[i]=i;         //初始化数组
```

```
k = 1;    //k 表示当前构造最小生成树的第几条边,初值为 1
j = 0;    //表示 E 中边的下标,初值为 0
while ( k < n )
    {  m1 = E[j]. u;
       m2 = E[j]. v;             //取一条边的顶点
       sn1 = vset[m1];
       sn2 = vset[m2];           //分别得到两个顶点所属的集合编号
       if ( sn1 != sn2 )
           {     printf(" ( % d,% d) :% d\n",m1,m2,E[j]. w);
                 k ++;                 //生成边数增 1
                 for ( i = 0; i < n; i ++ )
                     if ( vset[i] == sn2 )     //集合编号为 sn2 的改为 sn1
                         vset[i] = sn1;
           }
       j ++;    //扫描下一条边
    }
}
```

如果给定的带权连通无向图 G 有 e 条边,n 个顶点,那么用克鲁斯卡尔算法构造最小生成树的时间复杂度为 $O(e\log_2 e)$。

8.6 最 短 路 径

8.6.1 路径的概念

最短路径也是一个典型的图的应用问题。用带权图表示城市公路交通网,图中顶点表示各城市地点,边代表城市之间有交通道路,边上的权值表示路程或所花费的时间。从一个城市到另一个城市的路径长度表示该路径上各边的权值之和。那么要找到两城市之间是否有通路? 在有多条通路的情况下,哪条最短? 考虑到城市交通网的有向性,上述问题其实就是找到有向图中最短路径的问题。同时,算法也可以适用于无向图中。

在一个无权的图中,若两个顶点之间存在着一条路径,则该路径上所经过的边的数目称该路径长度,它等于该路径上的顶点数减 1。由于两个顶点之间可能存在着多条路径,每条路径长度不同,人们把路径长度最短的那条路径称作最短路径,其路径长度称为最短路径长度或最短距离。

在带权的图中,由于路径上各边的被赋予不同的权值,通常把一条路径上所经边的权值之和定义为该路径的路径长度或称带权路径长度。

从源点到终点路径可能不止一条,把带权径长度最短的那条路径称作最短路径,其路径长度,即权值之和,称为最短路径长度或者最短距离。

8.6.2 单源点最短路径

给定一个带权有向图 $G = (V,E)$ 中,E 表示边集,其中 E 中的每一条边 $<v_i,v_j>$ 的权值大于或等于0,指定一个顶点作为源点,寻找从源点开始到图 G 中其他顶点的最短路径,这就是单源点最短路径。

如图 8 - 26 所示,有向图单源点最短路径。

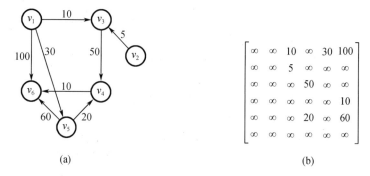

(a)

$$\begin{bmatrix} \infty & \infty & 10 & \infty & 30 & 100 \\ \infty & \infty & 5 & \infty & \infty & \infty \\ \infty & \infty & \infty & 50 & \infty & \infty \\ \infty & \infty & \infty & \infty & \infty & 10 \\ \infty & \infty & \infty & 20 & \infty & 60 \\ \infty & \infty & \infty & \infty & \infty & \infty \end{bmatrix}$$

(b)

起点	终点	最短路径	路径长度
v_1	v_2	无	
v_1	v_3	(v_1, v_3)	10
v_1	v_4	(v_1, v_5, v_4)	50
v_1	v_5	(v_1, v_5)	30
v_1	v_6	(v_1, v_5, v_4, v_6)	60

(c)

图 8 - 26　有向图单源点最短路径

(a)有向图;(b)邻接矩阵;(c)$v1$ 到其余顶点的最短路径

当有向图各边上的权值相等时,单源最短路径求指定源点的 BFS 生成树来解决;当有向图各边上的权值不相等时,可以采用狄克斯特拉(Dijkstra)算法求解。

狄克斯特拉基本思想是:

从图的给定源点到其他各个顶点之间应存在一条最短路径,在这组最短路径中,按其长度的递增次序,依次求出到不同顶点的最短路径和路径长度。即按长度递增的次序生成各顶点的最短路径,即先求出长度最小的一条最短路径,然后求出长度第二小的最短路径,依此类推,直到求出长度最长的最短路径。

设 $G = (V, E)$ 是一个带权有向图,把图中顶点集合 V 分成两组:一组为已求出最短路径的顶点集合;另二组为其余未确定最短路径的顶点集合(用 U 表示)。

算法按最短路径长度的递增次序依次把第二组的顶点加入第一组顶点集合中。在加入的过程中,一直保持从源点 v 到 S 中各顶点的最短路径长度不大于从源点 v 到 U 中任何顶点的最短路径长度。同时,每个顶点对应一个距离,S 中的顶点的距离就是从 v 到此顶点的最短路径长度,U 中的顶点的距离从 v 到此顶点只包括 S 中的顶点为中间顶点的当前最短路径长度。

狄克斯特拉算法实现步骤如下:

(1)初始化。S 为源点集合,令 $S = \{v\}$,v 的距离为0。U 包含除 v 外的其他顶点,如果 v

与 u 之间有边则将 U 中顶点 u 距离为边上的权,若 u 和 v 之间无边,或者 u 和 v 之间有边,但 u 不是 v 的出边邻接点,则记为 ∞。

（2）从 U 中选取一个距离 v 最小的顶点 k,把 k 加入 S 中,这个距离就是 v 到 k 的最短路径长度。

（3）以 k 为新考虑的中间点,修改 U 中各顶点的距离:若从源点 v 到顶点 $u(u \in U)$ 的距离(经过顶点 k)比原来距离(不经过顶点 k)短,则修改顶点 u 的距离值,修改后的距离值的顶点 k 的距离加上边 $<k,u>$ 上的权。

（4）重复步骤（2）和（3）直到所有顶点都写入到 S 中。

为实现求最短路径,分别设置 $\mathrm{cost}[i][j]$ 来存储有向图中边的权值,以数组 $s[0..n-1]$ 标记已经找到的最短路径的顶点;以 $\mathrm{dist}[0..n-1]$ 存放从源点到终点的最短路径长度。

狄克斯特拉算法实现代码如下:

```
void Dijkstra(int cost[][MAXVERTEX],int n,int v0)    //设图 G 的顶点数为 n,源点为 v0
{   int dist[MAXVERTEX],path[MAXVERTEX];
    int s[MAXVERTEX];
    int mindis,i,j,u;
    for(i=0;i<n;i++)
    {     dist[i]=cost[v0][i];    //初始化距离
          s[i]=0;                 //s[]置空
          if(cost[v0][i]<INF)//初始化路径
            path[i]=v0;
          else
            path[i]=-1;
    }
    s[v0]=1;path[v0]=0;   //源点 v0 存入 s 中
    for(i=0;i<n;i++)    //找到所有顶点的最短路径
    {     mindis=INFINITY;
          u=-1;
          for(j=0;j<n;j++)      //选择不在 s 中且具有最小距离的顶点 u
            if(s[j]==0 && dist[j]<mindis)
                {
                    u=j;
                    mindis=dist[j];
                }
          s[u]=1;               //顶点 u 加入 s 中
          for(j=0;j<n;j++)         //修改不在 s 中的顶点的距离
            if(s[j]==0)
              if(cost[u][j]<INFINITY && dist[u]+cost[u][j]<dist[j])
                {
                    dist[j]=dist[u]+cost[u][j];
                    path[j]=u;
                }
    }
```

```
        Dispath(dist,path,s,n,v0);    //输出最短路径
    }
    void Ppath(int path[ ],int i,int v0)    //递归查找路径上的顶点
    {    int k;
        k = path[i];
        if(k == v0)    return;    //如果找到起点即返回
        Ppath(path,k,v0);//找 k 顶点的前一个顶点
        printf("%d,",k);    //输出 k 顶点
    }

void Dispath(int dist[ ],int path[ ],int s[ ],int n,int v0)
{    int i;
    for(i = 0;i < n;i ++)
        if(s[i] == 1)
            {    printf("从%d 到%d 的最短路径长度为：%d\t 路径为:",v0,i,dist[i]);
                printf("%d,",v0);//输出路径上的起点
                Ppath(path,i,v0);//输出路径上的中间点
                printf("%d\n",i);//输出路径上的终点
            }
        else
            printf("从%d 到%d 不存在路径\n",v0,i);
}
```

8.6.3　每对顶点之间的最短路径

用 Dijkstra 算法也可以求得有向图 $G = (V,E)$ 中每一对顶点间的最短路径。该问题的解决是,每次以一个顶点为源点重复调度执行 Dijkstra 算法求得每一对顶点间的最短路径。

弗洛伊德(Floyd)提出了一种算法也可求两顶点之间最短路径。

弗洛伊德算法设计基本思想:

假设有向图 $G = (V,E)$,利用邻接矩阵 cost 存储,另设置二维数组 A 存储当前顶点之间的最短路径长度,分量 $A[i][j]$ 表示从当前顶点 vi 到顶点 vj 的最短路径长度。

通过递推产生一个矩阵序列 $A_0,A_1,\cdots,A_k,\cdots,A_n$,其中 $A_k[i][j]$ 表示从顶点 v_i 到顶点 v_j 的路径上所经过的顶点编号不大于 k 的最短路径长度。

进行初始化。令 $A_{-1}[i][j] = \text{cost}[i][j]$。求从顶点 v_i 到顶点 v_j 的路径上所经过的顶点编号不大于 $k + 1$ 的最短路径长度:当该路径不经过顶点编号为 $k + 1$ 的顶点,此时该路径长度与从顶点 v_i 到顶点 v_j 的路径上所经过的顶点编号不大于 k 的最短路径长度相同;当从顶点 v_i 到顶点 v_j 的最短路径上经过编号为 $k + 1$ 的顶点,此时分成两段,(1)从顶点 v_i 到顶点 v_{k+1} 的最短路径;(2)从顶点 v_{k+1} 到顶点 v_j 的最短路径。最短路径长度实际上等于上述两段路径长度之和。而综上考虑两种情况中的较小值,从顶点 v_i 到顶点 v_j 的路径上所经过的顶点编号不大于 $k + 1$ 的最短路径。

弗洛伊德算法实现表达式:

$A_{-1}[i][j] = \text{cost}[i][j]$

$$A_{k+1}[i][j] = \text{MIN}\{A_k[i][j], A_k[i][k+1] + A_k[k+1][j]\} \qquad (0 \leqslant k \leqslant n-1)$$

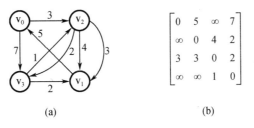

$$\begin{bmatrix} 0 & 5 & \infty & 7 \\ \infty & 0 & 4 & 2 \\ 3 & 3 & 0 & 2 \\ \infty & \infty & 1 & 0 \end{bmatrix}$$

(a) 　　　　　　　　　　　　(b)

图 8 - 27　有向图及邻接矩阵

(a) 带权有向图;(b) 邻接矩阵

弗洛伊德算法求解过程如下所示。

初始化:

$$A_{-1} = \begin{bmatrix} 0 & 5 & \infty & 7 \\ \infty & 0 & 4 & 2 \\ 3 & 3 & 0 & 2 \\ \infty & \infty & 1 & 0 \end{bmatrix} \qquad Path_{-1} = \begin{bmatrix} -1 & -1 & -1 & -1 \\ -1 & -1 & -1 & -1 \\ -1 & -1 & -1 & -1 \\ -1 & -1 & -1 & -1 \end{bmatrix}$$

顶点 v_0，$A_0[i][j]$ 表示由 v_i 到 v_j，经由顶点 v_0 的最短路径。图中只有从 v_2 到 v_1 经过 v_0 的路径和从 v_2 到 v_3 经过 v_0 的路径,但这两条路径都不影响 v_2 到 v_1 和 v_2 到 v_3 的路径长度,因此,有:

$$A_0 = \begin{bmatrix} 0 & 5 & \infty & 7 \\ \infty & 0 & 4 & 2 \\ 3 & 3 & 0 & 2 \\ \infty & \infty & 1 & 0 \end{bmatrix} \qquad Path_0 = \begin{bmatrix} -1 & -1 & -1 & -1 \\ -1 & -1 & -1 & -1 \\ -1 & -1 & -1 & -1 \\ -1 & -1 & -1 & -1 \end{bmatrix}$$

同样的方法判断顶点 v_1，v_2，v_3，分别经过这三个顶点的路径。当发现有经过当前顶点的最短路径,则修改 A_i，$Path_i$。如经过顶点 v_1，$A_1[i][j]$ 表示由 v_i 到 v_j，经由顶点 v_1 的最短路径。存在路径 $v_0 - v_1 - v_2$，路径长度为 9,将 $A[0][2]$ 改为 9，$Path[0][2]$ 改为 1,得到的 A_1，$Path_1$ 如下所示。同理可以得到 A_2，A_3，$Path_2$，$Path_3$。

$$A_1 = \begin{bmatrix} 0 & 5 & 9 & 7 \\ \infty & 0 & 4 & 2 \\ 3 & 3 & 0 & 2 \\ \infty & \infty & 1 & 0 \end{bmatrix} \qquad Path_1 = \begin{bmatrix} -1 & -1 & 1 & -1 \\ -1 & -1 & -1 & -1 \\ -1 & -1 & -1 & -1 \\ -1 & -1 & -1 & -1 \end{bmatrix}$$

$$A_2 = \begin{bmatrix} 0 & 5 & 9 & 7 \\ 7 & 0 & 4 & 2 \\ 3 & 3 & 0 & 2 \\ 4 & 4 & 1 & 0 \end{bmatrix} \qquad Path_2 = \begin{bmatrix} -1 & -1 & 1 & -1 \\ 2 & -1 & -1 & -1 \\ -1 & -1 & -1 & -1 \\ 2 & 2 & -1 & -1 \end{bmatrix}$$

$$A_3 = \begin{bmatrix} 0 & 5 & 8 & 7 \\ 6 & 0 & 3 & 2 \\ 3 & 3 & 0 & 2 \\ 4 & 4 & 1 & 0 \end{bmatrix} \qquad Path_3 = \begin{bmatrix} -1 & -1 & 3 & -1 \\ 3 & -1 & 3 & -1 \\ -1 & -1 & -1 & -1 \\ 2 & 2 & -1 & -1 \end{bmatrix}$$

所得的最短路径长度矩阵为:

$$\begin{bmatrix} 0 & 5 & 8 & 7 \\ 6 & 0 & 3 & 2 \\ 3 & 3 & 0 & 2 \\ 4 & 4 & 1 & 0 \end{bmatrix}$$

弗洛伊德算法如下：

```
void Floyd(int cost[ ][MAXVERTEX], int n)
{   int A[MAXV][MAXVERTEX], path[MAXVERTEX][MAXVERTEX];
    int i, j, k;
    for(i = 0; i < n; i++)
    for(j = 0; j < n; j++)
        {  A[i][j] = cost[i][j]; path[i][j] = -1;  }
    for(k = 0; k < n; k++)
    for(i = 0; i < n; i++)
        for(j = 0; j < n; j++)
            if(A[i][j] > (A[i][k] + A[k][j]))
                {  A[i][j] = A[i][k] + A[k][j]; path[i][j] = k;  }
    Dispath(A, path, n);         //最短路径输出函数
}
```

8.7 拓 扑 排 序

拓扑排序是由某个集合上的一个偏序得到该集合上的一个全序的操作。

在工程或某种流程中可以分成若干个小的工序或阶段,这些小的工序或阶段称为活动。如果以图中的顶点来表示活动,有向边表示活动之间的先后关系,这种用顶点表示活动的有向图称为 AOV 网。

在 AOV 网中,若有有向边 $<i, j>$,则 i 是 j 的直接前驱,j 是 i 的直接后继;推而广之,若从顶点 i 到顶点 j 有有向路径,则 i 是 j 的前驱,j 是 i 的后继。

在 AOV 网中,不能有环,否则,某项活动能否进行是以自身的完成作为前提条件。

表8-1　计算机专业课程关系表

课程代号	课程名称	先行课程
C1	高等数学	无
C2	程序设计	无
C3	离散数学	C1
C4	数据结构	C2, C3
C5	编译原理	C2, C4
C6	操作系统	C4, C7
C7	计算机组成原理	C2

设 $G = (V, E)$ 是一个具有 n 个顶点的有向图,V 中顶点序列 $v_1, v_2, \cdots, v_n$ 称为一个拓扑

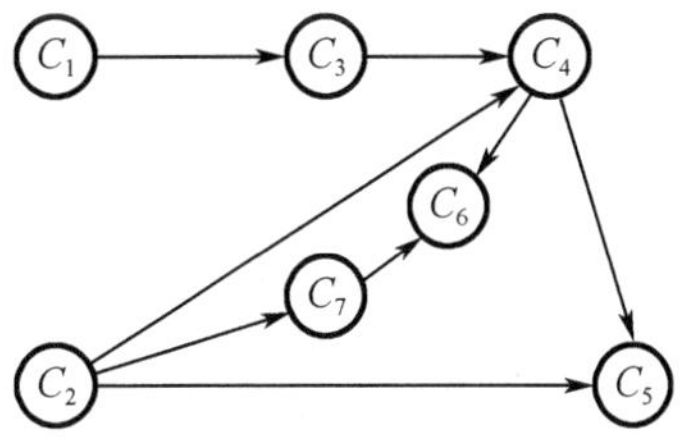

序列,当且仅当该顶点序列满足下列条件:

若 $<v_i,v_j>$ 是图中的边,也就是从顶点 v_i 到 v_j 有一条路径,则在序列中顶点 v_i 必须在顶点 v_j 之前。

拓扑排序就是在一个有向图中找一个拓扑序列的过程。

拓扑排序方法如下:

(1)从有向图中选择一个没有前驱的顶点并且输出它。

图 8 – 28　AOV 网

(2)从图中删去该顶点,并且删去从该顶点出发的所有有向边。

(3)重复上(1)(2),直到剩余的图中不再存在没有前驱的顶点为止。

采用邻接表作为存储结构存储给定的有向图,并设立一个链表存储每个顶点,每个链表设有一个表头节点,将所有的表头节点构成一个数组,表头节点中增加一个存放顶点入度的域 count。即将邻接表定义中的 VNode 类型修改如下:

```
typedef struct
{       Vertex data;          //顶点信息
        int count;            //存储顶点入度
        ArcNode * firstarc;   //指向第一条弧
} VNode;
```

为实现拓扑排序,避免重复检测入度为 0 的顶点,设立栈 stack[]存放入度为零的顶点,当顶点的入度为 0 时,输出该顶点,同时将该顶点的后继顶点入度减 1。

```
void    TopSort( VNode adj[ ] , int n)
{       int i,j;
        int St[MAXVERTEX],top = - 1;     //设置栈 St 的指针为 top
        ArcNode * p;
        for( i = 0;i < n;i ++ )
          if( adj[i]. count == 0)     //入度为 0 的顶点入栈
          {       top ++ ; St[top] = i;     }
        while( top > - 1)
        {       i = St[top];top -- ;               //出栈
                printf( "% d " ,i) ;
                  p = adj[i]. firstarc;
                while( p! = NULL)
                {       j = p -> adjvex;
                            adj[j]. count -- ;
                        if( adj[j]. count == 0)
                          {   top ++ ;   St[top] = j;   }
                        p = p -> nextarc;               //找下一个邻接顶点
                }
        }
}
```

8.8   AOE 网与关键路径

与 AOV 网相对应的是 AOE 网,在 AOE 网中以边表示活动的有向无环图,图中顶点表示事件,每个事件表示在其前的所有活动已经完成,其后的活动可以开始;弧表示活动,弧上的权值表示相应活动所需的时间或费用。如图 8 - 29 所示。

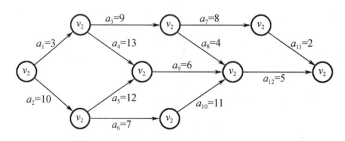

图 8 - 29   AOE 网

通常每个工程都只有一个开始事件和一个结束事件,因此表示工程的 AOE 网都只有一个入度为 0 的顶点,称为源点(source),和一个出度为 0 的顶点,称为汇点(converge)。

如果图中存在多个入度为 0 的顶点,只要加一个虚拟源点,使这个虚拟源点到原来所有入度为 0 的点都有一条长度为 0 的边,变成只有一个源点。对存在多个出度为 0 的顶点的情况做类似的处理。所以只需讨论单源点和单汇点的情况。

在 AOE 网中,从源点到汇点的所有路径中,具有最大路径长度的路径称为关键路径。完成整个工程的最短时间就是网中关键路径的长度,也就是网中关键路径上各活动持续时间的总和,我们把关键路径上的活动称为关键活动。因此,只要找出 AOE 网中的关键活动,也就找到了关键路径。

在一个 AOE 网中,可以有不止一条的关键路径。

例如,图 8 - 29 表示的 AOE 网。共有 9 个事件和 12 项活动。其中 v_1 表示开始事件,v_9 表示结束事件。

相关概念:

(1)工程完成最短时间:从起点到终点的最长路径长度(路径上各活动持续时间之和)。

(2)关键路径:长度最长的路径称为关键路径。

(3)关键活动:关键路径上的活动称为关键活动。关键活动是影响整个工程的关键。

(4)活动的最早发生时间:设 v_0 是起点,从 v_0 到 v_i 的最长路径长度称为事件 vi 的最早发生时间,即是以 v_i 为尾的所有活动的最早发生时间。

若活动 a_i 是弧 $<j, k>$,持续时间是 dut($<j, k>$),设:

$e(i)$:表示活动 a_i 的最早开始时间;

$l(i)$:在不影响进度的前提下,表示活动 a_i 的最晚开始时间;则 $l(i) - e(i)$ 表示活动 a_i

的时间余量,若 $l(i) - e(i) = 0$,表示活动 a_i 是关键活动。

$ve(i)$:表示事件 v_i 的最早发生时间,即从起点到顶点 v_i 的最长路径长度;

$vl(i)$:表示事件 v_i 的最晚发生时间。则有以下关系:

$$\begin{cases} e(i) = ve(j) \\ l(i) = vl(k) - dut(<j,k>) \end{cases}$$

对所有事件进行拓扑排序,然后依次按拓扑顺序计算每个事件的最早发生时间。源点事件的最早发生时间设为 0;除源点外,只有进入顶点 v_j 的所有弧所代表的活动全部结束后,事件 v_j 才能发生。即只有 v_j 的所有前驱事件 v_i 的最早发生时间 $ve(i)$ 计算出来后,才能计算 $ve(j)$。

$$ve(j) = \begin{cases} 0 & j = 0,\text{表示 } v_j \text{ 是起点} \\ \text{Max}\{ve(i) + dut(<i,j>)\,|\,(<v_i,v_j>) \text{ 是网中的弧}\} \end{cases}$$

按拓扑排序的逆顺序,依次计算每个事件的最晚发生时间。只有 v_j 的所有后继事件 vk 的最晚发生时间 $vl(k)$ 计算出来后,才能计算 $vl(j)$。

$$vl(j) = \begin{cases} ve(n-1) & j = n-1,\text{表示 } v_j \text{ 是终点} \\ \text{Min}\{vl(k) - dut(<j,k>)\,|\,<v_j,v_k> \text{ 是网中的弧}\} \end{cases}$$

算法设计思想:

(1)利用拓扑排序求出 AOE 网的一个拓扑序列;

(2)从拓扑排序的序列的第一个顶点开始,按拓扑顺序依次计算每个事件的最早发生时间 $ve(i)$;

(3)从拓扑排序的序列的最后一个顶点开始,按逆拓扑顺序依次计算每个事件的最晚发生时间 $vl(i)$;

对于图 8-29 的 AOE 网,处理过程如下:

拓扑排序的序列是:$(v_1, v_2, v_3, v_4, v_5, v_6, v_7, v_8, v_9)$

根据计算 $ve(i)$ 的公式和计算 $vl(i)$ 的公式,计算各个事件的 $ve(i)$ 和 $vl(i)$ 值。

表 8-2　$ve(i)$

顶点	v_1	v_2	v_3	v_4	v_5	v_6	v_7	v_8	v_9
ve	0	3	10	12	22	17	20	28	33
vl	0	15	10	24	22	17	31	28	33

根据关键路径的定义,知该 AOE 网的关键路径是:$(v_1, v_3, v_5, v_8, v_9)$ 和 $(v_1, v_3, v_6, v_8, v_9)$。

关键路径活动是:$<v_1, v_3>$,$<v_3, v_5>$,$<v_3, v_6>$,$<v_5, v_8>$,$<v_6, v_8>$,$<v_6, v_9>$。

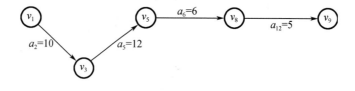

(a)

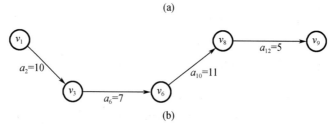

(b)

图 8 – 30 关键路径

(a)关键路径一;(b)关键路径二

算法实现代码如下:

```
void critical_path( ALGraph  * G)
{
    int j, k, m ;
    LinkNode  * p ;
    if( Topologic_Sort( G) == -1)
        printf("存在回路,错误!! \n\n") ;
    else
    {   for( j = 0; j < G -> vexnum; j ++ )
            ve[ j] = 0 ;       //初始化事件最早发生时间
        for( m = 0 ; m < G -> vexnum; m ++ )
        {   j = topol[ m] ;
            p = G -> adjlist[ j]. firstarc ;
            for( ; p != NULL; p = p -> nextarc )
            {   k = p -> adjvex ;
                if( ve[ j] + p -> weight > ve[ k])
                    ve[ k] = ve[ j] + p -> weight ;
            }
        }
        for( j = 0; j < G -> vexnum; j ++ )
            vl[ j] = ve[ j] ;   //初始化事件最晚发生时间
        for( m = G -> vexnum - 1; m > =0; m -- )
        {   j = topol[ m] ;
            p = G -> adjlist[ j]. firstarc ;
            for ( ; p != NULL; p = p -> nextarc )
            {   k = p -> adjvex ;
                if( vl[ k] - p -> weight < vl[ j])
                    vl[ j] = vl[ k] - p -> weight ;
```

```
            }
        }
    for( m = 0 ; m < G -> vexnum; m ++ )
        {   p = G -> adjlist[ m ] . firstarc ;
            for ( ; p! = NULL; p = p -> nextarc )
            {   k = p -> adjvex ;
                if( ( ve[ m ] + p -> weight) == vl[ k ] )
                    printf(" < % d , % d > , m, j") ;
            }
        }
}
```

习　题　8

一、选择题

1.具有 10 个顶点的无向图至少有多少条边才能保证连通(　　)。

A.9　　　　　　　B.10　　　　　　　C.11　　　　　　　D.12

2.具有 n 个顶点且每一对不同的顶点之间都有一条边的图被称为(　　)。

A.无向完全图　　　B.简单图　　　　C.线性图　　　　D.无向图

3.一个有 n 个顶点的无向图最多有(　　)条边。

A.n　　　　　　B.$n(n-1)/2$　　　C.$n(n-1)$　　　　D.$2n$

4.具有 4 个顶点的无向完全图有(　　)条边。

A.8　　　　　　　B.12　　　　　　　C.16　　　　　　　D.20

5.下列关于 AOE 网的叙述中,不正确的是(　　)。

A.所有的关键活动提前完成,那么整个工程将会提前完成

B.某些关键活动提前完成,那么整个工程将会提前完成

C.关键活动不按期完成就会影响整个工程的完成时间

D.任何一个关键活动提前完成,那么整个工程将会提前完成

6.在含 n 个顶点和 e 条边的无向图的邻接矩阵中,零元素的个数为(　　)。

A.e　　　　　　B.$2e$　　　　　　C.n^2-e　　　　D.n^2-2e

7.连通分量指的是(　　)

A.无向图中的极小连通子图　　　　　　B.无向图中的极大连通子图

C.有向图中的极小连通子图　　　　　　D.有向图中的极大连通子图

8.G 是一个非连通无向图,共有 28 条边,则该图至少有(　　)个顶点。

A.6　　　　　　　B.7　　　　　　　C.8　　　　　　　D.9

9.存储稀疏图的数据结构常用的是(　　)。

A.邻接矩阵　　　B.三元组　　　　C.邻接表　　　　D.十字链表

10.对一个具有 n 个顶点的图,采用邻接矩阵表示,则该矩阵的大小为(　　)。

A.n　　　　　　B.$(n-1)^2$　　　C.$(n+1)^2$　　　D.n^2

11. 关键路径是(　　)。

A. AOE 网中从源点到汇点的最长路径

B. AOE 网中从源点到汇点的最短路径

C. AOV 网中从源点到汇点的最长路径

D. AOV 网中从源点到汇点的最短路径

12. 有向图中一个顶点的度是该顶点的(　　)。

A. 入度　　　　　　　　　　　　　B. 出度

C. 入度与出度之和　　　　　　　　D. (入度 + 出度)/2

13. 设连通图 G 的顶点数为 n,则 G 的生成树的边数为(　　)。

A. $n - 1$　　　　B. n　　　　C. $2n$　　　　D. $2n - 1$

14. 在有向图的邻接表存储结构中,顶点 v 在表节点中出现的次数是(　　)。

A. 顶点 v 的度　　　　　　　　　B. 顶点 v 的出度

C. 顶点 v 的入度　　　　　　　　D. 依附于顶点 v 的边数

15. 有 e 条边的无向图,若用邻接表存储,表中有(　　)边节点。

A. e　　　　B. $2e$　　　　C. $e - 1$　　　　D. $2(e - 1)$

16. 对于一个具有 n 个顶点和 e 条边的无向图,若采用邻接表表示,则表向量的大小为(　　),所有顶点邻接表的节点总数为(　　)。

A. n　　B. $n + 1$　　C. $n - 1$　　D. $2n$　　E. $e/2$　　F. e　　G. $2e$　　H. $n + e$

17. 实现图的广度优先搜索算法需使用的辅助数据结构为(　　)。

A. 栈　　　　　B. 队列　　　　　C. 二叉树　　　　　D. 树

18. 实现图的非递归深度优先搜索算法需使用的辅助数据结构为(　　)。

A. 栈　　　　　B. 队列　　　　　C. 二叉树　　　　　D. 树

19. 存储无向图的邻接矩阵一定是一个(　　)。

A. 上三角矩阵　　　B. 稀疏矩阵　　　C. 对称矩阵　　　D. 对角矩阵

20. 如下图所示,若从顶点 a 出发进行深度和广度优先搜索遍历,则可能得到的顶点序列分别为(　　)和(　　)。

A. *abecdf*　　　　　　　　　　B. *acfebd*

C. *acebfd*　　　　　　　　　　D. *acfdeb*

E. *abcedf*　　　　　　　　　　F. *abcefd*

G. *abedfc*　　　　　　　　　　H. *acfdeb*

21. 在图采用邻接表存储时,求最小生成树的 Prim 算法的时间复杂度为(　　)。

A. $O(n)$　　　　B. $O(n + e)$　　　　C. $O(n^2)$　　　　D. $O(n^3)$

22. 在一个有向图中所有顶点的入度之和等于出度之和的(　　)倍。

A. 1/2　　　　B. 1　　　　C. 2　　　　D. 4

23. 采用邻接表存储的图的深度和广度优先搜索遍历算法类似于二叉树的(　　)和(　　)。

A. 中序遍历　　　B. 先序遍历　　　C. 后序遍历　　　D. 层次遍历

24 已知一有向图的邻接表存储结构如下图所示,分别根据图的深度和广度优先搜索遍历算法,从顶点 v1 出发,得到的顶点序列分别为(　　)和(　　)。

A. $v1,v2,v3,v4,v5$　　　　　　　　B. $v1,v3,v2,v4,v5$

C. $v1,v3,v4,v5,v2$　　　　　　　　D. $v1,v4,v3,v5,v2$

25. 下面结论不正确的是(　　　)。

A. 无向图的连通分量是该图的极大连通子图。

B. 有向图用邻接矩阵表示容易实现求顶点度数的操作。

C. 无向图用邻接矩阵表示,图中的边数等于邻接矩阵元素之和的一半。

D. 有向图的邻接矩阵必定不是对称矩阵。

26. 下面结论中正确的是(　　　)。

A. 按深度优先搜索遍历图时,与始点相邻的顶点先于不与始点相邻的顶点访问。

B. 一个图按深度优先搜索遍历的结果是唯一的。

C. 若有向图 G 中包含一个环,则 G 的顶点间不存在拓扑排序。

D. 图的拓扑排序序列是唯一的。

27. 下面结论中不正确的是(　　　)。

A. 按广度优先搜索遍历图时,与始点相邻的顶点先于不与始点相邻的顶点访问。

B. 一个图按广度优先搜索遍历的结果是唯一的。

C. 无向图的邻接表表示法中,表中节点的数目是图中边的条数的 2 倍。

D. 图的多重邻接表表示法中,表中节点数目是图中边的条数。

28. 关键路径是事件节点网络中的(　　　)。

A. 从源点到汇点的最长路径　　　　B. 从源点到汇点的最短路径

C. 最长的回路　　　　　　　　　　D. 最短的回路

29. 正确的 AOE 网必须是(　　　),AOE 网中某边权值应当是(　　　)。

(1) A. 完全图　　B. 哈密尔顿图　　C. 无环图　　　　D. 强连通图

(2) A. 实数　　　B. 正整数　　　　C. 正数　　　　D. 非负数

30. 已知有 8 个顶点为 A,B,C,D,E,F,G,H 的无向图,其邻接矩阵存储结构如下,由此结构,从 A 点开始深度遍历,得到的顶点序列为(　　　)。

	A	B	C	D	E	F	G	H
A	0	1	0	1	0	0	0	0
B	1	0	1	0	1	1	1	0
C	0	1	0	1	0	0	0	0
D	1	0	1	0	0	0	1	0
E	0	1	0	0	0	0	0	1
F	0	1	0	0	0	0	1	1
G	0	1	0	1	0	1	0	1
H	0	0	0	0	1	1	1	0

A. $ABCDGHFE$　　B. $ABCDGFHE$　　C. $ABGHFECD$　　D. $ABFHEGDC$

E. $ABEHFGDC$　　F. $ABEHGFCD$

31. 已知如下图所示,在该图的最小生成树中各边上权值之和为(　　　),在该图的最小生成树中,从 $v1$ 到 $v6$ 的路径为(　　　)。

A. 31　　　　　　B. 38　　　　　　C. 36　　　　　　D. 43

E. $v1,v3,v6$　　F. $v1,v4,v6$　　G. $v1,v5,v4,v6$　　H. $v1,v4,v3,v6$

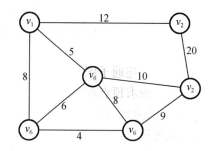

32.如下图所示,则由该图得到的一种拓扑序列为(　　)。

A.v1,v4,v6,v2,v5,v3　　　　　　　　B.v1,v2,v3,v4,v5,v6

C.v1,v4,v2,v3,v6,v5　　　　　　　　D.v1,v2,v4,v6,v3,v5

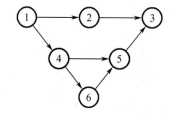

33.下面结论中正确的是(　　)。

A.在无向图中,边的条数是顶点度数之和

B.在图结构中,顶点可以没有任何前驱和后继

C.在 n 个顶点的无向图中,若边数大于 $n-1$,则该图必定是连通图

D.图的邻接矩阵必定是对称矩阵

34.下面结论中正确的是(　　)。

A.若有向图的邻接矩阵中对角线以下元素均为0,则该图的拓扑排序序列必定存在

B.网络的最小代价生成树是唯一的

C.在拓扑排序序列中,任意两个相继顶点 vi 和 vj 都存在从 vi 到 vj 的路径

D.在有向图中,从一个顶点到另一个顶点的最短路径是唯一的

35.在一个图中,所有顶点的度数之和等于所有边数的(　　)倍。

A.1/2　　　　　　B.1　　　　　　C.2　　　　　　D.4

36.在一个有向图中,所有顶点的入度之和等于所有顶点的出度之和的(　　)倍。

A.1/2　　　　　　B.1　　　　　　C.2　　　　　　D.4

37.判定一个有向图是否存在回路除了可以利用拓扑排序方法外,还可以利用(　　)。

A.求关键路径的方法　　　　　　　　B.求最短路径的 DIJKSTRA 方法

C.广度优先遍历算法　　　　　　　　D.深度优先遍历算法

38.任何一个带权的无向连通图的最小生成树(　　)。

A.只有一棵　　　B.有一棵或多棵　　　C.一定有多棵　　　D.可能不存在

39.以下说法正确的是(　　)。

A.连通图的生成树,是该连通图的一个极小连通子图。

B.无向图的邻接矩阵是对称的,有向图的邻接矩阵一定是不对称的。

C.任何一个有向图,其全部顶点可以排成一个拓扑序列。

D. 有回路的图不能进行拓扑排序。

40. 以下说法错误的是( )。

A. 用邻接矩阵法存储一个图时,在不考虑压缩存储的情况下,所占用的存储空间大小只与图中节点个数有关,而与图的边数无关

B. 邻接表法只能用于有向图的存储,而邻接矩阵法对于有向图和无向图的存储都适用

C. 存储无向图的邻接矩阵是对称的,因此也可以只要存储邻接矩阵的下(或上)三角部分

D. 用邻接矩阵 A 表示图,判定任意两个节点 V_i 和 V_j 之间是否有长度为 m 的路径相连,则只要检查 A^m 的第 i 行第 j 列的元素是否为 0 即可

41. 以下说法正确的是( )。

A. 连通分量是无向图中的极小连通子图

B. 强连通分量是有向图中的极大强连通子图

C. 在一个有向图的拓扑序列中,若顶点 a 在顶点 b 之前,则图中必有一条弧 $<a,b>$

D. 对有向图 G,如果从任意顶点出发进行一次深度优先或广度优先搜索能访问到每个顶点,则该图一定是完全图

二、填空题

1. 对具有 n 个顶点的图,其生成树有且仅有( )条边,即生成树是图的边数( )的连通图。

2. 一个无向图有 n 个顶点和 e 条边,则所有顶点的度数之和为( ),其邻接矩阵是一个关于( )对称的矩阵。

3. 对于一个具有 n 个顶点和 e 条边的连通图,其生成树中的顶点数和边数分别为( )和( )。

4. Prim 算法和 Kruscal 算法的时间复杂度分别为( )和( )。

5. 假设图 G 中含有 n 个顶点,e 条边,且知每个顶点的度数为 di,则它们三者之间满足的关系是:( )。

6. 把图中所有顶点加上遍历时经过的所有边构成的子图称为( )。

7. 在图形结构中,每个节点的前驱节点和后继节点可以有( )。

8. 设无向图 G 的顶点数为 n,图 G 最少有( )边,最多有( )条边。若 G 为有向图,有 n 个顶点,则图 G 最少有( )条边,最多有( )条边。具有 n 个顶点的无向完全图,边的总数为( )条,而有 n 个顶点的有向完全图,边的总数为( )条。

9. 在无权图 G 的邻接矩阵 A 中,若 (v_i,v_j) 或 $<v_i,v_j>$ 属于 G 的边/弧的集合,则对应元素 $A[i][j]$ 等于( ),否则等于( )。

10. 在无向图 G 的邻接矩阵 A 中,若 $A[i][j]=1$,则 $A[j][i]$ 等于( )。

11. 已知一个图的邻接矩阵表示,计算第 I 个顶点的入度方法为( )。

12. 在一个图 G 的邻接表表示中,每个顶点的邻接表中所含的节点数,对于有向图而言等于该顶点的( ),而对于无向图而言等于该顶点的( )。

13. n 个顶点的弱连通有向图 G 最多有( )条弧,最少有( )条弧。

14. 在 n 个顶点 e 条边的连通图中,连通分量个数为( )。

15. 任何( )的有向图,其所有节点都可以排在一个拓扑序列中,拓扑排序的方法是

先从图中选一个( )为0的节点且输出,然后从图中删除该节点及其( ),反复执行,直到所有节点都输出为止。

16. 在有向图的邻接表和逆邻接表表示中,每个顶点的边链表中分别链接着该顶点的所有( )和( )节点。

17. 对于一个具有 n 个顶点和 e 条边的无向图,当分别采用邻接矩阵、邻接表表示时,求任一顶点度数的时间复杂度依次为( )和( )。

18. 树被定义为连通而不具有( )的(无向)图。

19. 对于一个图 G 的遍历,通常有两种方法,它们分别是( )和( )。

20. 一个连通图的( )是一个极小连通子图。

21. 在有向图的邻接矩阵上,由第 i 行可得到第( )个节点的出度,而由第 j 列可得到第( )个节点的入度。

22. 有 n 个顶点的无向图,其边数最大可达( ),像这样的有最大边数的无向图通常被称为( )。

23. 在 AOE 网中,从源点到汇点各活动时间总和最长的路径为( )。

24. 某作业工程表示成网络图,如右图所示。事件5的最早完成时间是( )。事件4的最迟开始时间是( )。事件5的迟缓时间是( )。关键路径是( )。

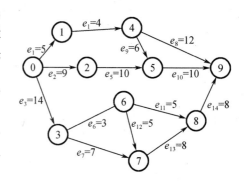

25. 无向图中所有顶点的度数之和等于所有边数的( )倍。

26. 具有 n 个顶点的无向完全图中包含有( )条边,具有 n 个顶点的有向完全图中包含有( )条边。

27. 在无向图中,如果从顶点 v 到顶点 v' 有路径,则称 v 和 v' 是( )的。如果对于图中的任意两个顶点 $vi,vj \in V$,且 vi 和 vj 都是连通的,则称 G 为( )。

28. 连通分量是无向图中的( )连通子图。

29. 对无向图,若它有 n 个顶点 e 条边,则其邻接表中需要( )个节点。其中,( )个节点构成头节点,( )个节点构成边节点表。

30. 对有向图,若它有 n 顶点 e 条边,则其邻接表中需要( )个节点。其中,( )个节点构成头节点,( )个节点构成边节点表。

31. $x,y \in V$,若 $<x,y> \in E$,则 $<x,y>$ 表示有向图 G 中从 x 到 y 的一条( ),x 称为( )点,y 称为( )点。若 $(x,y) \in E$,则在无向图 G 中 x 和 y 间有一条( )。

32. 在邻接表上,无向图中顶点 vi 的度恰为( )。对有向图,顶点 vi 的出度是( )。为了求入度,必须遍历整个邻接表,在所有单链表中,其邻接点域的值为( )的节点的个数是顶点 vi 的入度。

33. 一个具有 n 个顶点的无向图中,要连通所有顶点则至少需要( )条边。

34. 对用邻接矩阵表示的图进行任一种遍历时,其时间复杂度为( ),对用邻接表表示的图进行任一种遍历时,其时间复杂度为( )。

三、简答题

1. 对于一个具有 n 个顶点的连通无向图,如果它有且只有一个简单回路,此图有几条边? 一个具有 n 个顶点的弱连通图至少有几条边?

2. 已知某图的邻接表,如何建立该图的邻接矩阵?

3. 简述无向图和有向图有哪几种存储结构,并说明各种结构在图的不同操作中有什么优越性? 什么是 AOE 网的关键路径?

四、设计题

1. 在无向图的邻接矩阵和邻接链表上实现如下算法:

(1)往图中插入一个顶点

(2)往图中插入一条边

(3)删去图中某顶点

(4)删去图中某条边

2. 给出如图所示的 $G1$、$G2$、$G3$ 的邻接矩阵和邻接表。

3. 分别给出图 $G3$ 从 v_5 出发按深度优先搜索和广度优先搜索算法遍历得到的顶点序列。

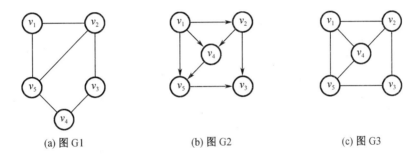

(a) 图 G1　　　　　　　(b) 图 G2　　　　　　　(c) 图 G3

4. 已知图 G 的邻接表如下图所示,顶点 v_1 为出发点,完成要求:

(1) 深度优先搜索的顶点序列;

(2) 广度优先搜索的顶点序列;

(3) 由深度优先搜索得到的一棵生成树;

(4) 由广度优先搜索得到的一棵生成树。

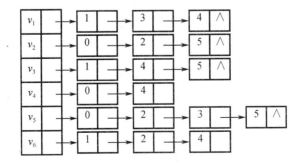

5. 求图 *G*4 的连通分量。

6. 设有一无向图 $G = (V, E)$，其中
$V = \{1, 2, 3, 4, 5, 6\}$，$E = \{(1, 2), (1, 6), (2, 6), (1, 4), (6, 4), (1, 3), (3, 4), (6, 5), (4, 5), (1, 5), (3, 5)\}$。

按上述顺序输入后，画出其相应的邻接表；

在该邻接表上，从顶点 4 开始，写出 DFS 序列和 BFS 序列。

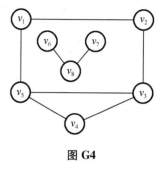

图 **G4**

7. 已知连通网的邻接矩阵如下所示，顶点集合为 $\{v1, v2, v3, v4, v5\}$，试画出它所表示的从顶点 *v*1 开始利用 Prim 算法得到的最小生成树。

$$
\begin{bmatrix}
\infty & 1 & 12 & 5 & 10 \\
1 & \infty & 8 & 9 & \infty \\
12 & 8 & \infty & \infty & 2 \\
5 & 9 & \infty & \infty & 4 \\
10 & \infty & 2 & 4 & \infty
\end{bmatrix}
$$

8. 如下图所示为一无向连通网络，要求根据 Prim 算法和 Kruskal 构造出它的最小生成树。

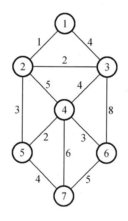

9. 拓扑排序的结果不是唯一的，对下图进行拓扑排序，写出全部不同的拓扑排序序列。

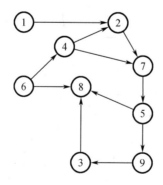

10. DFS 和 BFS 遍历采用什么样的数据结构来暂存顶点？当要求连通图的生成树的高度最小,应采用何种遍历？画出以顶点 $v1$ 为初始源点遍历图 7.13 所示的有向图所得到的 DFS 和 BFS 生成森林。

11. 对下图所示的有向网,试利用 Dijkstra 算法求从源点 1 到其他各顶点的最短路径。

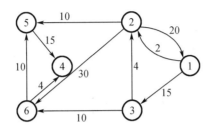

12. 已知某图 G 的邻接矩阵如下所示,顶点集合为 $\{v1,v2,v3,v4\}$

(1)由邻接矩阵画出相应的图 G;

(2)如果要使此图成为完全图还要增加哪几条边。

$$\begin{bmatrix} 0 & 1 & 0 & 1 \\ 1 & 0 & 1 & 0 \\ 0 & 1 & 0 & 1 \\ 1 & 0 & 1 & 0 \end{bmatrix}$$

13. 已知如下图所示的 AOE 网。求:

(1)每项活动的最早开始时间和最晚开始时间;

(2)完成此工程最少需要多少单位时间;

(3)关键活动与关键路径。

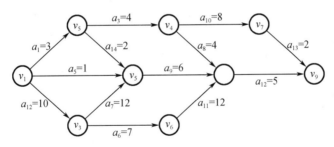

第9章 查　　找

多数应用程序的核心是数据的组织和查找。查找是在给定信息集上寻找特定信息元素的过程,是所有数据处理中最基本、最常用的操作。当查找的数据集合庞大时,选择合适的查找方法就显得格外重要。对查找问题的处理,有时会直接影响到计算机的工作效率。

本章主要讨论顺序表、有序表、树和哈希表查找的各种实现方法,以及相应查找方法在等概率情况下的平均查找长度。

9.1　查找的基本概念

待查找的一组数据元素称为记录。记录由若干数据项(或属性)组成。

比如在一组学生记录中包含:"学号""姓名""性别""年龄"等信息,这些都是数据项。若某个数据项的值能标识一个或一组记录,称为关键字(key)。若一个 key 能唯一标识一个记录,称该关键字为主关键字。如"学号"的值就能唯一确定一个学生,所以"学号"可以作为主关键字。若一个关键字能标识一组记录,称为次关键字。如"年龄"值为 20 时,可能有若干同学为 20 岁,所以"年龄"就是次关键字。

9.1.1　查找的定义

查找(或检索)的定义是:根据给定的关键字值,在特定的列表中确定一个其关键字与给定值相同的数据元素,并返回该数据元素在列表中的位置。如果表中存在满足条件的记录,则查找成功;返回所查到的记录信息或记录在表中的位置。如果表中不存在满足条件的记录,则查找失败,返回相应的指示信息。

9.1.2　查找表

查找表:是由同一类型的数据元素构成的集合。由于"集合"中元素之间没有作限定,所以查找表中的数据元素是完全松散的,数据元素之间没有直接的联系。

对查找表经常进行的操作有:

(1)查询某个"特定的"数据元素是否在查找表中;

(2)检索某个"特定的"数据元素的各种属性;

(3)在查找表中插入一个数据元素;

(4)从查找表中删除某个数据元素。

9.1.3　查找的方法

如果对查找表只进行前两种查找操作,则称此类查找表为静态查找表,相应的查找方法称为静态查找。若在查找过程中同时向查找表中插入不存在的数据元素,或者从查找表中删除已存在的某个数据元素,则称此类查找为动态查找表,相应的查找方法为动态查找。

查找也可以分为内查找和外查找。内查找是整个查找过程都在内存进行;外查找是在整个查找过程中需要访问外存。

查找方法很多,有顺序、折半、分块查找;树表查找及哈希表查找等等。查找算法的优劣将影响到计算机的使用效率,应根据应用场合选择相应的查找算法。

9.1.4 平均查找长度

前面介绍过,评价一个算法优劣的量度,一是时间复杂度 $T(n)$,n 为问题的体积,此时为表长;二是空间复杂度 $D(n)$;三是算法的结构等其他特性。

查找过程是关键字的比较过程,时间主要耗费在各记录的关键字与给定值的比较上。比较次数越多,算法效率越差。由于查找运算的主要是关键字的比较,所以通常把查找过程中对关键字需要执行的平均比较次数即是平均查找长度,作为衡量一个查找算法效率优劣的标准。平均查找长度 ASL(Average Search Length)定义为:

$$ASL = \sum_{i=1}^{n} P_i C_i$$

其中,n 是查找表中记录的个数。p_i 是查找第 i 个记录的概率。通常情况下,如果没有特殊的声明,则认为每个记录的查找概率相等,即 $p_i = 1/n (1 \leqslant i \leqslant n)$,$c_i$ 是找到第 i 个记录所需的比较次数。

9.2 静态查找表

查找与数据的存储结构有关,线性表有顺序和链式两种存储结构。静态查找表是最简单的一种表的组织方式。它包括顺序查找法、折半查找法和分块查找法三种。

9.2.1 静态查找表的定义

```
ADT Static_SearchTable
{
    数据对象:D 是具有相同特性的数据元素的集合,
                        各个数据元素有唯一标识的关键字。
    数据关系:R 数据元素同属于一个集合。
    基本操作:
        (1)构造静态查找表 Create(&ST,n)
        操作结果:构造一个含有 n 个元素的静态查找表 ST。
        (2)销毁静态查找表 Destroy(&ST)
        初始条件:静态查找表 ST 已经存在。
        操作结果:将一个已经存在的静态查找表 ST 销毁。
        (3)查找关键字 Search(ST,key)
        初始条件:静态查找表 ST 已经存在,key 为给定值,且与关键字类型相同。
        操作结果:在表 ST 中查找关键字等于给定值 key 的元素,如果有则返回该元素在表中的位
```

置,否则返回其他信息。

(4)按序访问静态查找表中的元素 Traverse(ST,visit( ))

初始条件:静态表查找表 ST 已经存在。

操作结果:按某种次序对 ST 的每个元素进行访问

} ADT Static_SearchTable。

9.2.2　顺序查找算法

顺序查找是最基本、最简单的一种查找方法。

算法思想:从表的一端开始逐一将记录的关键字和给定 K 值进行比较,若某个记录的关键字和给定 K 值相等,查找成功;否则,若扫描完整个表,仍然没有找到相应的记录,则查找失败。

算法实现代码如下:

顺序表的类型定义如下:

```
#define MAX_SIZE    100
typedef   struct   SSTable
{
     RecType   elem[MAX_SIZE] ;    //顺序表
     int   length ;                    //实际元素个数
}SSTable ;

int   Seq_Search(SSTable   ST , KeyType key)
{
     int i ;
     ST. elem[0]. key = key ;
     //设置监视哨兵,在静态查找表 ST 中顺序查找关键字等于 key。
     //如果找到则返回该记录在表中的位置,否则失败返回 0。
     for (i = ST. length; ST. elem[i]. key!= key; i --)
          return   i ;
}
```

算法分析:

(1)设置哨兵 ST. elem[0]. key,可以避免下标越界的条件 $i \geq 1$ 的判断,起到监视哨的作用,从而节省了比较的时间。

(2)平均查找长度。

假设 n = ST. length,在顺序查找过程如果不考虑越界比较 $i < n$ 的话,C_i 取决于所要查找的记录在表中的位置。如果查找表中第 1 个记录的关键字的值即等于给定值,则仅需要比较一次;如果查找表中第 n 个记录的关键字等于给定值时,需比较 n 次,即 $C_i = n - i + 1$。因此,成功时的顺序查找的平均查找长度为:

$$ASL = \sum_{i=1}^{n} P_i C_i = \frac{1}{n} \sum_{i=1}^{n} (n - i + 1) = \frac{n + 1}{2}$$

如果查找不成功,则比较次数为 $n + 1$。

(3)时间复杂度为 $O(n)$。

【例 9 – 1】　在已经存在的顺序表中查找记录。

	0	1	2	3	4	5	6	7	8	9	10	11
ST.elem		5	11	19	32	41	46	56	60	67	71	85

图 9 – 1　顺序查找示意图

从 ST. elem 中最后一个元素进行比较,并将给定值 key 存在 ST. elem[0]中。如果给定值为 56,则执行结果返回 $i = 7$;如果给定值为 21,因为顺序表中没有此元素,则返回 $i = 0$,表示查找失败。

9.2.3　折半查找算法

折半查找又称为二分查找,是一种效率较高的查找方法。

使用折半查找的静态查找表必须是有序的,所有记录是按关键字有序(升序或降序),且是顺序表。

算法思想:查找过程中,先确定待查找记录在表中的范围 ST[low..high],然后逐步缩小范围,每次将待查记录所在区间缩小一半,直到找到或找不到记录为止。

(1)分别用 low、high 和 mid 表示待查找区间的下界、上界和中间位置指针。初值置为 $low = 1, high = n$。

(2)取中间位置值 mid 等于(Low + High)/2。

(3)比较中间位置记录的关键字与给定的 K 值:

①相等:查找成功;

②大于:待查记录在区间的前半段,修改上界指针:$high = mid - 1$,转(1);

③小于:待查记录在区间的后半段,修改下界指针:$low = mid + 1$,转(1);

若 $low > high$,则越界,查找失败,返回值 0。

算法实现代码如下:

```
int    BinSearch(SSTable   ST , KeyType   key)
{
       int    low, ST. length, mid;
       low = 1;
       high = ST. length;
       while(low < high)
       {    mid = (low + high)/2 ;
            if(ST. elem[mid]. key == key))
               return mid ;
            else if(ST. elem[mid]. key <= key))
               low = mid + 1 ;
            else
               high = mid - 1 ;
       }
       return    0 ;
}
```

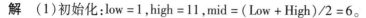

【例9-2】 在图9-2所示的顺序表中用折半查找法分别查找给定值为19和62这两个值。

解 (1)初始化:low=1,high=11,mid=(Low+High)/2=6。

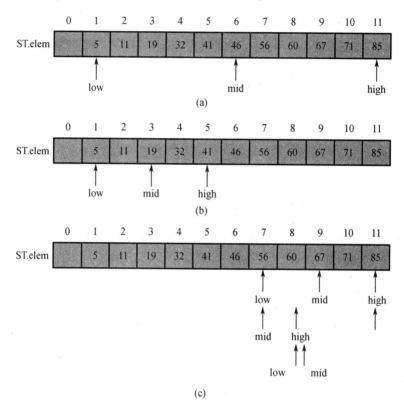

图9-2 折半查找示意图

(a)初始化;(b)查找$k=19$成功;(c)查找$k=62$失败

算法分析:

(1)折半查找判定树。查找时,每经过一次比较,查找范围就缩小一半,这个过程可以用一棵二叉树表示。整个二叉树的根节点就是第一次进行比较的中间位置的记录,左子树的节点是排在中间位置前面的元素,右子树的节点是排在中间位置后面的元素。每一棵子树的根节点都是当前查找区间中间位置上的元素。这样所得到的二叉树称为折半查找判定树。如图9-3所示,是查找图9-1顺序表产生的折半查找判定树。

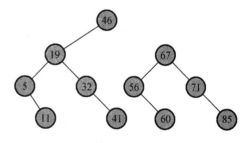

图9-3 折半查找判定树

(2)平均查找长度。用二叉树来进行分析折半查找算法的时间复杂性。如图9-3所示的查找二叉树的过程,树中的每个节点表示一个记录的关键字,如果要查找给定值是否在记录表中,则需要从根节点查起,如果给定值与根节点相等,则查找成功,如果给定值与根节点不相等,则根据给定值与根节点的大小关系,分别向左子树或右子树查找。所以查找给定值的过程,就是从根节点走一条到记录关键字节点的路径,给定值与记录比较的次数等于该节点所在的层次数。

如例 9 – 2 中查找 key = 19,由于 19 在第二层,所以需要进行 2 次比较。由此可见,折半查找如果能够成功找到给定值,则查找的次数最多不超过树的深度。由于具有 n 个节点的完全二叉树的深度为 $\log_2 n + 1$。所以当折半查找的查找成功时,与给定值进行比较的关键字个数至多为 $\log_2 n + 1$。而当查找不成功时,其查找过程就是从根节点一直到某一分支的叶子节点的过程,其比较次数等于树的深度。

假设 n = ST. length,在查找概率相同的情况下,$P_i = 1/n$,则查找成功的平均查找长度为:

$$ASL = \sum_{i=1}^{n} P_i C_i = \frac{n+1}{n} \times \log_2(n+1) - 1 = \log_2(n+1) - 1$$

(3)时间复杂度为 $O(\log_2 n)$。

9.2.4 分块查找算法

分块查找,是顺序查找方法的一种改进,目的也是为了提高查找效率,性能介于顺序查找和二分查找之间。分块查找又称索引顺序查找。

算法思想:将列表分成若干个块。一般情况下,块的长度均匀,最后一块可以不满。每块中元素任意排列,即块内无序,但块与块之间有序。构造一个索引表。其中每个索引项对应一个块并记录每块的起始位置,和每块中的最大关键字(或最小关键字)。索引表按关键字有序排列。

算法实现代码如下:

```
typedef struct IndexType
{
    keyType    maxkey ;        //块中最大的关键字
    int link ;                 //块的起始位置指针
}IndexType;
int Blocksearch( RecType ST[ ] , IndexType ind[ ] , KeyType key , int n , int b)
{
    int i = 0 , j , k ;
    while ( ( i < b) && ( ind[ i] . maxkey <= key) )
        i ++ ;
    if ( i > b)
    {
            printf( " \nNot found" ) ;
            return   0 ;
    }
    j = ind[ i] . link ;
    while ( ( j < n) && ( ST[ j] . key <= ind[ i] . maxkey) )
    {   if ( ST[ j] . key == key )
            break ;
        j ++ ;
    }
```

```
if (j > n || (ST[j].key < > key))
      {  j = 0; printf(" \nNot found");  }
  return   j;
}
```

假设有一个线性表,其中包含 18 个记录,关键字序列,按分块查找,将记录分成 3 个块,每块中有 4 个记录。如图 9-4 所示为该线性表的索引存储结构,其中第一块中最大的关键字是 16,第二块中的最大关键字是 51,第三块中最大的关键字为 91。在索引存储结构中,第一块的最大关键字小于第二块的最小关键字。第二块的最大关键字小于第三块的最小关键字。分块查找过程,如查找关键字 key = 48 的查找过程。首先查找索引表,确定 key = 48 的关键字记录在哪一个块,很明显,给定的关键字大于索引表中第一个块的最大关键字,小于索引表中第二块的最大关键字,所以要在第二个块中查找 key = 48 中,然后顺序地查找 ST[9..12] 中的记录是否有与给定值相等的,很显然 ST[8].key 中的记录与给定值相等,查找成功。

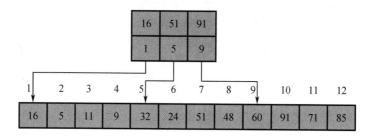

图 9-4 分块有序表的索引存储表示

算法分析:

(1)平均查找长度

分块查找的平均查找长度由两部分组成:即查找索引表时的平均查找长度,以及在相应块内进行顺序查找的平均查找长度。

假定将长度为 n 的表分成 b 块,且每块含 s 个元素,则 $b = n/s$。又假定表中每个元素的查找概率相等,则每个索引项的查找概率为 $1/b$,块中每个元素的查找概率为 $1/s$。

若以二分查找来确定块,则分块查找成功时的平均查找长度为:

$$ASL_{blk} = ASL_{bn} + ASL_{sq} = \log_2(h+1) - 1 + \frac{s+1}{2} \approx \log_2(n/s+1) + \frac{s}{2}$$

若以顺序查找确定块,则分块查找成功时的平均查找长度为:

$$ASL'_{blk} = ASL_{bn} + ASL_{sq} = \frac{b+1}{2} + \frac{s+1}{2} = \frac{s^2 + 2s + n}{2s}$$

(2)算法的时间复杂度为 $O(n+s)$,如果 $s = (n)^{1/2}$,则为 $O(n^{1/2})$;如果以折半查找算法来确定块,则时间复杂度为 $O(\log_2 n + s)$。因此分块查找的效率在顺序查找和折半查找算法之间。

三种查找算法的特点:

(1)顺序查找的特点:

优点:算法简单、适应面广,且对于表的结构没有任何要求。

缺点:平均查找长度较大,当查找规模较大时,查找效率较低。

(2)折半查找的特点

优点:平均查找长度小、查找速度快。

缺点:只限于顺序有有序表,不适于链表。

(3)分块查找的特点

优点:在表中插入或拆除一个记录时,只要找到该记录所属的块就可以只在该块内进行插入和删除操作。且块中的记录是无序的,所以插入、删除容易,不需要移动大量的记录。

缺点:增加一个辅助数组的存储空间和将初始表分块排序列的运算。

9.3　动　态　查　找

在静态查找表中,折半查找的效率最高。但折半查找法要求表中记录按关键字进行排序,所以不能用链表作为存储结构。当查找表以线性表的形式组织时,如果对查找表进行插入、删除或排序操作,为了维护表的有序性,就必须移动大量的记录,当记录数很多时,这种移动的代价很大。

利用树的形式组织查找表,可以对查找表进行动态高效的查找。

9.3.1　二叉排序树

1. 二叉排序树的定义

二叉排序树又称为二叉查找树(Binary Sort Tree 或 Binary Search Tree,简称为 BST),是一种的实现动态查找表的查找。其定义为:二叉排序树或者是空树,或者是满足下列性质的二叉树。

(1)若左子树不为空,则左子树上所有节点的值(关键字)都小于根节点的值;

(2)若右子树不为空,则右子树上所有节点的值(关键字)都大于根节点的值;

(3)左、右子树都分别是二叉排序树。

二叉排序树的性质可知,二叉树具有如下特点:

(1)二叉排序树中任意一个节点 x,其左(右)子树中任意一个节点 y 如果存在,则其关键字必小于(大于)x 的关键字。

(2)二叉排序树中,各节点关键字是唯一的。

(3)中序遍历一个二叉排序树时可以得到一个递增有序序列。

二叉排序树采用二叉链表作为存储结构,其节点结构定义如下:

```
typedef struct    Node
{    KeyType    key ;                        //关键字的值
      struct Node    * lchild , * rchild;         //左右指针
} BSTNode, * BSTree;
```

2. 二叉排序树的查找

算法思想:假设要在二叉排序树中查找关键字等于 K 的记录。首先将给定的 K 值与二

叉排序树的根节点的关键字进行比较:

(1)如果相等,则查找成功。

(2)如果给定的 K 值小于 BST 的根节点的关键字,则继续在该节点的左子树上进行查找。

(3)如果给定的 K 值大于 BST 的根节点的关键字,则继续在该节点的右子树上进行查找。

(4)如果沿着某条路径直到终端节点还未找到,则查找失败。

二叉排序树的查找,类似于折半查找,也是逐步缩小查找范围的过程。

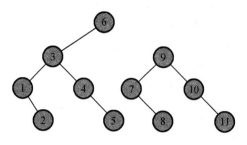

图 9 – 5　二叉排序树

算法实现代码如下:

①递归算法实现

```
BSTNode  * BSTSerach( BSTNode  * T , KeyType key)
｛   if (T == NULL)
            return   NULL;
      else
        ｛    if( T -> key == key)
                  return   (T);
            else if ( key <= T -> key)
                return  (BSTSerach( T -> lchild, key) );
            else
                return  (BSTSerach( T -> rchild, key) );
        ｝
｝
```

②非递归算法实现

```
BSTNode  * BSTSerach( BSTNode  * T , KeyType key)
｛   BSTNode p = T ;
    while ( p!= NULL&& ( p -> key < > key) )
        ｛   if( key <= p -> key )
                p = p -> lchild ;
            else p = p -> rchild ;
        ｝
    if( ( p -> key == key)
        return   (p);
    else
        return   (NULL) ;
｝
```

算法分析:在随机情况下,二叉排序树的平均查找长度 ASL 和 $\log(n)$ (树的深度)是等数量级的。

3. 二叉排序树的插入和生成

(1)二叉排序树的插入

算法思想:在 BST 树中插入一个新节点 x 时,

①如果 BST 树为空,则令新节点 x 为插入后 BST 树的根节点。

②如果 BST 树不为空,则将节点 x 的关键字与根节点 T 的关键字进行比较,根据比较结果进行下面的操作:

a. 若相等,则不需要插入;

b. 若 x. key < T –> key,则节点 x 插入到 T 的左子树中;

c. 若 x. key > T –> key,则节点 x 插入到 T 的右子树中。

算法实现代码如下:

①递归算法

```
void    InsertBST ( BSTNode * T , KeyType   key)
{    BSTNode  * x ;
     x = ( BSTNode  * )malloc( sizeof( BSTNode ) ) ;
     x –> key = key;
     x –> lchild = x –> rchild = NULL ;
     if ( T == NULL)
            T = x ;
     else
         {    if ( T –> key == x –> key )
                 {    printf("已有此节点,无须插入");    return;        }
              else if ( x –> key <= T –> key)
                     Insert_BST( T –> Lchild, key) ;
              else
                     Insert_BST( T –> Rchild, key) ;
         }
}
```

②非递归算法

```
void InsertBST ( BSTNode * T , KeyType key)
{    BSTNode * x, * p , * q ;
     x = ( BSTNode * )malloc( sizeof( BSTNode ) ) ;
     x –> key = key;
     x –> Lchild = x –> Rchild = NULL ;
     if ( T == NULL)
         T = x ;
     else
         {    p = T ;
              while ( p != NULL)
                 {    if ( p –> key == x –> key )
                         {    printf("已有此节点,无须插入");    return;        }
```

```
            q = p ;          //q 作为 p 的父节点
            if ( x -> key <= p -> key )
                    p = p -> lchild ;
            else
                    p = p -> rchild ;
        }
        if ( x -> key <= q -> key )
            q -> lchild = x ;
        else
            q -> rchild = x ;
    }
}
```

（2）二叉树的生成

由二叉树的插入算法可以得出生成一个二叉树的过程,其实就是逐一插入节点的过程,而且对于一个无序序列可以通过构造一棵 BST 树生成一个有序序列。由算法知,每次插入的新节点都是 BST 树的叶子节点,即在插入时不必移动其他节点,仅需修改某个节点的指针。

算法实现代码如下:

```
#define ENDKEY   65535
BSTNode  * createBST( )
{   KeyType   key ;
    BSTNode * T = NULL ;
    scanf( "% d" , &key) ;
    while ( key ! = ENDKEY )
        {   Insert_BST(T, key) ;
            scanf( "% d" , &key) ;
        }
    return   (T) ;
}
```

4. 二叉排序树的删除

从一棵二叉排序树中删除一个节点的情况比较复杂。删除操作必须首先进行查找,找到要删除的节点,并保证在删除该节点后,新的树依旧保持二叉排序树的特性。

分别设置指针变量 p 指向待删除的节点,指针变量 f 指向待删除节点 p 的双亲节点。删除节点过程如下:

（1）如果删除的节点是叶子节点,由于删除叶子节点不会改变整个树的特性,所以直接删去该节点。如图 9 – 6 所示,直接删除节点 11。这是最简单的删除节点的情况。

（2）如果删除的节点只有左子树而无右子树。根据二叉排序树的特点,可以直接将其左子树的根节点放在被删节点的位置。如图 9 – 7 所示,若要删除节点 5,* p 作为 * q 的右子树根节点,要删除 * p 节点,只需将 * p 的左子树(其根节点为 4)作为 * q 节点的右子树。

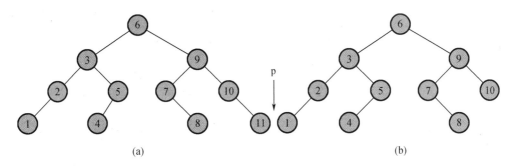

图 9 – 6　删除二叉排序树的叶子节点

（a）删除前；（b）删除后

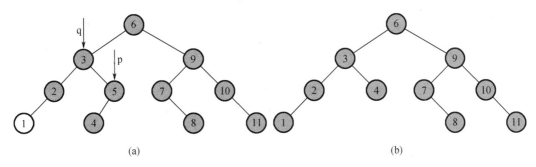

图 9 – 7　删除的节点只有左子树没有右子树

（a）删除前；（b）删除后

（3）如果删除的节点只有右子树而无左子树。与（2）情况类似，可以直接将其右子树的根节点放在被删节点的位置。如图 10 – 8 所示，删除节点 7，∗p 作为 ∗q 的左子树根节点，要删除 ∗p 节点，只需将 ∗p 的右子树（其根节点为 8）作为 ∗q 节点的右子树。

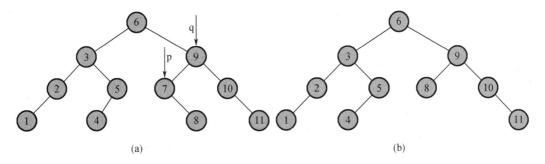

图 9 – 8　删除的节点只有右子树没有左子树

（a）删除前；（b）删除后

（4）如果删除的节点即有左子树又有右子树。根据二叉排序树的特点，可以从其左子树中选择关键字最大的节点或从其右子树中选择关键字最小的节点放在被删除的节点的位置上。假设选取左子树上关键字最大的节点，那么该节点一定是左子树的最右下节点。如图 9 – 9 所示，如果把左子树最右下节点上移时，它还有左子树，则须把左子树改为上移节点的双亲节点的右子树。如果要删除 ∗p 节点（节点 6），找到其左子树最右下节点 5，它的双亲节点为3,用它代替 * p 节点,并将其原来的左子树(其根节点为4)作为原来的双亲节点3的右子树。

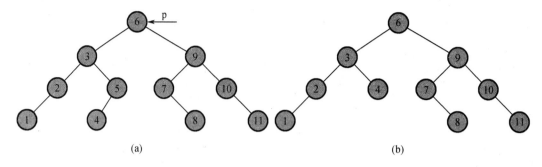

(a)   (b)

图 9 - 9   删除的节点即有右子树又有左子树

(a)删除前;(b)删除后

算法实现代码如下:

```
void DeleteBST ( BSTNode * T , KeyType   key )
{
    BSTNode * p = T , * f = NULL , * q , * s ;
    while ( p!= NULL&& ( p -> key < > key ) )
        {  f = p ;
           if ( key <= p -> key )
               p = p -> lchild ;   //搜索左子树
           else
               p = p -> rchild ;                //搜索右子树
        }
    if ( p == NULL)
        {  printf("没有要删除的节点") ;
           return ;
           s = p ;   //找到了要删除的节点为 p
           if ( p -> lchild!= NULL&& p -> rchild!= NULL)
               {  f = p ; s = p -> lchild ;          //从左子树开始找
                  while ( s -> rchild!= NULL)
                     {  f = s ; s = s -> rchild ;   }
                  //左、右子树都不空,找左子树中最右边的节点
                  p -> key = s -> key ; p -> otherinfo = s -> otherinfo ;
                  //用节点 s 的内容替换节点 p 内容
               }  //将第 3 种情况转换为第 2 种情况
           if ( s -> lchild!= NULL)   //若 s 有左子树,右子树为空
               q = s -> lchild ;
           else
               q = s -> rchild ;
           if ( f == NULL)
               T = q ;
```

```
        else if ( f -> lchild == s )
                f -> lchild = q ;
        else
                f -> rchild = q ;
        free( s ) ;

    }

}
```

9.3.2　平衡二叉树

BST 是一种查找效率比较高的组织形式,但其平均查找长度受树的形态影响较大,形态比较均匀时查找效率很好,形态明显偏向某一方向时其效率就大大降低。若二叉排序树的深度为 n,在最坏的情况下平均查找长度为 n。因此,为了减小二叉排序树的查找次数,需要对二叉树排序树进行平衡化处理,平衡化处理得到的二叉树称为平衡二叉树。平衡二叉树 (Balanced Binary Tree) 又称 AVL 树,于 1962 年由 Adelson – Velskii(阿德尔森 – 维尔斯基) 和 Landis(兰迪斯) 提出。

1. 平衡二叉树的定义

若一棵二叉树中每个节点的左、右子树的高度至多相差 1,则称此二叉树为平衡二叉树。在算法中,通过平衡因子(balancd factor,用 bf 表示)来具体实现上述平衡二叉树的定义。平衡因子的定义是:平衡二叉树中每个节点有一个平衡因子域,每个节点的平衡因子是该节点左子树的高度减去右子树的高度。因此,从平衡因子的角度可以说,平衡二叉树上每个节点的平衡因子只可能是 – 1、0 和 1,否则,只要有一个节点的平衡因子的绝对值大于 1,该二叉树就不是平衡二叉树。

如果一棵二叉树既是二叉排序树又是平衡二叉树,称为平衡二叉排序树(Balanced Binary Sort Tree) 。

如图 9 – 10 所示,平衡二叉树和非平衡二叉树。图中数字为该节点的平衡因子。

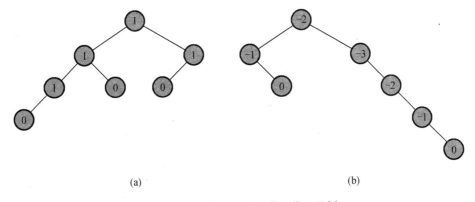

(a)　　　　　　　　　　　　　　(b)

图 9 – 10　平衡二叉树和非平衡二叉树

(a)平衡二叉树;(b)非平衡二叉树

平衡二叉树的节点类型定义如下:

```
typedef   struct   BNode
{         KeyType   key ;          //关键字域
          int   Bfactor ;          //平衡因子域
          InfoType data;           //其他数据域
          struct   BNode   * lchild , * rchild ;
}BBSTNode;
```

2. 平衡二叉树的调整

对于一般情况,当插入(或删除)一个节点时可能会出现以下几种情况导致二叉树不平衡:(1)以某些节点为根的子树的深度发生了变化;(2)某些节点的平衡因子发生了变化;(3)某些节点失去平衡。

当二叉树失去平衡时,需要进行调整。首先要找出插入新节点后失去平衡的最小子树根节点的指针,然后再调整这个子树中有关节点之间的链接关系,使之成为新的平衡子树。当失去平衡的最小子树被调整为平衡子树后,原有其他所有不平衡子树无须调整,整个二叉排序树就又成为一棵平衡二叉树。

失去平衡的最小子树是指以离插入节点最近,且平衡因子绝对值大于1的节点作为根的子树。假设用 A 表示失去平衡的最小子树的根节点,则调整该子树的操作可归纳为下列四种情况:

(1)LL 型平衡化旋转

LL 型平衡化旋转又称为单向右旋平衡处理。当在节点 a 的左孩子的左子树上进行插入,使节点 a 失去平衡。a 插入前的平衡因子是1,插入后的平衡因子是2。此时使以 a 为根节点的子树失去平衡。设 b 是 a 的左孩子,b 在插入前的平衡因子只能是0,插入后的平衡因子是1。通过顺时针旋转操作实现平衡二叉树,用 b 取代 a 的位置,a 成为 b 的右子树的根节点,b 原来的右子树作为 a 的左子树。如图 9 – 11 所示。

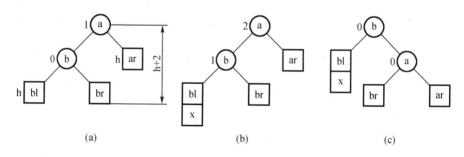

图 9 – 11   LL 型平衡化旋转

(a)平衡子树;(b)插入 x 后不平衡;(c)重新平衡的子树

(2)RR 型平衡化旋转

RR 型平衡化旋转又称为单向左旋平衡处理。当在节点 a 的右孩子的右子树上进行插入时,插入使节点 a 失去平衡。要进行一次逆时针旋转,和 LL 型平衡化旋转正好对称。设 b 是 a 的右孩子,通过逆时针旋转实现,如图 9 – 12 所示。用 b 取代 a 的位置,a 作为 b 的左子树的根节点,b 原来的左子树作为 a 的右子树。

(3)LR 型平衡化旋转

LR 型平衡化旋转又称为双向旋转(先左后右)平衡处理。在节点 a 的左孩子的右子树

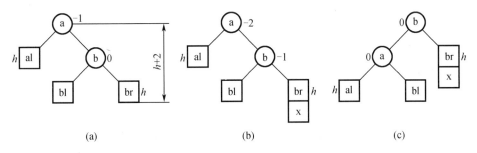

图9-12 RR型平衡化旋转

(a)平衡子树;(b)插入 x 后不平衡;(c)重新平衡的子树

上进行插入,插入使节点 a 失去平衡。a 插入前的平衡因子是 1,插入后 a 的平衡因子是 2。以 a 为根节点的子树失去平衡,要重新平衡二叉树,需要先向左(逆时针)后右(顺时针)两次旋转操作,即先对以 b 为根的子树进行一次左旋转操作,再对以 a 为根的子树进行一次右旋转操作。

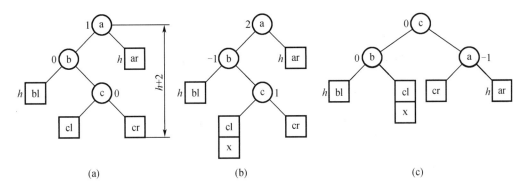

图9-13 LR型平衡化旋转

(a)平衡子树;(b)插入 x 后不平衡;(c)重新平衡的子树

(4)RL 型平衡化旋转

RL 型平衡化旋转又称为双向旋转(先右后左)平衡处理。在节点 a 的右孩子的左子树上进行插入,插入使节点 a 失去平衡,与 LR 型正好对称。对于节点 a,插入前的平衡因子是 -1,插入后 a 的平衡因子是 -2。以 a 为根节点的子树失去平衡,要重新平衡二叉树,需要先向右(顺时针)后左(逆时针)两次旋转操作,即先对以 b 为根的子树进行一次右旋转操作,再对以 a 为根的子树进行一次左旋转操作。

3.平衡二叉树的旋转操作

(1)LL 型平衡化旋转算法

算法实现代码如下:

```
void    LLrotate( BBSTNode * a)
{      BBSTNode * b ;
        b = a -> lchild ;
        a -> lchild = b -> rchild ;
        b -> rchild = a ;
```

a -> Bfactor = b -> Bfactor = 0 ;

a = b ;

}

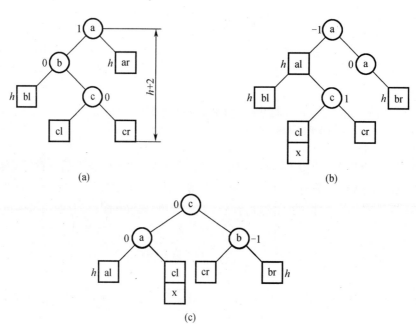

图 9 – 14   RL 型平衡化旋转

(a)平衡子树;(b)插入 x 后不平衡;(c)重新平衡的子树

(2)RR 型平衡化旋转算法

算法实现代码如下:

```
void    RRrotate( BBSTNode  * a )
{       BBSTNode  * b ;
        b = a -> rchild ;
        a -> rchild = b -> lchild ;
        b -> lchild = a ;
        a -> Bfactor = b -> Bfactor = 0 ;
        a = b ;

}
```

(3)LR 型平衡化旋转算法

算法实现代码如下:

```
void    LRrotate( BBSTNode  * a )
{       BBSTNode  * b, * c   ;
        b = a -> lchild ;
        c = b -> rchild ;
        a -> lchild = c -> rchild ;
        b -> rchild = c -> lchild ;
```

```
        c -> lchild = b ;
        c -> rchild = a ;
        if ( c -> Bfactor == 1 )
                {    a -> Bfactor = -1 ;
                     b -> Bfactor = 0 ;    }
        else if ( c -> Bfactor == 0 )
                a -> Bfactor = b -> Bfactor = 0 ;
        else
                {    a -> Bfactor = 0 ;
                     b -> Bfactor = 1 ;    }
}
```

(4) RL 型平衡化旋转算法
算法实现代码如下：

```
Void   RLrotate( BBSTNode * a)
{      BBSTNode * b, * c   ;
       b = a -> rchild ;
       c = b -> lchild ;
       a -> rchild = c -> lchild ;
       b -> lchild = c -> rchild ;
       c -> lchild = a ;
       c -> rchild = b ;
       if ( c -> Bfactor == 1 )
          {    a -> Bfactor = 0 ;
               b -> Bfactor = -1 ;    }
       else if ( c -> Bfactor == 0 )
               a -> Bfactor = b -> Bfactor = 0 ;
       else
          {    a -> Bfactor = 1 ;
               b -> Bfactor = 0 ;    }
}
```

4. 平衡二叉树的插入

算法思想：当向平衡二叉排序树中插入一个节点 e 后，有可能会使得二叉排序树上某个节点的平衡因子绝对值大于 1，即平衡二叉排序树失去平衡，这时需要对二叉排序树进行调整，使之仍然保持平衡。所以当向平衡二叉树中插入一个新的节点后，需要进行如下操作：

（1）如果平衡二叉排序树是空树，则插入的节点 e 作为根节点，并使该树的深度加 1；

（2）如果要插入节点 e 的关键字与二叉树中的某个节点相等，即二叉树中已存在此节点，则无须插入；

（3）如果要插入的节点 e 的关键字小于要插入位置的节点的关键字，则将 e 插入到该节点的左子树位置，同时该节点的左子树高度加 1，修改该节点的平衡因子。如果该节点的平衡因子绝对值大于 1，则需要进行平衡化处理；否则插入完成。

（4）如果要插入的节点 e 的关键字大于要插入位置的节点的关键字,则将 e 插入到该节点的右子树位置,同时该节点的右子树高度加 1,修改该节点的平衡因子。如果该节点的平衡因子绝对值大于 1,则需要进行平衡化处理;否则插入完成。

算法实现代码如下:

```
void    InsertBBST( BBSTNode * T, BBSTNode * S)
{    BBSTNode * f, * a, * b, * p, * q;
    if ( T == NULL)
        {    T = S ; T -> Bfactor = 1 ; return ;    }
    a = p = T ;        //a 指针指向离 s 最近且平衡因子不为 0 的节点
    f = q = NULL ;        // f、q 指针分别指向 a 的父节点和 p 父节点
    while ( p != NULL)
        {    if ( S -> key == p -> key )
                return ;   //要插入节点已存在,则无须插入节点
            if ( p -> Bfactor != 0)
              {   a = p ; f = q ;   }
            q = p ;
            if ( S -> key <= p -> key )    //判断插入节点与树中当前节点的大小
                p = p -> lchild ;        //在左子树中搜索
            else
                p = p -> rchild ;        //在右子树中搜索
        }
    if ( S -> key <= p -> key)
        q -> lchild = S ;        //s 插入为 q 的左孩子
    else
        q -> rchild = S ;        //s 插入为 q 的右孩子
    p = a ;
    while ( p != S)
        {    if ( S -> key <= p -> key )
                {    p -> Bfactor ++ ;   p = p -> lchild ;   }//插入到左子树,平衡因子加 1
              else
                {    p -> Bfactor -- ;   p = p -> rchild ;   }//插入到右子树,平衡因子减 1
        }    //插入到左子树,平衡因子加 1,插入到右子树,减 1
    if ( a -> Bfactor > -2 && a -> Bfactor < 2)
        return ;   //未失去平衡,不需要调整
    if ( a -> Bfactor == 2)
        {    b = a -> lchild ;
            if ( b -> Bfactor == 1)        p = LLrotate( a ) ;
            else p = LRrotate( a ) ;
        }
    else
        {    b = a -> rchild ;
            if ( b -> Bfactor == 1)        p = RLrotate( a ) ;
            else    p = RRrotate( a ) ;
```

```
    }                //修改双亲节点指针
    if (f == NULL)    T = p ;        //p 为根节点
    else   if (f -> lchild == a)    f -> lchild = p ;
    else   f -> lchild = p ;

}
```

【例 9 - 3】 将一组记录关键字 12,15,20,8,4,10,17 依次插入,构造一棵平衡二叉树。构造过程如图 9 - 15 所示。

9.3.3 B - 树

二叉排序树和平衡二叉树可以适用于在计算机内存中的文件或表。这种查找统称为内查找方法。用平衡二叉排序树来组织索引表是一种可行的动态查找选择。当用于大型数据库时,所有数据及索引都存储在外存,这样就涉及内、外存之间频繁的数据交换,这种交换速度的快慢制约了动态查找。

B - 树又称基本 B 树,由 R. Bayer(贝尔)和 E. McCreight(马斯凯特)于 1970 年提出的一种多路平衡查找树,是构造大型文件系统索引结构的一种数据结构类型。在 B - 树中,每个节点的大小为一个磁盘页,节点中所包含的关键字及其孩子的数目取决于页的大小。

1. B - 树的定义

一棵 $m(m \geqslant 3)$ 阶的 B - 树,或为空树,或是具有下列性质的 m 叉树:

(1)树中每个节点的子树数目 $\leqslant m$;

(2)除非根为叶节点,否则它至少有两棵子树;

(3)除根节点外,所有非叶子节点最少子树目为 $(m/2)$;

(4)每个非叶子节点形式:$(n, A_0, K_1, A_1, K_2, A_2, \cdots, K_n, A_n)$,其中 $K_i(1 \leqslant i \leqslant n)$ 是关键字,且 $K_i < K_i + 1 \ (1 \leqslant i \leqslant n - 1)$;$A_i(i = 0, 1, \cdots, n)$ 为指向孩子节点的指针,且 A_{i-1} 所指向的子树中所有节点的关键字都小于 K_i,A_i 所指向的子树中所有节点的关键字都大于 K_i;n 是节点中关键字的个数,且 $(m/2) - 1 \leqslant n \leqslant m - 1$,$n + 1$ 为子树的棵数。

(5)所有叶子节点在同一层上,不带信息。叶子节点是外部节点,或称查找失败节点,实际上这些节点是不存在的,指向这些节点的指针为空。

一棵 3 阶 B - 树,如图 9 - 16 所示。

树中每个节点的子树数目 $\leqslant 3$,满足性质(1);根有两棵子树,满足性质(2);除根节点外,每个非叶子节点子树数目至少为 $(5/2) = 2$,满足性质(3)(4)和(5),所以它是一棵 3 阶 B - 树(又称 2 - 3 树)。

2. B - 树的特点

(1)B - 树是一种高度平衡的多路查找树,其各节点的子树的深度相等。

(2)由于高度平衡性,使得对树中节点的查找效率很高。

(3)对 B - 树的插入、删除等运算容易实现,且容易保持树的特性。

(4)B - 树结构不十分依赖于硬件环境,系统移植方便。根节点始终置于主存中,因此在 B - 树中查找任意关键字至多只需要两次访问外在。

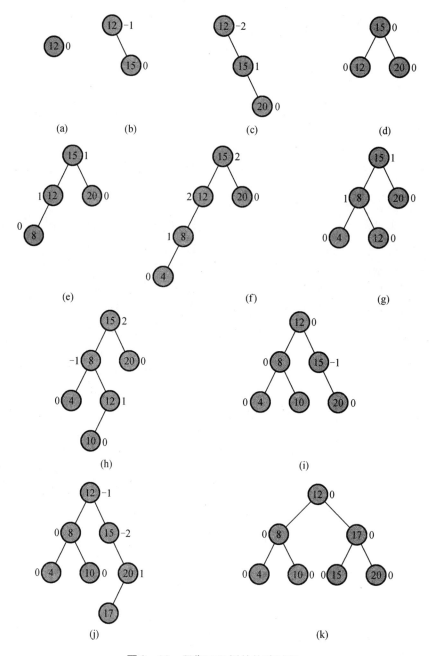

图 9 – 15　平衡二叉树的构造过程

(a)插入 12；(b)插入 15；(c)插入 20,失去平衡；(d)RR 调整；

(e)插入 8；(f)插入 4,失去平衡；(g)LL 调整；(f)插入 12,失去平衡；

(g)LR 调整；(h)插入 17,失去平衡；(i)RL 调整

3. B – 树的存储结构节点的类型定义

```
#define MAXM 10            //B – 树的最大的阶数
typedef int KeyType;       //关键字类型
typedef struct BTNode
```

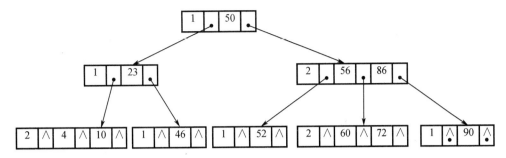

图 9 – 16   一棵 3 阶 B – 树

```
{      int keynum;                        //节点中关键字的个数,即节点的大小
       KeyType key[MAXM];                  //[1..keynum]存放关键字,[0]不用
       struct BTNode * parent;             //双亲节点指针
       struct BTNode * ptr[MAXM];          //孩子节点指针数组[0..keynum]
       RecType    * recptr[MAXM] ;         //记录指针向量
} BTNode;
```

4. B – 树的查找

算法思路:由定义可知,在 B – 树中查找给定关键字的方法类似于二叉排序树上的查找。不同的是在每个记录上确定向下查找的路径不一定是二路(即二叉)的,而是 $n+1$ 路的。因为记录内的关键字序列是有序的数量 key[1..n],故既可以采用顺序查找法,也可以采用折半查找法。在一棵 B – 树上顺序查找给定关键字 k 的方法如下:

将 k 与根节点中的 key[i]进行比较:

(1)如果 $k=$ key[i],则查找成功;

(2)如果 $k<$ key[1],则沿着指针 ptr[0]所指的子树继续查找;

(3)如果 key[i] $<k<$ key[$i+1$],则沿着指针 ptr[i]所指的子树继续查找;

(4)如果 $k>$ key[n],则沿着指针 ptr[n]所指的子树继续查找。

算法实现代码如下:

```
int    BTsearch(BTNode *T, KeyType K, BTNode *p)
    {    BTNode *q ; int n ;
         p = q = T ;
         while   (q! = NULL)
             {    p = q ;
                  q -> key[0] = K ;           //设置查找哨兵
                  for (n = q -> keynum ; K < q -> key[n] ; n -- )
                       if (n > 0&& (q -> key[n] == K))
                            return n;
                  q = q -> ptr[n] ;
             }
         return 0 ;
    }
```

算法分析:在 B - 树上的节点中查找关键字时,其查找时间主要花费在搜索节点查找上。磁盘上找到指针 ptr 所指向的节点后,将节点信息读入内存后再查找。因此,磁盘上的查找次数,即待查的记录关键字在 B - 树上的层次数,是决定 B - 树查找效率的首要因素。节点中 k_i 的个数,是决定查找效率的第二个因素。根据 m 阶 B - 树的定义,含有 n 个关键字的 m 阶 B - 树可能的最大深度 h 为多少?至少含有多少个节点?

根据定义,第一层上至少有 1 个节点,第二层上至少有 2 个节点;除根节点外,所有非终端节点至少有 $m/2$ 棵子树,……,第 h 层上至少有 $[(m/2)^{h-2}]$ 个节点。在这些节点中:根节点至少包含 1 个关键字,其他节点至少包含 $(m/2) - 1$ 个关键字,设 $s = (m/2)$,则总的关键字数目 n 满足:

$$n \geq 1 + (s - 1) \sum_{i=2}^{h} 2s^i = 2(s - 1) \frac{s^{h-1} - 1}{s - 1} = 2s^{h-1} - 1$$

因此有:

$$h \leq 1 + \log_s ((n + 1)/2) = 1 + \log_{(m/2)} ((n + 1)/2)$$

也就是说,在含有 n 个关键字的 B - 树上进行查找时,从根节点到要查找记录关键字的节点的路径上所涉及的节点数不超过 $1 + \log_{(m/2)} ((n + 1)/2)$。

算法的时间复杂度为 $O(\log_{(m/2)} ((n + 1)/2)$

5. B - 树的插入

算法思路:B - 树的生成也从空树起,逐个插入关键字。即初始 B - 树为空,逐步插入关键字,每插入一个关键字就添加一个叶子节点,形成所需的树结构。根据 B - 树定义,每个非叶节点中的关键字个数 C:

$$(m - 1) - 1 \leq C \leq m - 1$$

将关键字 k 插入到 B - 树的过程可以分成两步:

第一步:利用前面的 B - 树的查找算法找到该关键字的插入节点,根据 B - 树的定义可知,插入节点一定是叶子节点。

第二步:判断该节点是否满足 $n < m - 1$,即判断该节点是否还有空位置。如果该节点满足 $n < m - 1$,说明该节点还有空位置,直接把关键字 k 插入到该节点的合适位置上,满足插入后节点上的关键字仍保持有序。如果该节点有 $n = m - 1$,说明该节点已没有空位置,需要把节点分裂成两个。

分裂的方法为,取一新节点,把原节点上的关键字和 k 按升序排序后,从中间位置,即 $(m/2) = [(m + 1)/2]$ 处,把关键字但不包括中间位置的关键字分成两部分,左边部分所含关键字放在旧节点中,右部分所含关键字放在新节点中,中间位置的关键字连同新节点的存储位置插入到父亲节点中。如果父节点的关键字个数也超过 Max,则要再分裂,再往上插,直至这个过程到根节点为止。

算法实现代码如下:

```
BTNode  * split(BTNode  * p)
  {     BTNode * q ;
        int k, mid, j ;
        q = (BTNode  * ) malloc( sizeof( BTNode)) ;
        mid = (m + 1)/2 ;
        q -> ptr[0] = p -> ptr[mid] ;
```

```
            for ( j = 1 , k = mid + 1 ; k <= m ; k ++ )
                {   q -> key[ j ] = p -> key[ k ] ;
                    q -> ptr[ j ++ ] = p -> ptr[ k ] ;
                }   //将 p 的后半部分移到新节点 q 中
            q -> keynum = m - mid ;
            p -> keynum = mid - 1 ;
            return( q ) ;
        }


void    insertBTree( BTNode * T , KeyType   K )
    {   BTNode * q , * s1 = NULL , * s2 = NULL ;
        int n ;
        if ( ! BT_search( T , K , p ) )         //判断树中不存在关键字 K
            {   while ( p! = NULL )
                    {   p -> key[ 0 ] = K ;      //设置哨兵
                        for ( n = p -> keynum ; K < p -> key[ n ] ; n -- )
                            {   p -> key[ n + 1 ] = p -> key[ n ] ;
                                p -> ptr[ n + 1 ] = p -> ptr[ n ] ;
                            }   //关键字和指针后移
                        p -> key[ n ] = K ;
                            p -> ptr[ n - 1 ] = s1 ;
                        p -> ptr[ n + 1 ] = s2 ;        //置关键字 K 的左右指针
                        if ( ++ ( p -> keynum ) ) < m
                                break ;
                        else
                            {   s2 = split( p ) ;  //分裂节点 p
                                s1 = p ;
                                K = p -> key[ p -> keynum + 1 ] ;
                                p = p -> parent ;       //取出父节点
                            }
                        if ( p == NULL )             //需要产生新的根节点
                            {   p = ( BTNode * ) malloc( sizeof( BTNode ) ) ;
                                p -> keynum = 1 ; p -> key[ 1 ] = K ;
                                p -> ptr[ 0 ] = s1 ; p -> ptr[ 1 ] = s2 ;
                            }
                    }
            }
    }
```

【例 9 - 4】 假设在如图 9 - 17(a)所示的 B - 树中插入关键字 54,18,84 和 59。

插入过程如下:当在某节点插入关键字使得该节点关键字个数大于 2,且子树大于 3 时,需要将节点进行分裂,并对该节点的子树进行重新组合。分裂时将中间的关键字上升到双亲节点中,如果上升节点后,导致双亲节点的关键字大于 2,将双亲节点分裂,再次重复前面的操作,直到满足条件。

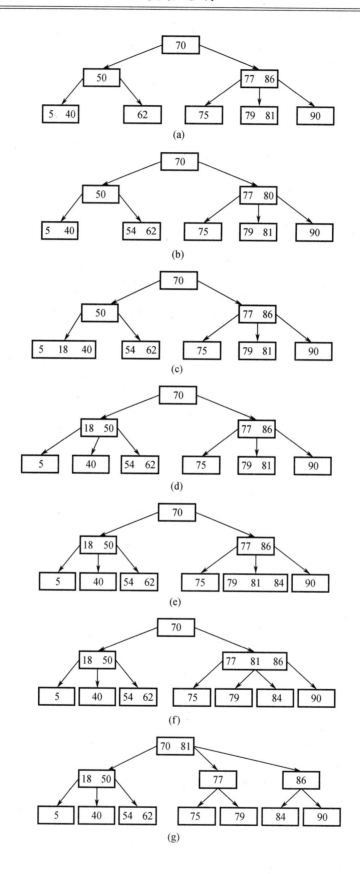

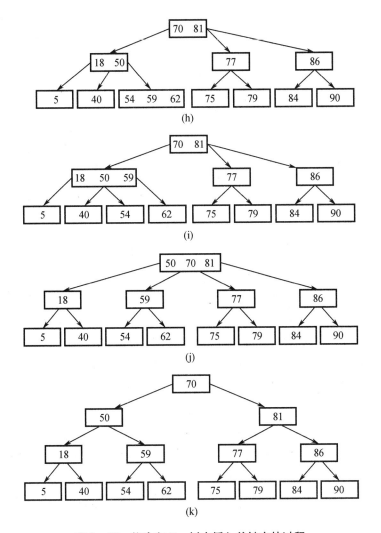

图 9 - 17 依次向 B - 树中插入关键字的过程

(a)B - 树;(b)插入 53;(c)插入 22;(d)插入 22 后,分裂;(e)插入 85;
(f)插入 85,分裂(1);(g)插入 85,分裂(2);(h)插入 59;(i)插入 59,分裂(1);
(j)插入 59,分裂(2);(k)插入 59,分裂(3)

6. B - 树中删除

算法思想:B - 树的删除过程与插入过程类似,只是稍为复杂一些。在 B - 树中删除关键字为 k 的记录,要使删除后的节点中的关键字个数 $\geqslant (m/2) - 1$,这涉及节点的"合并"问题。在 B - 树上删除关键字 k 的过程分以下两步实现:

(1)利用的 B - 树的查找算法找到给定值所在的节点。

(2)当删除节点上的关键字时,考虑以下两种情况:一是在叶子节点上删除关键字;二是在非叶子节点上删除关键字。

(3)如果删除的节点在非叶子节点上,执行以下操作:

假设要删除关键字 key[i](1 $\leqslant i \leqslant n$),在删除该关键字后,以该节点 ptr[i]所指子树中的最小关键字 key[min]来代替被删关键字 key[i]所在的位置,ptr[i]所指子树中的最小关键字 key[min]一定是在叶子节点上,然后再以指针 ptr[i]所指节点为根节点查找并删除

key[min],以 ptr[i] 所指节点为 B-树的根节点,以 key[min] 为要删除的关键字,然后再次调用 B-树上的删除算法,这样也就把在非叶子节点上删除关键字 k 的问题转化成了在叶子节点上删除关键字 key[min] 的问题。

(4)在 B-树的叶子节点上删除关键字共有以下三种情况:

①若被删除节点中的关键字个数 $> \lfloor m/2 \rfloor - 1$,在该节点中直接删除关键字 K。

②若被删除节点中的关键字个数 $= \lfloor m/2 \rfloor - 1$,若该节点的左(右)兄弟节点中的关键字个数 $> \lfloor m/2 \rfloor - 1$,则将该节点的左(或右)兄弟节点中的最大(或最小)关键字上移到其父节点中,而父节点中大于(或小于)且紧靠上移关键字的关键字下移到该节点。

③若删除节点和其兄弟节点中的关键字数 $= \lfloor m/2 \rfloor - 1$,删除该节点中的关键字,再将该节点中的关键字、指针与其兄弟节点以及分割二者的父节点中的某个关键字 K_i,合并为一个节点,若因此使父节点中的关键字个数 $< \lfloor m/2 \rfloor - 1$,则依此类推。

算法实现代码如下:

```
BTNode   MoveKey( BTNode * p)
{       //将 p 的左(或右)兄弟节点中的最大(或最小)关键字上移
        //到其父节点中,父节点中的关键字下移到 p 中
    BTNode  * b , * f = p -> parent ;   //f 指向 p 的父节点
    int k, j ;
    for ( j = 0; f -> ptr[ j] != p; j ++ )
    {   //在 f 中找 p 的位置
        if ( j > 0)    //若 p 有左邻兄弟节点
        {   b = f -> ptr[ j - 1] ;    //b 指向 p 的左邻兄弟
            if ( b -> keynum > ( m - 1)/2 )        //左邻兄弟有多余关键字
            {   for ( k = p -> keynum; k > = 0; k -- )
                {   p -> key[ k + 1] = p -> key[ k] ;
                    p -> ptr[ k + 1] = p -> ptr[ k] ;
                }       //将 p 中关键字和指针后移
                p -> key[1] = f -> key[ j] ;
                f -> key[ j] = b -> key[ keynum] ;
                //f 中关键字下移到 p,b 中最大关键字上移到 f
                p -> ptr[0] = b -> ptr[ keynum] ;
                p -> keynum ++ ;
                b -> keynum -- ;
                return(1) ;
            }
        }
        if ( j < f -> keynum)   //若 p 有右邻兄弟节点
        {   b = f -> ptr[ j + 1] ;      // b 指向 p 的右邻兄弟
            if ( b -> keynum > ( m - 1)/2 )          //右邻兄弟有多余关键字
            {   p -> key[ p -> keynum] = f -> key[ j + 1] ;
                f -> key[ j + 1] = b -> key[1] ;
                p -> ptr[ p -> keynum] = b -> ptr[0] ;
                //f 中关键字下移到 p,b 中最小关键字上移到 f
                for ( k = 0; k < b -> keynum; k ++ )
```

```
                                    |    b -> key[ k ] = b -> key[ k + 1 ] ;
                                         b -> ptr[ k ] = b -> ptr[ k + 1 ] ;
                                    |      //将 b 中关键字和指针前移
                          p -> keynum ++ ;
                          b -> keynum -- ;
                          return( 1 ) ;
                     |
               |
     return( 0 ) ;
|    //左右兄弟中无多余关键字,移动失败
|


BTNode    * MergeNode( BTNode * p )
|    //将 p 与其左(右)邻兄弟合并,返回合并后的节点指针
    BTNode   * b, f = p -> parent ;
    int j, k ;
    for ( j = 0 ; f -> ptr[ j ] != p ; j ++ )    //在 f 中找出 p 的位置
        if ( j > 0 )   b = f -> ptr[ j - 1 ] ;    // b 指向 p 的左邻兄弟
        else   |   b = p ; p = p -> ptr[ j + 1 ] ;  |    // p 指向 p 的右邻
    b -> key[ ++ b -> keynum ] = f -> key[ j ] ;
    b -> ptr[ p -> keynum ] = p -> ptr[ 0 ] ;
    for ( k = 1 ; k <= b -> keynum ; k ++ )
        |   b -> key[ ++ b -> keynum ] = p -> key[ k ] ;
            b -> ptr[ b -> keynum ] = p -> ptr[ k ] ;
        |    //将 p 中关键字和指针移到 b 中
    free( p ) ;
    for ( k = j + 1 ; k <= f -> keynum ; k ++ )
        |   f -> key[ k - 1 ] = f -> key[ k ] ;
            f -> ptr[ k - 1 ] = f -> ptr[ k ] ;
        |    //将 f 中第 j 个关键字和指针前移
    f -> keynum -- ;
    return( b ) ;
|


void   DeleteBTNode( BTNode * T, KeyType K )
|    BTNode   * p, * S ;
    int j, n ;
    m = BT_search( T, K, p ) ; //在 T 中查找 K 的节点
    if ( j == 0 )   return( T ) ;
    if ( p -> ptr[ j - 1 ] )
    |   S = p -> ptr[ j - 1 ] ;
        while ( S -> ptr[ S -> keynum ] )
            S = S -> ptr[ S -> keynum ] ;
            //在子树中找包含最大关键字的节点
```

```
        p -> key[ j ] = S -> key[ S  -> keynum ] ;
        p = S ; j = S -> keynum ;
    }
    for ( n = j + 1 ; n < p -> keynum ; n ++ )
        p -> key[ n - 1 ] = p -> key[ n ] ;
        //从 p 中删除第 m 个关键字
    p -> keynum -- ;
    while ( p -> keynum < ( m - 1 ) /2&&p -> parent )
    {   if ( ! MoveKey( p ) )   p = MergeNode( p );
        p = p -> parent ;
    }   //若 p 中关键字树目不够,按(2)处理
    if ( p == T&&T -> keynum == 0 )
        {   T = T -> ptr[ 0 ] ;   free( p ) ;   }
}
```

9.3.4　B + 树

B + 树是 B - 树的变型,目的在于有效地组织文件的索引结构。m 阶 B + 树与 B - 树的差异如下:

(1)有 n 棵子树的节点必有 n 个关键字,即关键字个数与节点的子树个数相等。

(2)所有的叶子节点中包含了全部关键字的信息,及指向这些关键字记录的指针,且叶子节点本身依关键字的从小到大顺序链接。

(3)所有的非终端节点可以看成是索引部分,节点中仅含有其子树(根节点)中的最大(或最小)关键字。

【例 9 - 5】　一棵 4 阶 B + 树如图 9 - 18 所示。

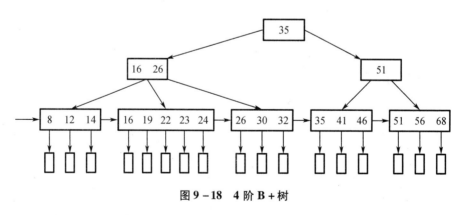

图 9 - 18　4 阶 B + 树

由于 B + 树的叶子节点和非叶子节点结构上区别明显,因此需要加一个标志域来区分,节点结构定义如下:

```
typedef   enum{branch , left}   NodeType ;
typedef   struct BPNode
{   NodeTag   tag ;                //节点标志
    int   keynum ;                 //节点中关键字的个数
```

```
struct BTNode   * parent ;          //指向父节点的指针
KeyType   key[M+1] ;                //组关键字向量,key[0]未用
union pointer
    {   struct BTNode   * ptr[M+1] ;     //子树指针向量
        RecType    * recptr[M+1] ;       //recptr[0]未用
    }ptrType ;                      //用联合体定义子树指针和记录指针
}BPNode ;
```

与 B - 树相比,对 B + 树的查找可以有两种方式,一是可以从根节点开始按关键字随机查找,一是可以从最小关键字起,按叶子节点的链接顺序进行顺序查找。在 B + 树上进行随机查找时,若在非叶子节点找到的关键字等于给定 K 值,并不结束,而是继续向下直到叶子节点,因为只有叶子节点才存储记录,也就是说,在查找过程中,无论查找是否成功,都走了一条从根节点到叶子节点的路径。

在 B + 树上进行随机查找、插入、删除的过程基本上和 B - 树类似。

B + 树的插入仅在叶子节点上进行。当叶子节点中的关键字个数大于 m 时,需要"分裂"为两个节点,两个节点中所含有的关键字个数分别是 $\lfloor (m+1)/2 \rfloor$ 和 $\lceil (m+1)/2 \rceil$,同时在双亲节点中要包含这两个节点中的最大关键字和指向它们指针,若双亲节点的关键字个数大于 m,则继续分裂,依次类推。

B + 树删除节点也是从叶子节点开始,当叶子节点中最大关键字被删除时,非叶子节点中的值可以作为"分界关键字"存在。若执行删除操作后,节点的关键字个数小于 $\lfloor m/2 \rfloor$,则从兄弟节点中调剂关键字或和兄弟节点合并。

9.4 哈希表查找

9.4.1 哈希表的含义

哈希表,又称散列表、杂凑表。是除顺序表存储结构、链接表存储结构和索引表存储结构之外的又一种存储线性表的存储结构。

在顺序、折半、分块查找和树表的查找中,其 ASL 的量级在 $O(n) \sim O(\log_2 n)$ 之间。不论 ASL 在哪个量级,都与问题规模即记录长度 n 有关。随着 n 的扩大,算法的效率会越来越低。ASL 与 n 有关是因为记录在存储器中的存放是随机的,或者说记录的 key 与记录的存放地址无关,因而查找只能建立在 key 的"比较"基础上。

对给定的 k,不经任何比较便能获取所需的记录,其查找的时间复杂度为常数级 O(C)。这就要求在建立记录表的时候,确定记录的关键字与其存储地址之间的关系,即使 key 与记录的存放地址相对应。

假设要存储的对象个数为 n,设置一个长度为 $m(m \geq n)$ 的连续内存单元,以线性表中每个对象的关键字 $k_i(0 \leq i \leq n-1)$ 为自变量,通过一个称为哈希函数的函数 $h(k_i)$,把 k_i 映射为内存单元的地址(或称下标)$h(k_i)$,并把该对象存储在这个内存单元中。$h(k_i)$ 也称为哈希地址或称散列地址。应用哈希函数,由记录的关键字确定记录在表中的地址,并将记录放入此地址,这样构成的表叫哈希表。

哈希查找又称为散列查找,是利用哈希函数进行查找的过程。

对于不同的关键字 k_i、k_j,若 $k_i \neq k_j$,但 $h(k_i) = h(k_j)$ 的现象叫哈希冲突。

具有相同函数值的两个不同的关键字,称为该哈希函数的同义词。由于同义词引起的冲突称为同义词冲突。在哈希表存储结构的存储中,同义词冲突是很难避免的,除非关键字的变化区间小于等于哈希地址的变化区间,而这种情况当关键字取值不连续时是非常浪费存储空间的。通常的实际情况是关键字的取值区间远大于哈希地址的变化区间。

归结起来:

(1)哈希函数通常是一个映象。将关键字的集合映射到某个地址集合上,它的设置很灵活,只要地址集合的大小不超出允许范围即可。

(2)哈希函数是一个压缩映象,因此,在一般情况下,很容易产生"冲突"现象,即:key1 $\neq$ key2,但是 $h(\text{key1}) = h(\text{key2})$。

(3)冲突是不可避免,只能尽量减少。当冲突发生时,应该有适当的处理冲突的方法。

9.4.2 哈希函数构造方法

关于哈希表的讨论关键是两个问题,一是选取哈希函数的方法;二是确定解决冲突的方法。

选取哈希函数的方法很多,原则是尽可能将记录均匀分布,以减少冲突现象的发生;同时尽可能使计算过程简单以达到尽可能高的时间效率。以下介绍几种常用的构造方法。

1. 直接地址法

此方法是取 key 的某个线性函数为哈希函数,即令:
$$h(\text{key}) = a \cdot \text{key} + b$$
其中 a、b 为常数,此时称 $h(\text{key})$ 为直接哈希函数或自身函数。

特点:直接定址法计算简单,所得地址集合与关键字集合大小相等,不会发生冲突。但是当关键字的分布基本连续时,可用直接定址法的哈希函数;否则,若关键字分布不连续会造成内存单元的大量浪费,实际中很少使用。

2. 数字分析法

数字分析法是对关键字进行分析,提取关键字中取值较均匀的数字位作为哈希地址的方法。它适合用于所有关键字值都已知的情况,并需要对关键字中每一位的取值分布情况进行分析。此方法适用于关键字位数比哈希地址位数大,且可能出现的关键字事先知道的情况。

【例9-6】 有一组记录,关键字为 8 位十进数,哈希地址为 2 位十进制数。{91323532,91356575,91314226,91378450,91329416,91363348,91370362,91338377,91342515,91309588}

通过分析可知,每个关键字从左到右的第1、2、3位和第6位值比较集中,不适合用作哈希函数,第4、5、7和8位取值比较分散,根据实际需要取其中的若干位作为哈希地址。由于哈希地址为2位十进制数,所以可以取最后两位作为哈希地址,则哈希地址的集合为{32,75,26,50,16,48,62,77,15,88}。

3. 除留余数法

留余数法是用关键字 k 除以某个不大于哈希表长度 m 的数 p 所得的余数作为哈希地址的方法。

除留余数法的哈希函数 $h(k)$ 为:

$$h(k) = k \bmod p \quad (\bmod \text{ 为求余运算}, p \leq m)$$

其中 p 最好取小于 m 的质数(素数)。

【例 9 - 7】 假设哈希表长度 m = 13,采用除留余数法哈希函数建立如下关键字集合的哈希表:$\{25, 86, 26, 54, 16, 48, 62, 77, 67, 88\}$。

解 $n = 10, m = 13$,除留余数法的哈希函数为 $h(k) = k \bmod p$,p 应为小于等于 m 的素数,假设 p 取值 13。则有:

$h(25) = 12, h(86) = 8, h(27) = 1, h(56) = 4, h(16) = 3, h(48) = 9, h(62) = 10, h(77) = 12, h(67) = 2, h(89) = 11$。

4. 平方取中法

取关键字中某些位为哈希地址而不能使记录均匀分布时,根据数学原理,取关键字平方中的某些位作为哈希地址。通常一个数平方后中间几位和数的每一位都相关,则由随机分布的关键字得到的散列地址也是随机的。散列表的长度决定散列函数所取的位数。这种方法适于不知道全部关键字情况,是一种较为常用的方法。

5. 折叠法

将关键字分割成位数相同的几部分,最后一部分可以不同,然后取这几部分的叠加的和作为哈希地址。数位叠加有移位叠加和间界叠加两种。移位叠加是将分割后的几部分低位对齐相加。间界叠加是从一端到另一端沿分割界来回折叠、对齐相加。

折叠法适于关键字位数很多,且每一位上数字分布大致均匀情况。

6. 随机函数法

编程语言中一般都提供一些随机函数,取关键字的随机函数值作哈希地址,即 $h(\text{key}) = \text{random}(\text{key})$。

选取哈希函数的 6 种方法。选取哈希函数要考虑的因素为:

(1)关键字的长度、类型以及分布的情况;

(2)给定的哈希表表长;

(3)计算机哈希函数需要的时间

(4)记录的查找频率。

通常是几种方法结合使用,目的是使记录更好地均匀分布,减少冲突的发生。

9.4.3 处理冲突的方法

虽然选取随机度好的哈希函数减少冲突,但通常不可能完全避免冲突。因此,如何处理冲突是哈希表不可缺少的一个环节。

解决哈希冲突的方法常用的主要有:开放定址法、再哈希法和链地址法。

哈希冲空解决的基本思路是,当发生哈希冲突时通过哈希冲突函数产生一个新的哈希地址,使 $h_l(k_i) = h_l(k_j)$。在处理冲突的过程中,可能发生一连串的冲突现象,即可能得到一个地址序列 H_1、H_2……H_n,$H_l \in [0, m-l]$。H_1 是冲突时选取的下一地址,而 H_1 中可能已有记录,又设法得到下一地址 H_2,直到某个 H_n 不发生冲突为止。这种现象被称为"聚积",它严重影响了哈希表的查找效率。

冲突现象的发生有时并不完全是由于哈希函数的随机性不好引起的,聚积的发生也会加重冲突。还有一个因素是表的装填因子 α。所谓装填因子是指哈希表中已经存入的记录

数 n 与哈希地址空间大小 m 的比值,所以 $\alpha = n/m$,其中 m 为表长,n 为表中记录个数。一般 α 在 $0.7 \sim 0.8$ 之间,使表保持一定的空闲余量,以减少冲突和聚积现象。

1. 开放定址法

开放定址法是一类以发生冲突的哈希地址为自变量,通过某种哈希冲突函数得到一个新的空闲的哈希地址的方法。

当冲突发生时,形成某个探测序列;按此序列逐个探测散列表中的其他地址,直到找到给定的关键字或一个空地址(开放的地址)为止,将发生冲突的记录放到该地址中。散列地址的计算公式是:

$$h_i(\text{key}) = [h(\text{key}) + d_i] \quad \text{MOD} \ m, i = 1, 2, \cdots, k, (k \leqslant m - 1)$$

其中:$h(\text{key})$:哈希函数;m:散列表长度;d_i:第 i 次探测时的增量序列;$h_i(\text{key})$:经第 i 次探测后得到的散列地址。

在开放定址法中,哈希表中的空闲单元不仅允许哈希地址为 d 的同义词关键字使用,而且也允许发生冲突的其他关键字使用。而这些关键字的哈希地址不为 d,称为非同义词关键之际。开放定址法的名称来自此方法的哈希表空闲单元既向同义词关键字开发,也向发生冲突的非同义词关键字开放。哈希表中的一个地址中存放的是同义词关键字还是非同义词关键字,要看谁先占用,与构造哈希表的记录排列次序有关。

(1)线性探测法。

线性探测法是从发生冲突的地址(设为 d)开始,依次探查 d 的下一个地址(当到达下标为 $m - 1$ 的哈希表表尾时,下一个探查的地址是表首地址0),直到找到一个空闲单元为止(当 $m \geqslant n$ 时一定能找到一个空闲单元)。

设初次发生冲突的地址是 h,增量序列为:$d_i = 1, 2, 3, \cdots, m - 1$,依次探测 $T[h+1]$,$T[h+2]$,……,直到 $T[m-1]$ 时又循环到表头,再次探测 $T[0]$,$T[1]$,……,$[h-1]$。探测过程终止时,有以下几种情况:一是探测到的地址为空,表中没有记录。若是查找则失败,若是插入则将记录写入到该地址;二是探测到的地址有给定的关键字。若是查找则成功,若是插入则失败。三是直到 $T[h]$:仍未探测到空地址或给定的关键字,散列表满。

【例 9 - 8】 设散列表长为7,记录关键字组为:16,14,29,31,35,27,散列函数:$h(\text{key}) = \text{key} \quad \text{MOD} \quad 7$,冲突处理采用线性探测法。

解 $\quad h(16) = 16 \quad \text{MOD} \ 7 = 2 \qquad\qquad h(14) = 14 \quad \text{MOD} \ 7 = 0$

$\qquad h(29) = 29 \quad \text{MOD} \ 7 = 1 \qquad\qquad h(31) = 31 \quad \text{MOD} \ 7 = 3$

$\qquad h(35) = 35 \quad \text{MOD} \ 7 = 0 \quad$ 冲突 $\quad h_1(35) = 1 \quad$ 又冲突 $\qquad h_2(35) = 2 \quad$ 又冲突

$\qquad h_3(35) = 3 \quad$ 又冲突 $\quad h_4(35) = 4$

$\qquad h(27) = 27 \quad \text{MOD} \ 7 = 6$

由例 9 - 8 可知,只要哈希表未满,总能找到一个不冲突的哈希地址。线性探测法容易产生堆积问题。每个产生冲突的记录被散列到距离冲突最近的空地址上,从而又增加了更多的冲突机会,这种现象称为冲突的"聚集"。

(2)平方探测法

假设发生冲突的地址为 d,则平方探测法的探测序列为:$d_i = 1^2, 2^2, 3^2, \cdots, k^2$,平方探测法的数学公式:

$$d_0 = h(\text{key})$$

$$d_i = (d_0 + i^2) \bmod m \quad (1 \leqslant i \leqslant m - 1)$$

平方探测法能够比较好地处理冲突,可以避免出现堆积问题,但不能探查哈希表上的所有单元,只能探查至少一半的单元。

2. 链地址法

将所有关键字为同义词,即哈希地址相同的记录存储在一个单链表中,并用一维数组存放链表的头指针。假设 $h(\text{key})$ 取值范围:$[0, m-1]$,建立头指针向量 $HP[m]$,$HP[i](0 \leqslant i \leqslant m-1)$ 初值为空。任意 $h(\text{key}) = i$ 的记录都链接到头指针为 $HP[i]$ 的链表。

【例9-9】 将【例9-8】中的关键字构造的哈希表用链地址法解决冲突。

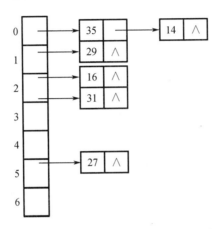

图9-19 采用链地址法解决冲突建立链表

链地址法的优点是,处理冲突简单,不易产生冲突的"聚集",非同义词不会发生冲突,平均查找长度较短;链地址法中各链表上的记录空间是动态申请的,更适用于来构造无法确定表的链表;在用链地址法构造的哈希表中删除记录时,不能简单地直接删除记录,因为如果直接删除记录,会使在它之后放入哈希表的同义词的查找路径被截断。所以在链地址法删除记录时,只需要将被删除记录上做删除标记,而不真正的删除记录。

3. 再哈希法

构造若干个哈希函数,当发生冲突时,利用不同的哈希函数再计算下一个新哈希地址,直到不发生冲突为止。即:$h_i = rh_i(\text{key})$ $i = 1, 2, \cdots, k$

其中 rh_i 是一组不同的哈希函数。第一次发生冲突时,rh_i 计算,第二次发生冲突时,用 rh_i 计算……,依此类推直到得到某个 h_i 不再冲突为止。

再哈希法的优点是不易产生冲突的"聚集"现象。而缺点是计算时间增加。

9.4.4 哈希表的查找及分析

哈希表的主要目的是用于快速查找,且插入和删除操作都要用到查找。由于哈希表的特殊组织形式,其查找有特殊的方法。哈希表造表与查找过程统一,即怎么构造的表就怎么查找。

算法思路:对给定 k,根据造表时选取的 $h(\text{key})$ 求 $h(k)$。若 $h(k)$ 单元为空,则查找失败,否则 k 与该单元存放的 key 比较,若相等,则查找成功;若不等,则根据设定的处理冲突方法,找下一地址 h_i,直到查找到或等于空为止。

1. 线性探测法解决冲突时哈希表的查找和插入

```
#define m 128          //设定表长 m
typedef struct
    {    keytype key;       //记录关键字
         ……                //其他数据信息
    }HreType;
HreType HT[m];        //哈希表存储空间
int Lhashsearch(HreType HT[m],keytype k)    //线性探测法解决冲突时的查找
    {    int j,d,i = 0;
        j = d = h(k);          //求哈希地址并赋给 j 和 d
        while((i < m)&&(HT[j].key! = NULL)&&(HT[j].key! = k))
            {i ++ ;   j = (d + i)% m;}  //冲突时形成下一地址
        if(i == m)    return  ( - 1);  //表溢出时返回 - 1
        else  return(j);      //HT[j].key == k,查找成功;HT[j].key == NULL,查找失败
    }


void LHinsert(HreType HT[m], HreType R)   //记录 R 插入哈希表的算法
{    int j = Lhashsearch(HT,R.key);       //查找 R,确定其位置
    if((j == - 1) || (HT[j].key == R.key))   return   ( - 1);    //表溢出或记录已存在表中
    else   HT[j] = R;  //插入 HT[j]单元
}
```

2. 链地址法解决冲突时哈希表的查找及插入

```
typedef struct Node         //记录对应节点
{   keytype key;
    ……
    struct Node * next;
}ReNode;
Renode * LinkHsearch(ReNode * HT[m], keytype k)
    {   //链地址法解决冲突时的查找
    ReNode * p;
    int d = h(k);       //求哈希地址 d
    p = HT[d];          //取链表头节点指针
    while(p&&(p -> key! = k))
        p = p -> next;  //冲突时取下一同义词节点
    return(p);
    }    //查找成功时 p -> key == k,否则 p = NULL
void LinkHinsert(ReNode * HT[m], ReNode * S)
{   int d;
    Renode * p;
    p = LinkHsearch(HT,S -> key);  //查找 S 节点
    if(p)   return   ERROR;   //记录已存在
```

```
else
    {   d = h( S -> key ) ;
        S -> next = HT[ d ] ;
        HT[ d ] = S ;
    }
}
```

3. 哈希表的查找算法分析

在哈希表中进行插入和删除操作都需要依赖于查找操作,所以分析插入和删除操作的性能主要分析查找操作的性能。

从哈希表的查找算法中可以看出:

(1)记录 key 与记录地址之间建立了映射关系,但由于存在"冲突",使查找记录需要一个给定值和关键字进行比较,故仍要以 ASL 衡量查找效率。

(2)ASL 取决于 h(key)、处理冲突的方法以及装填因子等因素。但在假定 h(key)能使记录比较均匀分布的情况下,ASL 主要取决于处理冲突的方法。因为原本无冲突的记录由于以前冲突的发生,也得按照冲突现象来处理,这也将影响了哈希表的查找效率。

由于哈希查找时关键字与给定值比较的次数取决于:哈希函数;处理冲突的方法;哈希表的填满因子 α。填满因子 α 的定义是:

$$\alpha = \frac{\text{表中填入的记录数}}{\text{哈希表长度}}$$

【例 9 - 10】 按 $h(\text{key}) = \text{key} \% 11$,处理冲突方法为"线性探测法"组织的哈希表 HT1 如图 10 - 19(记录数 $n = 8$,表长 $m = 12$),其平均查找长度为:

22	^	^	25	36	^	6	29	17	39	^	^

为查找 key 的比较次数。如查找 key = 17:$h(17) = 17 \% 11 = 6$,第 6 单元 key $\neq$ 17,查找 1 次;求 $h_1 = (6+1) \% 12 = 7$,第 7 单元 key $\neq$ 17,查找 2 次;求 $h_2 = (6+2) \% 12 = 8$,第 8 单元 key = 17,查找 3 次。

$$ASL = \sum_{i=1}^{8} P_i C_i = \frac{1}{8}(1 * 4 + 2 * 2 + 3 + 4) \approx 1.9$$

各种哈希函数所构造的哈希表的 ASL 如下:

(1)线性探测法的平均查找长度

查找成功:$S_{suc} \approx \frac{1}{2}\left(1 + \frac{1}{1 - \alpha}\right)$

查找失败:$S_{unsuc} \approx \frac{1}{2}\left(1 + \frac{1}{1 - \alpha}\right)$

(2)二次探测、伪随机探测、再哈希法的平均查找长度

查找成功:$S_{suc} \approx -\frac{1}{\alpha}\ln(1 - \alpha)$

查找失败:$S_{unsuc} \approx \frac{1}{1 - \alpha}$

（3）用链地址法解决冲突的平均查找长度

查找成功：$S_{suc} \approx 1 + \dfrac{\alpha}{2}$

查找失败：$S_{unsuc} \approx \alpha + e^{-\alpha}$

习 题 9

一、单选题

1. 下列查找方法中,不属于动态的查找方法是（   ）。

A. 二叉排序树法　　　　　B. 平衡树法　　　　　C. 散列法　　　　　D. 二分查找法

2. 适用于静态的查找方法为（   ）。

A. 二分查找、二叉排序树查找　　　　　B. 二分查找、索引顺序表查找

C. 二叉排序树查找、索引顺序表查找　　　　　D. 二叉排序树查找、散列法查找

3. 静态查找表与动态查找表二者的根本差别在于（   ）。

A. 它们的逻辑结构不一样　　　　　B. 施加在其上的操作不同

C. 所包含的数据元素的类型不一样　　　　　D. 存储实现不一样

4. 对于静态表的顺序查找法,若在表头设置岗哨,则正确的查找方式为（   ）。

A. 从第0个元素往后查找该数据元素　　　　　B. 从第1个元素往后查找该数据元素

C. 从第 n 个元素往开始前查找该数据元素　　　　　D. 与查找顺序无关

5. （   ）存储方式适用于折半查找。

A. 键值有序的单链表　　　　　B. 键值有序的顺序表

C. 键值有序的双链表　　　　　D. 键值无序的顺序表

6. 对长度为10的顺序表进行查找,若查找前面5个元素的概率相同,均为1/8,查找后面5个元素的概率相同,均为3/40,则查找任一元素的平均查找长度为（   ）。

A. 5.5　　　　　B. 5　　　　　C. 39/8　　　　　D. 19/4

7. 有一个有序表为{1,3,9,12,32,41,45,62,75,77,82,95,100},当二分查找值82为的节点时,（   ）次比较后查找成功。

A. 1　　　　　B. 2　　　　　C. 4　　　　　D. 8

8. 二分查找和二叉排序树的时间性能（   ）。

A. 相同　　　　　B. 不相同

9. 对线性表进行二分查找时,要求线性表必须（   ）。

A. 以顺序方式存储

B. 以链接方式存储

C. 顺序存储,且节点按关键字有序排序

D. 链式存储,且节点按关键字有序排序

10. 在索引查找中,若主表长度为144,它被均分为12子表,每个子表的长度均为12,则索引查找的平均查找长度为（   ）。

A. 13　　　　　B. 24　　　　　C. 12　　　　　D. 79

11. 在索引顺序表中查找一个元素,可用的且最快的方法是(　　)。

A. 用顺序查找法确定元素所在块,再用顺序查找法在相应块中查找

B. 用顺序查找法确定元素所在块,再用二分查找法在相应块中查找

C. 用二分查找法确定元素所在块,再用顺序查找法在相应块中查找

D. 用二分查找法确定元素所在块,再用二分查找法在相应块中查找

12. 由同一关键字集合构造的各棵二叉排序树(　　)。

A. 形态和平均查找长度都不一定相同

B. 形态不一定相同,但平均查找长度相同

C. 形态和平均查找长度都相同

D. 形态相同,但平均查找长度不一定相同

13. 对二叉排序树进行(　　),可以得到各节点键值的递增序列。

A. 先根遍历　　　　　B. 中根遍历　　　　　C. 层次遍历　　　　D. 后根遍历

14. 下述序列中,哪个可能是在二叉排序树上查找 35 时所比较过的关键字序列?

A. 2,25,40,39,53,34,35　　　　　　　　B. 25,39,2,40,53,34,35

C. 53,40,2,25,34,39,35　　　　　　　　D. 39,25,40,53,34,2,35

15. 在 AVL 树中,任一节点的(　　)。

A. 左、右子树的高度均相同　　　　　　　B. 左、右子树高度差的绝对值不超过 1

C. 左、右子树的节点数均相同　　　　　　D. 左、右子树节点数差的绝对值不超过 1

16. 设哈希表长 $m = 14$,哈希函数 $H(key) = key\%11$。表中已有 4 个节点:

addr(15) = 4;　　　addr(38) = 5;　　　addr(61) = 6;　　　addr(84) = 7

如用二次探测再散列处理冲突,关键字为 49 的节点的地址是(　　)。

A. 8　　　　　　　　B. 3　　　　　　　　C. 5　　　　　　　　D. 9

17. 有一个长度为 12 的有序表,按二分查找法对该表进行查找,在表内各元素等概率情况下查找成功所需的平均比较次数为(　　)。

A. 35/12　　　　　　B. 37/12　　　　　　C. 39/12　　　　　　D. 43/12

18. 下面关于 B 树和 B^+ 树的叙述中,不正确的是

A. 都是平衡的多叉树　　　　　　　　　　B. 都是可用于文件的索引结构

C. 都能有效地支持顺序检索　　　　　　　D. 都能有效地支持随机检索

19. 要解决散列引起的冲突问题,常采用的方法有(　　)。

A. 数字分析法、平方取中法　　　　　　　B. 数字分析法、线性探测法

C. 二次探测法、平方取中法　　　　　　　D. 二次探测法、链地址法

20. 下图是一棵(　　)。

A. 4 阶 B - 树　　　　　B. 4 阶 B + 树　　　　　C. 3 阶 B - 树　　　　D. 3 阶 B + 树

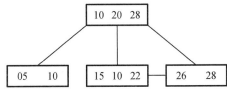

21. 对包含 n 个关键字的散列表进行检索,平均检索长度是(　　)。

A. $O(\log_2 n)$ B. $O(n)$

C. 不直接依赖于 n D. $O(n\log_2 n)$

22. 在散列查找中,平均查找长度主要与(　　)有关。

A. 散列表长度   B. 散列元素的个数

C. 装填因子   D. 处理冲突方法

23. 利用逐点插入法建立序列(50,72,43,85,75,20,35,45,65,30)对应的二叉排序树以后,查找元素 35 要进行(　　)元素间的比较。

A. 4 次   B. 5 次   C. 7 次   D. 10 次

24. 顺序查找法适合于存储结构为(　　)的线性表。

A. 散列存储   B. 顺序存储或链接存储

C. 压缩存储   D. 索引存储

25. 从理论上讲,将数据以(　　)结构存放,查找一个数据的时间不依赖于数据的个数 n。

A. 二叉查找树   B. 链表   C. 散列表   D. 顺序表

26. 假定有 k 个关键字互为同义词,若用线性探测法把这 k 个关键字存入散列表中,至少要进行(　　)次探测。

A. $k-1$ B. k C. $k+1$ D. $k(k+1)/2$

27. 对线性表进行二分查找时,要求线性表必须(　　)。

A. 以顺序方式存储

B. 以链接方式存储

C. 以顺序方式存储,且节点按关键字有序排序

D. 以链接方式存储,且节点按关键字有序排序

28. 采用顺序查找方法查找长度为 n 的线性表时,每个元素的平均查找长度为(　　)。

A. n B. $n/2$ C. $(n+1)/2$ D. $(n-1)/2$

29. 在采用线性探测法处理冲突的闭散列表上,假定装填因子 α 的值为 0.5,则查找任一元素的平均查找长度为(　　)。

A. 1   B. 1.5   C. 2   D. 2.5

30. 在采用链接法处理冲突的开散列表上,假定装填因子 α 的值为 4,则查找任一元素的平均查找长度为(　　)。

A. 3   B. 3.5   C. 4   D. 2.5

31. 若根据查找表建立长度为 m 的闭散列表,采用线性探测法处理冲突,假定对一个元素第一次计算的散列地址为 d,则下一次的散列地址为(　　)。

A. d B. $d+1$ C. $(d+1)/m$ D. $(d+1)\% m$

32. 若根据查找表建立长度为 m 的闭散列表,采用二次探测法处理冲突,假定对一个元素第一次计算的散列地址为 d,则第四次计算的散列地址为(　　)。

A. $(d+1)\% m$ B. $(d-1)\% m$ C. $(d+4)\% m$ D. $(d-4)\% m$

33. 将 10 个元素散列到 100 000 个单元的哈希表中,则(　　)产生冲突。

A. 一定会   B. 一定不会   C. 仍可能会

34. 若查找每个记录的概率均等,则在具有 n 个记录的连续顺序文件中采用顺序查找法查找一个记录,其平均查找长度 ASL 为(　　)。

A. $(n-1)/2$ B. $n/2$ C. $(n+1)/2$ D. n

35.采用线性探测法解决冲突问题,所产生的一系列后继散列地址(　　)。

A.必须大于等于原散列地址　　　　　　B.必须小于等于原散列地址

C.可以大于或小于但不能等于原散列地址　　D.地址大小没有具体限制

36.对于查找表的查找过程中,若被查找的数据元素不存在,则把该数据元素插入到集合中。这种方式主要适合于(　　)。

A.静态查找表　　　　　　　　　　　　B.动态查找表

C.静态查找表与动态查找表　　　　　　D 两种表都不适合

37.适用于折半查找的表的存储方式及元素排列要求为(　　)。

A.链接方式存储,元素无序　　　　　　B.链接方式存储,元素有序

C.顺序方式存储,元素无序　　　　　　D.顺序方式存储,元素有序

38.当在一个有序的顺序存储表上查找一个数据时,即可用折半查找,也可用顺序查找,但前者比后者的查找速度(　　)。

A.必定快　　　　　　　　　　　　　　B.不一定

C.在大部分情况下要快　　　　　　　　D.取决于表递增还是递减

39.当采用分块查找时,数据的组织方式为(　　)。

A.数据分成若干块,每块内数据有序

B.数据分成若干块,每块内数据不必有序,但块间必须有序,每块内最大(或最小)的数据组成索引块

C.数据分成若干块,每块内数据有序,每块内最大(或最小)的数据组成索引块

D.数据分成若干块,每块(除最后一块外)中数据个数需相同

40.二叉树为二叉排序树的充分必要条件是其任一节点的值均大于其左孩子的值、小于其右孩子的值。这种说法(　　)。

A.正确　　　　　　　　　　　　　　　B.错误

41.二叉查找树的查找效率与二叉树的(　　)有关,在(　　)时其查找效率最低。

A.高度   B.节点的多少   C.树形   D.节点的位置

E.节点太多   F.完全二叉树   G.呈单枝树   H.节点太复杂

42.如果要求一个线性表既能较快的查找,又能适应动态变化的要求,则可采用(　　)查找法。

A.分快查找   B.顺序查找   C.折半查找   D.基于属性

43.分别以下列序列构造二叉排序树,与用其他三个序列所构造的结果不同的是(　　)。

A.(100,80,90,60,120,110,130)　　　　B.(100,120,110,130,80,60,90)

C.(100,60,80,90,120,110,130)　　　　D.(100,80,60,90,120,130,110)

44.采用二分查找方法查找长度为 n 的线性表时,每个元素的平均查找长度为(　　)。

A. $O(n^2)$ B. $O(n\log_2 n)$ C. $O(n)$ D. $O(\log_2 n)$

45.解决散列法中出现的冲突问题常采用的方法是(　　)。

A.数字分析法、除余法、平方取中法　　　B.数字分析法、除余法、线性探测法

C.数字分析法、线性探测法、多重散列法　　D.线性探测法、多重散列法、链地址法

46.散列表的平均查找长度(　　)。

A. 与处理冲突方法有关而与表的长度无关

B. 与处理冲突方法无关而与表的长度有关

C. 与处理冲突方法有关而与表的长度有关

D. 与处理冲突方法无关而与表的长度无关

47. 下图所示的 4 棵二叉树,(   )是平衡二叉树。

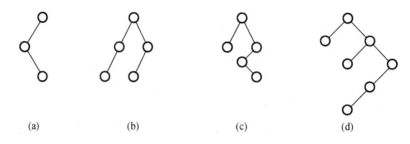

      (a)   (b)   (c)   (d)

48. 散列表的平均查找长度(   )。

1. 与处理冲突方法有关而与表的长度无关

2. 与处理冲突方法无关而与表的长度有关

3. 与处理冲突方法有关且与表的长度有关

4. 与处理冲突方法无关且与表的长度无关

49. 设有一组记录的关键字为 $\{19,14,23,1,68,20,84,27,55,11,10,79\}$,用链地址法构造散列表,散列函数为 $H(\text{key})=\text{key MOD }13$,散列地址为 1 的链中有(   )个记录。

A. 1   B. 2   C. 3   D. 4

二、填空题

1. 评价查找效率的主要标准是_____。

2. 查找表的逻辑结构是_____。

3. 一个无序序列可以通过构造一棵_____树而变成一个有序树,构造树的过程即为对无序序列进行排序的过程。

4. 平衡二叉排序树上任一节点的平衡因子只可能是_____、_____或_____。

5. _____法构造的哈希函数肯定不会发生冲突。

6. 对长度为 100 的顺序表,在等概率情况下,查找成功时的平均查找长度为_____,在查找不成功时的平均查找长度为_____。

7. 在 100 个节点的有序表中二分法查找,不论成功与否,键值比较次数最多为_____。

8. 索引顺序表上的查找分两个阶段:_____、_____。

9. 折半查找的存储结构仅限于_____,且是_____。

10. 假设在有序线性表 $A[1..20]$ 上进行折半查找,则比较一次查找成功的节点数为_____,则比较二次查找成功的节点数为_____,则比较三次查找成功的节点数为_____,则比较四次查找成功的节点数为_____,则比较五次查找成功的节点数为_____,平均查找长度为_____。

11. 从 n 个节点的二叉排序树中查找一个元素,平均时间复杂性大致为_____。

12. 顺序查找法的平均查找长度为_____;折半查找法的平均查找长度为_____;

哈希表查找法采用链接法处理冲突时的平均查找长度为_____。

13. 在各种查找方法中,平均查找长度与节点个数 n 无关的查找方法是_____。

14. 对于长度为 n 的线性表,若进行顺序查找,则时间复杂度为_____;若采用折半法查找,则时间复杂度为_____;

15. 已知有序表为(12,18,24,35,47,50,62,83,90,115,134),当用折半查找 90 时,需进行_____次查找可确定成功;查找 47 时,需进行_____次查找成功;查找 100 时,需进行_____次查找才能确定不成功。

16. 二叉排序树的查找长度不仅与_____有关,也与二叉排序树的_____有关。

17. 散列表中冲突是指_____。

18. 对关键字集合{1,2,3},所有可能的二叉排序树有_____棵。

19. 在一棵高度为 5 的理想平衡树中,最少含有_____个节点,最多含有_____个节点。

20. 散列表中同义词是指_____。

21. 在索引表中,若一个索引项对应主表中的一条记录,则称此索引为_____索引,若对应主表中的若干条记录,则称此索引为_____索引。

22. 在索引表中,每个索引项至少包含有_____域和_____域这两项。

23. 若对长度 $n = 10\ 000$ 的线性表进行二级索引存储,每级索引表中的索引项是下一级 20 个记录的索引,则一级索引表的长度为_____,二级索引表的长度为_____。

24. 在散列函数 $H(\text{key}) = \text{key}\% p$ 中,p 应取_____。

25. 散列表既是一种_____方式又是一种_____方法。

26. 在散列存储中,装填因子 α 的值越大,则_____;α 的值越小,则_____。

27. 平衡二叉排序树高度的数量级为_____。

28. 对 m 阶 B - 树,每个非根节点的关键字数目最多为_____个。其子树数目最少为_____。

29. 散列表中要解决的两个主要问题是:_____、_____。

30. 在 B - 树插入元素的过程中,若最终引起树根节点的分裂,则新树比原树的高度_____。

31. 对 m 阶 B - 树,若某节点因插入新关键字而引起节点分裂,则此节点原有的关键字的个数是_____;

32. 线性探测中的堆积现象是指_____。

33. 对于一棵含有 n 个关键字的 m 阶 B - 树,其最小高度为_____,最大高度为_____。

34. 散列表的冲突处理方法有_____和_____两种,对应的散列表分别称为开散列表和闭散列表。

35. 已知一棵 3 阶 B - 树中含有 50 个关键字,则该树的最小高度为_____,最大高度为_____。

36. 在一棵 B - 树中,所有叶子节点都处在_____上,所有叶子节点中空指针等于所有_____总数加 1。

37. 在对 m 阶 B - 树插入元素的过程中,每向一个节点插入一个索引项(叶子节点中的索引项为关键字和空指针)后,若该节点的索引项数等于_____个,则必须把它分裂为

_____个节点。

38. 在从 m 阶的 B - 树删除元素的过程中,当一个节点被删除掉一个索引项后,所含索引项数等于_____个,并且它的左、右兄弟节点中的索引项数均等于_____个,则必须进行节点合并。

39. 从一棵 B - 树删除元素的过程中,若最终引起树根节点的合并,则新树比原树的高度_____。

40. 假定有 k 个关键字互为同义词,若用线性探测再散列法把这 k 个关键字存入散列表中,至少要进行_____次探测。

41. 动态查找表和静态查找表的重要区别在于前者包含有_____和_____运算,而后者不包含这两种运算。

42. 顺序查找 n 个元素的顺序表,若查找成功,则比较关键字的次数最多为_____次;当使用监视哨时,若查找失败,则比较关键字的次数为_____。

43. 一个无序序列可以通过构造一棵_____树而变成一个有序序列,构造树的过程即为对无序序列进行排序的过程。

44. 哈希表是通过将查找码按选定的_____和_____,把节点按查找码转换为地址进行存储的线性表。哈希方法的关键是_____和_____。一个好的哈希函数其转换地址应尽可能_____,而且函数运算应尽可能_____。

45. 平衡二叉树又称_____,其定义是_____。

46. 在散列存储中,装填因子 α 的值越大,则_____;α 的值越小,则_____。

47. 已知 N 元整型数组 a 存放 N 个学生的成绩,已按由大到小排序,以下算法是用对分(折半)查找方法统计成绩大于或等于 X 分的学生人数,请填空使之完善。

```
#define N //学生人数
int uprx( int a[N], int x )      //函数返回大于等于 X 分的学生人数
{   int head = 1, mid, rear = N;
    do {    mid = ( head + rear )/2;
            if( x <= a[mid] )____(1)_____  else _____(2)_____ ;
         } while(_____(3)_____ );
if ( a[head] < x ) return head - 1;
return head; }
```

三、综合题

1. 对关键字序列{11,78,10,34,47,2,59,21}构造散列表,取散列函数为 $H(K) = K\%11$,用链地址法解决冲突,画出相应的散列表,并分别求查找成功和不成功时的平均查找长度。

2. 画出对长度为10的有序表进行折半查找的判定树,并求其等概率时查找成功的平均查找长度。

3. 已知一组关键字{49,38,65,97,76,13,27,44,82,35,50},画出由此生成的二叉排序树,注意边插入边平衡。

4. 将一组键值{28,21,41,6,12,70}插入到散列表中,散列函数为 $H(K) = K\%5$,

（1）计算各关键字的散列地址；

（2）画出相应的开散列表；

（3）计算等概率下查找成功时的平均查找长度。

5. 设有一组关键字 $\{9,01,23,14,55,20,84,27\}$，采用哈希函数：$H(K) = K \bmod 7$，表长为 10，用开放地址法的二次探测再散列方法 $H_i = (H(K) + d_i) \bmod 10 (d_i = 1^2, 2^2, 3^2, \cdots,)$ 解决冲突。要求：对该关键字序列构造哈希表，并计算查找成功的平均查找长度。

6. 对关键字序列 $(25, 16, 34, 39, 28, 56)$，

（1）画出按此序列生成的二叉排序树。

（2）计算等概率下查找成功时的平均查找长度。

7. HASH 方法的平均查找路长决定于什么？是否与节点个数 N 有关？处理冲突的方法主要有哪些？

8. 已知一个顺序存储的有序表为 $(15,26,34,39,45,56,58,63,74,76)$，

（1）画出对应的二分查找判定树；

（2）计算等概率时查找成功的平均查找长度。

9. 将一组键值 $\{28,21,41,6,12,70,69\}$ 插入到表长为 9 的散列表中，散列函数采用除余法，用线性探查法解决冲突，

（1）计算各关键字的散列地址；

（2）画出相应的闭散列表；

（3）计算等概率下查找成功时的平均查找长度。

10. 直接在二叉排序树中查找关键字 K 与在中序遍历输出的有序序列中查找关键字 K，其效率是否相同？输入关键字有序序列来构造一棵二叉排序树，然后对此树进行查找，其效率如何？为什么？

11. 输入一个正整数序列 $(53,17,12,66,58,70,87,25,56,60)$，试完成下列各题。

（1）按次序构造一棵二叉排序树 BS。

（2）依此二叉排序树，如何得到一个从大到小的有序序列？

（3）画出在此二叉排序树中删除"66"后的树结构。

12. 一棵二叉排序树结构如下，各节点的值从小到大依次为 $1 - 9$，请标出各节点的值。

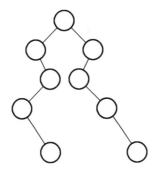

13. 假定对有序表：$(3,4,5,7,24,30,42,54,63,72,87,95)$ 进行折半查找，试回答下列问题：

（1）画出描述折半查找过程的判定树；

（2）若查找元素 54，需依次与那些元素比较？

（3）若查找元素90,需依次与那些元素比较?

（4）假定每个元素的查找概率相等,求查找成功时的平均查找长度。

14.请画出从下面的二叉排序树中删除关键码40后的结果。

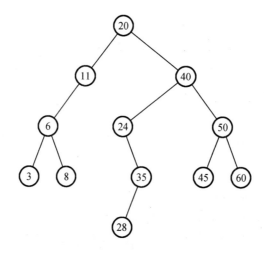

15.若对有 n 个元素的有序顺序表和无序顺序表进行顺序搜索,试就下列三种情况分别讨论两者在等搜索概率时的平均搜索长度是否相同?

（1）搜索失败;

（2）搜索成功,且表中只有一个关键码等于给定值 k 的对象;

（3）搜索成功,且表中有若干个关键码等于给定值 k 的对象,要求一次搜索找出所有对象。

第10章 排　　序

上一章,我们介绍了关于查找的相关内容。查找是信息处理过程最基本的操作。在各种查找算法中,效率最高的是折半查找。而折半查找要求所有的数据元素需要按关键字进行排序。这就需要将一个无序的数据序列转变为一个有序的数据序列,这就需要借助排序算法来实现。

所谓排序就是将一组杂乱无章的数据按一定的规律顺次排列起来。排序是数据处理中一种最常用的操作。

10.1　排序的基本概念

排序是将任意一个文件中的记录通过某种方法整理成为按关键字递增(或递减)的顺序进行排列的处理过程。其定义如下:

假设有一组给定的记录序列:$\{R_1, R_2, \cdots, R_n\}$,其相应的关键字序列为:$\{K_1, K_2, \cdots, K_n\}$;若存在一种确定的关系:$K_{p1} <= K_{p2} <= \cdots <= K_{pn}$,非递减(或非递增)关系,则将记录序列$\{R_1, R_2, \cdots, R_n\}$排成按关键字有序的序列 $\{R_{p1}, R_{p2}, \cdots, R_{pn}\}$ 的操作,称为排序。

通常数据对象有多个属性域,即多个数据成员组成,其中有一个属性域可用来区分对象,作为排序依据。该域即为关键字。每个数据表用哪个属性域作为关键字,要根据具体的应用需求确定。在解决不同问题时可能会在同一个表中选取不同的域作为关键字。

关键字 K_i 可以是记录 R_i 的主关键字,也可以是次关键字或若干数据项的组合。如果在数据表中各个对象的关键字互不相同,这种关键字即主关键字。按照主关键码进行排序,排序的结果是唯一的。数据表中有些对象的关键字可能相同,这种关键字称为次关键字。按照次关键码进行排序,排序的结果可能不唯一。

例如,在学生信息表中,每个学生的基本信息作为一个记录,每条记录里包含学生的学号、姓名、性别、年龄、所在班级、所学专业等。学号是可以唯一标识一个学生记录的,所以学号作为主关键字。

当要排序记录的关键字都不相同时,排序的结果是唯一的,否则排序的结果不一定惟一。如果要排序的表中,存在有多个关键字相同的记录,经过排序后这些具有相同关键字的记录之间的相对次序保持不变,即当 $K_i = K_j (1 \leqslant i \leqslant n, 1 \leqslant j \leqslant n, i \neq j)$,且在排序前的序列中 R_i 先于 R_j(即 $i < j$),在排序后的序列中 R_i 仍先于 R_j。则称这种排序方法是稳定的;反之,若具有相同关键字的记录之间的相对次序发生变化,即当 $K_i = K_j (1 \leqslant i \leqslant n, 1 \leqslant j \leqslant n, i \neq j)$,且在排序前的序列中 R_i 先于 R_j(即 $i < j$),在排序后的序列中 R_j 先于 R_i,则称这种排序方法是不稳定的。

在排序过程中,若整个等排序的记录都是放在内存中处理,排序时不涉及数据的内、外存交换,则称为内排序;反之,若排序过程中要进行数据的内、外存进行信息传递和交换,则称为外排序。

按排序时使用的原理可以分为:插入排序、交换排序、选择排序、归并排序、基数排序。

衡量排序列算法好坏的最重要的标志是排序的时间开销。排序的时间开销可用算法执行中的数据比较次数与数据移动次数来衡量。对于那些受对象关键字序列初始排列及对象个数影响较大的,需要按最好情况和最坏情况进行估算。评价算法好坏的另一标准是算法执行时所需的附加存储。

待排序的顺序表类型的类型定义如下:

```
typedef int KeyType;        //定义关键字类型
typedef struct
{       KeyType key;        //关键字
        InfoType data;      //其他数据项,类型为 InfoType
} RecType;                  //排序的记录类型定义
```

10.2　插　入　排　序

将一个待排序的记录,按其关键字大小插入到前面已经排好序的表的适当位置,最终得到一个新的有序表中,有序表记录数加 1。

例如已有一组排序的记录序列如下:18,33,47,53,76。现将关键字 42 记录插入上述序列中,形成新的排序序列8,33,40,47,53,76。

插入排序算法有以下几种:(1)直接插入排序;(2)希尔排序;(3)折半插入排序。

10.2.1　直接插入排序

1.算法思想:

假设有 n 个待排序的记录存放在数组 $R[0..n-1]$ 中,将待排序的记录 R_i,插入到已排好序的记录表 R_1,R_2,$\cdots$,R_{i-1} 中,得到一个新的有序表,并将记录数增加 1,直到所有的记录都插入完为止。

排序过程的某一间时刻,R 会被划分成两个子区间 $R[0..i-1]$ 和 $R[i..n-1]$,其中,$R[0..i-1]$ 子区间是已排好序的有序区,$R[i..n-1]$ 子区间是当前未排序的部分,称为无序区。

直接插入排序的基本操作是将当前无序区的第 1 个记录 $R[i]$ 插入到有序区 $R[0..i-1]$ 中适当的位置上,使 $R[0..i]$ 变为新的有序区。这种方法称为增量法,因为它每次使有序区增加 1 个记录。

2.算法代码

```
void InsertSort(RecType R[],int n)        //直接插入排序
{   int i,j;RecType temp;
    for (i=1;i<n;i++)
```

```
{    temp = R[i];
     j = i - 1;                    //有序区 R[0..i-1]中从右向左在找 R[i]的插入位置
     while (j > = 0 && temp. key < R[j]. key)
     {   R[j+1] = R[j];     //将关键字大于 R[i]. key 的记录后移
         j -- ;
     }
     R[j+1] = temp;          //在 j+1 处插入 R[i]
}
```

在直接插入排序算法中,设置 $R[0]$,开始时并不存放任何待排序的记录,其作用主要是:

(1)不需要增加辅助空间:保存当前待插入的记录 $R[i]$,$R[i]$ 会因为记录的后移而被占用;

(2)保证查找插入位置的内循环总可以在超出循环边界之前找到一个等于当前记录的记录,起"哨兵监视"作用,避免在内循环中每次都要判断 j 是否越界。

【例 10 - 1】 待排序的表有 10 个记录,其关键字分别为｛19,28,17,46,52,34,35,27, 12,20｝。如图 10 - 1 所示采用直接插入排序方法进行排序的过程。

```
初始关键字    19    28    17    46    52    34    35    27    12    20

i=1 [ 19    [28] ] 17    46    52    34    35    27    12    20

i=2 [[19]    19    28 ] 46    52    34    35    27    12    20

i=3 [ 19    19    28    [46] ] 52    34    35    27    12    20

i=4 [ 19    19    28    46    [52] ] 34    35    27    12    20

i=5 [ 19    19    28    [34]    46    52 ] 35    27    12    20

i=6 [ 19    19    28    34    [35]    46    52 ] 27    12    20

i=7 [ 19    19    [27]    28    34    35    46    52 ] 12    20

i=8 [[19]    17    19    27    28    34    35    46    12 ] 20

i=9 [ 19    17    19    [20]    27    28    34    35    46    52 ]
```

图 10 - 1 采用直接插入排序过程

3. 算法分析

假设待排序的对象个数为 n,则采用直接插入排序该算法排序需要执行 $n-1$ 趟。

关键字比较次数和对象移动次数与对象关键字的初始排列有关。

(1)最好情况下,排序前对象已经按关键字从小到大有序排列,每趟只需与前面的有序对象序列的最后一个对象的关键字比较 1 次,总的关键字比较次数为 $n-1$,对象移动次数为 0。

(2)最坏情况下,排序前对象已经按关键字从大到小有序排列。每趟排序时,关键字比较次数 i 次,记录移动次数 $i+1$ 次。整个排序过程总的比较次数和移动次数分别为:

比较次数:

$$\sum_{i=2}^{n} i = \frac{(n-1)(n+1)}{2}$$

移动次数:

$$\sum_{i=2}^{n} i = \frac{(n-1)(n+4)}{2}$$

通常情况下,认为待排序的记录可能出现的各种排列的概率相同,则取以上两种情况的平均值,作为排序的关键字比较次数和记录移动次数大约是为 $n^2/4$,因此,此算法的时间复杂度为 $O(n^2)$。

10.2.2 希尔排序

希尔排序又称为缩小增量法,是一种分组插入排序方法。

1.算法思想:

先将整个待排元素序列分割成若干个子序列,分别进行直接插入排序,待整个序列中的元素基本有序(增量足够小)时,再对全体元素进行一次直接插入排序。因为直接插入排序在元素基本有序的情况下(接近最好情况),效率是很高的,因此希尔排序在时间效率上有较大提高。具体操作如下:

先取一个小于 n 的整数 d_1 作为第一个增量,把表的全部记录分成 d_1 个组,所有距离为 d_1 的倍数的记录放在同一个组中,在各组内进行直接插入排序;

然后,取第二个增量 $d_2(d_2 < d_1)$,重复上述的分组和排序,直至所取的增量 $d_t = 1(d_t < d_{t-1} < \cdots < d_2 < d_1)$,即所有记录放在同一组中进行直接插入排序为止。

2.算法代码

```
void ShellSort( RecType R[ ],int n)
{   int i,j,d;RecType temp;
    d = n/2;//d 取初值 n/2
    while ( d > 0)
    {   for ( i = d;i < n;i ++ )        //将 R[d..n-1]分别插入各组当前有序区
        {   j = i - d;
            while ( j > = 0 && R[j].key > R[j + d].key)
            {   temp = R[j];              //R[j]与 R[j+d]交换
                R[j] = R[j + d];
                R[j + d] = temp;
                j = j - d;
            }
        }
        d = d/2;                        //递减增量 d
    }
}
```

【例10 -2】 关键字序列为:{19,28,17,46,52,34,35,27,12,20}的希尔排序列过程。如图 10 -2 所示。

3.算法分析

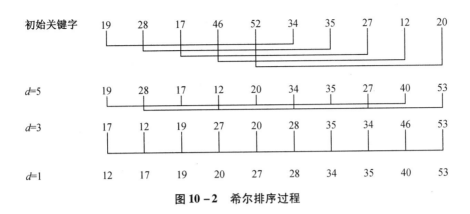

图 10-2 希尔排序过程

希尔排序的分析比较复杂。当 $d=1$ 时,希尔排序和直接插入排序基本一致。但希尔排序列的时间性能优于直接插入排序。希尔排序可提高排序速度,原因是当分组后 n 值减小,n^2 更小,而 $T(n)=O(n^2)$,所以从总体上看 $T(n)$ 是减小了。同时关键字较小的记录在 d_{i-1} 时已经排过序列,即跳跃式前移,所以在进行最后一趟增量为 1 的插入排序时,序列已基本有序。因此希尔排序在效率上比直接插入排序有较大的改进。但希尔排序是不稳定的。

10.2.3 折半插入排序

折半插入排序,又称为二分插入排序。查找采用二分查找方法。

1. 算法思想

当要向已排好序的记录表 $R[1\cdots i-1]$ 中插入待排序的记录 $R[i]$ 时,由于 R_1,R_2,$\cdots$,R_{i-1} 已排好序,所以可以采用"折半查找"查找插入位置,直接插入排序就变成为折半插入排序。

2. 算法代码

```
void InsertSort1(RecType R[],int n)
{    int i,j,low,high,mid;
     RecType tmp;
     for (i=1;i<n;i++)
       {    tmp=R[i];
            low=0;high=i-1;
            while (low<=high)      //在 R[low..high]中查找插入的位置
              {    mid=(low+high)/2;//取中间位置
                   if (tmp.key<R[mid].key)
                   high=mid-1;//插入点在左半区
                   else
                   low=mid+1;//插入点在右半区
              }
            for (j=i-1;j>=high+1;j--)      //记录后移
                R[j+1]=R[j];
            R[high+1]=tmp;//插入
```

【例 10 – 3】 关键字序列为：{19,28,17,46,52,34,35,27,12,20}的折半排序过程。如图 10 – 3 所示。

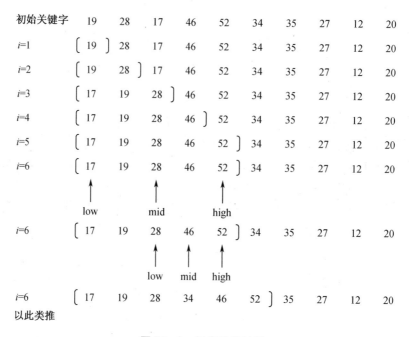

图 10 – 3 折半排序过程

3. 算法分析

从时间上比较,折半插入排序仅仅减少了关键字的比较次数,却没有减少记录的移动次数,所以其时间复杂度仍为 $O(n^2)$。

10.3 交 换 排 序

交换排序的基本思想:主要是通过两两比较排序表中待排序记录的关键字,若与排序要求不同,即不符合升序或降序,则将两者交换,直到没有反序的记录为止。

两种交换排序分别是冒泡排序和快速排序。

10.3.1 冒泡排序

1. 算法思想

依次比较无序区中两个相邻记录关键字,若两个记录是反序的,即前一个记录的关键字大于后一个记录的关键字,则两个记录进行位置的交换,使关键字最小的记录如气泡一般逐渐往上“漂浮”直至“水面”。

算法步骤:首先将 $R[1].key$ 与 $R[2].key$ 的关键字进行比较,若为反序(即 $R[1].key$ 的关键字大于 $R[2].key$ 的关键字),则交换两个记录;然后比较 $R[2].key$ 与 $R[3].key$ 的关键字,依此类推,直到 $R[n-1]$. key 与 $R[n]$. key 的关键字比较后为止,称为一趟冒泡排序,$R[n]$. key 为关键字最大的记录。然后进行第二趟冒泡排序,对前 $n-1$ 个记录进行同样的操作。

通常情况下,第 i 趟冒泡排序是对 $R[1..n-i+1]$ 中的记录进行的,所以,如果待排序的记录有 n 个,则要经过 $n-1$ 趟冒泡排序才能使所有的记录有序。

2. 算法代码

```
void BubbleSort( RecType R[ ], int n )
{   int i,j; RecType temp;
    for ( i = 0; i < n - 1; i ++ )
    {   for ( j = n - 1; j > i; j -- )           //比较找出本趟最小的关键字的记录
        if ( R[j]. key < R[j-1]. key )
        {   temp = R[j];                          //R[j]与R[j-1]进行交换
            R[j] = R[j-1];
            R[j-1] = temp;
        }
    }
}
```

【例 10 – 4】 关键字序列为:$\{19,28,17,46,52,34,35,27,12,20\}$ 的冒泡排序过程。如图 10 – 4 所示。

初始关键字	19	28	17	46	52	34	35	27	12	20
i=0	⑫	19	28	17	46	52	34	35	27	20
i=1	12	⑰	19	28	20	46	52	34	35	27
i=2	12	17	⑲	20	52	27	46	52	34	35
i=3	12	17	19	⑳	52	28	34	46	52	35
i=4	12	17	19	20	㉗	28	34	35	46	52
i=5	19	17	12	20	27	㉘	34	35	46	52
i=5	19	17	12	20	27	28	㉞	35	46	52
i=5	19	17	12	20	27	28	34	㉟	46	52
i=5	19	17	12	20	27	28	34	35	㊻	52

图 10 – 4 冒泡排序过程

改进冒泡排序算法,有时,在第 $i(i < n-1)$ 趟时记录表就已排好序了,但仍执行后面几趟的比较。所以一旦算法中某一趟比较时不出现记录交换,即说明已排好序了,就可以结束本算法。

```
void BubbleSort(RecType R[ ],int n)
{   int i,j,exchange;RecType temp;
    for (i=0;i<n-1;i++)
      {   exchange=0;
          for (j=n-1;j>i;j--)              //比较,找出最小关键字的记录
            if (R[j].key<R[j-1].key)
              {   temp=R[j];
                  R[j]=R[j-1];
                  R[j-1]=temp;
                  exchange=1;
              }
              if (exchange==0)    return;      //中途结束算法
      }
}
```

3. 算法分析

从冒泡排序的算法可以看出,在最好的情况下,即待排序的元素为正序,则只需进行一趟排序,比较次数为 $(n-1)$ 次,移动元素次数为 0;在最坏的情况下,即待排序的元素为逆序,则需进行 $n-1$ 趟排序,比较次数为 $(n^2-n)/2$,移动次数为 $3(n^2-n)/2$,因此冒泡排序算法的时间复杂度为 $O(n^2)$。由于其中的元素移动较多,所以冒泡排序属于内排序中速度较慢的一种。其空间复杂度 $S(n)=O(1)$。

因为冒泡排序算法只进行元素间的顺序移动,所以是一个稳定的算法。

10.3.2 快速排序

快速排序是由冒泡排序的一种改进,也是迄今为止所有内排序算法中速度最快的一种。

1. 算法思想

在待排序的 n 个记录中任取某个元素作为标准(也称为支点、界点,通常可以取第一个元素),把该记录放入适当位置后,数据序列被此记录划分成左右子序列两部分。左子序列元素的关键字都小于支点,右子序列的关键字则大于或等于支点的关键字。这个过程称作一趟快速排序列。然后继续分别对两个子序列进行划分,直至每一个序列只有一个元素为止,最后得到的序列便是有序序列完成整个快速排序。

一趟快速排序的具体过程:设置两个标识,low 指向待划分区域首元素,high 指向待划分区域尾元素;为了减少数据的移动,将作为标准的元素暂存在 $R[0]$ 中,最后再放入最终位置 $R[0]=R[low]$;high 从后往前移动直到 $R[high].key<R[0].key$;$R[low]=R[high]$,low++;low 从前往后移动直到 $R[low].key>=R[0].key$;$R[high]=R[low\|]$,high--;重复操作直到 low==high 时,$R[low\|]=R[0]$,即将作为标准的元素放到其最终 位置。

概括地说,一趟快速排序就是从表的两端交替地向中间进行扫描,将小的放到左边,大的放到右边,作为标准的元素放到中间。如图 10-5 所示。

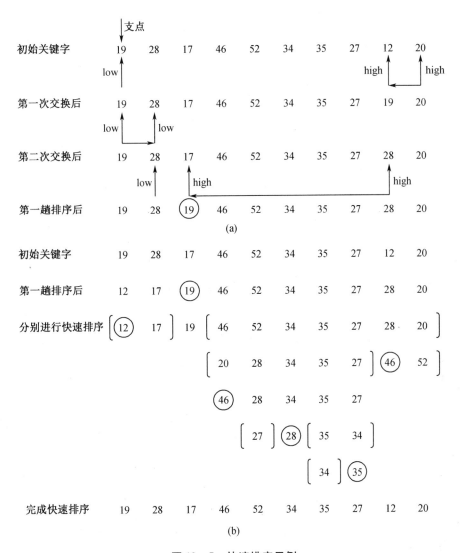

图 10 - 5 快速排序示例

(a)一趟快速排序过程;(b)快速排序全过程

2. 算法代码

```
void Quick_Sort( DataType R[ ], int s, int t)    //对 R[s]到 R[t]的元素进行排序
    {  if ( s < t )
        {  i = Partition( R, s, t) ;     //将表一分为二
            Quick_Sort( R, s, i - 1 ) ;
            Quick_Sort( R, i + 1, t) ;
        }
    }


int Partition( DataType R[ ], int low, int high)
    {  R[0] = R[low] ;                      //暂存界点元素到 R[0]中
        while( low < high)                  //从表的两端交替地向中间扫描
```

```
 {    while(low < high&&R[high].key > = R[0].key)
          high -- ;
       if(low < high)
          {      R[low] = R[high];      low ++ ;    }
       while(low < high&&R[low].key < R[0].key)
          low ++ ;
       if (low < high)
          {      R[high] = R[low];     high -- ;    }
 }
     R[low] = R[0];    //将界点元素放到其最终位置
     return low;      //返回界点元素所在的位置
 }
```

3.算法分析

快速排序的主要时间是花费在划分上,对长度为 n 的记录序列进行划分时关键字的比较次数是 $n-1$。

(1)理想情况下,每次划分对一个对象定位后,该对象的左子序列与右子序列的长度相同,则下一步将是对两个长度减半的子序列进行排序。假设 n 是 2 的幂,$n = 2^k$,($k = \log_2 n$),假设支点位置位于序列中间,这样划分的子区间大小基本相等。

$$n + 2(n/2) + 4(n/4) + \cdots + n(n/n) = n + n + \cdots n = n \times k = n \times \log_2 n$$

因此,快速排序的最好时间复杂度为 $O(n \times \log_2 n)$。而且在理论上已经证明,快速排序的平均时间复杂度也为 $O(n \times \log_2 n)$。就平均计算时间而言,快速排序是所有内排序方法中最好的一个。

(2)在最坏的情况,待排序对象序列已经按其关键字从小到大逆序排列,这样每次划分只得到一个比上一次少一个对象的子序列,即快速排序退化成为冒泡排序。必须经过 $n-1$ 趟才能把所有对象定位,而且第 i 趟需要经过 $n-i$ 次关键字比较才能找到第 i 个对象的位置,总的关键字比较次数将达到

$$\sum_{i=1}^{n-1} (n-i) = \frac{1}{2}n(n-1) \approx \frac{n^2}{2}$$

因此,快速排序的最坏时间复杂度为 $O(n^2)$。

(3)空间复杂度。快速排序是递归的,需要用一个栈来存储每层递归调用时的指针和参数。它的最大递归调用层次数与递归树的高度是一致。理想情况为 $\lfloor \log_2(n+1) \rfloor$;最坏情况,其递归树成为单支树,深度为 n。因此,快速排序最好的空间复杂度为 $O(\log_2 n)$,最坏的空间复杂度为 $O(n)$,即快速排序所需用的辅助空间。

(4)快速排序是一种不稳定的排序方法。不适用于待排记录已经有序的情况。当待排序列无序且记录数目较多时更能得到充分发挥。

10.4 选 择 排 序

选择排序的基本原理是每次从待排序的记录中选取关键字最小的记录,顺序放在已排好序的表中,直到全部记录排序完毕。

选择排序方法有两种:直接选择排序和堆排序。

10.4.1 直接选择排序

直接选择排序又称为简单选择排序。

1. 算法思想:

假设待排序的记录存放在 $R[0..n-1]$ 中,对 n 个待排序记录需要进行 $n-1$ 趟扫描。具体操作如下:在一组元素 $R[i]$ 到 $R[n-1]$ 中选择最小关键字的元素,如果它不是这组元素中的第一个元素,则将它与这组元素中的第一个元素对调。然后排除具有最小关键字的元素,在剩下的元素中重复前面的操作,直到剩余元素只有一个,排序完成为止。

2. 算法代码

```
void SelectSort( RecType R[ ] ,int n)
{   int i,j,k;
    RecType temp;
    for ( i = 0 ;i < n - 1 ;i ++ )        //第 i 趟排序
    {   k = i;
        for (j = i + 1 ;j < n;j ++ )           //在[i..n-1]中选择 key 最小的元素 R[k]
            if ( R[j]. key < R[k]. key)
                k = j;               //记下的最小关键字所在的位置 k
        if (k! = i)              //交换 R[i]和 R[k]
            {   temp = R[i];   R[i] = R[k];   R[k] = temp;   }
    }
}
```

【例 10 - 5】 关键字序列为: $\{19,28,17,46,52,34,35,27,12,20\}$ 的直接选择排序过程。如图 10 - 6 所示。

3. 算法分析

时间复杂度:无论初始状态如何,在第 i 趟排序中选择最小关键字的元素,需要进行 $n-i$ 次比较,所以对于整个序列进行排序列时,总的比较次数为:

$$\sum_{i=1}^{n-1} (n-i) = n(n-1)/2$$

理想情况下,待排序的序列如果为正序,则元素的移动次数为 0;最坏情况下,待排序的序列如果为逆序,则每趟排序时都要执行交换操作,总的移动次数取最大值 $3(n-1)$。所以直接选择排序的时间复杂度为 $O(n)$。

从排序的稳定性来看,由于在直接选择排序中是对符合条件的不相邻元素进行互换,因此,直接选择排序是一种不稳定的排序方法。

初始关键字	19	28	17	46	52	34	35	27	12	20
$i=0$	⑫	28	17	46	52	34	35	27	19	20
$i=1$	12	⑰	28	46	52	34	35	27	19	20
$i=2$	12	17	⑲	46	52	34	35	27	28	20
$i=3$	12	17	19	⑳	52	34	35	27	28	46
$i=4$	12	17	19	20	㉗	34	35	52	28	46
$i=5$	12	17	19	20	27	㉘	35	52	34	46
$i=6$	12	17	19	20	27	28	㉞	52	35	46
$i=7$	12	17	19	20	27	28	34	㉟	52	46
$i=8$	12	17	19	20	27	28	34	35	㊻	52

图 10－6　直接选择排序过程

10.4.2　堆排序

1. 堆的定义

堆排序是对简单排序的一种改进,是一种树形选择排序。在堆排序中,排序过程利用了完全二叉树中双亲节点和孩子节点之间的内在关系。将 $R[1..n]$ 看成是一棵完全二叉树的顺序存储结构,从待排序的序列中选择关键字最大(或最小)的记录。

堆的定义是:n 个关键字序列 $k_1, k, \cdots, k_n$,称为堆。当且仅当该序列满足以下性质:

$$k_i \leqslant k_{2i} \text{且} k_i \leqslant k_{2i+1} \qquad ①$$
$$\text{或} \qquad k_i \geqslant k_{2i} \text{且} k_i \geqslant k_{2i+1} \qquad ②$$

其中 $1 \leqslant i \leqslant \lfloor n/2 \rfloor$。

由上述堆的定义知,堆是一棵以 k_1 为根的完全二叉树。如果对该二叉树的节点进行从上到下、从左到右编号,那么得到的序列就是将二叉树的节点以顺序结构存放,堆的结构正好和该序列结构完全相同。则满足①条件的称为小顶堆(二叉树的所有节点值小于或等于左右孩子的值),满足②条件的称为大顶堆。

2. 算法思想

构造堆。将关键字 $k_1, k_2, k_3, \cdots, k_n$ 表示成一棵完全二叉树,然后从第、$\lfloor n/2 \rfloor$ 个关键字,即从树的最后一个分支节点开始筛选,并使该节点作为根节点组成的子二叉树均符合堆的定义,然后从第 $\lfloor n/2 \rfloor - 1$ 个关键字重复上述操作,直到第一个关键字为止。此时,二叉树符合堆的定义,初始堆建立。

堆排序。从堆中选取第一个节点 k_1(二叉树根节点)和最后一个节点 k_n 进行数据交换,然后继续将 $k_1 \sim k_{n-1}$ 重新建堆,将 k_1 和 k_{n-1} 交换,再将 $k_1 \sim k_{n-2}$ 重新建堆,然后 k_1 和 k_{n-2} 交换,如此重复下去,每次重新建堆的元素个数减 1,直到重新建堆的元素个数仅剩一个为止。此时堆排序完成,则关键字 $k_1, k_2, k_3, \cdots, k_n$ 已排成一个有序序列。

由上述可知,堆排序过程分为两大步骤:

(1)根据初始数据形成初始堆;

(2)通过一系列的元素交换和重新调整堆进行排序。

完成堆排序需解决的两个问题。即如何将一个无序序列建成一个堆?如何在输出堆顶元素之后,调整剩余元素,使之成为一个新的堆?

通过筛选解决第二个问题方法。方法:输出堆顶元素以后,用堆中最后一个元素替代堆顶元素;然后将根节点值与左、右子树的根节点值进行比较,并与其中小者进行交换;重复上述操作,直到是叶子节点或其关键字值小于等于左、右子树的关键字的值,将得到新的堆。称这个从堆顶至叶子的调整过程为"筛选"。

通过建堆解决第一个问题。方法:从无序序列的第 $[n/2]$ 个元素,即此无序序列对应的完全二叉树的最后一个分支节点起,至第一个元素止,进行反复筛选。

3. 算法代码

```
void sift( RecType R[ ],int low,int high)        //调整堆的算法
{   int i = low,j = 2 * i;                        //R[j]是R[i]的左孩子
    RecType temp = R[i];
    while ( j <= high)
      {  if ( j < high && R[j]. key < R[j+1]. key)   j ++ ;
         if ( temp. key < R[j]. key)
             {  R[i] = R[j];                       //将 R[j]调整到双亲节点位置上
                i = j;                             //修改 i 和 j 值,以便继续向下筛选
                j = 2 * i;
             }
         else break;    //筛选结束
      }
    R[i] = temp;         //被筛选节点的值放入最终位置
}


void HeapSort( RecType R[ ],int n)                 //堆排序算法
{   int i; RecType temp;
    for ( i = n/2;i > = 1;i -- ) //建立初始堆
       sift( R,i,n) ;
    for ( i = n;i > = 2;i -- )
    {  temp = R[1];         //将第一个元素同当前区间内 R[1]对换
       R[1] = R[i];R[i] = temp;
       sift(R,1,i-1);         //筛选 R[1]节点,得到 i – 1 个节点的堆
    }
}
```

【例 10 – 6】 关键字序列为:|19,28,17,46,52,34,35,27,12,20|的堆排序过程。如图 10 – 7 所示。

4. 算法分析

堆排序的执行时间主要用于构造初始堆和重新调整成堆。

假设堆中有 n 个节点,且 $2^{k-1} \leqslant n < 2^{k}$,则对应的完全二叉树有 k 层。在整个堆排序中,共需要进行 $[n/2] + n - 1$ 次筛选运算,每次筛选运算进行双亲和孩子或兄弟节点的关键字的比较和移动次数都不会超过完全二叉树的深度 $[\log_2 n])$,整个堆排序过程的时间复杂度为 $O(n\log_2 n)$。

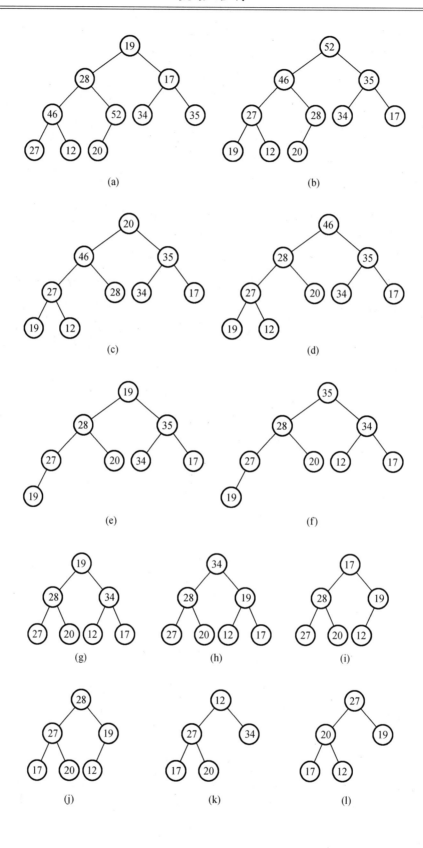

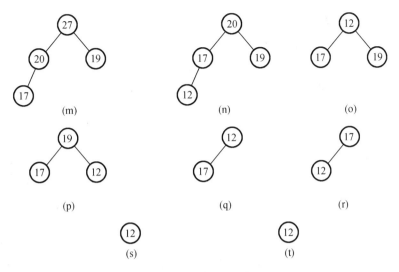

图 10 – 7　堆排序过程

（a）初始状态；（b）建立初始堆；（c）交换 52 和 20，输出 52；（d）筛选调整；（e）交换 46 和 12，输出 46；

（f）筛选调整；（g）交换 35 和 19，输出 35；（h）筛选调整；（i）交换 34 和 17，输出 34；（j）筛选调整；

（k）交换 28 和 12，输出 28；（l）筛选调整；（m）交换 27 和 12，输出 27；（n）筛选调整；（o）交换 20 和 12，输出 20；

（p）筛选调整；（q）交换 19 和 12，输出 19；（r）筛选调整；（q）交换 17 和 12，输出 17；（r）输出 12

该算法的附加存储主要用在第二个 for 循环中执行对象交换时所使用的一个临时对象。该算法的空间复杂度为 $O(1)$。

堆排序是一个不稳定的排序方法。

10.5　归 并 排 序

1. 算法思想

归并排序是将两个或两个以上的有序表合并成一个新的有序序列。其中最简单的归并是直接将两个有序的表合并成一个新有序的表。

假设有 n 个记录，可以将这 n 个记录看成 n 个有序的子序列，每个子序列的长度为 1，然后进行两两归并，得到 $n/2$ 个长度为 2 的或 1 的有序子序列；再进行两两归并，以此类推，直至得到一个长度为 n 的有序序列为止，这种方法称为 2 – 路归并排序。

2. 算法代码

```
void Merge(RecType R[ ],int low,int mid,int high)
{    RecType  * R1;
     int i = low,j = mid + 1,k = 0;        //k 是 R1 的下标,i、j 分别为第 1、2 段的下标
     R1 = (RecType  * )malloc((high – low + 1) * sizeof(RecType));
     while (i <= mid && j <= high)
         if (R[i]. key <= R[j]. key)   //将第 1 段中的记录放入 R1 中
             {        R1[k] = R[i];  i ++ ;k ++ ;    }
         else   //将第 2 段中的记录放入 R1 中
             {        R1[k] = R[j];  j ++ ;k ++ ;    }
```

```
    while (i <= mid)                  //将第1段余下部分复制到 R1
        {    R1[k] = R[i];    i ++ ;k ++ ;    }
    while (j <= high)                 //将第2段余下部分复制到 R1
        {    R1[k] = R[j];    j ++ ;k ++ ;    }
    for (k = 0,i = low;i <= high;k ++ ,i ++ )     //将 R1 复制回 R 中
        R[i] = R1[k];
}
```

一趟归并排序是从前到后,依次将相邻的两个有序子序列归并为一个,并且除了最后一个子序列之外,其余每个子序列的长度都相同。设子序列的长度为 length,一趟归并排序的过程是,从 $i = 1$ 开始,依次将相邻的两个有序子序列进行归并;每次归并两个子序列后,i 向后移动 2length 个位置;如果剩下的元素不足两个子序列时,则进行以下处理:若剩下的元素个数 > length,则再次调用一次前面的操作过程,将一个长度为 length 的子序列和不足 length 的子序列进行归并;若剩下的元素个数 ≤ length,则将剩下的元素依次复制到归并后的序列中。

```
void MergePass( RecType R[ ],int length,int n)
{    int i;
    for (i = 0;i + 2 * length - 1 < n;i = i + 2 * length)     //归并 length 长的两相邻子表
        Merge(R,i,i + length - 1,i + 2 * length - 1);
    if (i + length - 1 < n)          //余下两个子表,后者长度小于 length
    Merge(R,i,i + length - 1,n - 1);   //归并这两个子表
}
```

开始归并时,设每个记录是长度是1的有序子序列,对这些有序子序列逐趟进行归并,每一趟归并后有序子序列的长度再扩大一倍;当有序子序列的长度与整个记录序列长度相等时,整个记录序列排序列完成,形成有序序列。

```
void MergeSort( RecType R[ ],int n)//自底向上的二路归并算法
{    int length;
    for (length = 1;length < n;length = 2 * length)
    MergePass(R,length,n);
}
```

【例10 – 7】 假设表有8个记录,其关键字分别为{20,2,25,34,16,32,8,19}。如图 10 – 8 为采用归并排序方法进行排序的过程。

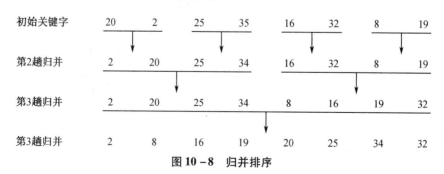

图10 – 8 归并排序

3. 算法分析

算法的时间复杂度,对于 n 个元素的表,每一趟归并的时间复杂度为 $O(n)$。无论是最好还是最坏情况,整个归并排序的时间复杂度为 $O(n\log_2 n)$。

算法的空间复杂度,利用 2 – 路归并排序时,辅助数组作临时单元与待排序数组相同,排序算法的空间复杂度为 $O(n)$。

2 – 路归并排序是一种稳定的排序方法。

10.6 基 数 排 序

基数排序是通过"分配"和"收集"过程来实现排序,按待排序记录的关键字的组成成分(或"位")进行排序,又称为桶排序或数字排序

这种排序不同于前面所讨论的排序算法,不需要进行关键字的比较和记录的移动。

1. 算法思想

设有 n 个记录 $\{R[1], R[2], \cdots, R[n]\}$,每个记录 $R[i]$ 的关键字 $R[i].\text{key}$ 由 d 位数字组成,即 $k^{d-1}k^{d-2}\cdots k^0$,每一个数字表示关键字的一位,其中 k^{d-1} 为最高位,k^0 是最低位,每一位的值都在 $0 \leqslant k^i < r$ 范围内,其中,r 称为基数。如,二进制数和十进制数的 r 分别为 2 和 10。

实现多关键字排序通常有两种作法,分别是最高位优先 MSD 法和最低位优先 LSD 法。

(1) 最高位优先 MSD 法:先对 K^{d-1} 进行排序,并按 K^{d-1} 的不同值将记录序列分成若干子序列之后,分别对 K^{d-2} 进行排序,$\cdots$,依次类推,直至最后对最次位关键字排序完成为止。

(2) 最低位优先 LSD 法:先对 K^0 进行排序,然后对 K^1 进行排序,依次类推,直至对最主位关键字 K^{d-1} 排序完成为止。排序过程中不需要根据"前一个"关键字的排序结果,将记录序列分割成若干个子序列。

2. 算法代码

```
#define MAXE 20      //线性表中最多元素个数
#define MAXR 10      //基数的最大取值
#define MAXD 8       //关键字位数的最大取值
typedef struct node
{    char data[MAXD];      //记录的关键字定义的字符串
     struct node *next;
} RecType;

void RadixSort(RecType *&p,int r,int d)
{  //p 为待排序序列链表指针,r 为基数,d 为关键字位数
    RecType *head[MAXR], *tail[MAXR], *t;      //定义各链队的首尾指针
    int i,j,k;
    for (i = d - 1;i > = 0;i -- )      //从低位到高位做 d 趟排序
    {   for (j = 0;j < r;j ++ )      //初始化各链队首、尾指针
            head[j] = tail[j] = NULL;
        while (p != NULL)      //对于原链表中每个节点循环
```

```
        {   k = p -> data[i] - '0';    //找第 k 个链队
            if ( head[ k ] == NULL )   //建立单链表
              {   head[ k ] = p;   tail[ k ] = p;   }
            else
              {  tail[ k ] -> next = p;   tail[ k ] = p;}
            p = p -> next;            //取下一个待排序的元素
        }
        p = NULL;
        for ( j = 0;j < r;j ++ )       //对于每一个链队循环进行收集
          if ( head[ j ] != NULL )
          {    if ( p == NULL )
               {   p = head[ j ];
                   t = tail[ j ];
               }
               else
               {  t -> next = head[ j ];
                  t = tail[ j ];
               }
          }
        t -> next = NULL;            //最后一个节点的 next 域置 NULL
    }
}
```

【**例 10 - 8**】 设待排序的表有 10 个记录,其关键字分别为{71,42,57,12,36,27,38,64}。如图 10 - 9 是采用基数排序方法进行排序的过程。先按个位数进行排序,再按十位数进行排序。

(3)算法分析

基数排序算法对数据进行 d 趟扫描,每趟需时间 $O(n+j)$。所以总的计算时间复杂度为 $O(d(n+j))$。对于不同的基数 j 所用的时间也不同的。当 n 较大或 d 较小时,这种方法比较节省时间。

基数排序采用链式存储结构的记录的排序,它要求的附加存储量是 j 个队列的头、尾指针。所以,空间复杂度为 $O(n+j)$。

基数排序是一种稳定的排序方法。

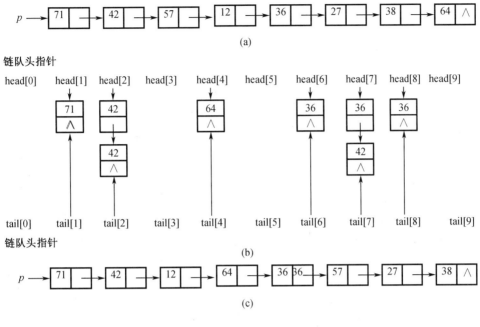

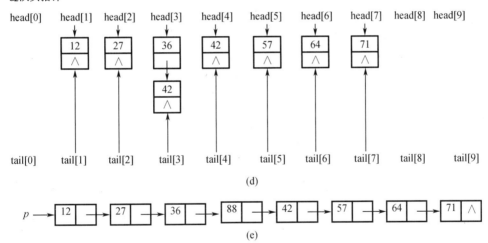

图 10 – 9　基数排序过程

（a）初始状态；（b）按个位分配；（c）按个位收集；（d）按十位分配；（e）按十位收集

10.7　各种内排序方法的比较和选择

1. 内排序方法的比较

各种内部排序按所采用的基本思想可分为：插入排序、交换排序、选择排序、归并排序和基数排序，它们的基本策略分别是：

（1）插入排序：依次将无序序列中的一个记录，按关键字值的大小插入到已排好序一个子序列的适当位置,直到所有的记录都插入为止。具体的方法有:直接插入、表插入和 2 - 路插入。

(2)交换排序:对于待排序记录序列中的记录,两两比较记录的关键字,并对反序的两个记录进行交换,直到整个序列中没有反序的记录偶对为止。具体的方法有:冒泡排序、快速排序。

(3)选择排序:不断地从待排序的记录序列中选取关键字最小的记录,放在已排好序的序列的最后,直到所有记录都被选取为止。具体的方法有:简单选择排序、堆排序。

(4)归并排序:利用"归并"技术不断地对待排序记录序列中的有序子序列进行合并,直到合并为一个有序序列为止。

(5)基数排序:按待排序记录的关键字的组成成分("位")从低到高(或从高到低)进行。每次是按记录关键字某一"位"的值将所有记录分配到相应的桶中,再按桶的编号依次将记录进行收集,最后得到一个有序序列。

通常可按平均时间将排序方法分为三类:

(1)平方阶 $O(n^2)$ 排序,一般称为简单排序,例如直接插入、直接选择和冒泡排序;

(2)线性对数阶 $O(n\log_2 n)$ 排序,如快速、堆和归并排序;

(3)线性阶 $O(n)$ 排序,如基数排序。

各种内部排序方法的性能比较如下表。

表 10 - 1 主要内部排序方法的性能

方法	平均时间	最坏所需时间	附加空间	稳定性
直接插入	$O(n^2)$	$O(n^2)$	$O(1)$	稳定的
直接选择	$O(n^2)$	$O(n^2)$	$O(1)$	不稳定的
堆排序	$O(n\log_2 n)$	$O(n\log_2 n)$	$O(1)$	不稳定的
冒泡排序	$O(n^2)$	$O(n^2)$	$O(1)$	稳定的
快速排序	$O(n\log_2 n)$	$O(n^2)$	$O(\log_2 n)$	不稳定的
归并排序	$O(n\log_2 n)$	$O(n\log_2 n)$	$O(n)$	稳定的
基数排序	$O(d(n+r))$	$O(d(n+r))$	$O(n+r)$	稳定的

2.选择排序的方法

(1)当待排序记录数 n 较大时,若要求排序稳定,则采用归并排序。

(2)当待排序记录数 n 较大且关键字分布随机,不要求稳定时,可采用快速排序。

(3)当待排序记录数 n 较大,关键字会出现正、逆序情形,可采用堆排序(或归并排序)。

(4)当待排序记录数 n 较小,记录已接近有序或随机分布时,又要求排序稳定,可采用直接插入排序。

(5)当待排序记录数 n 较小,且对稳定性不做要求时,可采用直接选择排序。

习　题　10

一、单项选择题

1. 下列内部排序算法中：

(1) 其比较次数与序列初态无关的算法是(　　)。

(2) 不稳定的排序算法是(　　)。

(3) 在初始序列已基本有序(除去 n 个元素中的某 k 个元素后即呈有序，$k \ll n$)的情况下，排序效率最高的算法是(　　)。

(4) 排序的平均时间复杂度为 $O(n \cdot \log n)$ 的算法是(　　)为 $O(n \cdot n)$ 的算法是(　　)。

A. 快速排序　　　　　　　B. 直接插入排序　　　　　　C. 二路归并排序

D. 简单选择排序　　　　　E. 起泡排序　　　　　　　　F. 堆排序

2. 比较次数与排序的初始状态无关的排序方法是(　　)。

A. 直接插入排序　　　B. 起泡排序　　　C. 快速排序　　　D. 简单选择排序

3. 对一组数据(84,47,25,15,21)排序，数据的排列次序在排序的过程中的变化为

(1) 84 47 25 15 21　　(2) 15 47 25 84 21　　(3) 15 21 25 84 47　　(4) 15 21 25 47 84

则采用的排序是(　　)。

A. 选择　　　　　　　B. 冒泡　　　　　　C. 快速　　　　　　D. 插入

4. 下列排序算法中(　　)排序在一趟结束后不一定能选出一个元素放在其最终位置上。

A. 选择　　　　　　　B. 冒泡　　　　　　C. 归并　　　　　　D. 堆

5. 一组记录的关键码为(46,79,56,38,40,84)，则利用快速排序的方法，以第一个记录为基准得到的一次划分结果为(　　)。

A. (38,40,46,56,79,84)　　　　　　　B. (40,38,46,79,56,84)

C. (40,38,46,56,79,84)　　　　　　　D. (40,38,46,84,56,79)

6. 下列排序算法中，在待排序数据已有序时，花费时间反而最多的是(　　)排序。

A. 冒泡　　　　　　　B. 希尔　　　　　　C. 快速　　　　　　D. 堆

7. 就平均性能而言，目前最好的内排序方法是(　　)排序法。

A. 冒泡　　　　　　　B. 希尔插入　　　　C. 交换　　　　　　D. 快速

8. 若一个元素序列基本有序，则选用(　　)方法较快。

A. 直接插入排序　　　B. 直接选择排序　　C. 堆排序　　　　　D. 快速排序

9. 若要从 1 000 个元素中得到 4 个最小值元素，最好采用(　　)方法。

A. 直接插入排序　　　B. 直接选择排序　　C. 堆排序　　　　　D. 快速排序

10. 若要对 1 000 个元素排序，要求既快又稳定，则最好采用(　　)方法。

A. 直接插入排序　　　B. 归并排序　　　　C. 堆排序　　　　　D. 快速排序

11. 若要对 1 000 个元素排序，要求既快又节省存储空间，则最好采用(　　)方法。

A. 直接插入排序　　　B. 归并排序　　　　C. 堆排序　　　　　D. 快速排序

12. 下列排序算法中，占用辅助空间最多的是：(　　)。

A. 归并排序　　　　　　B. 快速排序　　　　C. 希尔排序　　　　D. 堆排序

13. 若用冒泡排序方法对序列 $\{10,14,26,29,41,52\}$ 从大到小排序,需进行 (　　) 次比较。

A. 3　　　　　　　　B. 10　　　　　　　　C. 15　　　　　　　　D. 25

14. 快速排序方法在(　　)情况下最不利于发挥其长处。

A. 要排序的数据量太大　　　　　　　B. 要排序的数据中含有多个相同值

C. 要排序的数据个数为奇数　　　　　D. 要排序的数据已基本有序

15. 下列四个序列中,哪一个是堆(　　)。

A. 75,65,30,15,25,45,20,10　　　　　B. 75,65,45,10,30,25,20,15

C. 75,45,65,30,15,25,20,10　　　　　D. 75,45,65,10,25,30,20,15

16. 有一组数据(15,9,7,8,20,-1,7,4),用堆排序的筛选方法建立的初始堆为(　　)。

A. -1,4,8,9,20,7,15,7　　　　　　　B. -1,7,15,7,4,8,20,9

C. -1,4,7,8,20,15,7,9　　　　　　　D. A,B,C 均不对。

17. 对 n 个元素进行堆排序,每次筛运算的时间复杂性为(　　)。

A. $O(1)$　　　　B. $O(\log_2 n)$　　　　C. $O(n^2)$　　　　D. $O(n)$

18. 对 n 个元素进行堆排序,时间复杂性为(　　)。

A. $O(1)$　　　　B. $O(\log_2 n)$　　　　C. $O(n^2)$　　　　D. $O(n\log_2 n)$

19. 设有 5 000 个无序的元素,希望用最快的速度挑选出其中前 50 个最大的元素,最好选用(　　)法。

A. 冒泡排序　　　　B. 快速排序　　　　C. 堆排序　　　　D. 归并排序

20. 已知持排序的 n 个元素可分为 n/k 个组,每个组包含 k 个元素,各组间分块有序,若采用基于比较的排序,其时间下界应为:(　　)。

A. $O(n\log_2 n)$　　　　B. $O(n\log_2 k)$　　　　C. $O(k\log_2 n)$　　　　D. $O(k\log_2 k)$

21. 最好和最坏时间复杂度均为 $O(n\log_2 n)$ 且稳定的排序方法是(　　)。

A. 快速排序　　　　B. 堆排序　　　　C. 归并排序　　　　D. 基数排序

22. 下列排序算法中,当初始数据有序时,花费时间反而最多的是(　　)。

A. 起泡排序　　　　B. 希尔排序　　　　C. 堆排序　　　　D. 快速排序

23. n 个记录直接插入排序时所需的记录最小比较次数是(　　)。

A. $n-1$　　　　B. n　　　　C. $n(n-1)/2$　　　　D. $n(n+1)/2$

24. 对 n 个元素进行直接插入排序,空间复杂性为(　　)。

A. $O(1)$　　　　B. $O(\log_2 n)$　　　　C. $O(n^2)$　　　　D. $O(n\log_2 n)$

23. 若需在 $O(n\log_2 n)$ 的时间内完成排序,且要求稳定,则可选择(　　)。

A. 快速排序　　　　B. 堆排序　　　　C. 归并排序　　　　D. 直接插入排序

25. 排序趟数与序列的原始状态有关的排序方法是(　　)排序法。

A. 插入　　　　B. 选择　　　　C. 希尔　　　　D. 快速

26. 对 n 个元素进行直接插入排序,则各趟排序中寻找插入位置的平均时间复杂性为(　　)。

A. $O(1)$　　　　B. $O(n)$　　　　C. $O(n^2)$　　　　D. $O(\log_2 n)$

27. 在对 n 个元素进行直接插入排序的过程中,共需要进行(　　)趟。

A. n　　　　B. $n+1$　　　　C. $n-1$　　　　D. $2n$

28. 对 n 个元素进行直接插入排序时间复杂性为(　　)。

A. $O(1)$　　　　　　B. $O(n)$　　　　　　C. $O(n^2)$　　　　　D. $O(\log_2 n)$

29. 已知数据表每个元素距离其最终位置不远, 则最省时间的排序算法是(　　　)。

A. 堆排序　　　　　B. 直接插入排序　　C. 快速排序　　　　D. 直接选择排序

30. 关键字比较次数与数据的初始状态无关的排序算法是(　　　)。

A. 直接选择排序　　B. 冒泡排序　　　　C. 直接插入排序　　D. 希尔排序

31. 对 n 个元素进行堆排序, 空间复杂性为(　　　)。

A. $O(1)$　　　　　　B. $O(\log_2 n)$　　　C. $O(n^2)$　　　　D. $O(n\log_2 n)$

32. 在下列排序方法中, 空间复杂性为 $O(\log_2 n)$ 的方法为(　　　)。

A. 直接选择排序　　B. 归并排序　　　　C. 堆排序　　　　　D. 快速排序

33. 在平均情况下速度最快的排序方法为(　　　)。

A. 直接选择排序　　B. 归并排序　　　　C. 堆排序　　　　　D. 快速排序

34. 设有关键字初始序列 $\{Q,H,C,Y,P,A,M,S,R,D,F,X\}$, 则用下列哪种排序方法进行第一趟扫描的结果为 $\{F,H,C,D,P,A,M,Q,R,S,Y,X\}$?

A. 直接插入排序　　　　　　　　B. 二路归并排序

C. 以第一元素为基准的快速排序　　D. 基数排序

35. 从未排序序列中依次取出一个元素与已排序序列中的元素依次进行比较, 然后将其放在已排序序列的合适位置, 该排序方法称为(　　　)排序法。

A. 插入　　　　　　B. 选择　　　　　　C. 希尔　　　　　　D. 二路归并

36. 在直接插入排序的第 i 趟排序前, 有序表中的元素个数为(　　　)。

A. i　　　　　　　B. $i+1$　　　　　　C. $i-1$　　　　　　D. 1

37. 在直接插入排序的第 i 趟排序时, 为寻找插入位置最多需要进行(　　　)次元素的比较, 假定第 0 号元素作监视哨。

A. i　　　　　　　B. $i-1$　　　　　　C. $i+1$　　　　　　D. 1

38. 对 n 个元素进行快速排序, 最好情况下需要进行(　　　)趟。

A. n　　　　　　　B. $n/2$　　　　　　C. $\log_2 n$　　　　　D. $2n$

39. 对 n 个元素进行快速排序, 最坏情况下需要进行(　　　)趟。

A. n　　　　　　　B. $n-1$　　　　　　C. $n/2$　　　　　　D. $\log_2 n$

40. 若对 n 个元素进行直接插入排序, 在进行第 i 趟排序时, 假定元素 $r[i+1]$ 的插入位置为 $r[j]$, 则需要移动元素的次数为(　　　)。

A. $j-i$　　　　　　B. $i-j-1$　　　　　C. $i-j$　　　　　　D. $i-j+1$

41. 对 n 个元素进行冒泡排序, 第一趟至多需要进行(　　　)对相邻元素之间的交换。

A. n　　　　　　　B. $n-1$　　　　　　C. $n+1$　　　　　　D. $n/2$

42. 对 n 个元素进行冒泡排序, 最好情况下的时间复杂性为(　　　)。

A. $O(1)$　　　　　　B. $O(\log_2 n)$　　　C. $O(n^2)$　　　　D. $O(n)$

43. 对 n 个元素进行冒泡排序, 至少需要(　　　)趟完成。

A. 1　　　　　　　　B. n　　　　　　　C. $n-1$　　　　　　D. $n/2$

44. 快速排序的记录移动次数(　　　)比较次数, 其总执行时间为 $O(n\log_2 n)$。

A. 大于　　　　　　B. 大于等于　　　　C. 小于等于　　　　D. 小于

45. 对 n 个元素进行快速排序, 第一次划分最多需要移动(　　　)次元素, 假定包括基准和临时量之间的移动。

A. $n/2$ B. $n-1$ C. n D. $n+1$

46. 对序列$(3,7,5,9,1)$进行快速排序,则第一次划分时需要移动元素的次数为( ),假定不包括基准和临时量之间的移动。

A. 1   B. 2   C. 3   D. 4

47. 对n个元素进行快速排序,平均情况下的时间复杂性为( )。

A. $O(1)$ B. $O(\log_2 n)$ C. $O(n^2)$ D. $O(n\log_2 n)$

48. 对n个元素进行快速排序,最坏情况下的时间复杂性为( )。

A. $O(1)$ B. $O(\log_2 n)$ C. $O(n^2)$ D. $O(n\log_2 n)$

49. 对n个元素进行快速排序,平均情况下的空间复杂性为( )。

A. $O(1)$ B. $O(\log_2 n)$ C. $O(n^2)$ D. $O(n\log_2 n)$

50. 对n个元素进行快速排序,最坏情况下的空间复杂性为( )。

A. $O(1)$ B. $O(\log_2 n)$ C. $O(n^2)$ D. $O(n\log_2 n)$

51. 对下列四个序列进行快速排序,各以第一个元素为基准进行第一次划分,则在该次划分过程中需要移动元素次数最多的序列为( )。

A. 1,3,5,7,9   B. 9,7,5,3,1   C. 5,3,1,7,9   D. 5,7,9,1,3

52. 假定对元素序列$(7,3,5,9,1,12,8,15)$进行快速排序,则进行第一次划分后,得到的左区间中元素的个数为( )。

A. 2   B. 3   C. 4   D. 5

二、填空题

1. 若待排序的序列中存在多个记录具有相同的键值,经过排序,这些记录的相对次序仍然保持不变,则称这种排序方法是_____的,否则称为_____的。

2. 按照排序过程涉及的存储设备的不同,排序可分为_____排序和_____排序。

3. 在所有排序方法中,_____排序方法采用的是二分法的思想。

4. 在所有排序方法中,_____方法使数据的组织采用的是完全二叉树的结构。

5. 在所有排序方法中,_____方法采用的是两两有序表合并的思想。

6. 采用冒泡排序对有n个记录的表A按键值递增排序,若L的初始状态是按键值递增,则排序过程中记录的比较次数为_____。若A初始状态为递减排列,则记录的交换次数为_____。

7. 直接插入排序用监视哨的作用是_____。

8. 对n个记录的表$r[1..n]$进行简单选择排序,所需进行的关键字间的比较次数为_____。

9. 下面的排序算法的思想是:第一趟比较将最小的元素放在$r[1]$中,最大的元素放在$r[n]$中,第二趟比较将次小的放在$r[2]$中,将次大的放在$r[n-1]$中,…,依次下去,直到待排序列为递增序。(注:<-->)代表两个变量的数据交换)。

```
void  sort(SqList &r, int n)
{   i = 1;
    while(_____(1)_____)
    {   min = max = 1;
        for (j = i + 1; _____(2)_____ ; ++j)
```

{if(____(3)____) min = j; else if(r[j]. key > r[max]. key)　max = j; }

if(____(4)____)

　　r[min] < ---- >r[j];

if(max != n - i + 1)

{　if (____(5)____) r[min] < ---- > r[n - i + 1]; else (____(6)____　; }

i ++ ;

}

}

10. 最简单的交换排序方法是_____排序。

11. 取增量为 3, 对记录 (46,79,56,38,40,80,35,50,74) 进行一趟希尔排序的结果为_____。

12. 评价排序效率的主要标准是_____。

13. 两个序列: L_1 = {25,57,48,37,92,86,12,33}、L_2 = {25,37,33,12,48,57,86,92} 用冒泡排序方法分别对序列 L_1 和 L_2 进行排序,交换次序较少的是序列_____。

14. 对 (46,34,57,68,34,40,86,44) 进行冒泡排序,第一趟排序后的结果为_____。第一趟排序时,元素 57 将最终下沉到其后第_____个元素的位置。

15. 直接插入排序需要_____个记录的辅助空间。

16. 对 n 个数据进行直接插入排序,最少比较次数为_____。

17. 若对一组记录 (46,79,56,38,40,80,35,50,74) 进行直接插入排序,当把第 8 个记录插入到前面已排序的有序表时,为寻找插入位置需比较_____次。

18. 在插入和选择排序中,若初始数据基本正序,则选用_____;若初始数据基本反序,则选用_____。

19. _____排序方法使键值大的记录逐渐下沉,使键值小的记录逐渐上浮。

20. _____排序方法能够每次使无序表中的第一个记录插入到有序表中。

21. _____排序方法能够每次从无序表中顺序查找出一个最小值。

22. 每次从无序表中取出一个元素,把它插入到有序表中的适当位置,此种排序方法叫作_____排序;每次从无序表中挑选出一个最小或最大元素,把它交换到有序表的一端,此种排序方法叫作_____排序。

23. 每次直接或通过基准元素间接比较两个元素,若出现逆序排列时就交换它们的位置,此种排序方法叫作_____排序;每次使两个相邻的有序表合并成一个有序表的排序方法叫作_____排序。

24. 快速排序的平均时间复杂性为_____,最坏时间复杂性为_____。

25. 快速排序每次划分时,是从当前待排序区间的_____向_____依次查找出处于逆序的元素并交换之,最后将基准元素交换到一个确定位置,从而以该位置把当前区间划分为前后两个子区间。

26. 对 n 个记录进行冒泡排序时,最多比较次数为_____、最少的比较次数为_____,最少的趟数为_____。

27. 用起泡法对 n 个关键码排序,在最好情况下,只需做_____次比较和_____次移动;在最坏的情况下要做_____次比较。

28. 对 (48,76,52,39,43,88) 进行快速排序,对应判定树的深度为_____,分支节点数为_____。

29.对$(48,76,52,39,43,88)$进行快速排序,共需要_____趟排序。

30.对$(48,76,52,39,43,88)$进行快速排序,第一次划分后,右区间内元素的个数为_____。

31.对$(48,76,52,39,43,88)$进行快速排序,含有两个或两个以上元素的排序区间的个数为_____个。

32.对$(48,76,52,39,43,88)$进行快速排序,第一次划分后的结果为_____。

33.在直接选择排序中,记录比较次数的时间复杂度为_____,记录移动次数的时间复杂度为_____。

34.对记录$(48,76,52,39,43,88)$进行直接选择排序,用k表示最小值元素的下标,k初值为1,则在第一趟选择最小值的过程中,k的值被修改_____次。

35.对n个元素建立初始堆时,最多进行_____次关键字比较。

36.对$(48,76,52,39,43,88)$进行堆排序,初始小根堆为_____,大根堆为_____。

37.在一个堆的顺序存储中,若一个元素的下标为i,则它的左孩子元素的下标为_____,右孩子元素的下标为_____。

38.将长度分别为m和$n(m>n)$的有序表归并成一个有序表,至少进行_____次键值比较。

39.在二路归并排序中,对n个记录进行归并的趟数为_____。

40.对20个记录进行归并排序时,共需要进行_____趟归并,在第三趟归并时是把长度为_____的有序表两两归并为长度为_____的有序表。

41.在一个小根堆中,堆顶节点的值是所有节点中的_____,在一个大根堆中,堆顶节点的值是所有节点中的_____。

42.假定一组记录为$(46,79,56,38,40,80,46,75)$,对其进行归并排序的过程中,第二趟归并后的第2个子表为_____。

43.假定一组记录为$(46,79,56,38,40,80)$,对其进行归并排序的过程中,第二趟归并后的结果为_____。

三、算法设计题

1.设计一个用链表表示的直接选择排序算法。

2.输入50个学生的记录(每个学生的记录包括学号和成绩),组成记录数组,然后按成绩由高到低的次序输出(每行10个记录)。排序方法采用选择排序。

3.已知$(k_1,k_2,\cdots\cdots,k_n)$是堆,试写一个算法将$(k_1,k_2,\cdots\cdots,k_n,k_{n+1})$调整为堆。按此思想写一个从空堆开始一个一个填入元素的建堆算法(提示:增加一个k_{n+1}后应从叶子向根的方向调整)。

4.冒泡排序算法是把大的元素向上移(气泡的上浮),也可以把小的元素向下移(气泡的下沉)请给出上浮和下沉过程交替进行的冒泡排序算法(即双向冒泡排序法)。

5.快速排序在什么情况下,所需记录之关键码的比较次数为最多?此时记录之关键码比较次数应为多少?

6.已知一组记录为$(46,76,53,14,26,36,86,67,24,32)$,给出采用直接插入排序法进行排序时每一趟的排序结果。

7. 已知一组记录为(46,76,53,14,26,36,86,67,24,32),给出采用冒泡排序法进行排序时每一趟的排序结果。

8. 已知一组记录为(46,76,53,14,26,36,86,67,24,32),给出采用快速排序法进行排序时每一趟的排序。

9. 已知一组记录为(46,76,53,14,26,36,86,67,24,32),给出采用直接选择排序法进行排序时每一趟的排序结果。

10. 已知一组记录为(46,76,53,14,26,36,86,67,24,32),给出采用堆排序法进行排序时每一趟的排序结果。

11. 已知一组记录为(46,76,53,14,26,36,86,67,24,32),给出采用归并排序法进行排序时每一趟的排序结果。

12. 试给出由 5 个数据{1,2,3,4,5}组成的一个序列,使得在快速排序的第一趟划分时,移动次数最多。

13. 试给出由 5 个数据{1,2,3,4,5}组成的一个序列,使得用直接选择排序时,移动次数最多。

14. 设有 50 个值不同的元素存于内存一片连续单元中,若用顺序选择的方法,选出这 50 个元素的最大值和最小值则至少需要 97 次比较。请给出另一种选出最大值和最小值的方法,其比较次数一定少于 97 次,说明该方法的操作过程和比较次数。

第11章 文件与外排序

在数据处理时,涉及与文件有关的知识,在外存中的数据,通常以文件的方式组织并存储在外存。如何有效地组织和管理这些数据,方便而高效的使用数据,即是本章所要讨论的问题。

在存取海量数据时,为了方便使用,往往需要以某种顺序排序后再存储于外存,这种排序称为外部排序。

11.1 基 本 概 念

1. 文件

文件:大量性质相同、逻辑上相关的数据记录的集合。

数据项:数据文件中最小的基本单位,反映实体某一方面的特征或属性的数据表示。

记录:一个实体的所有数据项的集合。通常的记录指的是逻辑记录,是从用户角度所看到的对数据的表示和存取的方式。文件存储在外存上,通常是以块存取。

按记录类型不同,可分为操作系统文件和数据库文件:

(1)操作系统文件(流式文件):连续的字符序列(串)的集合;

(2)数据库文件:有特定结构(所有记录的结构都相同)的数据记录的集合。

按记录长度,可分为定长记录文件和不定长记录文件:

(1)定长记录文件:文件中每个记录都有固定的数据项组成,每个数据项的长度都是固定的;

(2)不定长记录文件:与定长记录文件相反。

关键字:用来标识一个记录的数据项集合称为关键字项,关键字项的值称为关键字;能够唯一标识一个记录的关键字称为主关键字,其他的关键字称为次关键字。

文件的逻辑结构:按某种排列顺序将文件的记录呈现在用户面前,该排列顺序可以是按记录的关键字,也可以是按记录进入文件的先后顺序等。记录之间形成一种逻辑上的线性结构,称为文件的逻辑结构。其目的是为了用户方便使用。

文件的物理结构:文件在外存上的组织方式称为文件的物理结构。基本的物理结构有:顺序结构,链接结构,索引结构 。其目的是提高存储空间的利用率和减少存取记录的时间。

物理记录和逻辑记录之间可能存在下列 3 种关系:

①一个物理记录存放一个逻辑记录;

②一个物理记录包含多个逻辑记录;

③多个物理记录表示一个逻辑记录。

按文件的组织方式将文件分为以下 4 种：

①顺序文件：顺序文件在逻辑上是将数据记录的顺序作为相应线性表中元素的顺序，在存储上，这种顺序关系与物理存储顺序一致。

②索引文件：在存储的文件之外，同时建立一个用于描述文件逻辑记录与物理存储记录之间的对应关系的索引表，由主文件和其索引表构成的二元组就称为索引文件。

③散列文件：散列文件也称为哈希文件或者直接存取文件，其特点是使用散列存储方式组织文件。

④链式文件：链式文件中的连节点一般都比较大，同时也不定长。在文件存储方式中，链式文件通常都是结合索引文件一起使用，例如多关键字文件等。

2. 文件的基本操作

文件是由大量记录组成的线性表，因此，对文件的操作主要是针对记录的，通常有：检索、插入、删除、修改和排序，其中检索是最基本的操作。

（1）文件检索

文件检索就是在文件中查找满足给定条件的数据记录，实现途径可以是按照记录进入外存的时间顺序进行查找，也可以是按照记录的关键字进行查找。

①顺序检索：通过顺序读取所有序号小于 i 的记录，定位所需要的第 i 号记录。

②直接检索：直接检索又称随机检索。不通过逐次读取所有序号小于 i 的记录而直接定位第 i 号记录。

按关键字检索：给出指定的关键字值，查找关键字值相同或满足条件的记录。

对数据库文件，有以下四种按关键字检索的方式：

①简单匹配：查找关键字的值与给定的值相等的记录；

②区域匹配：查找关键字的值属于某个区域范围内的记录；

③函数匹配：规定关键字的某个函数，查找符合条件的记录；

④组合条件匹配：给出用布尔表达式表示的多个条件组合，查找符合条件的记录。

按操作的处理方式，可分为实时与批量处理两种不同的方式：

①实时处理：响应时间要求严格，要求在接受询问后几秒钟内完成检索和更新。

②批量处理：响应时间要求宽松一些，不同的文件系统有不同的要求。

例如一个银行的账户系统，需要满足实时检索要求，也可进行批量更新，即可以将一天的存款和提款记录在一个事务文件上，在一天的营业之后再进行批量处理。

（2）插入记录

将给定的记录插入到给定文件的指定位置。插入是首先要确定插入点的位置（检索记录），然后才能插入。

（3）删除记录

从文件中删除一条或多条记录的记录。

记录的删除有两种情况：

①在文件中删除第 k 个记录；

②在文件中删除符合条件的记录。

（4）修改记录

对符合条件的记录，更改某些属性值。修改时首先要检索到所要修改的记录，然后才能修改。

(5)记录排序

根据指定的关键字,对文件中的记录按关键字值的大小以非递减或非递增的方式重新排列(或存储)。

11.2　文件的组织方式

文件的组织方式指的是文件的物理结构。

11.2.1　顺序文件

记录按其在文件中的逻辑顺序依次进入存储介质。在顺序文件中,记录的逻辑顺序和存储顺序是一致的。

根据逻辑上相邻的记录的物理位置关系:可分为连续顺序文件和链接顺序文件。

(1)连续顺序文件:次序相继的两个物理记录在存储介质上的存储位置是相邻的顺序文件。

(2)链接顺序文件:物理记录之间的次序由指针相链表示的顺序文件。

顺序文件是根据记录的序号或记录的相对位置来进行存取的文件组织方式。它的特点是:

(1)存取第 i 个记录,必须先搜索在它之前的 $i-1$ 个记录。

(2)只能在文件的末尾插入新的记录。

(3)若要更新文件中的某个记录,则必须将整个文件进行复制。

顺序文件类似于线性表的顺序存储结构,比较简单,适合于顺序存取的外存介质,但不适合随机处理。

11.2.2　索引文件

1.基本术语

索引技术是组织大型数据库的一种重要。

技术索引结构是当文件信息存放在若干不连续物理块中时,系统为该文件建立一个专用数据结构即索引表,需要存储的文件(主文件)和索引表构成的二元组就是索引文件。索引文件由索引表和数据表两部分构成。如图 11-1 所示。

数据表:存储实际的数据记录。

索引表:存储记录的关键字和记录(存储)地址之间的对照表,每个元素称为一个索引项。

如果数据文件中的每一个记录都有一个索引项,这种索引称为稠密索引,否则,称为非稠密索引。

非稠密索引文件,将文件记录分为若干块,块内记录可以无序,但块与块之间必须有序,即前一块中的所有记录的关键

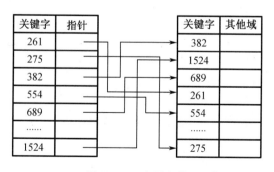

图 11-1　索引文件

字都小于后一块中所有记录的关键字。若块内记录是有序的,称为索引顺序文件,否则称为索引非顺序文件。对于索引非顺序文件,只需对每一块建立一个索引项。

稠密索引文件,索引项数目与数据表中记录数相同,当索引表很大时,检索记录需多次访问外存。

2. 索引文件的检索

检索方式:直接存取或按关键字(进行简单询问)存取。

检索过程:首先,查找索引表,若索引表上存在该记录,则根据索引项的指示读取外存上该记录;否则则说明外存上不存在该记录,此时无须访问外存。

由于索引项的长度比记录小得多,所以通常可将索引表一次读入内存,所以对索引文件中进行检索需要访问外存两次,一次读索引,一次读记录。并且由于索引表是有序的,则查找索引表时可用折半查找法。

例如,对于非稠密索引文件,查找的基本过程如下:首先根据索引找到记录所在块,再将该块读入到内存,然后再在块内顺序查找。

平均查找长度由两部分组成,包括块地址的平均查找长度 L_b,块内记录的平均查找长度 L_w,即 $ASL_{bs} = L_b + L_w$。假设长度为 n 的文件分为 b 块,每块内有 s 个记录,则 $b = n/s$。设每块的查找概率为 $1/b$,块内每个的记录查找概率为 $1/b$,则采用顺序查找方法时的平均查找长度为 $ASL_{bs} = L_b + L_w = (b+1)/2 + (s+1)/2 = (n/s+s)+1$,当 $s = n^{1/2}$ 时,ASL_{bs} 的值达到最小。如果在索引表中采用折半查找方法,则 $ASL_{bs} = L_b + L_w = \log_2(n/s+1) + s/2$。

3. 索引文件的修改

(1)删除操作:删除一个记录时,仅需删去相应的索引项;

(2)插入操作:插入一个记录时,应将记录置于数据区的末尾,同时在索引表中插入索引项;

(3)更新操作:更新记录时,应将更新后的记录存储于数据区末尾,同时修改索引表中相应的索引项。

4. 多级索引

当查找表中索引项较多时,对索引表建立的索引。通常最高可达四级索引。

索引顺序文件通常有 ISAM 文件和 VSAM 文件两种类型。

索引非顺序文件通常有 B – 树和 B + 树等方式。

11. 2. 3 ISAM 文件

1. 定义

ISAM(顺序索引存取方法),是专为磁盘存取设计的文件组织方式,采用静态索引结构,是一种三级索引结构的顺序文件。

ISAM 文件由基本文件、磁道索引、柱面索引和主索引组成。

基本文件按关键字的值顺序存放,首先集中存放在同一柱面上,然后再顺序存放在相邻柱面上。对于同一柱面,则按盘面的次序顺序存放。在每个柱面上,还开辟了一个溢出区,存放从该柱面的磁道上溢出的记录。同一磁道上溢出的记录通常由指针相链接。

ISAM 文件为每个磁道建立一个索引项,相同柱面的磁道索引项组成一个索引表,称为磁道索引,由基本索引项和溢出索引项组成。基本索引项:关键字域存放该磁道上的最大关键字;指针域存放该磁道的第一个记录的位置。溢出索引项:是为插入记录设置的。关键字域存放该磁道上溢出的记录的最大关键字;指针域存放溢出记录链表的第一个记录。

在磁道索引的基础上,又为文件所占用的柱面建立一个柱面索引。柱面索引存放在某个柱面上,若柱面索引较大,占多个磁道时,则可建立柱面索引的索引——主索引。关键字域存放该柱面上的最大关键字;指针域指向该柱面的第1个磁道索引项。

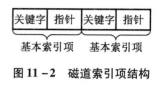

图 11-2 磁道索引项结构

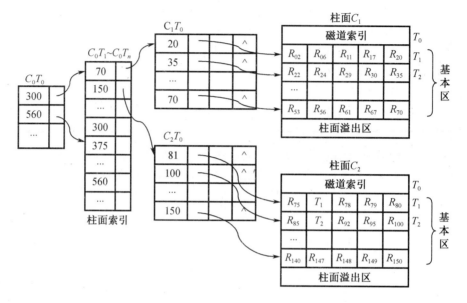

图 11-3 ISAM 文件结构示例

2. ISAM 文件的检索

根据关键字查找时,先从主索引出发找到相应的柱面索引,再从柱面索引找到记录所在柱面的磁道索引,最后从磁道索引找到记录所在磁道的第一个记录的位置,最终在该磁道上进行顺序查找直至找到为止;反之,若找遍该磁道都找不到此记录,则表明该文件中无此记录。

3. 溢出区和插入操作

溢出区是为插入记录所设置的。每个柱面的基本区是顺序存储结构,而溢出区是链表结构。同一磁道溢出的记录由指针相链。

溢出区的设置方法有以下三种:

(1)集中存放:整个文件设一个大的单一的溢出区。

(2)分散存放:每个柱面设一个溢出区。

(3)集中与分散相结合:溢出时记录先移至每个柱面各自的溢出区,等到私有的溢出区满之后再使用公共溢出区。

插入操作,首先根据待插入记录的关键字查找到相应位置;然后将该磁道中插入位置及以后的记录后移一个位置(若溢出,将该磁道中最后一个记录存入同一柱面的溢出区,并修改磁道索引);最后将记录插入到相应位置。

4.删除操作

删除文件中记录,只需找到要删除的记录,在其存储位置上做删除标记即可,而不需要移动记录或改变指针。但在经过多次的插入和删除以后,大量的记录进入溢出区,而基本区中又浪费很大空间。所以,需要周期地整理 ISAM 文件。把记录读入内存,重新排列,复制成一个新的 ISAM 文件,填满基本区而空出溢出区。

11.2.4　ISAM 文件

1.定义

虚拟存储存取方法(Virtual Storage Access Methed,VSAM),是一种利用了操作系统虚拟存储器的功能,给用户提供方便。对用户来说,文件只有控制区间和控制区域等逻辑存储单位,与外存储器中柱面、磁道等具体存储单位没有必然的联系。控制区域(Control Range):顺序集中一个节点连同对应所有控制区间形成的一个整体。

VSAM 文件的结构如图 11-4 所示。它有 3 部分组成:索引集、顺序集和数据集。

虚拟存储存取方法采用的是基于 B+树的动态索引结构。

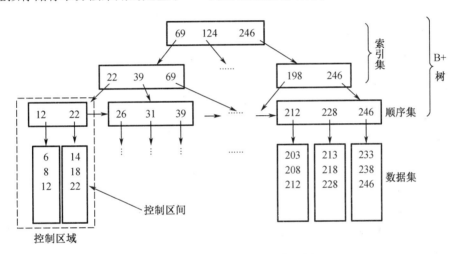

图 11-4　VSAM 文件结构示例

每个控制区间存放一个或多个逻辑记录,记录是按关键字值顺序存放在控制区间的前端,尾端存放记录的控制信息和控制区间的控制信息。如图 11-5 所示。

R_1	R_2	⋯ ⋯	R_n	记录的控制信息	控制区间的控制信息

图 11-5　控制区间的结构

是由 B+树索引结构的叶子节点组成顺序集。若干个相邻控制区间的索引项存储在每个节点中,每个索引项存放一个控制区间中记录的最大关键字值和指向该控制区间的指针。顺序集中的每个节点及与它所对应的全部控制区间组成一个控制区域。

在 VSAM 文件上既可以按 B+树的方式实现记录的查找,也可以利用顺序集索引实现记录顺序查找。

2. VSAM 文件的插入和删除

VSAM 文件中没有溢出区,解决插入的方法是在文件建立时留出空间:一是每个控制区间内留出一定空间;二是在每个控制区域中有一些完全空的控制区间,并在顺序集的索引中指明这些空区间。

当执行插入新记录时,大多数的新记录能插入到相应的控制区间内,但要注意保持区间记录的关键字从小至大有序。插入时,首先根据要插入记录的关键字查找到相应的位置,如果若该控制区间有可用空间,则将关键字大于要插入记录的关键字的记录全部后移一个位置,在空出的位置存放要插入记录;如果控制区间没有可用空间,则利用同一控制区域的一个空白控制空间进行区间分裂,将近一半记录移到新的控制区间中,并修改顺序集中相应的索引,插入新的记录;若控制区域中没有空白控制空间,则开辟一个新的控制区域,进行控制区间域分裂和相应的顺序集中的节点分裂。也可按 B + 树的分裂方法进行。

当执行删除记录时,需将同一控制区间中比删除记录关键字大的记录向前移动,把空间留给以后插入的新记录。如果整个控制区间变空,则将其回收用作空闲区间,且需删除顺序集中相应的索引项。

3. ISAM 和 VSAM 比较

(1)ISAM 是专为磁盘存取设计的文件组织形式,采用静态索引结构,对磁盘上的数据文件建立盘组、柱面、磁道三级索引。ISAM 文件中的记录是按关键字顺序进行存放。经过多次插入和删除记录后,文件结构会变得不合理,需定时整理 ISAM 文件。

(2)基于 B + 树的 VSAM 文件有如下优点:查找效率较高,查找一个后插入记录和查找一个原有记录具有相同的速度;可以动态地分配和释放存储空间,可以保持较高的存储利用率;而且永远不需要对文件进行再组织。通常大型索引顺序文件的标准组织是基于 B + 树的 VSAM 文件。

(3)VSAM 文件采用 B + 树动态索引结构,文件只有控制区间和控制区域等逻辑存储单位,与外存储器中的柱面、磁道等具有存储单位没有必然联系。VSAM 文件结构包括索引集、顺序集和数据集三部分,记录存放于数据集中,顺序集和索引集构成 B + 树,作为文件的索引部分。

11.2.5　直接存取文件

1. 定义

直接存取文件又称为散列文件,是利用散列存储方式组织的文件。类似散列表,即根据文件中记录关键字的特点,设计一个散列函数和冲突处理方法,将记录散列到存储介质上。对于文件来说,磁盘上的文件记录通常是成组存放的组存放的。

2. 溢出处理

在散列文件中,磁盘上的记录是成组存放的,若干个记录组成一个存储单位,称为桶,同一个桶中的记录都是同义词(关键字的角度)。

假设一个桶中能存放 m 个记录,即 m 个同义词的记录可以存放在同一地址的桶中,当桶中已有 m 个同义词的记录时,要存放第 $m+1$ 个同义词就"溢出"。冲突处理方法一般是拉链法。

当发生"溢出"时,将第 $m+1$ 个同义词存放到另一个桶中,通常称该桶为"溢出桶";相对地,称前 m 个同义词存放的桶为"基桶"。溢出桶和基桶大小相同,通过指针进行链接。

当在基桶中没有待查记录时,就按指针所指到溢出桶中进行查找。因此,同一散列地址的溢出桶和基桶在磁盘上的物理位置尽量安排在同一柱面上。

3. 直接存取文件的基本操作

(1)查找记录。首先根据给定记录的关键字值求得散列地址(即基桶地址),将基桶的记录读入到内存进行顺序查找,如果找到与给定记录相等的关键字,则查找成功;如果在基桶内没有与给定值相等的记录且基桶内指针为空,则文件中没有待查记录,查找失败;如果基桶内没有与给定值相等的记录且基桶内指针不空,则将溢出桶中的记录读入内存进行顺序查找,此时如果在某个溢出桶中查找待查记录,则查找成功;否则所有溢出桶链内均未查找到待查记录,则查找失败。

(2)插入记录。首先查找给定记录是否存在,存在,则出错;否则插入在最后一个桶尚未填满的页块中。若桶中所有页块都已被填满,则向系统申请一个新溢出桶,链入桶链表之链尾,然后将新记录存入其中。

(3)删除记录。首先查找待删除的记录是否存在,不存在则出错;若存在就删除,并腾出空位给之后插入的记录用。

4. 直接存取文件的特点

(1)优点:文件随机存取,记录不需进行排序;插入、删除方便,存取速度快;不需要索引区,节省存储空间。

(2)缺点:不能进行顺序存取,只能按关键字随机存取;检索方式仅限于简单查询。并且在经过多次的 插入、删除之后,可能会使文件结构变得不合理,即溢出桶满而基桶内多数为被删除的记录,并重组文件。

11.2.6　多关键字文件

数据库文件常常是多关键字文件,而当文件的一个记录含有多个关键字时,不仅可以对主关键字进行各种查询,而且可以对次关键字进行各种查询。因此,对多关键字文件不仅可按前面的方法组织主关键字索引,还可以建立各个次关键字的索引。由于建立次关键字的索引的结构不同,多关键字文件可以分为多重表文件和倒排文件。

1. 多重表文件

多重表文件是对文件中的主关键字建立主索引,而对每个需要查询的次关键字均建立一个索引,同时将具有相同次关键字的记录链接成一个链表,并将此链表的头指针,链表长度及次关键字作为索引表的一个索引项。通常多重表文件的主文件是顺序文件。

多重表文件的特点是:记录按主关键字的顺序构成一个串联文件(物理上的),并建立主关键字索引(称为主索引);对每个次关键字都建立次关键字索引(称为次索引),所有具有同一次关键字值的记录构成一个链表(逻辑上的)。

主索引一般是非稠密索引,其索引项一般有两项:主关键字值、头指针。

次索引一般是稠密索引,其索引项一般有三项:次关键字值、头指针、链表长度。头指针指向数据文件中具有该次关键字值的第 1 个记录,在数据文件中为各个次关键字增加一个指针域,指向具有相同次关键字值的下一个记录的地址。

对于任何次关键字的查询,都应首先查找对应的索引,然后顺着相应指针所指的方向查找属于本链表的记录。

如图 11 - 6 多重文件示例。

物理地址	员工号		姓名	职位		工资	
01	1001	02	王宏	经理	03	9 000	^
02	1002	03	李明	员工	05	6 000	05
03	1003	^	刘琦	经理	04	8 000	04
04	1004	05	王宇	经理	^	8 000	^
05	1005	06	张芳	员工	06	6 000	06
06	1006	^	赵月	员工	^	7 000	^

图 11 – 6　多重文件示例

主关键字	头指针
1001	01
1004	04

次关键	头指针	长度
经理	01	3
员工	04	3

次关键字	头指针	长度
9000	01	1
6000	02	2
8000	03	2
7000	06	1

(a)　　　　　　　　　　　(b)　　　　　　　　　　　(c)

图 11 – 7　多重表文件索引

(a)主关键字索引；(b)"职位"索引；(c)"工资"索引

多重表文件的特点

(1)优点:易于构造和修改、查询方便。

(2)缺点:插入和删除一个记录时,需要修改多个次关键字的指针,同时还要修改各索引中的有关信息。

2. 倒排文件

倒排文件对次关键字的记录之间不需设指针进行链接,而是为每个需要进行检索的次关键字建立一个倒排表,列出具有该次关键字记录的所有物理记录号。倒排表和主文件一起就构成了倒排文件。

倒排文件中,首先给定次关键字,然后按所给定的次关键字查找记录,查找次序正好与一般文件的查找次序相反,因此称之为"倒排"。

倒排表作索引便于记录的查询,尤其是在处理复杂得多关键字查询时,只需在倒排表中先完成查询的交、并等逻辑运算,得到结果后再对符合条件的记录进行存取,把对记录的查询转换为物理集合的运算,从而提高查找速度。

在插入和删除记录时,倒排表也要作相应的修改,倒排表中具有同一次关键字的记录号是有序排列的,则修改时要做相应移动。

优点:对于主文件的存储具有相对的独立性,对于多关键字组合查询,可以先对由每一个次关键字得到的多个主关键字集合进行集合运算,最后对得到的满足多关键字检索要求的主关键字进行存取,具有速度快且灵活的优势。

缺点:维护困难。在同一索引表中,不同的关键字记录数不同,各倒排表的长度也不等,同一倒排表中各项长度也不等。

11.3 外排序的基本过程

当待排序的对象数目较多时,无法将所有记录装入内存中一次处理,就必须把它们以文件的形式存放于外存上,是排序时需要把它们一部分一部分调入内存进行处理。这样,在排序过程中必须不断地在内存与外存之间传送数据。这种基于外部存储设备(或文件)的排序技术就是外排序。

当对象以文件形式存放于磁盘上的时候,通常是按物理块存储的。物理块也叫作页块,是磁盘存取的基本单位。

每个页块可以存放几个对象。操作系统按页块对磁盘上的信息进行读写。

外排序的基本方法是归并排序方法。其排序过程主要分为两个阶段:

第一个阶段建立用于外排序的内存缓冲区。根据它们的大小将输入文件划分为若干个段,把每段装入到内存,用某种内排序方法对各段进行排序。这些经过排序的段称为初始顺串。当顺串生成后就被写到外存中去。

第二个阶段是归并。可以用 2 - 路或多路进行归并,把第一阶段生成的初始顺串加以归并,不断地扩大顺串长度和减少顺串的个数,直到最后归并成一个顺串(有序文件)为止。

依据所使用的外存设备将外部排序分为磁盘文件排序和磁带文件排序。磁盘排序和磁带排序是基本相似,只是初始顺串在外存储介质中的分布方式不同。磁盘是直接存取设备,而磁带是顺序存储设备,读取信息块的时间与所读信息块的位置关系极大。所以在磁带上进行文件排序时,顺串信息块的分布是必须要考虑的重要的内容。

1. 外部排序的简单方法

归并排序有多种方法,最简单的就是 2 - 路归并。

假设有一个文件包含 3 600 个记录,对其进行排序,可供使用的磁带机有四台,分别为 T_1,T_2,T_3,T_4,可供排序用的内存空间包含存放 600 个记录的空间以及一些必要的工作区。设每个页块长为 200 个记录。假定采用内排序方法初始顺串。所以,一次可以读入三个页块,对其进行排序并作为一个顺串输出。采用 2 路归并的方法来实现顺串的归并,使用两个输入缓冲区和一个输出缓冲区,每个缓冲区能容纳 200 个记录。

排序过程如下:

(1)把输入文件分段(每段包含 600 个记录)读入内存并进行内排序,生成初始顺串,然后将这些顺串轮流写到磁带机 T_1 和 T_2 上。

(2)采用 2 路归并法对 T_1 上的各顺串与 T_2 上的各顺串进行归并,并把所产生的较大顺串轮流分布到 T_3 和 T_4 上(若输入文件带需要保留,则在第一步完成后把输入文件带从 T_4 上卸下来,换上工作带)。

(3)把 T_3 上的顺串 1 和 T_4 上的顺串 2 进行合并,并将结果放到 T_1 上。

(4)把 T_1 上的顺串 1 和 T_3 上的顺串 3 合并,并把结果放到 T_2 上,即为所要求的有序文件。

2. 外排序的时间分析

外排序的时间消耗比内排序大得多,因为原因如下:

(1)外排序的数据量(记录)一般很大;

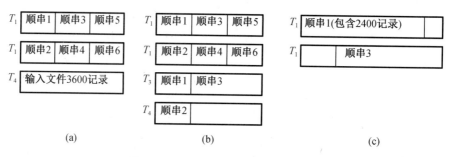

图 11 – 8　外部排序过程示意示意图

(a)第一步；(b)第二步；(c)第三步

(2)外排序涉及内、外存之间的数据交换操作；

(3)外存的操作速度远远比内存中的操作慢。

外排序的总时间由三部分组成：

外排序的时间 = 产生初始归并段的时间(内排序)$m \times t_{is}$ + I/O 操作的时间 $d \times t_{io}$ + 内部归并的时间 $s \times ut_{mg}$

其中：

m——初始归并段数目；

t_{is}——得到一个归并段的内排序时间；

d——总的读、写次数；

t_{io}——一次读、写的时间；

s——归并的趟数；

ut_{mg}——对 u 个记录进行一趟内部归并排序的时间。

通常情况下 $t_{io} \gg t_{is}$，$t_{io} \gg t_{mg}$，t_{io} 而取决于所用外存，因此，影响外排序效率的主要原因是内、外存之间数据交换(读、写外存)。

提高效率的主要方法有：

(1)进行多路归并,减少文件归并的趟数；

(2)增加归并段的长度,减少初始归并的数目；

(3)根据不同归并段的长度,采取最佳归并方案。

习　题　11

1. 比较顺序文件、索引顺序文件、索引非顺序文件、哈希文件的存储代价、检索、插入、删除记录时的优点和缺点。

2. 简述多关键字文件的作用。

3. 试述 ISAM 和 VSAM 的特征及其优缺点。

4. 简述索引文件的检索过程。

5. 索引顺序存取方法中,主文件已按关键字排序,为何还需要主关键字索引？

6. 简述稠密索引和稀疏索引的区别。

7. 简述多重表文件和倒排文件两种多关键字文件的组织方法。

8.简述文件检索操作中的四种查询方式。

9.简述文件各维护操作的含义和过程。磁盘平衡归并和磁带平衡归并在时间上有否差别？如果有,差别在何处？如果没有,说明理由？

10.简述在磁盘上存储信息的原则。

11.假设一次 I/O 的物理块大小为 150,每次可对 750 个记录进行内部排序,那么对含有 150 000 个记录的磁盘文件进行 4 路平衡归并排序时,需进行多少次 I/O？

12.已知某文件经过置换选择排序之后,得到长度分别为 47,9,39,18,4,12,23 和 7 的八个初始归并段。试用 3 路平衡归并设计一个读写外存次数最少的归并方案,并求出读写外存的次数。

13.简述顺序文件的定义和分类。

14.简述外排序与内排序的区别。

15.简述归并排序的处理步骤。

16.试问输入文件在哪种状态下,经由置换选择排序法得到的初始归并段长度最长？其最长的长度是多少？

17.假如对一个经由置换选择排序法得到的输出文件再次进行置换选择排序,试问该文件将产生什么变化？

18.简述文件的四种基本组织方式。

19.简述磁盘的逻辑结构。

20.假如操作系统要求一个程序同时可用的输入、输出文件的总数不超过 13,则按多路归并至少需几趟可完成排序？ 如果限定这个趟数,则可取的最低路数是多少？

参 考 文 献

［1］严蔚敏,吴伟民. 数据结构:C 语言版[M]. 北京:清华大学出版社,1997.

［2］李春葆,尹为民. 数据结构教程[M]. 5 版. 北京:清华大学出版社,2017.

［3］陈明. 数据结构与算法:C 语言版[M]. 北京:北京大学出版社,2012.

［4］李云清,杨庆红,揭安全. 数据结构:C 语言版[M]. 北京:人民邮电出版社,2014.

［5］萨特吉·萨尼. 数据结构、算法和应用:C＋＋语言描述[M]. 汪诗林,孙晓东,译. 北京:
机械工业出版社,2006.

［6］耿国华,张德同,周明全. 数据结构:C 语言描述[M]. 北京:高等教育出版社,2005.

［7］徐凤生. 数据结构与算法:C 语言版[M]. 2 版. 北京:机械工业出版社,2014.

［8］崔进平,郭小春,王霞. 数据结构:C 语言版[M]. 北京:清华大学出版社,2011.

［9］刘大有,杨博,黄晶,等. 数据结构[M]. 3 版. 北京:清华大学出版社,2017.

［10］张乃孝,陈光,孙猛. 算法与数据结构:C 语言描述[M]. 3 版. 北京:高等教育出版
社,2011.

数据结构考试大纲

Ⅰ 课程性质与课程目标

一、课程性质和特点

数据结构课程是高等教育自学考试计算机及应用专业(专科)重要的专业基础课和核心课程之一。数据结构课程的核心内容是对数据的存储、组织和处理的问题进行研究。数据结构课程也是与实际紧密结合的理论课程,是进行算法设计、系统程序和应用程序设计的重要基础。而且本门课程的学习为学生后续学习数据库概论、操作系统、软件工程等软件课程提供了必要的知识基础,也为软件设计水平的提高打下了良好的基础。

二、课程目标

(1)理解数据结构的基本概念

(2)掌握线性表、栈、队列、树和森林、图等数据结构的存储结构,完成对应基本算法、应用实例的算法的实现。

(3)掌握各种查找、排序算法及其实现。

(4)理解数据结构课程与其他课程的关系。

(3)通过对数据结构的学习,使读者学会如何选择恰当的数据结构进行程序设计的方法,为进一步从事软件设计工作奠定基础。

三、与相关课程的联系与区别

本课程的先修课程包括高级语言程序设计,后续课程有数据库概论、操作系统,软件工程等。它们之间的关系是:

1.本课程中各种存储结构的节点的定义、操作算法,均需要使用高级语言的变量类型、操作以及程序设计中的三种基本结构。所以数据结构课程要以高级语言程序设计为前提。

2.本课程中所介绍的基本概念基本数据结构以及操作算法又为数据库概念、操作系统和软件工程提供了重要的基础。

3.数据结构课程系统的研究数据表示和数据处理的基本问题。而高级程序设计语言是在程序设计语言层次上实现数据的表示和处理。后续的软件课程则是以数据结构课程为基础,处理更高层次、更大规模的数据表示和处理。所以说,数据结构课程是连接高级语言和软件设计的一个桥梁和纽带,是不可缺少的重要一环。

四、课程的重点和难点

本课程的重点是常用的数据结构,如:线性表、栈、队列、树、图等数据结构的逻辑结构表示方法和存储结构的实现方法,以及这些结构上的基本运算的实现算法;在有关数据结构上进行查找和排序操作的实现方法。

难点是几种数据结构的基本运算的实现算法。

Ⅱ 考 核 目 标

本大纲在考核目标中,按照识记、领会、简单应用和综合应用四个层次规定其应达到的能力层次要求。四个能力层次是递升的关系,后者必须建立在前者的基础上进行。各能力层次的含义是:

识记(Ⅰ):要求考生能够识别和记忆本课程中有关数据结构及算法的概念性内容(如各种数据结构的定义、逻辑结构、基本操作、主要性质;排序和查找等算法的重要性及评判标准),并能够根据考核的不同要求,做出正确的表述、选择和判断。

领会(Ⅱ):要求考生能够领悟各种数据结构及其基本运算是如何在计算机内部实现的,能够阅读相关的代码或程序段;理解如何利用各种数据结构的性质和特点来解决不同问题;在此基础上根据考核的不同要求,做出正确的推断、描述和解释。

简单应用(Ⅲ):要求考生能够运用本课程中规定的少量知识点,分析和解决一般应用问题,如:简单的计算、用图示法解决问题等。

综合应用(Ⅳ):要求考生能够运用本课程中规定的多个知识点,分析和解决较复杂的应用问题,如:计算、算法设计、算法分析等。

Ⅲ 课程内容与考核要求

第1章 绪 论

一、学习目的与要求

本章集中介绍数据结构、数据结构中常用的基本概念、以及数据结构所研究的问题与内容,并对算法描述和分析进行了简要的介绍。概括反映了后续各章的基本问题,为进入具体内容的学习提供了必要的引导。

本章总的要求是:理解数据、数据元素、数据项、数据对象的概念及其相互关系;理解数据结构的含义;理解逻辑结构、存储结构的概念、意义和分类;理解存储结构与逻辑结构的关系;理解数据类型的定义、抽象数据类型的表示和实现;理解算法的概念;理解衡量一个算法效率的两个标准:时间复杂度和空间复杂度。

二、课程内容

(1)数据结构基本概念和术语。

(2)数据类型。

(3)算法及其分析。

三、考核的知识点与考核要求

1. 数据结构、数据、数据元素、数据对象和数据项的概念

识记:数据结构;数据;数据元素;数据项;数据对象。

领会:数据结构的作用;数据、数据元素、数据项三者关系。

2. 数据逻辑结构和数据存储结构

识记:数据逻辑结构、数据存储结构。

领会:四类基本逻辑结构的特点;顺序存储结构;链式存储结构;逻辑结构与存储结构的关系。

3. 运算、算法和算法分析

识记:运算;基本运算;算法分析;时间复杂度;空间复杂度。

领会:运算与数据结构的关系;算法的描述方法;算法的评价因素;时间复杂度分析方法;空间复杂度分析方法。

简单应用:运用类 C 语言描述算法;简单算法时间复杂度分析;简单算法的空间复杂度分析。

四、本章重点、难点

本章重点:数据结构、数据逻辑结构、数据存储结构以及运算等概念。

难点:算法时间复杂度分析。

第 2 章　线　性　表

一、学习目的与要求

线性表的存储结构可以分为顺序表和单链表两种。顺序表为顺序存储结构,单链表为链式存储结构。顺序表和单链表上实现基本运算的算法是数据结构中简单和基本的算法。这些内容是学习以下各章的重要基础,因此本章是本课程的重点之一。

本章要求:理解线性表的概念;熟练掌握顺序表和链表的组织方法及实现基本运算的算法;掌握在顺序表和链表上进行算法设计的基本技能;了解顺序表与链表的优缺点。

二、课程内容

(1)线性表定义和基本操作。

(2)线性表顺序存储结构。

(3)线性表链式存储结构。

(4)线性表的应用。

三、考核的知识点与考核要求

1. 线性表概念

识记:线性表定义;线性表的基本特征。

领会:线性表的表长;线性表初始化、求线性表的表长、读表元素、定位、插入、删除等基本运算的功能。

2.线性表的顺序存储结构——顺序表

识记:顺序表表示法、优缺点和类 C 语言描述。

领会:顺序表表长;插入、删除和定位运算实现的操作步骤。

简单应用:顺序表插入、删除和定位运算的实现算法。

综合应用:顺序表上的简单算法;顺序表的操作实现算法的分析。

3.线性表的链式存储结构——单链表

识记:节点的结构;单链表的类 C 语言描述。

领会:头指针;头节点;首节点;尾节点;空链表;单链表插入、删除和定位运算的操作步骤。

简单应用:单链表插入、删除和定位等基本运算的实现算法。

综合应用:用单链表设计解决应用问题的算法。

4.循环链表、双向链表、静态链表

识记:循环链表的节点结构;双向链表节点结构;静态链表节点结构;循环链表、循环链表、静态链表类 C 语言描述。

领会:循环链表、双向链表、静态链表的运算的关键步骤。

四、本章重点、难点

本章重点:线性表概念和基本特征;线性表的基本运算;顺序表和单链表的组织方法和算法设计。

难点:单链表上的算法设计。

第 3 章 栈 和 队 列

一、学习目的与要求

栈和队列是两种重要的线性结构,也是两种非常典型的抽象数据类型。栈和队列就是在线性表的基础上加上了一些限制。栈的操作只能在表的一端进行,而队列的操作在表的两端进行。栈和队列这两种数据结构的定义、表示方法、基本操作和如何利用这两种数据结构解决实际问题。

本章总的要求是:理解栈和队列的定义、特征及与线性表的异同;掌握顺序栈和链栈的组织方法和运算实现算法,栈满和栈空的判断条件;掌握顺序队列和链队列的组织方法和运算实现算法,队列满和队列空的判断条件。

二、课程内容

(1)栈。

(2)队列。

三、考核的知识点与考核要求

1.栈的基本概念及其基本操作实现

识记:栈的概念;栈的后进先出特征;栈的基本运算。

领会:栈顶和栈底;顺序栈的组织方法及其类 C 语言描述;顺序栈栈满和栈空的条件;

链栈的组织方法及其类 C 语言描述;链栈为空的条件。

简单应用:采用顺序存储和链接存储实现栈的基本运算的算法。

综合应用:用栈解决简单问题。

2. 队列的基本概念及其基本操作实现

识记:队列的概念;队列的先进先出基本特征;队列的基本运算;循环队列。

领会:队列头和队列尾;顺序队列的组织方法及其类 C 语言描述;顺序队列满和队列空的条件;循环队列的组织方法;循环队列的队列满和队列空的条件;链队列的组织方法及其类 C 语言描述;链队列为空的条件。

简单应用,实现循环队列的基本运算;用链表实现队列的基本运算。

综合应用:设计用队列解决简单问题的算法。

四、本章重点、难点

本章重点:栈和队列的特征;顺序栈和链栈上基本运算的实现和简单算法;顺序队列和链队列上基本运算的实现和简单算法。

难点:循环队列的组织,队列满和队列空的条件及循环队列基本运算的算法。

第 4 章　串

一、学习目的与要求

串是在非数值处理和事务处理等问题中处理的主要对象。随着计算机应用的扩展,需要在程序中进行对"串"的操作。字符串的处理比具体数值更加复杂。

本章总的要求是:理解串的定义及相关概念;掌握串的定长顺序存储表示及基本操作;掌握串的堆分配存储表示及基本操作;掌握串的链式存储表示及基本操作;掌握串的模式匹配算法。

二、课程内容

(1)串类型的定义。

(2)串的存储表示和实现。

(3)串的模式匹配算法。

三、考核的知识点与考核要求

1. 串的定义及相关概念

识记:栈的相关概念,串的抽象数据类型定义。

领会:空串、空格串的区别;如何判断两个串相等的概念。

2. 串的存储表示和实现

识记:串的三种存储表示。

简单应用:使用三种不同的存储表示的串的基本操作。

3. 串的模式匹配算法

识记:模式匹配的定义。

领会:Brute-Force 模式匹配算法和 KMP 算法的算法步骤。

简单应用:利用 Brute-Force 模式匹配算法和 KMP 算法实现串的模式匹配。

四、本章重点、难点

本章重点:串的基本操作;空串、空格串的区别;如何判断两个串相等;串的模式匹配算法的定义及步骤。

难点:串的三种存储方式;串相等的判断;串的模式匹配。

第5章 数组、特殊矩阵和广义表

一、学习目的与要求

数组是最常用的数据结构之一。数组是具有相同类型的元素的集合。数组可以看成是线性表的推广,表中的数据元素本身也是一种数据结构。在大多数的高级程序设计语言中,都提供了数组这一数据类型。稀疏矩阵是一种特殊的二维数组。稀疏矩阵常常采用压缩存储方式来存储,节省了存储空间,并被广泛地使用。

本章总的要求是:理解数组、特殊矩阵和广义表的定义;掌握数组的顺序存储表示及实现;掌握特殊矩阵(对称矩阵、三角矩阵和带状矩阵)的基本存储方式;掌握特殊矩阵的存储表示,设计特殊矩阵的简单算法;掌握广义表的性质;掌握广义表的存储结构;掌握广义表的基本操作。

二、课程内容

(1)数组。
(2)特殊矩阵。
(3)稀疏矩阵。
(4)广义表。

三、考核的知识点与考核要求

1. 数组及其实现

识记:数组的定义、性质;数组的矩阵表示。

领会:顺序存储的数组的地址计算。

简单应用:采用顺序存储表示的数组的基本操作。

2. 特殊矩阵的概念及存储

识记:特殊矩阵(三角矩阵、对称矩阵、带状矩阵)的概念。

领会:特殊矩阵(三角矩阵、对称矩阵、带状矩阵)的压缩表示,特殊矩阵的地址计算。

简单应用:用数组存储特殊矩阵的压缩存储方法;给定特殊矩阵中某个元素的位置(i, j);计算该元素在数组中的位置 k。

3. 稀疏矩阵的概念及存储

识记:稀疏矩阵的概念。

领会:稀疏矩阵的三元组存储结构和十字链表存储结构。

简单应用:稀疏矩阵的基本算法实现。

5. 广义表

识记:广义表的定义及其表示。

领会:广义表的性质;广义表的存储结构,头尾表示法和兄弟表示法。

简单应用:以头尾表示法存储的广义表的基本操作。

综合应用:设计用广义表实现 m 元多项式的存储表示。

四、本章重点、难点

本章重点:数组、特殊矩阵和广义表的定义;数组的顺序存储表示及实现;特殊矩阵的基本存储方式;掌握特殊矩阵的存储表示和简单算法实现;广义表的性质存储结构;广义表的基本操作。

难点:特殊矩阵、稀疏矩阵和广义的存储表示及基本操作实现,

第6章 递 归

一、学习目的与要求

在程序设计过程中,许多数据结构,比如广义表、树和二叉树等,都是通过递归的方式定义的。采用递归的方式所设计的算法,具有结构清晰、可读性强,以及便于理解等特点。

本章总的要求是:理解递归的定义;掌握递归算法的执行过程;掌握递归算法的设计,并利用递归算法解决实际问题。理解递归算法和非递归算法的区别,掌握递归算法到非递归算法的转换。

二、课程内容

(1)递归的定义。
(2)递归算法的执行过程。
(3)递归算法的设计。
(4)递归算法到非递归算法的转换。
(5)递归程序设计实例。

三、考核的知识点与考核要求

1. 递归的定义及执行过程

识记:递归的定义。

领会:递归的执行过程。

2. 递归算法的设计

识记:递归算法的基本思想。

领会:递归算法求解问题时应满足的条件;汉诺塔问题描述。

简单应用:利用递归算法解决汉诺塔问题。

3. 递归算法到非递归算法的转换

识记:递归算法的基本特性,以及递归算法的使用限制。

领会:尾递归和单向递归的消除;借助堆栈模拟系统的运行栈消除递归。

简单应用:利用递归算法解决实际问题。

四、本章重点、难点

本章重点:递归的定义;递归的执行过程;递归算法求解问题时应满足的条件;汉诺塔问题描述及解决;尾递归和单向递归的消除;借助堆栈模拟系统的运行栈消除递归;利用递归算法解决实际问题。

难点:递归算法的设计与实现。

第7章 树和森林

一、学习目的与要求

树形结构是一种重要的一对多的非线性结构,类似于自然界中的树。树形结构是以分支关系定义的层次结构。数据元素之间既存在分支关系,也存在层次关系。树形结构在现实世界中广泛存在,比如家族的家谱、一个单位的组织机构等都可以用树形结构来形象地表示。

本章总的要求是:理解树形结构的基本概念和术语;深刻领会二叉树的定义及其存储结构,理解二叉树的遍历的概念并掌握二叉树的遍历算法;掌握树和森林的定义、树的存储结构以及树、森林与二叉树之间的相互转换方法;熟练掌握构造哈夫曼树和设计哈夫曼编码的方法。

二、课程内容

(1)树的基本概念。
(2)二叉树的定义与性质。
(3)二叉树的存储结构。
(4)二叉树的遍历。
(5)二叉树的基本算法及实现。
(6)线索二叉树。
(7)哈夫曼树。
(8)树和森林。

三、考核的知识点与考核要求

1.树结构、森林
识记:树的基本概念;相关术语;森林基本概念。
领会:树的基本运算。
简单应用:节点的度计算;树的度计算;树的高度计算;节点的层次数计算。
2.二叉树
识记:二叉树的概念;左子树;右子树。
领会:二叉树的基本运算;二叉树的性质;二叉树顺序存储及类C语言描述;二叉树链式存储及类C语言描述,二叉树的遍历算法,线索二叉树的基本操作。
简单应用:二叉树节点数计算;二叉树深度计算;给出二叉树先序序列、中序序列和后序序列。

综合应用:设计二叉树上基于先序遍历、中序遍历和后序遍历的应用算法。

3.哈夫曼树

识记:哈夫曼树概念;哈夫曼编码。

领会:哈夫曼树构造过程;哈夫曼算法。

简单应用:由一组叶节点的权值构造一棵对应的哈夫曼树,设计哈夫曼编码。

4.树和森林

识记:树的先序遍历方法;树的后序遍历方法;树的层次遍历方法;森林的先序遍历方法;森林的中序遍历方法。

领会:树、森林与二叉树的关系;树转换成二叉树方法;森林转换成二叉树方法;二叉树转换成对应森林方法。

四、本章重点、难点

本章重点:树形结构的概念;二叉树的定义、存储结构和遍历算法。

难点:二叉树的遍历算法和哈夫曼树构造算法。

第8章 图

一、学习目的与要求

在图结构中,每个节点都可能有零个或多个前驱节点,也可以有零个或多个后继节点。所以图结构是比树形结构更复杂的结构。而且图结构比树形结构有更加广泛的应用,如:城市之间的交通网络。本章研究图遍历这一常用运算的实现,以及最小生成树、单源最短路径和拓扑排序等典型的应用问题的求解。

本章总的要求是:理解图的概念并熟悉有关术语;熟练掌握图的邻接矩阵表示法和邻接表表示法;深刻理解连通图遍历的基本思想和算法;理解最小生成树的有关概念和算法;理解图的最短路径的有关概念和算法;理解拓扑排序的有关概念和算法。

二、课程内容

(1)图的基本概念。

(2)图的存储结构。

(3)图的遍历。

(4)图的连通性问题。

(5)最小生成树。

(6)最短路径。

(7)拓扑排序。

(8)AOE网与关键路径。

三、考核的知识点与考核要求

1.图的逻辑结构、图的存储结构

识记:图的应用背景;图的概念;图的逻辑结构;有向图;无向图;子图;图的连通性;边(弧)的权值;带权图;生成树;图的存储结构。

领会:图的基本运算;图的邻接矩阵存储方式及类 C 语言描述;图的邻接表和逆邻接表存储方式及类 C 语言描述。

简单应用:建立图邻接矩阵算法;建立图邻接表算法。

2.图的遍历

识记:图的遍历;图的深度优先搜索;图的广度优先搜索。

领会:图的深度优先搜索算法;图的广度优先搜索算法。

简单应用:求图的深度优先遍历的顶点序列;求图的广度优先遍历的顶点序列。

3.图的应用

识记:最小生成树;单源最短路径;AOV 网;拓扑排序。

领会:求解最小生成树的 Prim 算法;求解最小生成树的 Kruskal 算法思想;求解单源最短路径 Dijkstra 算法思想;拓扑排序算法。

简单应用:求解最小生成树;求解从一源点到其他各顶点的最短路径;求解给定有向图的顶点的拓扑序列。

四、本章重点、难点

本章重点:图的邻接矩阵和邻接表两种存储结构,图的深度优先和广度优先搜索算法。

难点:求最小生成树的 Prim 算法;求单源最短路径算法;求拓扑排序算法。

第9章 查　　找

一、学习目的与要求

查找是在给定信息集上寻找特定信息元素的过程,是所有数据处理中最基本、最常用的操作。当查找的数据集合庞大时,选择合适的查找方法就显得格外重要。对查找问题的处理,有时会直接影响到计算机的工作效率。

本章总的要求是:理解查找表的定义、分类和各类的特点;掌握顺序查找和二分查找的思想和算法;理解二叉排序树的概念和有关运算的实现方法;掌握哈希表、哈希函数的构造方法以及处理冲突的方法;掌握哈希存储和哈希查找的基本思想及有关方法、算法。

二、课程内容

(1)查找的基本概念。
(2)静态查找表。
(3)动态查找。
(4)哈希表查找。

三、考核的知识点与考核要求

1.查找表、静态查找表

识记:查找;查找表;关键字;主关键字;顺序表;索引顺序表;静态查找表的运算;顺序查找;折半查找;平均查找长度等有关概念和术语。

领会:顺序查找算法;设置岗哨的作用;折半查找算法;索引顺序表查找算法思想。

简单应用:顺序查找的过程;折半查找的过程;索引顺序查找的过程。

2.动态查找

识记:动态查找;二叉排序树查找的概念;平衡二叉树的定义,B－树和B＋树的定义。

领会:二叉排序树的建树过程;二叉排序树的查找算法;二叉排序树的节点的插入方法;二叉排序树的平均查找长度;平衡二叉树的调整;B－树的基本操作。

简单应用:二叉排序树的建树过程;二叉排序树的查找过程。

3.哈希表

识记:哈希表;哈希函数;同义词;冲突。

领会:几种常用散列法;解决冲突的方法:线性探测法、再哈希法和链地址法。

简单应用:哈希表构造;哈希表的查找过程及其冲突处理。

四、本章重点、难点

本章重点:折半查找方法;二叉排序树的查找方法;哈希表的查找方法。

难点:二叉排序树的插入算法。

第10章　排　　序

一、学习目的与要求

在折半查找中,要求所有的数据元素需要按关键字进行排序。这就需要将一个无序的数据序列转变为一个有序的数据序列,这就需要借助排序算法来实现。所谓排序就是将一组杂乱无章的数据按一定的规律顺次排列起来。排序是数据处理中一种最常用的操作。

本章总的要求是:深刻理解各种内部排序方法的指导思想和特点;熟悉几种内部排序算法,并理解其基本思想;了解几种内部排序算法的优缺点、时空性能和适用场合。

二、课程内容

(1)排序的基本概念。

(2)插入排序。

(3)交换排序。

(4)选择排序。

(5)归并排序。

(6)基数排序。

(7)各种内排序方法的比较和选择。

三、考核的知识点与考核要求

1.排序的基本概念

识记:排序;内部排序;稳定排序;不稳定排序。

2.插入排序

识记:插入排序;希尔排序;折半插入排序。

领会:直接插入排序的算法;直接插入排序的稳定性;直接插入排序的时间复杂度。

简单应用:直接插入排序的过程。

3.交换排序

识记:交换排序;冒泡排序;快速排序。

领会:交换排序的基本思想;冒泡排序的基本步骤和算法;快速排序的基本步骤和算法。

简单应用:冒泡排序的过程;快速排序的过程。

4. 选择排序

识记:选择排序;直接选择排序;堆;堆排序。

领会:选择排序的基本思想;直接选择排序的基本步骤和算法;堆排序基本步骤和算法。

简单应用:直接选择排序的过程;堆排序的过程。

5. 归并排序

识记:归并;归并排序。

领会:归并排序的基本思想;二路归并排序的基本步骤和算法。

简单应用:二路归并排序的过程。

6. 基数排序

识记:基数排序。

领会:基数排序的基本思想;基数排序的基本步骤和算法。

简单应用:基数排序的过程。

四、本章重点、难点

本章重点:直接插入排序算法、冒泡排序算法、快速排序算法,直接选择排序算法、堆排序算法、二路归并排序、基数排序算法。

难点:快速排序算法和堆排序算法。

第11章 文件与排序

一、学习目的与要求

在数据处理时,涉及与文件有关的知识,在外存中的数据,通常以文件的方式组织并存储在外存。如何有效地组织和管理这些数据,方便而高效的使用数据。在存取海量数据时,为了方便使用,往往需要以某种顺序排序后再存储于外存,即外部排序。

本章总的要求是:理解文件及其相关概念;了解文件的基本操作;掌握文件的组织方式;掌握外排序的基本过程。

二、课程内容

(1)基本概念。
(2)文件的组织方式。
(3)外排序的基本过程。

三、考核的知识点与考核要求

1. 文件的基本概念

识记:文件;数据项;记录;文件分类。

领会:文件的基本操作。

2.文件的组织方式

识记:顺序文件;索引文件;ISAM 文件;VSAM 文件;直接存取文件;多关键字文件。

领会:顺序文件、索引文件、ISAM 文件、VSAM 文件、直接存取文件和多关键字文件的结构和基本操作。

3.外排序的基本过程

识记:外部排序的简单方法。

四、本章重点、难点

本章重点:文件的组织方式及文件的结构基本操作;外排序列的基本过程。

难点:顺序文件、索引文件、ISAM 文件、VSAM 文件、直接存取文件和多关键字文件的结构和基本操作。

Ⅳ 关于大纲的说明与考核实施要求

一、自学考试大纲的目的和作用

数据结构课程的自学考试大纲是根据专业自学考试计划的要求,结合自学考试的特点而确定。其目的是对个人自学、社会助学和课程考试命题进行指导和规定。

课程自学考试大纲明确了课程学习的内容以及深广度,规定了课程自学考试的范围和标准。因此,它是编写自学考试教材和辅导书的依据,是社会组织进行自学辅导的依据,是自学者学习教材、掌握课程内容知识范围和程度的依据,也是进行自学考试命题的依据。

二、课程自学考试大纲与教材的关系

课程自学考试大纲是进行学习和考核的依据,教材是学习掌握课程知识的基本内容与范围,教材的内容是大纲所规定的课程知识和内容的扩展与发挥。课程内容在教材中可以体现一定的深度或难度,但在大纲中对考核的要求一定要适当。

大纲与教材所体现的课程内容应基本一致;大纲里面的课程内容和考核知识点,教材里一般也要有。反过来教材里有的内容,大纲里就不一定体现。

三、关于自学教材

指定教材:魏连锁主编,哈尔滨工程大学出版的《数据结构》。

四、关于自学要求和自学方法的指导

初学者往往感到数据结构导论课程的内容多、难度大。努力做到以下几点有助于改善自学效果。

1.注意知识体系

数据结构课程的主要内容是围绕着线性表、栈、队列、串、数组、矩阵、广义表、树、二叉树、图等几种常用的数据结构和查找、排序算法来组织的,对于每种数据结构包括"定义"和

"操作"。"定义"主要包括逻辑结构和基本运算的功能两个部分;"操作"则包括存储结构和运算实现两个方面。这两个层次以及它们之间的联系的角度加以介绍的。对于查找和排序,讨论了各种典型的查找算法和排序算法,以及算法的实现。按上述体系对课程中的具体内容加以分类,有助于整体上的全面把握。

2. 注意比较

自学过程中应注意对于知识学习的"横向"和"纵向"两个方面进行比较学习。横向对比包括具有相同逻辑结构的不同数据结构(如线性表、栈、队列)的比较,同一数据结构的不同存储结构和实现同一运算的不同算法(如各种查找算法)的比较等;纵向对比包括将一种数据结构与它的各种不同的实现加以比较。

3. 注意复习和重读

有些内容在初学时难以理解掌握,这就需要在学习过程中进行重新学习和复习,以便理解课程内容,掌握基本概念、算法;学会课程所涉及的内容。

4. 充分利用自考大纲

在进入每章之前和结束每章之后,仔细阅读大纲的有关规定和要求有利于集中思路和自我检查。

5. 注意循序渐进

在学习具体内容时,需要先了解基本概念,并理解其含义;然后了解相关操作、算法的基本思想,掌握算法设计思路以及实现方法。如学习线性表时,应先掌握线性表的定义、性质以及存储方式,然后进一步学习线性表的基本操作,对每个基本操作的算法设计思路及算法实现进行深入学习及理解、掌握。

6. 注意练习

习题是本课程的重要组成部分,只看书不做题是不可能真正学会有关知识,更不能达到技能培养的目标的。同时,做习题也是自我检查的重要手段。此外,在做算法设计型习题时不要直接调用书上已写的函数的算法(标准函数除外),而应独立设计出完整的算法,以利于编程能力的提高。

7. 本课程共 4 学分

五、对社会助学的要求

(1)应熟知考试大纲的各项要求和规定。
(2)辅导时应以指定教材为基础,以考试大纲为依据,不得随意增删内容或更改要求。
(3)辅导时应注重基础,加强针对性,根据考生的特点调整辅导的实施。

六、对考核内容的说明

本课程要求考生学习和掌握的知识点内容都作为考核的内容。课程中各章的内容均由若干知识点组成,在自学考试中成为考核知识点。因此,课程自学考试大纲中所规定的考试内容是以分解为考核知识点的方式给出的。由于各知识点在课程中的地位、作用以及知识自身的特点不同,自学考试将对各知识点分别按四个认知(或能力)层次确定其考核要求。

七、关于命题和考试的若干规定

（1）考试采用闭卷笔试方式，时间 150 分钟。考试时无须使用笔和橡皮之外的任何器具。

（2）本大纲各章考核要求中所列各知识点内的细目均属考试内容。试题覆盖到章，适当突出重点章节，加大重点内容的覆盖密度。

（3）试卷中对不同能力层次要求的试题所占比例大致为：识记占 20%，领会占 30%，简单应用 30%，综合应用 20%。

（4）试题的难易程度与能力层次不是一个概念，它们之间有一定的关联，但并不是完全吻合。在各个能力层次中对于不同的考生都存在着不同的难度。要合理地安排试题的难易程度，试题难度可分为：易、较易、较难和难四个等级，每份试卷中不同难度试题的分数所占的比例一般为 2∶3∶3∶2。

（5）试题的题型可以有填空题、单项选择题、应用题、算法设计题等（见附录）。

题 型 举 例

一、填空题（请在每小题的空格中填上正确答案。错填、不填均无分）

1. 在树形结构中，树根节点没有_____节点，其余每个节点有且只有_____个前驱节点；叶子节点没有_____节点，其余每个节点的后继节点可以_____。

2. 假定一棵树的广义表表示为 $A(B(E),C(F(H,I,J),G),D)$，则该树的度为_____，树的深度为_____，终端节点的个数为_____，单分支节点的个数为_____，双分支节点的个数为_____，三分支节点的个数为_____，C 的双亲节点为_____，其孩子节点为_____。

3. 设树 T 中除叶节点外，任意节点的度数都是 3，则 T 的第 I 层节点的个数为_____。

4. 在具有 $n(n>=1)$ 个节点的 k 叉树中，有_____个空指针。

5. 设根节点的层次数为 0，定义树的高度为树中层次最大的节点的层次加 1，则高度为 k 的二叉树具有的节点数目，最少为_____，最多为_____。

二、单项选择题（在每小题列出的四个备选项中只有一个是符合题目要求的，请将其代码填写在题后的括号内。错选、多选或未选均无分）

1. n 个顶点的生成树的边数为（　　　）。

　A. n 　　　　　　B. $n(n-1)/2$ 　　　　　C. $n-1$ 　　　　　D. $n/2$

2. 树最适合用来表示（　　　）。

　A. 有序数据元素

　B. 元素之间具有分支层次关系的数据

　C. 无序数据元素

　D. 元素之间无联系的数据

2. 对含有（　　　）个节点的非空二叉树，采用任何一种遍历方式，其节点访问序列均相同。

　A. 0

　B. 1

　C. 2

　D. 不存在这样的二叉树

3. 有一"遗传"关系,设 x 是 y 的父亲,则 x 可以把它的属性遗传给 y,表示该遗传关系最适合的数据结构是( )。

A. 向量　　　　　B. 树　　　　　C. 图　　　　　D. 二叉树

4. 树的层号表示为 $1a,2b,3d,3e,2c$,对应于下面选择的( )。

A. $1a(2b[3d,3e],2c)$　　　　　　B. $a(b(D,e),c)$

C. $a(b(d,e),c)$　　　　　　　　D. $a(b,d(e),c)$

5. 如下所示的二叉树中,( )不是完全二叉树。

三、应用题

1. 对关键字序列 $\{11,78,10,34,47,2,59,21\}$ 构造散列表,取散列函数为 $H(K)=K\%11$,用链地址法解决冲突,画出相应的散列表,并分别求查找成功和不成功时的平均查找长度。

2. 画出对长度为 10 的有序表进行折半查找的判定树,并求其等概率时查找成功的平均查找长度。

3. 已知一组关键字 $\{49,38,65,97,76,13,27,44,82,35,50\}$,画出由此生成的二叉排序树,注意边插入边平衡。

4. 简要叙述循环队列的数据结构,并写出其初始状态、队列空、队列满时的队头指针和队尾指针的值。

5. 简述队列和堆栈这两种数据类型的相同点和差异处。

A.
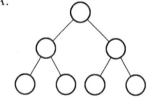

B.
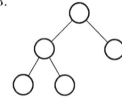

C.
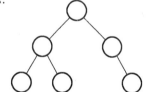

D.
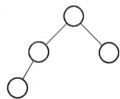

6. 假设 $Q[0,10]$ 是一个非循环线性队列,初始状态为 front = rear = 0,画出下列操作后队列的头尾指针的状态变化情况,如果不能入队,请指出其元素,并说明理由。

d,e,b,g,h 入队　d,e 出队　I,j,k,l,m 入队　b 出队　n,o,p,q,r 入队。

四、算法设计题

1. 请利用两个栈 S_1 和 S_2 来模拟一个队列。已知栈的三个运算定义如下:PUSH(ST, x):元素 x 入 ST 栈;POP(ST,x): ST 栈顶元素出栈,赋给变量 x ;Sempty(ST):判 ST 栈是否为空。那么如何利用栈的运算来实现该队列的三个运算:enqueue:插入一个元素入队

列；dequeue：删除一个元素出队列；queue_empty：判队列为空。（请写明算法的思想及必要的注释）

2.已知一个数组 int $A[n]$，设计算法将其调整为左右两部分，使得左边所有元素为奇数，右边所有元素为偶数，并要求算法的时间复杂度为 $O(n)$。